U0315267

编审委员会

“十二五”国家重点图书出版规划项目

中国科学技术大学精品教材

核能物理与技术概论

Introduction on Nuclear Energy Physics and Technology

邱励俭　王相綦　吴　斌　编著

中国科学技术大学出版社

内 容 简 介

本书介绍了核能物理与技术方面的相关内容，主要在核能利用的框架下，介绍了核能的基本知识和概念、核能的各种产生方式以及核燃料循环等内容。适合作为高等院校相关专业的研究生教材使用，对相关研究人员也有一定的参考价值。

图书在版编目(CIP)数据

核能物理与技术概论/邱励俭，王相綦，吴斌编著. —合肥：中国科学技术大学出版社，2012.9

ISBN 978-7-312-02754-3

Ⅰ. 核…　Ⅱ. ① 邱…　② 王…　③ 吴…　Ⅲ. 核物理学—研究生—教材
Ⅳ. O571

中国版本图书馆 CIP 数据核字（2012）第 186187 号

中国科学技术大学出版社出版发行
安徽省合肥市金寨路 96 号，230026
http://press.ustc.edu.cn
合肥市宏基印刷有限公司印刷
全国新华书店经销

开本：710 mm×960 mm　1/16　印张：22　插页：2　字数：418 千
2012 年 9 月第 1 版　2012 年 9 月第 1 次印刷
定价：42.00 元

总　　序

2008年，为庆祝中国科学技术大学建校五十周年，反映建校以来的办学理念和特色，集中展示教材建设的成果，学校决定组织编写出版代表中国科学技术大学教学水平的精品教材系列。在各方的共同努力下，共组织选题281种，经过多轮、严格的评审，最后确定50种入选精品教材系列。

五十周年校庆精品教材系列于2008年9月纪念建校五十周年之际陆续出版，共出书50种，在学生、教师、校友以及高校同行中引起了很好的反响，并整体进入国家新闻出版总署的"十一五"国家重点图书出版规划。为继续鼓励教师积极开展教学研究与教学建设，结合自己的教学与科研积累编写高水平的教材，学校决定，将精品教材出版作为常规工作，以《中国科学技术大学精品教材》系列的形式长期出版，并设立专项基金给予支持。国家新闻出版总署也将该精品教材系列继续列入"十二五"国家重点图书出版规划。

1958年学校成立之时，教员大部分来自中国科学院的各个研究所。作为各个研究所的科研人员，他们到学校后保持了教学的同时又作研究的传统。同时，根据"全院办校，所系结合"的原则，科学院各个研究所在科研第一线工作的杰出科学家也参与学校的教学，为本科生授课，将最新的科研成果融入到教学中。虽然现在外界环境和内在条件都发生了很大变化，但学校以教学为主、教学与科研相结合的方针没有变。正因为坚持了科学与技术相结合、理论与实践相结合、教学与科研相结合的方针，并形成了优良的传统，才培养出了一批又一批高质量的人才。

学校非常重视基础课和专业基础课教学的传统，也是她特别成功的原因之一。当今社会，科技发展突飞猛进、科技成果日新月异，没有扎实的基础知识，很难在科学技术研究中作出重大贡献。建校之初，华罗庚、吴有训、严济慈等老一辈科学家、教育家就身体力行，亲自为本科生讲授基础课。他们以渊博的学识、精湛的讲课艺术、高尚的师德，带出一批又一批杰出的年轻教员，培养了一届又一届优秀学生。入选精品教材系列的绝大部分是基础课或专业基础课的教材,其作者大多直接或间接受到过这些老一辈科学家、教育家的教诲和影响,因此在教材中也贯穿着这些先辈的教育教学理念与科学探索精神。

改革开放之初,学校最先选派青年骨干教师赴西方国家交流、学习,他们在带回先进科学技术的同时,也把西方先进的教育理念、教学方法、教学内容等带回到中国科学技术大学,并以极大的热情进行教学实践,使"科学与技术相结合、理论与实践相结合、教学与科研相结合"的方针得到进一步深化,取得了非常好的效果,培养的学生得到全社会的认可。这些教学改革影响深远,直到今天仍然受到学生的欢迎,并辐射到其他高校。在入选的精品教材中,这种理念与尝试也都有充分的体现。

中国科学技术大学自建校以来就形成的又一传统是根据学生的特点,用创新的精神编写教材。进入我校学习的都是基础扎实、学业优秀、求知欲强、勇于探索和追求的学生,针对他们的具体情况编写教材,才能更加有利于培养他们的创新精神。教师们坚持教学与科研的结合,根据自己的科研体会,借鉴目前国外相关专业有关课程的经验,注意理论与实际应用的结合,基础知识与最新发展的结合,课堂教学与课外实践的结合,精心组织材料、认真编写教材,使学生在掌握扎实的理论基础的同时,了解最新的研究方法,掌握实际应用的技术。

入选的这些精品教材,既是教学一线教师长期教学积累的成果,也是学校教学传统的体现,反映了中国科学技术大学的教学理念、教学特色和教学改革成果。希望该精品教材系列的出版,能对我们继续探索科教紧密结合培养拔尖创新人才,进一步提高教育教学质量有所帮助,为高等教育事业作出我们的贡献。

侯建国

中国科学技术大学校长
中 国 科 学 院 院 士
第三世界科学院院士

前　　言

核能的发现是20世纪物理学的重大事件，从此人类进入原子能时代。物理是科学的基础，而能源又是工业的基础，两者既独立，又相互影响。裂变反应从1935年中子被认识开始，经历了发现放射性、中子链式反应、原子弹（原子反应堆）几个过程，最终形成了一代核电能源。由于（铀、钍）资源有限的核燃料问题、（三里岛事故、切尔诺贝利事故引发的）安全问题、核废料（裂变产物、锕系元素）处理问题，公众产生畏“核”情绪，使得世界范围内的核能发展速度有所减缓。日本大海啸导致的福岛核电站危机，促使人们发展安全级别更高的核能系统。显然，从人类能源的长远需要出发，希望能得到恒定长期能源，避免日益严重的“温室效应”的困扰，裂变能源将会继续得到发展，这是毋庸置疑的。

聚变反应1939年就被发现，从而揭示了太阳（以及其他恒星）能量产生的奥秘，人们开始关注氢核聚变反应。原子弹爆炸提供了实现聚变反应所需的高温条件，促使氢弹（1952年）试验成功，人们开始考虑如何控制热核反应，如何实现热核反应，如何才能约束高温等离子体。在磁约束与惯性约束研发中，托卡马克异军突起（在前苏联T－3上克服了巨大的宏观稳定性），促使（1985～1990年在TFTR、JET、JT－60U上）等离子体参数达到接近聚变堆的水平，继而提出ITER计划（1987～2005年），多国合作共同建造聚变实验堆来验证科学可行性及部分工程可行性。磁约束聚变的发展之所以经历了这么长的时间，一方面是对约束高温等离子体了解不完整，工程非常复杂，的确不容易。另一方面是在国际合作上往往受到政治上的“牵制”，如ITER的“合作”与“选址”就费了5～6年时间。若ITER建造到2015年，再考虑建造DEMO验证工程可靠性到2030年，聚变能源的商用化到本世纪中叶方有望实现。尽管如此，聚变核能仍然是唯一能永远解决人类能源问题的可能方案。

新中国核科学与技术是在一穷二白的基础上起步的。旧中国有两个核科研机构，一个是解放前不久南京中央物理研究院刚刚设立的原子核物理实验室，仅有吴有训先生等5名科技人员；另一个是北平研究院镭学研究所基础上成立的原子学研究所，也只有钱三强先生等数名科技人员。新中国成立后，在这两个研究机构的基础上成立了中国科学院近代物理所，首任所长和副所长分别由吴有训先生和钱三强先生担任，1953年10月6日中国科学院决定将近代物理所的部分改名为“中国科学院物理研究所”。

“一五”计划期间，国家确立了(“两弹一星(艇)”工程为战略目标的)原子能应用为我国核科学与技术的最初发展方向。此后，我国的原子能应用取得了长足的发展：1964年10月16日15时，中国第一颗原子弹在中国西部爆炸试验成功；1966年10月27日，中国第一次导弹核武器试验成功；1967年6月17日，中国第一颗氢弹爆炸试验成功；1969年9月23日，中国进行首次地下核试验；1971年9月，中国第一艘核潜艇成功下水。目前，包括“两弹一星(艇)”在内的国防力量已经成为我国国家安全、和谐发展、和平崛起的重要保障。1958年新组建的中国科学技术大学围绕“两弹一星(艇)”设置了原子核物理、原子核工程和放射化学等六个本科专业。此后，中国科学技术大学为国家培养了数千名核类优秀科学技术人才。

改革开放以来，我国的核类事业经历了两个不同的发展阶段。前期主要是以拓展动力堆技术为代表的中国民用核电发展，以及用于粒子物理、原子核物理和多学科研究为代表的大科学装置发展。此期间，国内形成了民用核电国有企业群，形成了以研究院所和大学为主力军的大科学装置工程群。后期，中国核电事业进入了快速发展期，投入运行、在建和计划的核电堆达到44座，电功率额度将达到44.05 GW；我国核技术大科学装置工程向高端水平进军，在粲物理、核质谱与高亮度光源、等离子体物理等方向取得了世界领先的成果。目前，我国在快中子实验堆、高温气冷实验堆、电子冷却重离子环、第三代先进光源、非圆截面全超导托卡马克实验装置上均已取得重大进步，并开展了高功率质子加速器驱动次临界嬗变堆的概念设计研究。近十年来，中国科学技术大学的核科学与技术学科也取得了高速发展，形成了拥有本硕博完整教育体系，具备加速器物理与反应堆物理相结合、核裂变能与核聚变能科学与工程相结合、同步辐射光源与多学科应用相结合的多学科方向科研体系。

本书是在中国科学技术大学研究生通修课程2005年至2011年讲稿基础上整理而成的。其目的是在核能科学与工程统一的框架下，全面地叙述核能的基本知识、概念，尤其对中子输运及其方程、公式及程序，作为统一的整体来讲授。除了第1章为概述性内容以外，第2章至第6章讲授的内容主要涉及裂变过程，第7章、第8章与第10章讲授的内容主要涉及聚变过程，第9章涉及加速器驱动次临界系统过程，第11章讲授的内容主要涉及核燃料循环过程。因此，本书主要用于研究生教学，也可以用于高年级本科生教学，以及研究及技术人员参考之用。

由于涉及内容庞杂，加之作者水平所限，书中难免存在错漏之处，恳切希望使用此书者在内容或文字上给予指正，以便在未来版本修订中加以完善。

邱励俭　王相綦　吴斌

2012年4月

目　　录

第1章 核 能

19世纪末，物质结构的研究开始进入微观领域，此后的几十年内，人类在这方面取得了重大进展，在物理学中建立了研究物质微观结构的三个分支学科：原子物理，原子核物理和粒子物理；发现了微观世界的运动规律，创造了量子力学和量子场论；原子能的释放，为人类社会提供了一种新能源，推动社会进入原子能时代。原子能的释放，是通过原子核反应实现的，是20世纪物理学对人类社会的最大贡献之一。人们又称原子能为核能。将核能转化为热能或转化为电能，都要通过核反应堆这样的装置。因此，核能物理与技术研究的对象，总是与各种各样的核反应堆装置有关。而核反应堆相关的物理与技术的研究，涉及领域小到原子核及其核子层次，大到原子与晶体，及各种物质材料的尺度，十分广泛。因此，核能物理与技术范畴，是涉及核反应堆装置的基础课程之一，此课程的基础知识及其深化，涉及包含物理学、生物学与工程学的诸多课程知识。如图1.1所示为核能物理与相关技术研究的范围。为了满足核事业发展对人才的巨大需求，为了有助于大量非核学科毕业的本科生进入核科学与技术学科攻读研究生学位，我们将课程定位于核能物理与技术概论。课程内容主要涉及当前核电站快速发展的裂变反应堆（压水堆和高温气冷堆），正在研发中的快中子堆，并简单介绍未来的核反应堆（聚变堆、聚变裂变混合堆和加速器驱动的裂变堆）。

1.1 爱因斯坦伟大的预见 $E = mc^2$

原子核主要是由称之为核子的质子和中子构成的。质子和中子，都由更深层次的基本粒子组成。粒子物理学的发展告诉我们，构成物质世界的基本粒子有12

种:6种夸克(上、下、奇异、粲、底、顶),3种带电轻子(电子、缪子和陶子),3种中微子(电子中微子、缪中微子和陶中微子)。因此,质子和中子是可以相互转化的。而核能物理与技术概论中最基础的知识之一,就是原子核物理的中子物理学。为什么核能有那么巨大的能量?可以经由对爱因斯坦(A. Einstein)提出的质能关系式的认识得到理解。

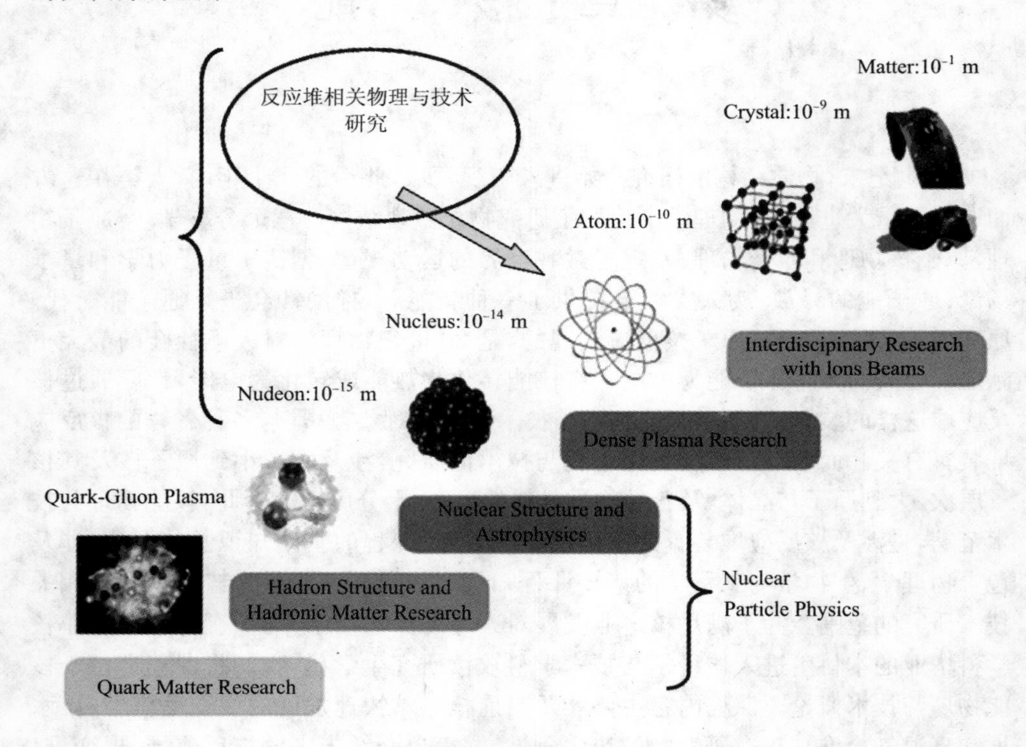

图1.1 核能物理与相关技术研究的范围

在20世纪初古典物理学出现危机的关键时刻,爱因斯坦是推动物理学革命思想的一面光辉旗帜。他提出了狭义相对论和广义相对论,从根本上改变了传统的绝对的时空观念,将时、空、物质和作用力通过对称性统一起来。他提出了质量和能量的关系式 $E=mc^2$。它表明,任何物质,当它的质量为1 g时,它具有的能量为 $E=1\times(3\times10^{10})^2$ erg,反之,能量变化为1 erg时,它的质量有 $(1\times10^{-20})/9$ g的变化。对氧和碳结合的化学反应来说,其反应前后具有的质量差仅为

$$\Delta m = m_{C} + m_{O_2} - m_{CO_2} = 7.3\times10^{-33}\ \text{g}$$

而释放的能量为

$$E = 6.52 \times 10^{-12}\ \mathrm{erg}$$

我们知道，$10^7\ \mathrm{erg} = 1\ \mathrm{J}$，因此，对氧和碳结合的化学反应，质能转换获得的能量是很低的。这是因为化学反应主要是原子核外电子之间的相互作用，这种化学反应释放的能量与核能相比，是很小的。

根据狭义相对论，一个质量为 m_0 的物体，它的总能量为

$$E = \frac{m_0 c^2}{\sqrt{1 - \frac{v^2}{c^2}}} \tag{1.1}$$

当物体的速度 v 远小于光速 c，即 $v \ll c$ 时，$E \approx m_0 c^2 + \frac{m_0 v^2}{2}$。人们称 $m_0 c^2$ 为静止能量，称$\frac{m_0 v^2}{2}$为动能。更严谨的表述，我们称 m_0 为物体的静止质量，而称

$$m = \frac{m_0}{\sqrt{1 - \frac{v^2}{c^2}}}$$

为物体的质量（或运动质量）。

爱因斯坦的质能关系式告诉我们物体的质量与能量之间有确定的对应关系。因此，我们习惯上可以用能量单位来表述物体的质量。在核能物理中，单个质子的静止质量，用静止能量 938.27231 MeV 来表述；而单个中子的静止质量，用静止能量 939.56563 MeV 来表述；当质子与中子存在于原子核内被称为核子时，单个核子的静止质量，用静止能量 931.49432 MeV 来表述。失去外层电子的氢离子，就是单个质子。在质子加速器中，被加速的带电粒子束，就是由大量有相同运动规律的质子构成的束流。这样的质子的静止质量，可以用 938.27231 MeV 来表述。对于失去外层电子的氘离子，其原子核内有一个质子和一个中子，此时的质子和中子称为核子，只能用核子的静止能量 931.49432 MeV 来表述。采用这样的能量量纲的好处是显而易见的：计算过程变得非常简明。

原子核的核子数通常用符号 A 来表述。当采用碳元素的原子质量的 1/12 为原子质量单位（用符号 u 表示）时，核子的质量数都非常接近于 1，由核子组成的原子核的质量数 A 就等于核内质子数 Z 和中子数 N 之和，即质量数等于核子数。在原子核物理中，具有相同质子数和不同中子数的核素，称为同位素；具有相同中子数和不同质子数的核素，称为同中子素。其他的核素名称，就不在此一一介绍了。

实验发现，原子核的质量总是小于组成它的质子和中子的质量和。例如氢元素与其同位素氘，氢原子的质量 $m_{\mathrm{H}} = 1.007825\ \mathrm{u}$，中子的质量 $m_{\mathrm{n}} = 1.008665\ \mathrm{u}$，因此质子与中子的质量和是

$$m_{\mathrm{H}} + m_{\mathrm{n}} = 1.007825(\mathrm{u}) + 1.008665(\mathrm{u}) = 2.016490(\mathrm{u})$$

经实验测定，氘原子的质量 $m_{\mathrm{D}} = 2.014102$ u，而氘原子和氢原子都只有一个核外电子，由此可求得一个中子和一个质子在组成氘核后质量发生的变化：

$$(m_{\mathrm{H}} + m_{\mathrm{n}}) - m_{\mathrm{D}} = 2.016490(\mathrm{u}) - 2.014102(\mathrm{u}) = 0.002388(\mathrm{u})$$

这种质量减少的现象同样存在于其他的原子核中，人们将这种现象称作“质量亏损”。核反应前后产生的质量亏损，转化成能量（热能），人们直接利用热能，或者再将热能转化为电能予以利用。原子核反应过程中，一般有相应的能量释放出来，“亏损”的质量 Δm 和释放的能量 ΔE 之间的定量关系就是

$$\Delta E = \Delta m c^2 \tag{1.2}$$

原子核反应中释放的能量为核能，包括裂变能和聚变能两种。在裂变反应或聚变反应中，反应前后物质的质量有少量的差异，根据 $E = mc^2$，这少量的质量差异能够转化为巨大的能量，从而开辟了一个新的时代——原子能时代。

裂变反应，是指重元素（U、Pu 等）的分裂反应，其特点是贫中子、富能量。这样的裂变反应可以用以下反应方程式表示：

$$^{235}\mathrm{U} + {}^1_0\mathrm{n} \Rightarrow [{}^{236}_{92}\mathrm{U}]^* \Rightarrow {}^A_Z\mathrm{X}_1 + {}^A_Z\mathrm{X}_2 + \nu{}^1_0\mathrm{n}(200\ \mathrm{MeV}) \tag{1.3}$$

贫中子，是指产生的中子能量略低一点；而富能量是指单次裂变反应释放的能量比较高。爱因斯坦的公式又可以表示为

$$E(\mathrm{erg}) = m(\mathrm{amu})c^2(3 \times 10^{10}\ \mathrm{cm \cdot s^{-1}}) = m(\mathrm{amu}) \times 1.49 \times 10^{-3} \tag{1.4}$$

$$E(\mathrm{MeV}) = m(\mathrm{amu}) \times 931 \tag{1.5}$$

式(1.5)中的近似数字 931 表示原子核内核子平均能量近似取作 931 MeV。中子与重元素原子核的裂变反应，例如

$$^{235}\mathrm{U} + {}^1\mathrm{n} \Rightarrow {}^{95}\mathrm{X} + {}^{139}\mathrm{Y} + 2\mathrm{n} \tag{1.6}$$

核反应前后的核质量数发生变化：

$^{235}\mathrm{U}$	235.124		$^{95}\mathrm{X}$	94.945	
$^{1}\mathrm{n}$	1.009		$^{139}\mathrm{Y}$	138.955	
			$2\times\mathrm{n}$	2.018	
总质量	236.133	→		235.918	=0.215(amu)

因此，每次裂变反应释放的能量为 $0.215 \times 931 \approx 200(\mathrm{MeV})$。

聚变反应，即轻元素原子核（D、T、He）的聚合反应。相对于裂变反应过程来说，其特点是富中子、贫能量。例如：

$$\mathrm{D} + \mathrm{T} \Rightarrow {}^4\mathrm{He}(3.52\ \mathrm{MeV}) + \mathrm{n}(14.07\ \mathrm{MeV}) \tag{1.7}$$

富中子，是指产生的中子能量比裂变中子的能量要高；而贫能量，是指单次聚变反

应释放的能量比单次重核裂变反应要低。同样,氘氚聚变反应生成氦与中子,质量亏损为

$$(m_D + m_T) - (m_{^4He} + {}^1n) = 5.0301511(u) - 5.0112669(u) = 0.0188842(u)$$

反应前后亏损的质量,分别转换为氦与中子的动能,其中氦粒子带有的动能为

$$\Delta E = 0.003777 \times 931 = 3.52(\text{MeV})$$

这是单次核子聚变反应的贡献,另外中子还带有 14.07 MeV 的能量,总共为 17.59 MeV,这显然比裂变时产生的 200 MeV 小很多。如果将 erg 换算成焦耳, 10^7 erg = 1 J,就每公斤可燃物质裂变释放或聚变释放的能量而言,因为氘、氚轻,而铀重,所以聚变反应功率密度大。经过计算可知:

- 1 kg 的煤燃烧释放的能量为 2.93×10^7 J。
- 1 kg 的^{235}U 裂变释放的能量为 8.2×10^{13} J。
- 1 kg 的 D+T 聚变释放的能量为 3.5×10^{14} J。

无论是铀—235 的裂变反应,还是氘氚的聚变反应,单位质量释放的能量均远大于单位质量化石燃料释放的能量,所以核能是高密度的能源。

1.2 可资利用核能的种类:裂变能与聚变能

核能的发现是 20 世纪物理学的重大事件,从此人类进入原子能时代。物理学是科学的基础,而能源又是工业的基础,两者既独立,又相互影响。

裂变反应,始于 1935 年人们发现中子,1942 年费米在美国芝加哥大学建立了第一座自持链式裂变反应堆,让人们认识了中子链式反应,进而发展到原子核反应堆,开始了人类利用核能的新纪元,以后又发明了原子弹,使人们认识到原子核能够释放巨大的能量,最终形成占世界发电量达 17%的一代核能源。虽然由于核燃料问题(铀、钍储量中的易裂变资源有限)、安全问题(三里岛事故与切尔诺贝利事故)、核废料处理问题(裂变产物与锕系元素的长寿命),公众产生畏“核”情绪,使得在世界范围内核能的发展速度有所减缓,但从人类能源的长期需要出发,核能必会得到发展,这是毋庸置疑的。

现在,用可再生能源及核能源补充和逐步取代化石能源已成为世界经济发展

的趋势，也是我国经济发展的战略方向之一。截至 2009 年 12 月 31 日①，全世界核电运行堆共 437 座，装机总功率 370705 MW；2006 年公布的数据核能发电量约 26000 亿度（占全球总发电量的 16%），在建堆 24 座 19000 MW，计划堆 41 座 43000 MW，提议堆 113 座 82000 MW；发达国家中，美国核能年发电量 7900 亿度（占 20%），法国核能年发电量 4300 亿度（占 78%），世界上其他有核电国家的核能发电占总发电量的比例也均远高于我国。从人均能耗与人均 GDP 的关系来看，人均 GDP 为 4000 美元时人均能源消费大致为 2 吨油当量（见图 1.2），在我国人均 GDP 相对还较低的情况下，结合我国能源消费的特点（见图 1.3），中国经济的发展对能源的需求量极大。

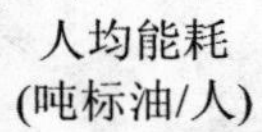

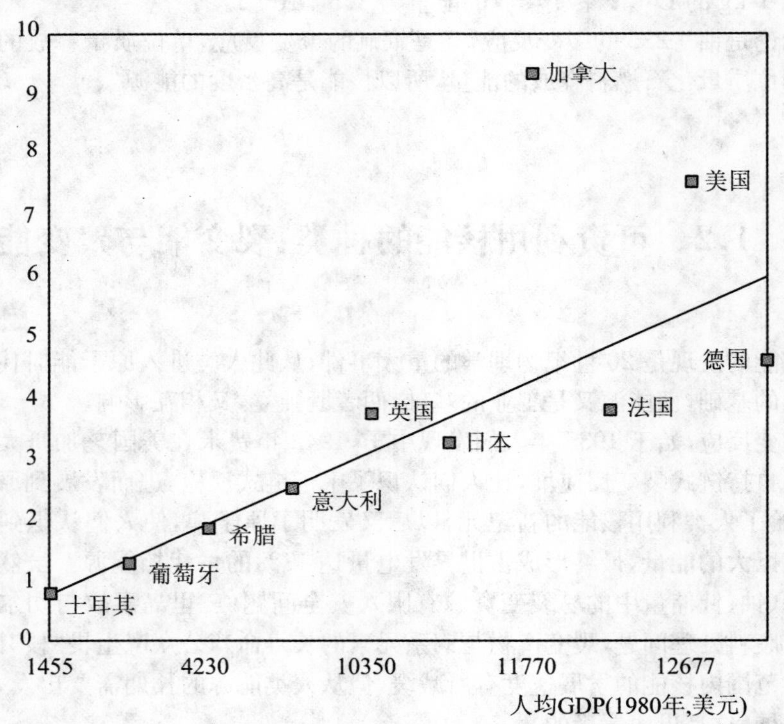

图 1.2　人均能耗与人均 GDP 的关系

① IAEA 公布的数据。

我国能源结构与工业发达国家相距甚大，且与国家安全的需求相差巨大。2007 年我国南方遭遇 50 年未遇的特大雪灾，由于运输中断，南方地区的燃煤电厂告急。特大雪灾启示我们，加速中国核电事业的发展，可能是解决我国现代化建设巨大能源需求的主要途径之一。一座 400 万千瓦的核电厂，每年大约需要 4 个 60 吨车皮的运输量；而同样规模的燃煤电厂，每年需要 1000 列运煤货车，每列货车由 100 节车皮组成，几乎每天有 3 列车皮进厂；同样规模的燃油电厂，每年需要 44 艘超级油轮，几乎一周有一艘油轮到达。因此，中国发展核电站，不仅可以解决长期以来困扰我们的"北煤南运"问题，减轻近年来高速发展对石油的依赖程度，还可以保留化石燃料用于后代的经济发展。

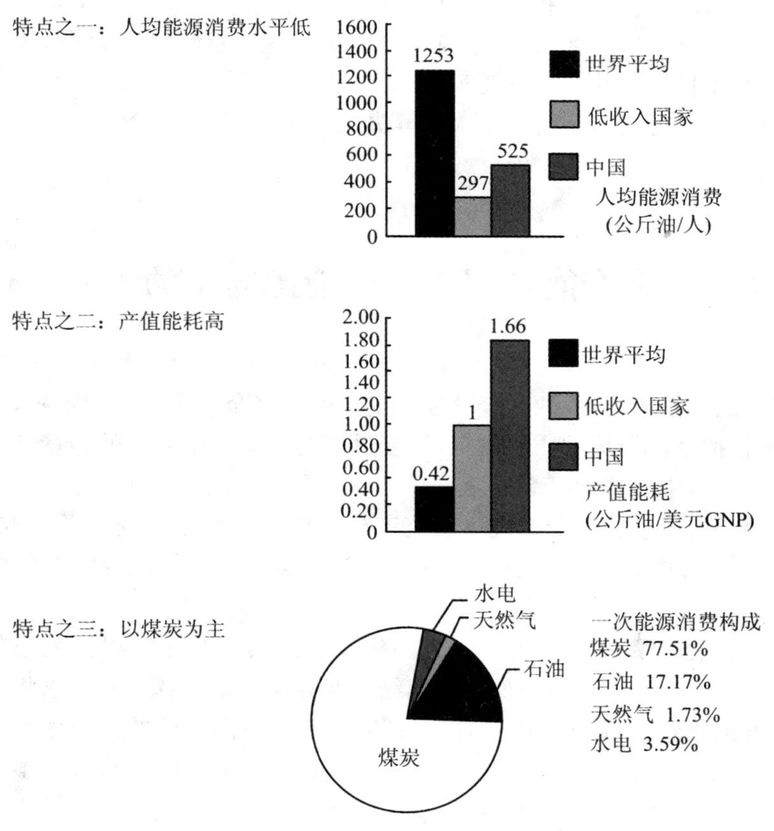

图 1.3　中国能源消费的三个特点

聚变反应 1939 年就被发现了，从而揭示了太阳能量产生的奥秘，人们随之开始关注氢核聚变反应。只有原子弹的爆炸，才可能提供实现聚变反应所需的高温条件，从而导致了氢弹的发明(1952年)，而后人们开始考虑如何实现可控制热核反应，进而发现了实现热核反应的基本条件——劳逊判据，开始研究如何才能约束高温等离子体，发现了磁约束、惯性约束等途径。而托卡马克异军突起(在前苏联T-3上克服了巨大的宏观不稳定性)，使得T-3的等离子体参数达到接近可控聚变堆的水平(1985～1990年在TFTR、JET、JT-60U上)，进而推动了在全世界范围内提出ITER计划，即共同建造聚变实验堆来验证科学可行性及部分工程可行性(1987～2005年)。磁约束聚变的前期发展经历了这么长的时间，一方面是人们对约束高温等离子体过程了解不够，而工程又太复杂，的确不容易，另外在国际合作中往往受到政治上的“牵扯”。如ITER的“合作”与“选址”就费了5～6年，若ITER建造到2015年，再考虑建造DEMO验证工程可靠性到2030年，聚变能源的商用化工程，本世纪中叶方有可能实现。

尽管如此，核能仍然是唯一能永远解决人类能源问题的方案。

1.3 核聚变能是解决人类能源需求的主要选择

核聚变的理论依据是：两个轻核在一定条件下聚合生成一个较重核，同时伴有质量亏损，根据爱因斯坦的质能方程，聚变过程将会释放出巨大的能量。聚变能燃料可用取自海水中蕴藏量极高的氢同位素氘(每立方米海水中含有约30克氘)，1克氘完全燃烧可产生相当于8吨煤燃烧产生的能量。因此聚变能源是取之不尽、用之不竭的符合国际环保标准的清洁能源，是人类解决未来能源问题的根本途径之一。

考虑能否发生聚变反应的三个基本条件是劳逊判据、能量得失相当判据和自持燃烧条件。由此三个基本条件可以归结出两方面的要求：第一，要求将氘氚等离子体的温度加热到10 keV(10^8 K)以上；第二，要求等离子体的粒子密度与能量约束时间的乘积大于$(2\sim4)\times10^{14}$ $cm^{-3}\cdot s$以上。科学家们围绕这些基本条件进行了数十年的研究。

20世纪30年代，在英国剑桥的卡文迪什实验室进行了人类历史上第一次核聚变实验。1952年11月1日，西太平洋埃尼威托克岛秘密爆炸了一颗氢弹，爆炸中释放的巨大能量宣告人类终于成功地实现了核聚变。欣喜之余，科学家们开始设想能否将爆炸中瞬间释放的巨大能量缓慢地释放出来，以实现和平利用核能的目的呢？从此，世界上许多国家都开始秘密开展受控核聚变的相关研究，研究装置有：磁约束装置仿星器，磁场箍缩装置，惯性约束装置，环形箍缩装置等；在前苏联，聚变研究也在有条不紊地开展，但都在高度保密状态下进行。由于聚变反应的实现条件非常苛刻，不是一个国家的力量就能实现的，基于这样一个认识，终于在1958年日内瓦召开的国际原子能大会上通过了开展国际合作与交流的决定。此后相当长时间内，聚变研究进展仍然非常缓慢。1968年，在前苏联新西伯利亚召开的第三次国际等离子体物理和受控热核聚变会议上，前苏联物理学家塔姆和萨哈罗夫报告在托卡马克装置T－3上获得了非常好的等离子体参数。1969年，在征得塔姆等人同意后，英国卡拉姆实验室主任亲自携带最先进的激光散射设备重新测量了T－3上的电子温度，结果发现测得的温度比塔姆等人报告的温度还要高！自那以后，托卡马克在聚变研究中脱颖而出，成为磁约束聚变的主要研究平台，世界范围内也掀起了托卡马克研究热潮。美国首先把当时最大的仿星器改装成托卡马克，并很快投入运行，获得了跟T－3类似的结果。这期间，世界上建造了许多托卡马克装置，这批装置一般称为第一代托卡马克。在此基础上，紧接着又建造了规模较大的第二代托卡马克装置。20世纪80年代，开始设计第三代托卡马克装置，其中美国的TFTR、欧洲的JET、日本的JT－60和前苏联的T－15分别投入运行取得了非常显著的成果，如1991年11月9日JET装置上首次获得了17 MW的受控聚变能，1993年TFTR装置上通过氘氚等离子体燃烧获得了10 MW的聚变能。后通过30余年的努力，又在电流驱动走向稳态运行，提高约束模式由低模(L)转向高模(H)运行等方面取得进展，并在TFTR、JET及JT－60U上第一次得到聚变功率，且接近“得失相当”。这些成果需要有一个实验堆来验证氘氚燃烧等离子体的“科学可行性”以及一个聚变堆完整的系统工作，即验证部分的“工程现实性”。于是人们开始考虑“建堆”，这就是建造国际热核聚变实验堆(ITER)的背景和主旨。

ITER的目标是验证氘氚等离子体自持燃烧的科学可行性及聚变反应堆建造的工程可行性。1986年，美国总统里根和前苏联共产党总书记戈尔巴乔夫倡议在国际原子能机构(IAEA)框架下进行ITER的国际合作计划，当时决定只许可美国、前苏联、日本和欧洲共同体四方参加，其他国家要参加只能是上述四方的伙伴。ITER从1987年开始，经过1987～1990年3年概念设计阶段，基本上完成了ITER的工程设计。应该说ITER的前期工作做得是非常好的，完成了一项艰巨而又有益于人类的任务，也是国际合作的范例。但是当时石油价格不高，仅10余美元一桶，也就是说能源需求还不迫切，普遍认为ITER造价太高，仅建造费就需100

亿美元，难于得到通过，于是要求修改设计。1997～1999年对ITER进行了修改设计，目标是降低造价一半，还能验证“点火”，即完成物理可行性与部分工程可行性即可。这个修改的ITER设计称为ITER-FEAT，主要是缩小了尺寸及采用H模定标。1999年，美国宣布退出ITER计划，理由是核聚变研究在美国不是能源需求，尚属于基础研究。2000年，欧洲、日本和俄罗斯继续进行修改设计和有关的R&D工作，并提出扩大参加伙伴，凡参加者均为独立成员，共同享有设计及R&D资料的知识产权，有权通过重大决定。除东道主外，其他成员仅需付10%的建造费用。中国政府在2002年表示有兴趣参加ITER国际计划，受到ITER管理层的欢迎，于2003年正式接纳中国为正式成员。随即美国表示返回ITER，而韩国也宣布参加，这样就共有6个成员国(欧盟、俄罗斯、日本、中国、美国和韩国)，并不排除其他国家参加。但是在“选址”上产生了巨大“分歧”。美国、韩国和日本主张建在日本，而俄罗斯、中国和欧盟主张建在法国。这场争论直到2005年7月才定下来，以建在法国而告终。

ITER在2006年开始建造，预计需要经过10年的建设才能投入运行，运行周期初步预定为30年，目前正在建设中。

1.4 建设ITER的目标

1. 物理方面

(1) 对感应驱动的氘氚等离子体，在 $Q \geqslant 10$ 时(Q 为聚变功率与输入到等离子体的功率之比)，进行氘+氚燃烧，要求感应驱动燃烧的时间为300～500 s。

(2) 为了演示稳态运行，可以在 $Q \geqslant 5$ 的情况下进行非感应驱动运行。

2. 工程方面

(1) 展示关键聚变工艺的综合及有效性。

(2) 为今后聚变堆的部件设计进行实验。

(3) 为增殖氚的包层模块设计进行实验，在14 MeV能量的中子辐照下，其中子壁负荷 $\geqslant 0.5\ \mathrm{MW/m^2}$，同时其积分通量 $\geqslant 0.3\ \mathrm{MW \cdot a/m^2}$。

除此以外，还有以下目标：

(1) 尽量应用在EDA阶段得到的技术经验和发展的概念。

(2) 将1998年设计的ITER的投资费用减少50%。

新的设计叫ITER-FEAT，但通常仍习惯地称为ITER，其总体剖面图如图1.4所示，具体参数如表1.1所示。

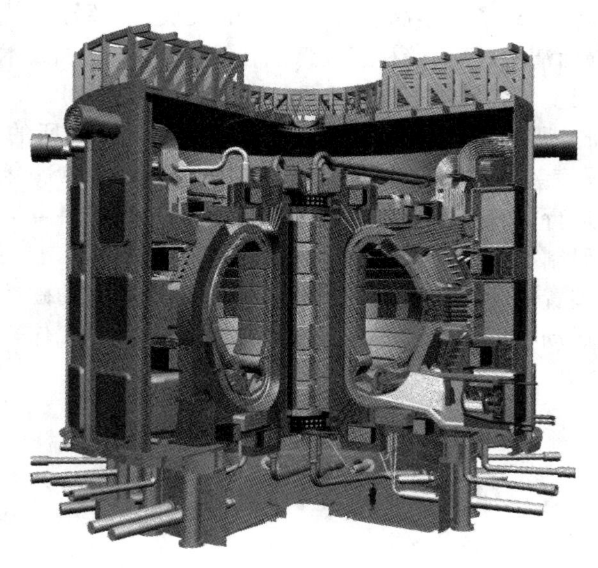

图1.4　ITER总体剖面图

ITER建设的意义是很大的，是核聚变发展历史上的里程碑。其意义表现在以下几个方面：

(1) 首先，它是个"反应堆"，哪怕是实验堆。实验堆与商用堆的差别主要在于中子壁负荷。ITER的中子壁负荷为0.5 MW/m^2，其中子流强约为0.75×10^{13} $cm^2\cdot s$，比一般的裂变反应堆还要低，这时，在14 MeV下的辐照损伤才3 dpa，用不锈钢做结构材料就可以满足。而商用堆的中子壁负荷为3～5 MW/m^2，其辐照损伤$<$100 dpa，需要研究新的抗辐照钢作为结构材料，实现这一点需要足够的时间。

(2) 长时间氘氚燃烧的等离子体的掌握与控制，是人类实践中未曾遇到过的，只有在ITER规模的装置上才能实现。

(3) 如何产氚及维持燃料循环，也需要在实践中掌握，才能保证可以达到自我循环。

(4) ITER是一个核装置，如何在强中子辐照环境下，确保人身、设备及外部环境安全，也只有通过ITER的可靠运行才能验证。

(5) ITER是一个大体积中子源(立方米级)，可以提供包层模块(TMB)的整体实验，而加速器中子源，即使是IFMIF(International Fusion Material Irradia-

tion Facility)也只能提供几升体积的辐照空间。

ITER是人类聚变活动的平台,也是聚变能发展的一个重要里程碑,更是国际合作的大科学工程,推动了许多高新技术领域的发展,如超导材料与磁体、微波技术、超高真空与壁面清洗、第一壁材料及低活化结构材料、遥控技术与设备等。

我国开展核聚变研究最早可追溯到20世纪50年代中期。20世纪70年代左右,中科院物理研究所的CT-6和中科院等离子体物理研究所的HT-6B、HT-6M等小型托卡马克装置对放电物理等课题进行了研究。1984年,中国环流器一号(HL-1)投入运行;1992年,HL-1改造成HL-1M;1994年,中科院等离子体物理研究所成功研制HT-7超导托卡马克,使我国成为继法、日、俄之后第4个具有超导托卡马克装置的国家。目前国家科技部组建了我国的磁约束总体组,组织中国磁约束专家启动中国聚变工程实践堆(CFETR)的设计工作。

1.5 惯性约束核聚变

为了克服磁约束受控核聚变的困难,人们又提出了惯性约束概念,即ICF,这是利用高功率的激光束或粒子束均匀照射用聚变材料制成的微型靶丸,在极短的时间内迅速加热压缩聚变材料使之达到极高的温度和密度,在其分散远离以前达到聚变反应条件,引起核聚变反应。ICF的特点是驱动器和反应器是分离的,因而相对来说结构较为简单,不需要庞大的磁路系统,系统的工作条件也相对宽松一些。它的基本思想是:利用激光或离子束作为驱动源,脉冲式地提供高强度能量,均匀地作用于装填氘氚燃料的微型球状靶丸外壳表面,形成高温高压等离子体,利用反冲压力,使靶的外壳极快地向心运动,压缩氘氚主燃料层到每立方厘米几百克质量的极高密度,并使局部氘氚区域形成高温高密度热斑,达到点火条件,驱动脉冲宽度为纳秒级,在高温高密度热核燃料来不及飞散之前,进行充分热核燃烧,放出大量聚变能。不过ICF也有许多困难要克服:(1) ICF的约束时间仅为10^{-9} s左右,因而必须把等离子体加热到$T_i \geqslant 10$ keV、离子密度压缩到$n_i \geqslant 10^{32}$ m^{-3}的高温高密度状态,这个密度相当于原来的1000倍,这时等离子体内部的压强约为10^{12}个大气压,这就对驱动器和靶丸提出了极高的要求,而目前的激光器还很难达到这个条件。(2) 对于ICF来说,如何实现反应的连续运行以及传热、除灰等仍然困难极大。

惯性约束核聚变研究的目标是在21世纪实现干净的聚变能源和军事应用，在实现高增益聚变反应堆之前，在中期应用上，也可以利用实验室微聚变设施进行国防和科学方面的重要研究。在惯性约束聚变中，点火条件要求高温、高密度和一定的尺度，采用激光驱动也需要增压手段，其大致过程是：激光首先从四面八方均匀加热球形靶丸表面，在靶表面形成一层高温稀薄等离子体，然后激光通过这层稀薄等离子体，以逆轫致和某些等离子体的反常吸收过程被吸收。被吸收的激光能量迅速加热电子，温度可达到3000万～5000万度。高温电子通过电子热传导，又将大部分能量输运到临近吸收区的烧蚀层密度高的区域，形成一个高温烧蚀阵面（温度急剧变化的一个空间界面），并在此产生高的烧蚀压，这是一个增压过程，它将激光压力提高近千倍。烧蚀压驱动烧蚀阵面附近的物质，一方面将一部分高温高密度等离子体物质向外朝低密度的等离子体区喷射，另一方面由于作用与反作用的关系，将剩余的冷物质压缩并向中心加速运动，产生聚心冲击波，压缩氘氚燃料，这就是惯性约束的含义。这个过程称为“内爆”。通过球形内爆和内爆过程的聚心效应，使氘氚燃料的压力再增加几万倍，达到点火时要求达到的燃料压力。近年来又提出激光聚变点火的一种新方式——“快点火”，它的特点是将氘氚燃料靶丸的压缩和点火分开进行。和传统的“热斑点火”相比，快点火在压缩方面具有很多优越性能：大量节省驱动能量，降低了对驱动均匀性的要求，并且可以达到更高的能量增益。

自前苏联科学家Basov教授和我国科学家王淦昌教授于20世纪60年代分别在国际上相互独立地提出惯性约束聚变（Inertial Confinement Fusion，简称ICF）的思想以来，ICF研究取得了长足的进步。

虽然在20世纪80年代中期美国通过地下核试验已证实了ICF的科学可行性，但是为了在实验室条件下掌握驱动器与靶耦合各个环节的物理规律，在实验室演示点火（Ignition）和高增益仍然是必要的，这也是过去三十年和将来十几年中ICF研究的目的。为此目的，美国、日本、法国、英国等国家已经先后建立了Nova、Omega、Nike、Gekko Ⅻ、Ashura、Phebus、Vulcan、Titania等数个大型激光驱动器，并进行了与直接点火和间接点火相关的大量靶物理实验，取得了压缩DT置换固体靶（将材料中的H置换为D）至600 g/cm^{3}的结果，在理论上更深刻地理解了激光与靶耦合物理过程，认识到了一些制约ICF发展的困难，形成了能够较为全面、准确计算激光等离子体物理的大型计算机程序。为了演示点火，美国和法国正在研制国家点火装置（NIF）和兆焦耳（LMJ）装置。

目前ICF研究科学上仍处于可行性研究阶段，即掌握ICF主要环节的靶物理规律，实现实验室演示点火目标。为此需要驱动器（主要是高功率、高能量激光器)、靶物理理论和实验、精密诊断设备、靶的制备等方面的研究协调发展。

1985年建成的当时世界上最大的固体激光器Nova,脉宽约1 ns,10路,三倍频(3ω)能量(下同)输出约20 kJ,1994年Nova完成精密化,能量升级至40 kJ,现在已经退役。1995年在Rochester大学建成固体激光器Omega,1 ns,60路,约30 kJ。日本大阪大学激光工程研究所的Gekko Ⅻ装置为12路,15 kJ,波长为3ω。中国高功率激光联合实验室的SG Ⅱ装置为8路,3ω能量为3 kJ。这些装置的具体参数如表1.1所示。

表1.1 用于ICF研究的主要固体激光器

装置名称	实验室	能量	路数
Nova	美国利弗莫尔	40 kJ/3ω	10
Omega	美国罗彻斯特大学	30 kJ/3ω	60
Gekko Ⅻ	日本大阪大学	15 kJ/3ω	12
Phebus	法国里梅尔	10 kJ/ω	2
Vulcan	英国卢瑟福实验室	2 kJ/3ω	8
SG Ⅱ	中国高功率激光联合实验室	3 kJ/3ω	8

正在研制的美国NIF装置为192路,总能量为1.8 MJ,波长为3ω(0.35 μm),峰值功率为500 TW;目前在利弗莫尔实验室正在建造国家点火装置,原计划2008年左右建成。法国LMJ装置的参数大致与NIF一致,但路数更多,计划为240路。

由于KrF准分子激光具有波长短(248 nm)、频带宽(3 THz)、效率高、可重复频率运行、能量/价格比高等优点,是ICF和惯性聚变能源(IFE)研究中最有希望的驱动器之一。由于宽频带激光的空间相干长度短($\tau=\delta\nu^{-1}$),因而通过采用ISI等光滑技术可以实现对靶的均匀辐照,从而避免了靶面热点诱发的各种参量不稳定性,如受激布利渊散射、受激拉曼散射以及光束在靶面等离子体中的自聚焦等现象,并且能大大减少流体力学中的"印痕"与瑞利—泰勒(R-T)不稳定性。为此,各国在发展固体激光驱动器的同时,积极开展气体KrF准分子激光研制。美国海军实验室(NRL)建起了5 kJ/4 ns的Nike KrF激光装置;英国卢瑟福实验室建起了2 kJ/50 ns的Titania KrF装置;日本电子综合技术研究所及电讯大学分别建起了660 J/15 ns的Ashura KrF激光装置与780 J/ns的KrF激光装置。美国海军实验室的Nike装置单束辐照不均匀性为1%,37束叠加后的不均匀性为0.3%,是目前所有ICF激光器中最均匀的,并且已经进行了令人鼓舞的实验。

1.6 加速器驱动的次临界核能系统

近几十年来，核能领域内开始考虑发展质子加速器驱动的次临界核反应堆，并做了一些研究工作，此方向称为加速器驱动的次临界反应堆系统，简称为ADS。ADS有很多优点，它可以通过强流中能质子产生的散裂中子与乏燃料物质作用产生各种嬗变，不仅可以提供清洁的核能，而且可以对高放射性核废料进行嬗变处理，将长寿命的废料嬗变为短寿命或稳定的物质。同时还可借助中子引起的嬗变实现对核燃料的增殖和生产。因此，它具有放射性污染低、运行安全可靠、资源利用率高以及不产生高放核废料等优点。ADS是将加速器装置与核反应堆装置连接在一起的一个系统。一般的加速器装置输出的最大束流功率在10 kW左右，ADS要求的束流功率在10 MW左右。ADS系统要求的驱动加速器输出束流功率(流密度)极高。为了让在驱动的次临界反应堆中产生的功率有较好的均衡性，通常会要求驱动质子束比较均匀地撞击重金属靶。一般来说，加速器总是工作在高真空或超高真空条件下，而核反应堆并不要求真空条件，为了满足束流传输的真空条件必须在重金属靶前用金属窗膜(称为质子束窗)将两个装置隔离。为了不使高功率质子束烧蚀质子束窗，也必须将加速器输出的束流进行均束化拓展。因此，ADS这样的核能系统与其他的核能系统可能有完全不同的技术特点。

加速器驱动的次临界核能系统外源中子靠粒子加速器产生的中能质子轰击重金属靶通过散裂反应提供，两者结合成为驱动堆，如图1.5所示。

由于ADS中是中能质子(能量一般在600 MeV至1.6 GeV)撞击重金属靶，通过质子与重金属原子核的散裂反应提供高通量中子，这些中子的能谱远高于热中子堆的裂变中子，使得在热中子堆中不能够燃烧的可裂变核素得到充分燃烧，大大拓展了可燃烧核素的范围。储藏量丰度更高的^{238}U和^{232}Th可以得到充分利用，将热中子几乎不能引起裂变的^{238}U或^{232}Th转变为裂变截面较大的^{239}Pu或^{233}U，然后通过^{239}Pu或^{233}U的裂变输出能量。因此，可以提高资源利用率几十倍，其燃料成本将大为降低。且可以一次投料，长期运行。

对于由加速器驱动的次临界堆系统，驱动源加速器输出的功率在10 MW上下，而被驱动的次临界反应堆可输出1000 MW或者更高的热功率，人们称这样的系统为能量放大器。如果次临界反应堆核燃料本身裂变过程的有效增殖因子为

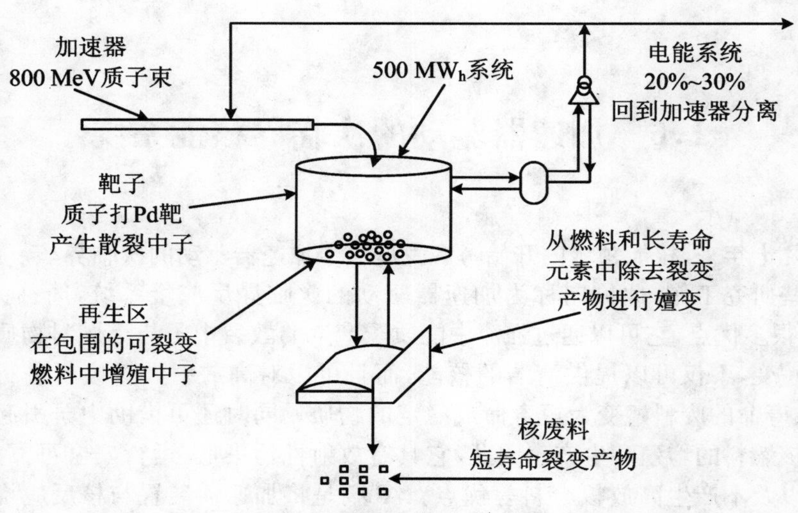

图 1.5　加速器嬗变原理图

0.98,为了使得次临界反应堆稳定运行所需的外源中子由驱动加速器输出的质子束的散裂反应提供,当外源中子停止时,次临界反应堆的裂变反应将不再继续进行,这样,一方面由于次临界反应堆的长期稳定运行需求,对驱动源质子加速器的长期稳定工作要求极高,其稳定性要求远高于其他类型的所有加速器的稳定性要求,同时反过来也说明,加速器驱动的次临界反应堆具有一种其他临界堆不具有的安全性,设计合理的次临界反应堆不会出现熔堆事故,安全性很高。

目前世界上还没有一台真正意义上能够运行的 ADS,这也说明了 ADS 的发展可能包含了许多人类还没有认知到的知识。因此,对 ADS 涉及内容的学习和研究,是非常有意义的。

参 考 文 献

[1] A. S. Bishop Project Sherwood the U.S. Program in Controlled Fusion[R]. Addison-Wesley Reading MA, 1958.

[2] Синтез－Деление. Институт атомной энергии[M]. АТОМИЗДАТ, 1978.

[3] Outlook for the Fusion Hybrid and Trittium-Breeding Fusion Reactor. A Report Prepared

by the Committee on Fusion Hybrid Reactors Energy Engineering Board Commission on Engineering and Technical Systems National Research Council[M]. National Academy Press Washington D.C.,1987.

[4] Farrokh Najmabadi. Advanced Design Activities in US. Japan/US Workshop on Fusion Power Plants & Related Technologies with participation of China, Russia, and EU[R]. Kyoto University,1999,3:24-26.

[5] The ARIES Fusion Neutron Source Study ARIES Team[R]. UCSD-ENG-O83. 2000,8.

[6] 中国实验混合堆详细概念设计[R]. Detailed Conceptual Design of China Fusion Experimental Breeder(FEB) ASIPP and SWIP. 1996,4.

[7] BOURQUE R F, SCHULTZ K R. CA; Rep. Fusion Application and Market Evaluation (FAME) UCRL-21073[R]. University of California CA,1988.

[8] QIU Lijian, WU Yican, et al. Transmutation of 90 Sr using Fusion-Fission Reactor[R]. IAEA 14th International Conference on Plasma Physics and Controlled Nuclear Fusion Research in Wurzburg, Germany, 1992,9-26～10-7.

[9] QIU L J, et al. A Compact Tokamak Transmutation Reactor for Treatment of High Level Wastes (HLW)[R]. IAEA 15th International Conference on Plasma Physics and Controlled Nuclear Fusion Research in Seville, Spain, 1994,9-30～10-1.

[10] QIU L J, et al. A Compact Tokamak Transmutation Reactor[R]. IAEA 15th International Conference on Fusion Energy Montreal, Canada, 1996,10-7～11.

[11] Qiu L J, et al. A low aspect ratio tokamak transmutation reactor[J]. Fusion Engineering and Design,1998(41):437-442.

[12] Qiu L J, et al. A low aspect ratio tokamak transmutation system[J]. Nuclear Fusion, 2000,3(40):629-633.

第2章　中子与核反应

中子物理的发展，在原子核理论研究及原子核基本性质了解过程中具有重要作用。

原子能的开发及应用，更加促进了中子物理的研究。自 1938 年发现中子能引起重核裂变及释放核能以后，人们就以很大的精力研究中子及它与物质相互作用的性质，为建立核反应堆和发展核武器提供了许多有用的数据。

中子物理和其他学科相结合，应用于国民经济各部门，都取得了明显效果，形成了一些有生命力的交叉学科。例如，利用慢中子非弹性散射和衍射研究原子和固体物质的性质，利用中子活化分析可使微量分析做到快速准确，中子测水、中子测井、中子辐照育种和中子成像等技术已广泛应用，利用中子治癌也已开展了临床试验。

2.1　中子简介

中子存在于除氢以外的所有原子核中，是构成原子核的重要组分；中子以凝聚态形式构成中子星物质；中子是物质结构的一个重要层次。自 1932 年查德威克(Chadwick)等人发现中子以来，人们对中子的基本性质进行了大量研究，目前已有相当清楚的认识[1]。

自由中子是不稳定的：一个自由中子会自发地转变成一个质子、一个电子和一个反中微子，并释放出 0.782 MeV 的能量，自由中子的半衰期为 10.61 ± 0.16 min。自由中子的不稳定性反映出中子静止质量稍大于氢原子质量这个事实。若以 c 表示光在真空中的速度，则自由中子的静止质量为 $m_n = 1.0086649\ \mathrm{u} =$

939.5653 MeV/c^2，氢原子静止质量为 $m_H = 1.007825\ u = 938.7820\ MeV/c^2$。在工程计算中，通常近似地取中子的静止质量为 1 u。

中子从宏观来看是电中性的。但是，中子内部具有电荷分布。如果中子内正、负电荷分布的中心稍有不重合，中子就应该具有电偶极矩。中子电偶极矩是否为零的问题具有基本的重要性，因为通过不同的相互作用理论，它涉及宇称守恒和时间反演对称法。目前已经发现：如果在中子内部分开的正、负电荷都为电子电荷 e 时，其中心的距离必须小于 10^{-24} cm。测量中子电偶极矩并提高此实验精度，属于基础研究的范畴。

中子有自旋角动量$\hbar/2$，是费米子，它遵守费米统计，服从泡利不相容原理。

中子具有磁矩，$\mu_n = -1.913042\ \mu_N$，负号表示磁矩矢量与自旋角动量矢量方向相反。磁矩结构有一定分布，其均方根半径约为 0.9 fm。由于中子有磁矩，故可以产生极化中子束。

中子具有强穿透能力。它与物质中原子的电子相互作用很小，基本上不会因原子电离和激发而损失其能量，因而比相同能量的带电粒子具有强得多的穿透能力。中子在物质中损失能量的主要机制是与原子核发生碰撞。由此产生两个问题：中子的探测和对中子的防护。探测中子虽然可用核辐射探测知识所介绍的各种探测器，但必须特别考虑中子经过与原子核作用产生的次级带电粒子，通过对这些次级带电粒子的探测来获得入射中子的信息。但是，一般说来，对中子的探测效率更低，能量分辨也差。对中子的屏蔽和防护是任何产生中子的设备都必须认真解决的问题。

中子与其他粒子一样具有波粒二重性。能量为 E(eV)的中子，其波长为

$$\lambda = \frac{2.86 \times 10^{-11}}{\sqrt{E}} (\mathrm{m}) \tag{2.1}$$

在实际计算中，一般使用折算波长$\bar{\lambda}$：

$$\bar{\lambda} = \frac{\lambda}{2\pi} = \frac{4.55 \times 10^{-12}}{\sqrt{E}} (\mathrm{m}) \tag{2.2}$$

2.2　中子与原子核的相互作用

为了研究中子与物质的相互作用以及它们在实际问题中的应用，首先必须要

有能够满足不同要求的中子源以产生所需要的中子。当今,人们使用的中子源大致分成三类,即加速器中子源、反应堆中子源和放射性中子源。一般说来,前两种中子源,特别是加速器中子源性能更好,多用性强;而放射性中子源可实现便携式,使用方便,适合野外及现场使用。

中子在介质中与介质原子的电子发生的作用可以忽略不计,因此我们只考虑中子与原子核的相互作用。

2.2.1 中子与原子核相互作用分类

势散射、直接相互作用和复合核的形成,是中子与原子核相互作用的三种方式[2]。

1. 势散射

势散射是最简单的核反应。如图 2.1 所示,它是中子波和核表面势相互作用的结果,中子并未进入靶核。任何能量的中子都可能引起这种反应。这种作用的特点是:散射前后靶核系统的内能没有变化。入射中子把它的一部分或全部动能传给靶核,成为靶核的动能。势散射后,中子改变了运动方向和能量。势散射前后中子与靶核系统的动能和动量守恒,势散射是一种弹性散射。

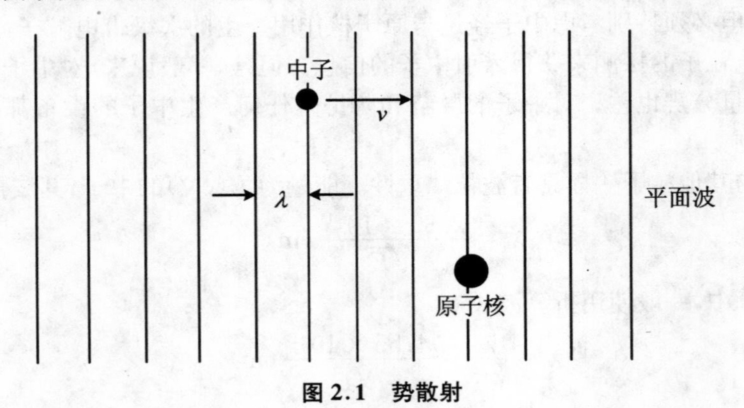

图 2.1 势散射

2. 直接相互作用

入射中子直接与靶核内的某个核子碰撞,使其从核里发射出来,而中子却留在了靶核内的核反应。如果从靶核里发射出来的核子是质子,这就是直接相互作用的反应,用符号(n,p)表述此反应过程。如果从核里发射出来的核子是中子,而靶核又发射 γ 射线,同时由激发态返回基态,这就是直接非弹性散射过程。

3. 复合核的形成

这是中子与原子核相互作用的最重要方式。在这个过程中，入射中子被靶核 ${}_{Z}^{A}\mathrm{X}$ 吸收，形成一个新的核——复合核 ${}_{Z}^{A+1}\mathrm{X}$。中子和靶核两者在它们质心坐标系中的总动能 E_c 就转化为复合核的内能，同时中子与靶核的结合能 E_b 也给了复合核，于是使复合核处于基态以上的激发态(或激发能级) E_c+E_b (见图2.2)，然后经过一个短时间，复合核衰变或分解放出一个粒子(或一个光子)，并留下一个余核(或反冲核)。以上两个阶段可写成如下形式：

(1) 复合核的形成

$$\text{中子}+\text{靶核}[{}_{Z}^{A}\mathrm{X}] \rightarrow \text{复合核}[{}_{Z}^{A+1}\mathrm{X}]^{*} \tag{2.3}$$

(2) 复合核的分解

$$\text{复合核}[{}_{Z}^{A+1}\mathrm{X}]^{*} \rightarrow \text{反冲核}+\text{散射粒子} \tag{2.4}$$

这里的上标“*”表示复合核处于激发态。

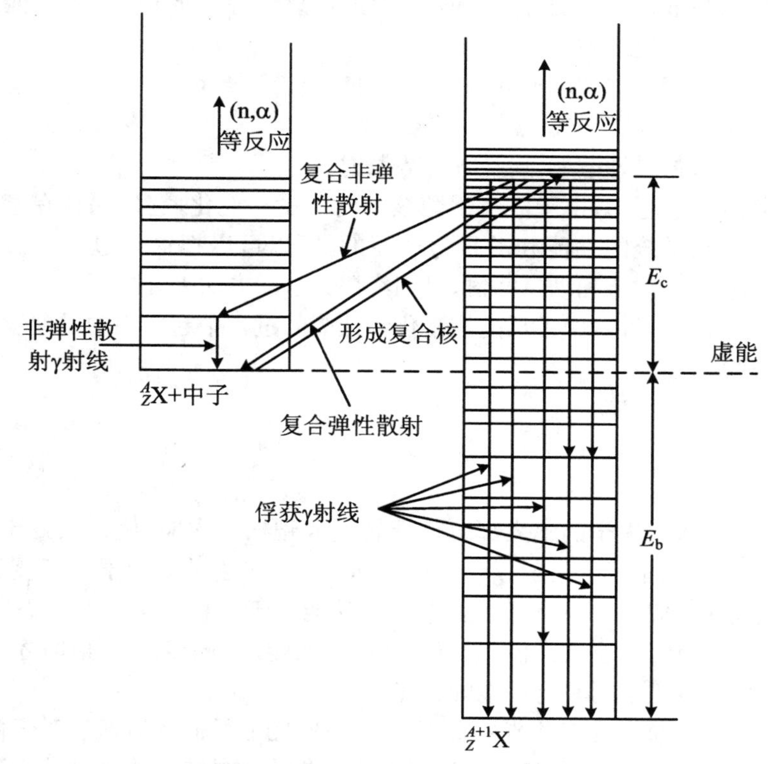

图 2.2 复合核的形成和衰变

中子与原子核作用的三种方式中，根据中子与靶核相互作用结果的不同，一般将中子与原子核的相互作用类型分为两大类：

① 散射：有弹性散射和非弹性散射之分。其中弹性散射又可分为共振弹性散射和势散射。

② 吸收：包括辐射俘获、核裂变、(n,α)和(n,p)反应等。

下面分别介绍这两大类核反应过程。

2.2.2 中子的散射

散射是使中子慢化（即使中子的动能减小）的主要核反应过程。它有非弹性散射和弹性散射两种。

1. 弹性散射

弹性散射可分为共振弹性散射和势散射两种。势散射过程没有复合核的形成过程。共振弹性散射经历复合核的形成过程，但只对特定能量的中子才能发生。

弹性散射的反应式为

$$\begin{aligned} &{}_Z^A\mathrm{X} + {}_0^1\mathrm{n} \to ({}_Z^{A+1}\mathrm{X})^* \to {}_Z^A\mathrm{X} + {}_0^1\mathrm{n} \\ &{}_Z^A\mathrm{X} + {}_0^1\mathrm{n} \to {}_Z^A\mathrm{X} + {}_0^1\mathrm{n} \end{aligned} \tag{2.5}$$

其中前一式为共振弹性散射，后一式为势散射。

在弹性散射过程中，由于散射后靶核的内能没有变化，它仍保持在基态，散射前后中子—靶核系统的动能和动量是守恒的，所以可以把这一过程看做是“弹性球”式的碰撞，根据动能和动量守恒，可用经典力学的方法来处理。

在热中子反应堆内，中子从高能慢化到低能的过程中起作用的是弹性散射。

2. 非弹性散射

非弹性散射的反应式为

$$\begin{aligned} {}_Z^A\mathrm{X} + {}_0^1\mathrm{n} \to ({}_Z^{A+1}\mathrm{X})^* \to &({}_Z^A\mathrm{X})^* + {}_0^1\mathrm{n} \\ &{}_Z^A\mathrm{X} + \gamma \end{aligned} \tag{2.6}$$

在这个过程中，入射中子的绝大部分动能转变成靶核的内能，使靶核处于激发态，然后靶核通过放出中子并发射 γ 射线而返回基态。散射前后中子与靶核系统的动量守恒，但动能不守恒。只有当入射中子的动能高于靶核的第一激发态的能量时才有可能使靶核激发，也就是说，只有入射中子的能量高于某一阈值时才可能发生非弹性散射，非弹性散射具有阈能的特点。

一般来说，轻核激发态的能量高，重核激发态的能量低。但即使对于像 $^{238}\mathrm{U}$ 这样的重核，中子也至少必须具有 45 keV 以上的能量才能与之发生非弹性散射。因此，只有在快中子反应堆中，非弹性散射过程才是重要的。

在热中子反应堆中，由于裂变中子的能量在兆电子伏范围内，因此在高能中子区仍会发生一些非弹性散射现象。但是，中子能量很快便降到非弹性散射阈能以下，往后便需借助弹性散射来进一步使中子慢化。

2.2.3　中子的吸收

由于吸收反应的结果是中子消失，因此它对反应堆内的中子平衡起着重要作用。中子吸收反应包括(n,γ)、(n,α)、(n,p)、(n,f)这四种类别的反应。

1. 辐射俘获(n,γ)

辐射俘获是最常见的吸收反应，生成的新核是靶核的同位素，往往具有放射性。辐射俘获反应可以对所有能量的中子发生，但低能中子与中等质量核或重核作用时更易发生这种反应。典型的如

$$\begin{gathered} {}^{238}_{92}\mathrm{U} + {}^{1}_{0}\mathrm{n} \rightarrow {}^{239}_{92}\mathrm{U} + \gamma \\ {}^{239}_{92}\mathrm{U} \xrightarrow[23\ \mathrm{min}]{\beta^-} {}^{239}_{93}\mathrm{Np} \xrightarrow[2.3\ \mathrm{d}]{\beta^-} {}^{239}_{94}\mathrm{Pu} \end{gathered} \tag{2.7}$$

以及

$$\begin{gathered} {}^{232}_{90}\mathrm{Th} + {}^{1}_{0}\mathrm{n} \rightarrow {}^{233}_{90}\mathrm{Th} + \gamma \\ {}^{233}_{90}\mathrm{Th} \xrightarrow[22\ \mathrm{min}]{\beta^-} {}^{233}_{91}\mathrm{Pa} \xrightarrow[27\ \mathrm{d}]{\beta^-} {}^{233}_{92}\mathrm{U} \end{gathered} \tag{2.8}$$

^{239}Pu 在自然界中是不存在的，^{233}U 在自然界中也不存在，它们都是一种人工易裂变材料。^{238}U 与^{232}Th 在自然界中蕴藏量是很丰富的，因此这一过程对于铀、钍资源的利用非常重要。像以上的^{238}U 和^{232}Th，通过俘获反应能转变成易裂变材料，因此称它们为可裂变同位素。这一过程对核燃料的转换、增殖和原子能的利用有重大的意义。

另外，由于辐射俘获会产生放射性，因此会给反应堆设备维护、三废处理及人员防护等带来不少问题。如在用轻水作慢化剂、冷却剂、反射层或屏蔽材料时，就要考虑中子与^{1}H 核的辐射俘获反应：

$${}^{1}_{1}\mathrm{H} + {}^{1}_{0}\mathrm{n} \rightarrow {}^{2}_{1}\mathrm{H} + \gamma \tag{2.9}$$

此反应放出高能 γ 射线($E>2.2$ MeV)。此外，还有空气中的^{40}Ar 在辐射俘获反应后，生成半衰期为 1.82 h 的^{41}Ar，等等。

2. (n,α)和(n,p)反应

例如(n,α)反应：

$${}^{10}_{5}\mathrm{B} + {}^{1}_{0}\mathrm{n} \rightarrow {}^{7}_{3}\mathrm{Li} + {}^{4}_{2}\mathrm{He} \tag{2.10}$$

其中的${}^{10}_{5}$B 是吸引热中子的好材料，可以制作裂变堆中的控制棒；在次临界装置中，

用以吸收高能区域中的倍增中子。

(n,p)反应如下式：

$$^{16}_{8}O + ^{1}_{0}n \rightarrow ^{16}_{7}N + ^{1}_{1}H \tag{2.11}$$

水中的氧吸收中子后释放质子，生成的^{16}N的半衰期为7.3 s，它放出β和γ射线，这一反应是水中放射性的主要来源，也是导致氢气浓度增加的原因。

3. 核裂变(n,f)

核裂变是裂变反应堆中最重要的核反应。同位素^{233}U、^{235}U、^{239}Pu和^{241}U在各种能量的中子作用下均能发生裂变，但在低能中子作用下发生裂变的可能性比较大，通常把它们称为易裂变同位素。而同位素^{232}Th、^{238}U和^{240}Pu等只有在能量高于某一阈值的中子作用下才发生裂变，通常将它们称为可裂变同位素。目前，热中子反应堆中最常用的核燃料是易裂变同位素^{235}U。常见的核反应如：

$$\begin{aligned} &^{235}_{92}U + ^{1}_{0}n \rightarrow (^{236}_{92}U)^{*} \rightarrow ^{A_1}_{Z_1}X + ^{A_2}_{Z_2}Y + \nu ^{1}_{0}n \\ &^{235}_{92}U + ^{1}_{0}n \rightarrow (^{236}_{92}U)^{*} \rightarrow ^{236}_{92}U + \gamma \end{aligned} \tag{2.12}$$

前一式中右边的$^{A_1}_{Z_1}X$、$^{A_2}_{Z_2}Y$为中等质量数的核，称为裂变碎片；ν为每次裂变的中子产额。此过程约释放200 MeV的能量。后一式表明：^{235}U核吸收中子后并不都发生核裂变，有时可能发生辐射俘获反应。

一个中子与高序数原子的同位素核发生碰撞后可能引发裂变反应，使之分裂成质量数相近的两个裂变碎片。在裂变的过程中再释放出中子。裂变反应过程中释放的中子又可以分为两种：一种是在极短的时间(约10^{-15} s)之内放出的，通常称为瞬发中子，占全部裂变中子的99%以上；另一种是缓发中子，它是在瞬发中子停止发射后，伴随裂变产物的β衰变陆续发射的，持续几分钟甚至更长时间。

除了与易裂变同位素原子核的相互作用以外，中子和介质原子核的相互作用过程同样有如下几种：裂变过程，辐射俘获过程，散射过程，等等。大量中子与介质相互作用的物理过程，可以用中子输运理论来描述。关于中子输运理论，将在下一章中讲述。

中子与各种质量数的核发生核反应的特性如表2.1所示。

表2.1　中子与各种质量数的核发生核反应的特性

	热中子 0～1 eV	中能中子 1 eV～0.1 MeV	快中子 0.1～10 MeV
轻核 $A<30$	(n,n)	(n,n) (n,p)	(n,n) (n,p) (n,α)

续表

	热中子 0～1 eV	中能中子 1 eV～0.1 MeV	快中子 0.1～10 MeV
中等质量核 30≤A≤90	(n,n) (n,γ)	(n,n) (n,γ)*	(n,n) (n,n′) (n,p) (n,α)*
重核 A>90	(n,γ) (n,n)* (n,f)**	(n,n) (n,γ)* (n,f)**	(n,n) (n,n′) (n,p) (n,γ) (n,f)**

注:表中数据取自 Segre, Nuclei and Particles,1977。表中反应符号右上角的“*”表示有共振,反应符号右上角的“**”仅针对裂变同位素。

2.3　中子截面与核反应率

假定有一单向均匀平行的单能中子束,其强度为 I(即在单位时间内,有 I 个中子通过垂直于中子飞行方向的单位面积),该中子束垂直地打在一个具有单位面积的薄靶上,靶的厚度为 Δx,靶片内单位体积中的原子核数是 N。在靶后某一距离处放一中子探测器(见图 2.3)。如果未放靶时测得的中子束强度是 I,放靶后测得的中子束强度是 I',那么 $I-I'=\Delta I$ 就等于与靶核发生作用的中子数。因为中子一旦与靶核发生作用(不论是散射还是吸收),都会使中子从原来的方向中消失,中子探测器就不能探测到这些中子了。实验表明,在靶面积不变的情况下,ΔI 正比于中子束强度 I、靶厚度 Δx 和靶的核密度 N,即

$$\Delta I = -\sigma IN\Delta x \tag{2.13}$$

式中 σ 为比例常数,称为“微观截面”,它与靶核的性质和中子的能量有关:

$$\sigma = \frac{-\Delta I}{IN\Delta x} = \frac{-\Delta I/I}{N\Delta x} \tag{2.14}$$

式中,$-\Delta I/I$ 为平行中子束与靶核发生作用的中子所占的份额;$N\Delta x$ 是对应单位入射面积上的靶核数。

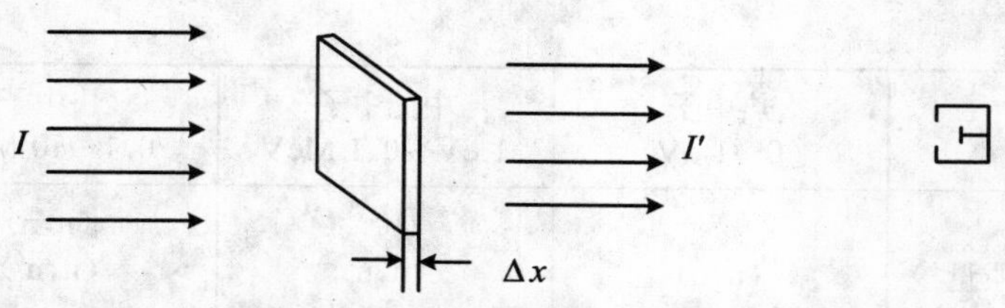

图 2.3　平行中子束穿过薄靶的衰减

为了求得中子束强度在靶厚度内的分布，将式(2.13)改写成微分形式：$\mathrm{d}I = -\sigma NI\mathrm{d}x$，并在图 2.4 所示的坐标系内对其积分，可得靶厚度为 x 处未经碰撞的平行中子束强度为

$$I(x) = I_0 \mathrm{e}^{-\sigma Nx} \tag{2.15}$$

式中 I_0 为入射平行中子束的强度，即靶表面上的中子束强度。σ 表示平均一个射入中子与一个靶核发生相互作用的概率大小，它的单位为 m^2，由于微观面积的数值一般都很小，所以在实际应用中通常用"靶恩(barn)"的缩写符号 b：

$$1\ \mathrm{b} = 10^{-28}\ \mathrm{m}^2 = 10^{-24}\ \mathrm{cm}^2$$

一般用 σ_s、σ_e、σ_in、σ_γ、σ_f、σ_a、σ_t 等具有不同下角标的符号分别代表微观散射截面、弹性散射截面、非弹性散射截面、辐射俘获截面、裂变截面、吸收截面和总截面，并有

$$\sigma_\mathrm{s} = \sigma_\mathrm{e} + \sigma_\mathrm{in}$$

$$\sigma_\mathrm{a} = \sigma_\gamma + \sigma_\mathrm{f} + \sigma_{\mathrm{n},\alpha} + \cdots$$

$$\sigma_\mathrm{t} = \sigma_\mathrm{s} + \sigma_\mathrm{a}$$

式中 $\sigma_{\mathrm{n},\alpha}$ 表示(n,α)反应的微观截面。微观截面一般由实验测得。

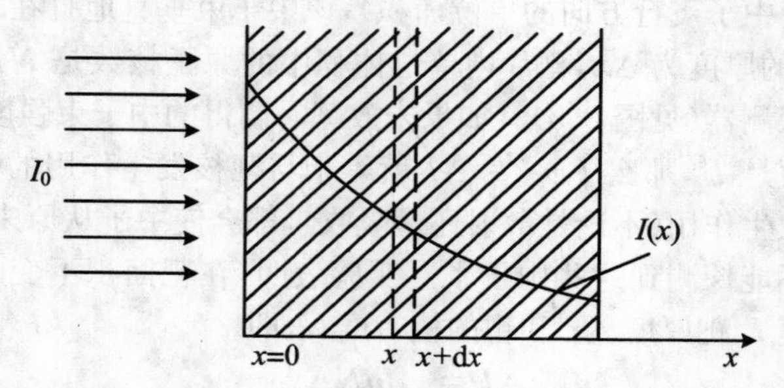

图 2.4　在厚靶内平行中子束的衰减

由此可见，未与靶核发生作用的平行中子束强度随中子进入靶内深度的增加而按指数衰减(见图 2.4)，衰减系数与靶核密度和微观截面的乘积 $N\sigma$ 有关。$N\sigma$ 这个量经常出现在反应堆物理的计算中，通常用符号 Σ 来表示：

$$\Sigma = N\sigma \tag{2.16}$$

Σ 称做宏观截面,它是表征一个中子与单位体积内原子核发生核反应的平均概率大小的一种度量。根据式(2.14)可得宏观截面的微分表达式:

$$\Sigma = N\sigma = \frac{-\mathrm{d}I/I}{\mathrm{d}x} \tag{2.17}$$

可以看出,它也是一个中子穿行单位距离与核发生相互作用的概率大小的一种度量。由式(2.17)知,宏观截面的单位是 m^{-1},但是迄今为止,国际文献及工程设计中仍习惯于使用 cm^{-1} 为单位,因此在本教材中仍保留使用该单位。对应于不同的核反应过程,有不同的宏观截面,所用的下标符号与微观截面相同。

为计算宏观截面,必须知道单位体积内的原子核数 N。对于单元素材料:

$$N = \frac{N_{\mathrm{A}}\rho}{A} \tag{2.18}$$

式中 N_{A} 为阿伏加德罗常数,$N_{\mathrm{A}} = 6.0221367 \times 10^{23}\ \mathrm{mol}^{-1}$;$\rho$ 为材料密度;A 为该元素的原子量。

对于由几种元素组成的均匀混合物质或化合物质,某一类型的宏观截面 $\Sigma_{\mathrm{x}}(\mathrm{x} = \mathrm{s}, \mathrm{a}, \mathrm{f}, \cdots)$ 可以写为

$$\Sigma_{\mathrm{x}} = \sum_i N_i \sigma_{\mathrm{x}i} \tag{2.19}$$

N_i 可以写为

$$N_i = \frac{\omega_i \rho N_i}{A_i} = \alpha_i \frac{\rho N_{\mathrm{A}}}{N} = \alpha_i \frac{\omega_i \rho N_{\mathrm{A}}}{M} \tag{2.20}$$

式中 ω_i 为第 i 种元素在化合物或混合物中所占重量的百分比,α_i 为化合物单个分子或混合物基本单元组合中第 i 种原子的数目,A_i 为第 i 种元素的原子量,M 为化合物的分子量或混合物基本单元以原子量为单位的组合量。因此,多种元素组成的混合物质或化合物质的某种类型的宏观截面,可以依据式(2.19)和式(2.20)进行计算。

以计算 UO_2 的宏观截面为例。设以 C_{s} 表示富集铀内的 $^{235}\mathrm{U}$ 核子数与 $^{235}\mathrm{U} + {}^{238}\mathrm{U}$ 的总核子数之比,由富集度 ε 与 C_{s} 的关系:

$$C_{\mathrm{s}} = \left[1 + 0.9874\left(\frac{1}{\varepsilon} - 1\right)\right]^{-1} \tag{2.21}$$

可以求得 $^{235}\mathrm{U}$ 与 $^{238}\mathrm{U}$ 及其他元素的核子数,再利用核数据库中已有的相关元素的某种微观截面即可进而求出 UO_2 的相关宏观截面。

在核反应堆物理参数设计计算中,经常需要计算的另一个重要参数是中子的寿命。中子在反应堆中的寿命通常用自由程来描述。平均自由程的计算公式为

$$\lambda = \bar{x} = \int_0^\infty xP(x)\mathrm{d}x = \frac{1}{2}\int_0^\infty x\mathrm{e}^{-\Sigma x}\mathrm{d}x = \frac{1}{\Sigma} \tag{2.22}$$

对于中子与靶核不同类型的相互作用，可定义不同类型的平均自由程，总自由程为

$$\frac{1}{\lambda_t} = \frac{1}{\lambda_s} + \frac{1}{\lambda_a} \tag{2.23}$$

式中下标 t、s、a 分别表示总自由程、散射平均自由程和平均自由程。

2.4 核反应率、中子通量密度

核反应率是反应堆运行中的基本参数之一。核反应率，是每秒每单位体积内中子与反应堆中介质原子核作用的总次数，用于定量描述中子群体在杂乱无章的相互作用过程中的统计行为，其表达式为

$$\begin{aligned} R &= nv\Sigma \\ R &= nv\Sigma_1 + nv\Sigma_2 + \cdots = nv\sum_{i=1}^{m}\Sigma_i \end{aligned} \tag{2.24}$$

式中，n 为单位体积内的中子数，称为中子密度(函数)；v 为中子的速度。后一式适用于多种元素组成的均匀混合的物质，表明均匀混合物质的核反应率等于中子与各种元素核相互作用的核反应率之和，其中，$\Sigma_i = N_i\sigma_i$ 是组分中第 i 种元素核的宏观截面，N_i 是单位体积混合物内第 i 种元素的原子核数目，求和符号指对混合物内所有的 m 种元素求和。

中子通量密度(简称通量密度，或称标量中子通量密度，也称中子注量率)，是核反应率计算中乘积 nv 的专用名称，一般表示为

$$\begin{aligned} \varphi &= nv(\mathrm{cm^{-2}\cdot s^{-1}}) \\ R &= \Sigma\varphi \end{aligned} \tag{2.25}$$

后一式描述了核反应率等于中子通量密度与宏观截面的乘积。反应堆中的中子不具有同一速度和能量，因而中子数 N 宜用积分求和进行计算：

$$\begin{aligned} N &= \int_0^\infty n(v)\mathrm{d}v \\ N &= \int_0^\infty n(E)\mathrm{d}E \end{aligned} \tag{2.26}$$

故总中子通量密度及中子的平均速度为

$$\Phi = \int_0^\infty n(v)v\mathrm{d}v = \int_0^\infty \varphi(v)\mathrm{d}v = \int_0^\infty \varphi(E)\mathrm{d}E \tag{2.27}$$

$$\bar{v} = \frac{\int_0^\infty n(v)v\mathrm{d}v}{\int_0^\infty n(v)\mathrm{d}v} \tag{2.28}$$

总的核反应率为

$$R = \int_{\Delta E}\Sigma(E)n(E)v(E)\mathrm{d}E = \int_{\Delta E}\Sigma(E)\varphi(E)\mathrm{d}E = \overline{\Sigma}\Phi$$

$$\overline{\Sigma} = \frac{R}{\Phi} = \frac{\int_{\Delta E}\Sigma(E)\varphi(E)\mathrm{d}E}{\int_{\Delta E}\varphi(E)\mathrm{d}E} \tag{2.29}$$

2.5　截面随中子能量的变化

核截面的数值取决于入射中子的能量和靶核的性质。对许多元素考察其反应截面随入射能量 E 变化的特性，简单划分大体上存在着三个区域[①]：

① 低能区 $E<1$ eV，吸收截面随中子能量的减小而增大。

② 中能区 1 eV$<E<10^3$ eV，相当一部分重元素的截面出现了共振峰。

③ 快中子区 $E>10$ keV，截面值通常很小（<10 b），而且随能量的变化比较平滑。

下面按吸收、散射和裂变三种核反应，分别介绍轻、中等质量和重核的截面随中子能量变化的特性。

① 微观吸收截面，以^{238}U 为例，如图 2.5 所示。

② 微观散射截面：

• 对于非弹性散射截面，图 2.6 给出了几种堆常用材料的非弹性散射截面 $\sigma_{\mathrm{in}}=f(E)$。

• 弹性散射截面 σ_{s} 一般为常数。

---

① 钟国强（中国科学技术大学工程硕士学位论文，2010 年）介绍了按 5 个能区划分中子的提法：<1 keV 为慢中子，1 keV～0.5 MeV 为中能中子，>0.5 MeV 为快中子，>10 MeV 为极快中子，>50 MeV 为相对论中子；而慢中子又可依能量划分为冷中子、热中子、超热中子、镉上中子和共振中子，其中能量低于 0.002 eV 的冷中子具有穿透晶体或多晶体的超常穿透力。

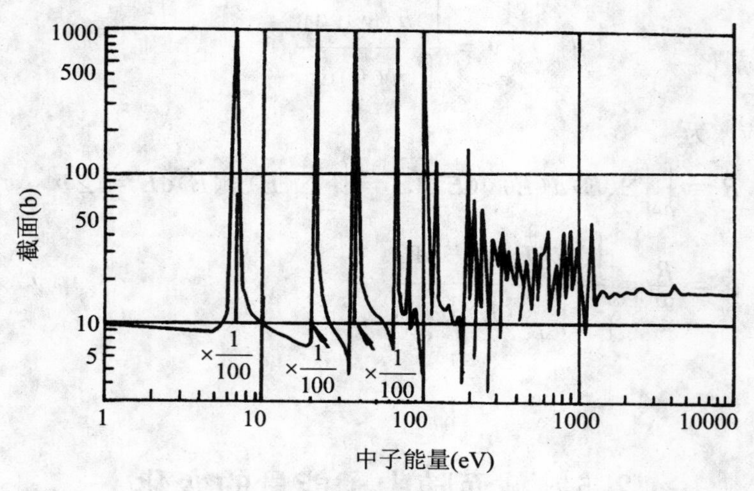

图 2.5　^{238}U 的总吸收截面

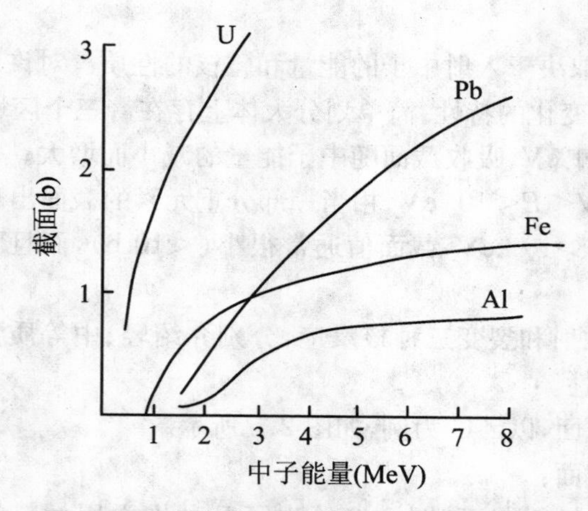

图 2.6　几种堆常用材料的非弹性散射截面

③ 对于微观裂变截面 σ_f，图 2.7 给出了^{235}U 的裂变截面，分成三个能区显示；图 2.8 给出了^{232}Th、^{238}U、^{240}Pu、^{242}Pu 的裂变截面。

前面曾经提到过^{235}U 核吸收中子后并不是都发生裂变的，有的发生俘获反应而变成^{236}U。俘获截面与裂变截面之比通常用 α 表示：

$$\alpha = \frac{\sigma_\gamma}{\sigma_f} \tag{2.30}$$

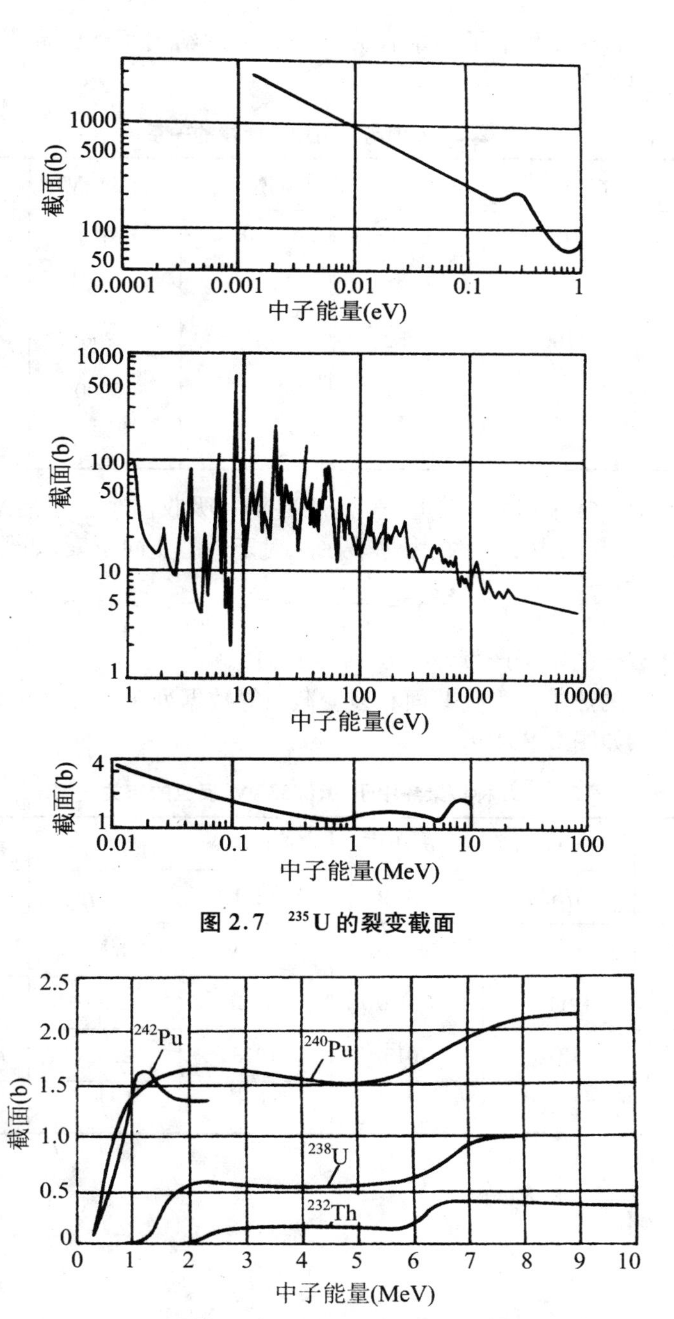

图2.7　^{235}U的裂变截面

图2.8　^{232}Th、^{238}U、^{240}Pu、^{242}Pu的裂变截面

α 与裂变同位素的种类和中子能量有关。表 2.2 中给出了^{235}U 和^{239}Pu 的 α 值与入射中子能量的关系。

表 2.2　α 值与入射中子能量的关系

同位素	能量(eV)	α	同位素	能量(eV)	α
^{235}U	热中子	0.18	^{239}Pu	热中子	0.42
	30	0.65		100	0.81
	100	0.52		1200	0.60
	1200	0.47		15000	0.45
	15000	0.41			

堆物理分析中常用到另一个量，就是燃料核每吸收一个中子后平均放出的中子数，称为每次吸收的中子产额，用 η 表示。对于易裂变同位素，如^{235}U，有

$$\eta=\frac{\nu\sigma_{\mathrm{f}}}{\sigma_{\mathrm{a}}}=\frac{\nu\sigma_{\mathrm{f}}}{\sigma_{\mathrm{f}}+\sigma_{\gamma}}=\frac{\nu}{1+\alpha} \tag{2.31}$$

式中 ν 为每次裂变的中子产额，对^{235}U，$\nu=2.416$。

^{235}U 等元素的热中子吸收截面和裂变截面等数据列于表 2.3 中。η 值和中子能量的依赖关系如图 2.9 所示。

表 2.3　几种核素热中子(0.0253 eV)反应的有关数据

	σ_{a}(b)	σ_{f}(b)	σ_{s}(b)	ν	η
^{233}U	575.2	529.9	12.1	2.479	2.283
^{235}U	680.9	583.5	14.4	2.416	2.071
^{239}Pu	1011.2	740.0	7.2	2.862	2.160
^{241}Pu	1378	1015	10.8	2.924	2.155
^{238}U	2.70	–	8.9	–	–

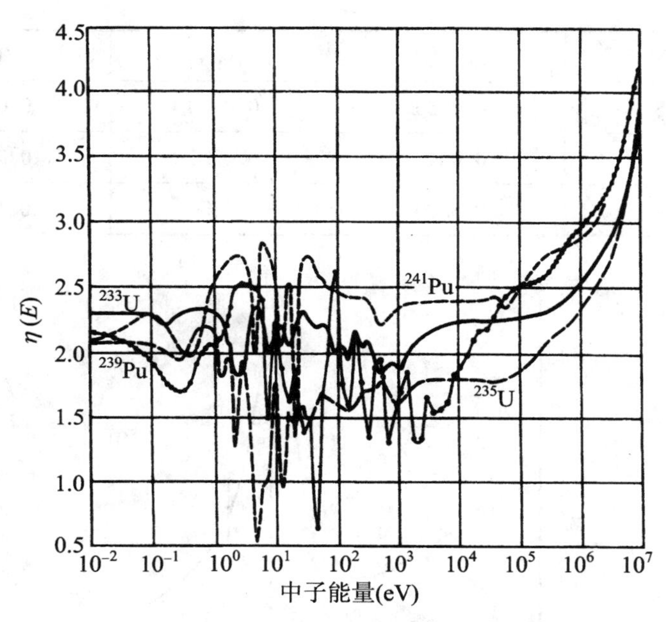

图 2.9 η 和中子能量的关系

2.6 共振吸收

图 2.10 表示一个共振能级处俘获共振的截面变化曲线,一般可用三个共振参数来描述截面的变化特性,这三个参数分别是共振能 E_r、峰值截面 σ_{max} 和能级宽度 Γ。能级宽度 Γ 在数值上等于共振截面曲线上 $\sigma=\sigma_{max}/2$ 处所对应的能量宽度,如图 2.10 所示。表 2.4 列出了 ^{238}U 在低能区的一些共振参数。

表 2.4 ^{238}U 核的一些共振参数

E_r(eV)	Γ_γ(eV)	Γ_n(eV)	Γ(eV)
6.68	0.0250	0.0015	0.0265
21.0	0.0250	0.0090	0.0340

续表

E_r(eV)	Γ_γ(eV)	Γ_n(eV)	Γ(eV)
36.8	0.0260	0.0330	0.0590
80.8	0.0246	0.0021	0.0267
190.0	0.0220	0.1350	0.1570

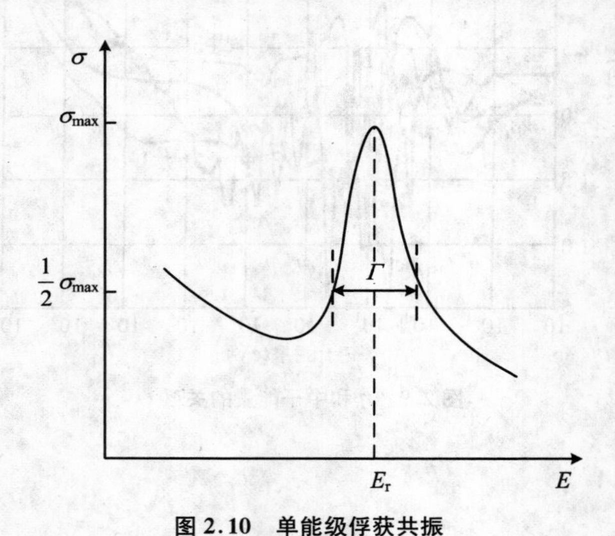

图 2.10　单能级俘获共振

2.7　多普勒效应

中子如图 2.11(a)那样接近核，其相对能量 E' 将大于中子能量 E；反之，中子若如图 2.11(b)那样接近核，则 E' 将小于中子能量。因而由于靶核的热运动，对于本来具有单一能量的中子，从它与核的相互作用来看，它与靶核的相对能量就有一个展开范围，反映在图 2.12 所示的共振截面曲线上将使共振峰的宽度展宽而峰值降低。这种现象称为多普勒效应。

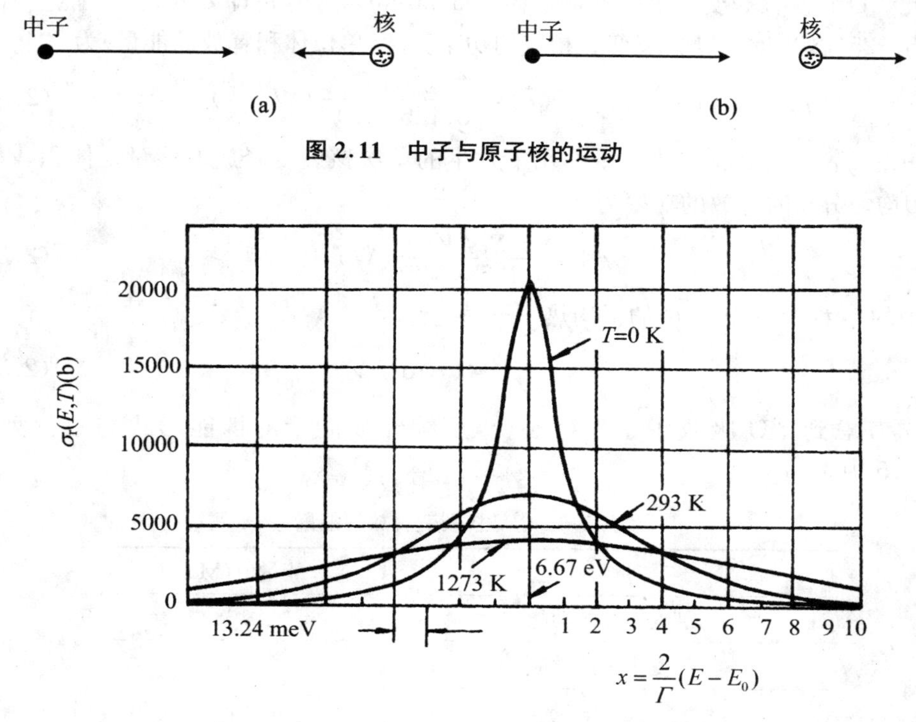

图 2.11　中子与原子核的运动

图 2.12　^{238}U 核在 6.67 eV 处共振俘获截面的多普勒展宽

2.8　核裂变过程

裂变能量的分配可见表 2.5。裂变能量的绝大部分都转变成热能，只有很少的一部分散逸到外部(包括碎片、中子、β 及 γ)。应该指出，衰变 β 和 γ 射线的能量占总裂变能量的 4%～5%，它们是裂变碎片在衰变过程中发射出来的，即这部分能量释放是有一段时间延迟的，使得核装置在停止运行后，仍需考虑其衰变热的冷却。

由单个电子电荷可以直接求出 MeV 和 J 两种不同能量单位之间的换算关系：

$$1\ \text{MeV} = 1.60217733 \times 10^{-13}\ \text{J} \tag{2.32}$$

因此^{235}U每次核裂变放出的能量大体为3.20×10^{-11} J，也即要获得1 J能量需发生3.125×10^{10}次^{235}U核裂变。相应的功率密度（单位体积释放的能量）为

$$q(\vec{r}) = E_f\Sigma_f\varphi(\vec{r}) = \frac{\Sigma_f\varphi(\vec{r})}{3.125\times10^{10}}(\mathrm{W/m^3}) \tag{2.33}$$

这里的E_f就是^{235}U在热中子作用下发生的单次核裂变释放的能量。体积V中^{235}U均匀分布时释放的功率为

$$P = \frac{\Sigma_f\bar{\varphi}V}{3.125\times10^{10}}(\mathrm{W}) \tag{2.34}$$

式中的$\bar{\varphi}$称为体积V中的平均热中子通量密度：

$$\bar{\varphi} = \frac{1}{V}\int_V\varphi(\bar{r})\mathrm{d}r\mathrm{d}V \tag{2.35}$$

考虑到^{235}U吸收中子发生裂变，后续释放能量的携能形式与数值列于表2.5中。

表2.5　^{235}U核裂变释放的能量

能量形式	能量值(MeV)
裂变碎片的动能	168
裂变中子的动能	5
瞬发γ能量	7
裂变产物γ衰变—缓发γ能量	7
裂变产物β衰变—缓发β能量	8
中微子能量	12
合计	207

在核裂变过程中，通常以符号α表示易裂变核的辐射俘获截面σ_γ与裂变截面σ_f之比，而裂变率等于裂变功率与释放单位能量所需裂变次数的乘积。由于吸收截面为裂变截面与辐射俘获截面之和，总吸收率应包含辐射俘获部分αF_f，因此总吸收率为

$$F_a = F_f\cdot\sigma_a/\sigma_f = (1+\alpha)F_f = (1+\alpha)3.125\times10^{10}P \tag{2.36}$$

燃耗率（一天消耗的核燃料数）为

$$G = \frac{F_aA}{N_A\times10^3}(\mathrm{kg/s}) = 4.48\times10^{-12}\times(1+\alpha)P\times A(\mathrm{kg/d}) \tag{2.37}$$

式中N_A为阿伏加德罗常数，A为核燃料的原子量。第一个等式计算得到的数据

量纲单位为 kg/s;第二个等式右边的常数 4.48×10^{-12} 是将式(2.36)代入式(2.37)第一个等式右边,并乘以一天的秒数再除以阿伏加德罗常数后得到的。

2.9　裂变产物与裂变中子

1. 裂变产物

核裂变反应的部分重要结果是生成裂变碎片和放出中子。核裂变的方式有很多种,其中大多数裂变成两个碎片。裂变碎片的质量—产额曲线如图 2.13 所示。几乎在所有的情况下,这些碎片都具有过大的中子—质子比。它们通常要经过一系列 β 衰变,将过剩中子转变为质子才成为稳定核。裂变碎片和它们一系列的衰变产物都叫做裂变产物。

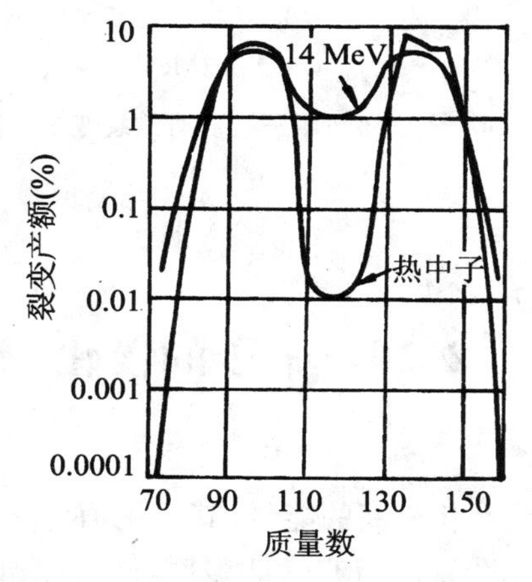

图 2.13　^{235}U 裂变碎片的质量—产额曲线

2. 裂变中子

裂变时放出的中子数与裂变方式有关。它的中子产额为

$$
\begin{aligned}
\nu_{235}(E) &= 2.416 + 0.133E \\
\nu_{239}(E) &= 2.862 + 0.135E
\end{aligned}
\tag{2.38}
$$

式中 E 为引起核裂变的中子的能量,它与裂变中子能谱 $\chi(E)$ 的关系如图 2.14 所示。

由此可以按能谱分布 $\chi(E)$ 求出 $E\chi(E)$ 的积分值，即释放中子的平均能量分别为 1.9838 MeV 和 1.9296 MeV，可近似认可为 2 MeV：

$$\bar{E} = \int_0^{\infty} E\chi(E)\mathrm{d}E \approx 2\ \mathrm{MeV} \tag{2.39}$$

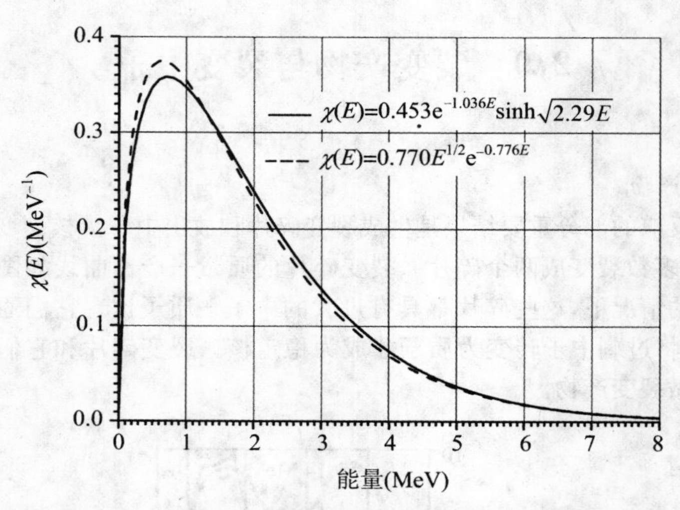

图 2.14 ^{235}U 核热中子裂变时的裂变中子能谱

2.10 中子的慢化

反应堆内裂变中子具有相当高的能量，其平均值为 2 MeV。这些中子在系统中与原子核发生连续的弹性碰撞与非弹性碰撞，使其能量逐渐地降低到引起下一次裂变的平均能量。对于快中子反应堆，这一平均能量一般在 0.1 MeV 左右或更高，而对于热中子反应堆，绝大多数裂变中子被慢化到热能区域。中子由于散射碰撞而降低速度的过程叫做**慢化**过程。显然，对于热中子反应堆来讲，慢化过程是一个非常重要的物理过程，而现在大规模利用的是热中子裂变堆，所以本章对慢化做一较详尽的讨论。

在快中子反应堆内没有慢化剂，慢化过程并不占重要地位。大部分中子的能量处在 0.1 MeV 以上的区域。在这一能区内，中子的慢化主要是靠中子与燃料和堆芯结构材料核的非弹性散射，而中子与冷却剂(如液态金属钠)核的弹性或非弹性散射所引起的慢化只占很少的份额。对于热中子反应堆，慢化过程中弹性散射起着主要作用。因为非弹性散射具有阈能特点，例如，对于^{12}C约为4.4 MeV；对于中等或高质量数的核，其数值要低一些，大约在0.1 MeV左右；即使对于重核，其数量级也在50 keV左右(如^{238}U约为45 keV)，因而可以认为非弹性散射只对$E>0.1$ MeV的裂变中子才起主要作用。裂变中子经过与慢化剂和其他材料核的几次碰撞，中子能量便很快地降到了非弹性碰撞的阈能以下，这时中子慢化就主要依靠中子与慢化剂的弹性散射进行。

2.10.1　弹性散射时能量的变化

在实验室系(L系)和质心系(C系)内中子与核的弹性散射如图2.15所示。图中符号v_L和v'_L为中子在实验室坐标中碰撞前后的速度，θ_L为中子在实验室坐标中速度方向的改变量，V'_L为碰撞后反冲核在实验室坐标中的速度；下角标为C系质心坐标系的相应物理量。系统碰撞前后其动量和能量是守恒的。如果中子与靶核的质量分别为m和M，可以用符号A表示靶核与中子的质量之比，即$A=M/m$。

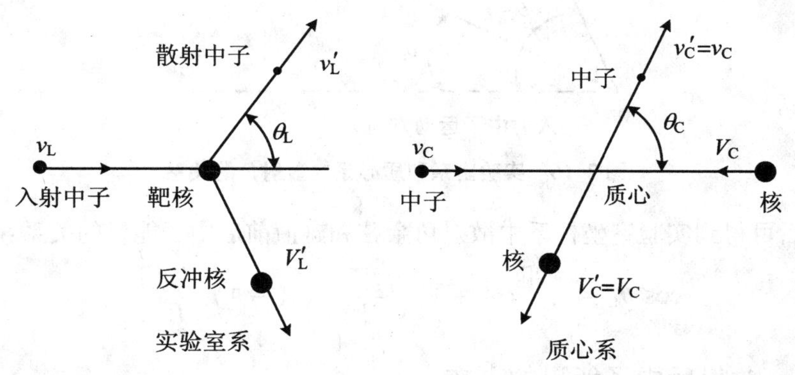

图2.15　在实验室系(L系)和质心系(C系)内中子与核的弹性散射

可以导出，在实验室坐标系中，碰撞前后中子能量之比为

$$\frac{E'}{E}=\frac{v'^2_L}{v^2_L}=\frac{A^2+2A\cos\theta_C+1}{(A+1)^2} \tag{2.40}$$

若令

$$\alpha=\left(\frac{A-1}{A+1}\right)^2$$

则式(2.40)可以写成

$$E' = \frac{1}{2}[(1+\alpha)+(1-\alpha)\cos\theta_C]E \tag{2.41}$$

从上式可以看出：

① $\theta_C = 0$ 时，$E' \to E'_{max} = E$，此时碰撞前后中子没有能量损失。

② $\theta_C = 180°$时，$E' \to E'_{min}$，$E = \alpha E$，$\Delta E_{max} = (1-\alpha)E$。

③ 中子在一次碰撞中可能损失的最大能量与靶核的质量数有关，与氢核碰撞一次可损失全部能量($A = 1$，$\alpha = 0$，$E'_{min} = 0$)，而对重核，如^{238}U，$\alpha = 0.983$，$\Delta E_{max} = 0.02E$。

由图2.16可以看出实验室系和质心系内散射角的关系：

$$v'_L\cos\theta_L = V_{CM} + v'_C\cos\theta_C \tag{2.42}$$

$$\cos\theta_L = \frac{V_{CM} + v'_C\cos\theta_C}{v'_L} = \frac{1 + A\cos\theta_C}{A+1}\frac{v_L}{v'_L} = \frac{A\cos\theta_C + 1}{\sqrt{A^2 + 2A\cos\theta_C + 1}} \tag{2.43}$$

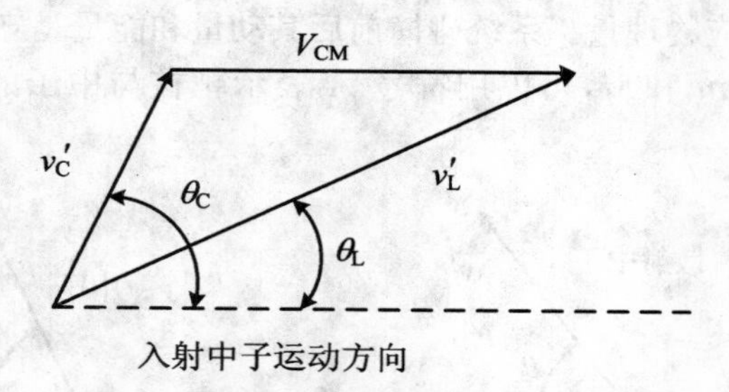

图2.16　实验室系和质心系内散射角的关系

最后可得到实验室坐标系中散射角余弦和碰撞前后中子能量的关系：

$$\cos\theta_L = \frac{1}{2}\left[(A+1)\sqrt{\frac{E'}{E}} - (A-1)\sqrt{\frac{E}{E'}}\right] \tag{2.44}$$

2.10.2　散射后中子能量的分布

由式(2.40)和式(2.43)可以看出，中子能量变化与其散射角之间有对应关系，则可设 $f(\theta_C)d\theta_C$ 表示在质心系内碰撞后中子散射角在 θ_C 附近 $d\theta_C$ 内的概率；$f(E \to E')dE'$表示碰撞前后中子能量分别为E 和E'的 dE'内的概率，称$f(E \to E')$为散射函数。碰撞后中子能量 E'与中子散射角的对应关系为式(2.40)，故中子的能量在 E'附近 dE'内的概率等于中子的散射角在θ_C 附近 $d\theta_C$ 内的概率，即中子的能量变化概率与其散射角概率之间有对应关系：

$$f(E \to E')\mathrm{d}E' = f(\theta_C)\mathrm{d}\theta_C$$

实验表明，当 $E<10/A^{2/3}$ MeV 时，在质心系内，中子的势散射是各向同性的，按立体角的分布是球对称的，即在任一单位立体角内出现的概率是均等的。此时，一个中子被散射到立体角元 $\mathrm{d}\Omega_C$（相当于图 2.17 中 θ_C 至 $\theta_C+\mathrm{d}\theta_C$ 之间）内的概率为

$$f(\theta_C)\mathrm{d}\theta_C = \frac{\mathrm{d}\Omega_C}{4\pi} = \frac{1}{4\pi}\int_{\varphi=0}^{\varphi=2\pi}\sin\theta\mathrm{d}\theta\mathrm{d}\varphi = \frac{1}{2}\sin\theta_C\mathrm{d}\theta_C \tag{2.45}$$

式中角变量 φ 为绕图 2.17 中垂直轴的回旋角。

中子的能量变化与其散射角之间有对应的关系：

$$f(E \to E')\mathrm{d}E' = f(\theta_C)\mathrm{d}\theta_C$$

$$f(\theta_C)\mathrm{d}\theta_C = \frac{\mathrm{d}\Omega_C}{4\pi} = \frac{1}{4\pi}\int_{\varphi=0}^{\varphi=2\pi}\sin\theta\mathrm{d}\theta\mathrm{d}\varphi = \frac{1}{2}\sin\theta_C\mathrm{d}\theta_C \tag{2.46}$$

同时，由式(2.44)可得

$$\frac{\mathrm{d}\theta_C}{\mathrm{d}E'} = -\frac{2}{E(1-\alpha)\sin\theta_C} \tag{2.47}$$

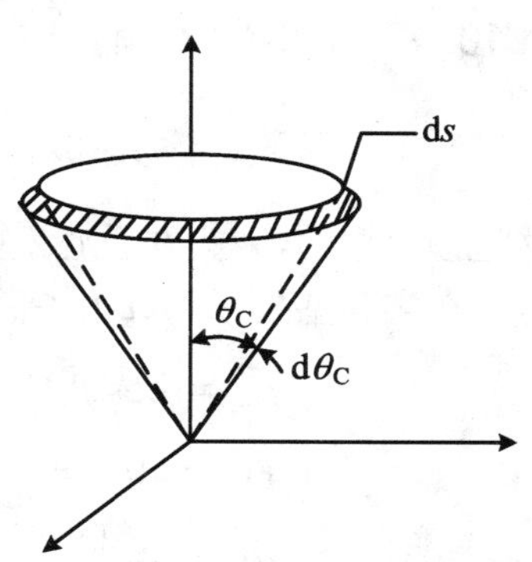

图 2.17　C 系内散射角分布

得

$$f(E \to E')\mathrm{d}E' = -\frac{\mathrm{d}E'}{(1-\alpha)E},\quad \alpha E \leqslant E' \leqslant E \tag{2.48}$$

$$\int_E^{\alpha E} f(E \to E')\mathrm{d}E' = 1 \tag{2.49}$$

2.10.3　平均对数能降

在反应堆物理分析中，常用称为“对数能降”——用符号“u”表示的无量纲变量描述能量的变化，定义 $u=\ln(E/E')$，或 $E'=E\mathrm{e}^{-u}$。这里的 E 为选定的参考能量，取 $E=2$ MeV（裂变反应堆中裂变中子的平均能量），或取 $E=10$ MeV（裂变反应堆中裂变中子的上限能量）。由对数能降定义，中子能量降低，中子对数能降增加，与能量 E' 变化方向是相反的。因此，中子经过弹性碰撞后能量减少，其对数能降是增加的。

平均对数能降，是研究中子慢化过程常用的一个量，指每次碰撞中中子的能量自然对数值的平均变化值，用符号 ξ 表示，即

$$\xi = \overline{\ln E - \ln E'} = \overline{\ln\frac{E}{E'}} = \overline{\Delta u} \tag{2.50}$$

因而在质心系内散射为各向同性的情况下，有

$$\xi = \int_{\alpha E}^{E} (\ln E - \ln E') f(E \to E') \mathrm{d}E' = \int_{\alpha E}^{E} \ln \frac{E}{E'} \frac{\mathrm{d}E'}{(1-\alpha)E} \tag{2.51}$$

积分后，得

$$\xi = 1 + \frac{\alpha}{1-\alpha} \ln \alpha = 1 - \frac{(A-1)^2}{2A} \ln\left(\frac{A+1}{A-1}\right) \tag{2.52}$$

2.10.4 平均散射角余弦

$$\overline{\mu_C} = \int_0^{\pi} \cos \theta_C f(\theta_C) \mathrm{d}\theta_C = \frac{1}{2} \int_0^{\pi} \cos \theta_C \sin \theta_C \mathrm{d}\theta_C = 0 \tag{2.53}$$

这是预料中的，因为在质心系(C)内散射是各向同性的。

在实验室坐标系(L)中平均散射角余弦：

$$\overline{\mu_0} = \overline{\cos \theta_L} = \int_0^{\pi} \cos \theta_L f(\theta_L) \mathrm{d}\theta_L \tag{2.54}$$

$$f(\theta_L) \mathrm{d}\theta_L = f(\theta_C) \mathrm{d}\theta_C \tag{2.55}$$

$$\overline{\mu_0} = \frac{1}{2} \int_0^{\pi} \frac{A\cos \theta_C + 1}{\sqrt{A^2 + 2A\cos \theta_C + 1}} \sin \theta_C \mathrm{d}\theta_C = \frac{2}{3A} \tag{2.56}$$

因而尽管在 C 系中散射是各向同性的，但是在 L 系中散射是各向异性的，并且 $\overline{\mu_0}>0$。这表示在 L 系中，中子散射后沿它原来运动的方向运动的概率较大，如图 2.18 所示。

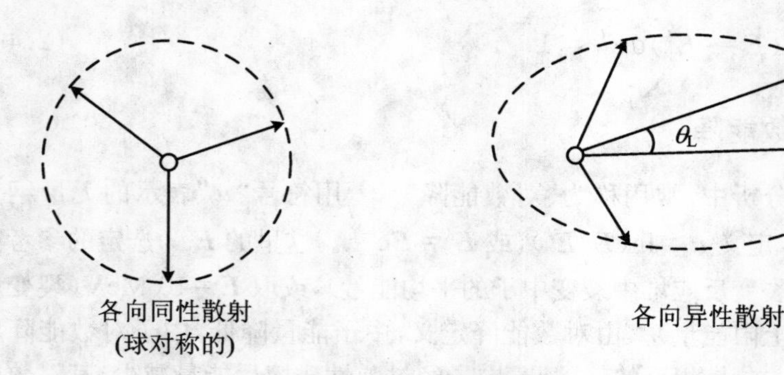

图 2.18 散射后运动方向示意图

2.10.5 慢化剂的选择

从中子慢化的角度来看，慢化剂应为轻元素，它应有大的平均对数能降和较大的散射截面，如表 2.6 所示。

表 2.6　四种慢化剂的慢化能力与慢化比

慢化剂	慢化能力 $\xi\Sigma_S(10^2\ m^{-1})$	慢化比 $\xi\Sigma_S/\Sigma_a$
H_2O	1.53	70
D_2O	0.17	2100
Be	0.16	150
石墨	0.063	170

2.10.6　弹性慢化时间

对中子慢化，有

$$du = \frac{\xi v}{\lambda_S(E)}dt,\quad dt = -\frac{\lambda_S(E)}{\xi v}\frac{dE}{E} \tag{2.57}$$

慢化时间：

$$t_S = -\int_{E_0}^{E_{th}}\frac{\lambda_S(E)}{\xi v}\frac{dE}{E},\quad v = \sqrt{2E},\quad \bar{\lambda}_S \approx \lambda_S(E) \tag{2.58a}$$

$$t_S = \sqrt{2}\,\frac{\bar{\lambda}_S}{\xi}\left[\frac{1}{\sqrt{E_{th}}} - \frac{1}{\sqrt{E_0}}\right] \tag{2.58b}$$

扩散时间：

$$t_d(E) = \frac{\lambda_a(E)}{v} = \frac{1}{\Sigma_a(E)v},\quad \Sigma_a(E)v = \Sigma_{a0}v_0 \tag{2.59a}$$

$$t_d(E) = \frac{1}{\Sigma_{a0}v_0} \tag{2.59b}$$

式中 Σ_{a0}是当 $v_0 = 2200$ m/s 时的热中子宏观吸收截面。表 2.7 中给出了常用慢化剂的慢化时间和扩散时间。

表 2.7　几种慢化剂的慢化时间和扩散时间

慢化剂	慢化时间 t_S(s)	扩散时间 t_d(s)
H_2O	6.3×10^{-6}	2.05×10^{-4}
D_2O	5.1×10^{-5}	0.137
Be	5.8×10^{-5}	3.89×10^{-3}
B_2O	7.5×10^{-5}	6.71×10^{-3}
石墨	1.4×10^{-4}	1.67×10^{-2}

在反应堆动力学中需要用到快中子自裂变产生到慢化成为热中子，直到最后被俘获的平均寿命：

$$l = t_S + t_d \tag{2.60}$$

2.10.7 热中子反应堆内的能谱分布

定性的分布可以用：

1. 快中子区（$E>0.1$ MeV）

可以用裂变谱：

$$\chi(E) = 0.453e^{-1.036E}\sinh\sqrt{2.29E} \tag{2.61}$$

2. 慢化区（$E_C\approx 1\ \text{eV}<E<0.1\ \text{MeV}$）

$$\varphi(E) \approx \frac{1}{\xi\Sigma_S E} \tag{2.62}$$

3. 热能区（$E<1$ eV）

服从麦克斯韦—玻尔兹曼分布：

$$N(v) = 4\pi\left(\frac{m}{2\pi\kappa T}\right)^{3/2} v^2 e^{-mv^2/2\kappa T} \tag{2.63}$$

其分布曲线如图 2.19 所示。

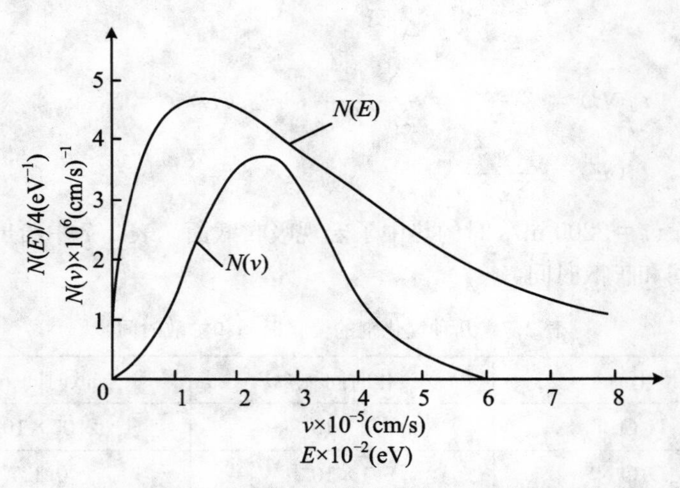

图 2.19　T = 300 K 时的麦克斯韦—玻耳兹曼分布

热中子的平均截面为

$$\bar{\sigma} = \frac{\int_0^{E_C} \sigma(E)N(E)v\mathrm{d}E}{\int_0^{E_C} N(E)v\mathrm{d}E} = \frac{\int_0^{E_C} \sigma(E)N(E)\sqrt{E}\mathrm{d}E}{\int_0^{E_C} N(E)\sqrt{E}\mathrm{d}E} \tag{2.64}$$

2.11　链式反应

当中子与裂变物质作用而发生核裂变反应时，裂变物质的原子核通常分裂为两个中等质量数的核（裂变碎片）。与此同时，还将平均地产生两个以上的裂变中子，并释放出蕴藏在原子核内部的核能。在适当的条件下，这些裂变中子又会引起周围其他裂变同位素的裂变，如此不断继续下去。这种反应过程称之为链式裂变反应，如图2.20所示。

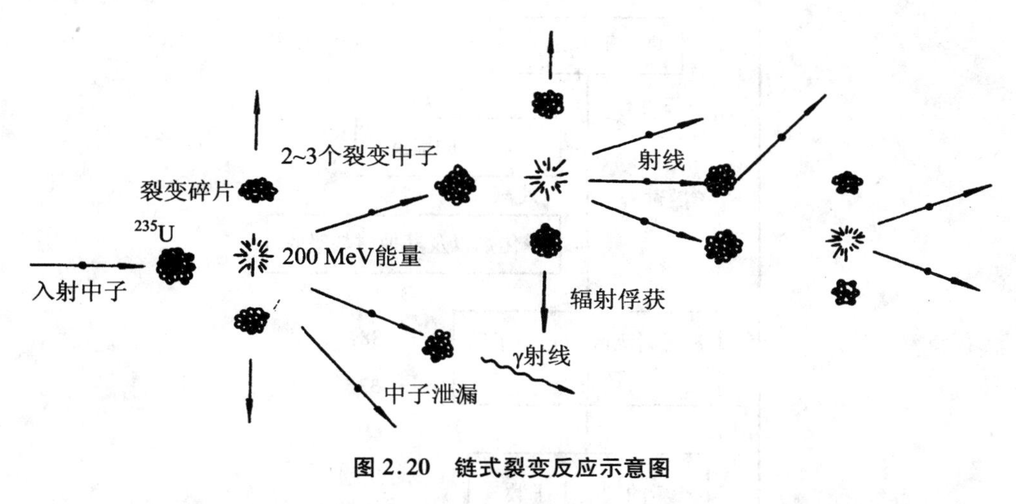

图2.20　链式裂变反应示意图

为了讨论反应堆内中子产生与消亡之间的平衡关系，人为地将中子分成一代一代地来处理是有益的。热中子反应堆的每代中子循环，可以用图2.21来大体描述。

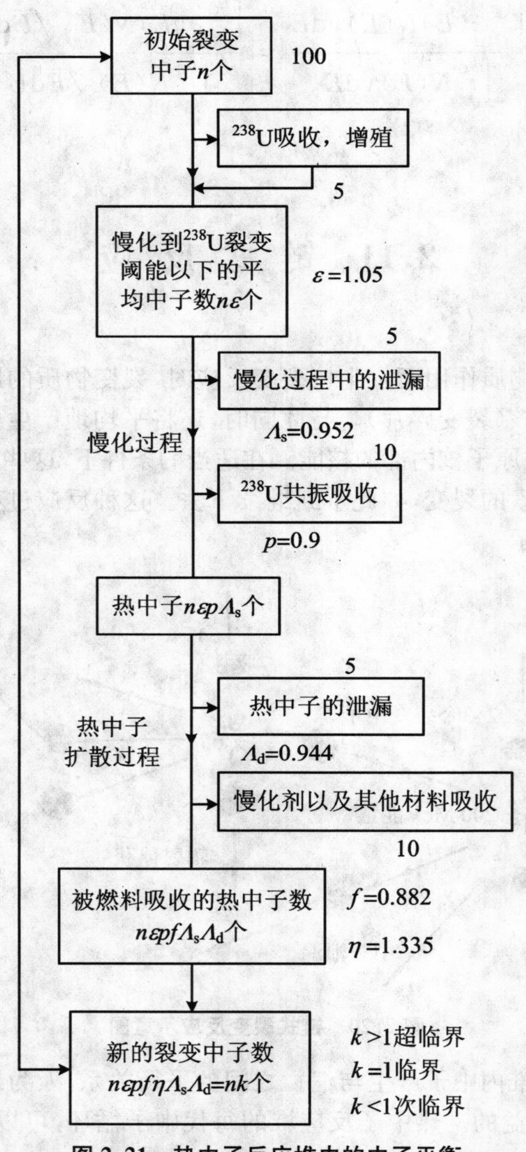

图 2.21　热中子反应堆内的中子平衡

2.12　中子源技术

加速器中子源是利用各种带电粒子加速器去加速某些粒子，如质子和氘等，用它们去轰击靶原子核产生中子。这种中子源的特点是可以在较广阔的能区内获得强度适中、能量单一的中子束流。在低能加速器上用来产生 0～20 MeV 单能中子的几种反应如表 2.8 所列。

表 2.8　用在加速器上产生单能中子的核反应特性

核反应	Q 值(MeV)	单能中子能区(MeV)	入射粒子能量(MeV)	竞争反应	竞争反应阈能(MeV)
$D(d,n)^3He$	3.270	2.4～8.0	0.1～4.5	D(d,np)D	4.45
$T(d,n)^4He$	17.590	12～20	0.1～3.8	T(d,np)T	3.71
$^7Li(p,n)^7Be$	−1.644	0.12～0.6	1.92～2.4	$^7Li(p,n)^7Be$	2.38
$T(p,n)^3He$	−0.763	0.3～7.5	1.15～8.4	T(p,np)D	8.34

分析 $T(d,n)^4He$ 和 $D(d,n)^3He$ 反应，d 为入射粒子氘，T、D 是靶核氚或氘，n 及 ^4He 或 ^3He 为生成的粒子。这两个反应都是放热反应，它们发射中子的能量 E_n 可由下式计算：

$$E_n = \frac{E_d m_d m_n}{(m_B + m_n)^2} \left\{ \cos\theta + \sqrt{\cos^2\theta + \frac{m_B(m_B + m_n)}{m_d m_n}\left[\frac{Q}{E_d} + \left(1 - \frac{m_d}{m_B}\right)\right]} \right\}^2 \tag{2.65}$$

式中 E_d 是入射氘核的动能，m_n、m_d 和 m_B 分别是中子、入射氘核和剩余核的质量，Q 是反应能，θ 是中子出射角。中子的能量不仅和入射氘的动能 E_d 有关，还与中子出射角 θ 有关。两种反应截面随入射粒子能量的变化如图 2.22 所示。图的横坐标单位用 mb，纵坐标单位用 b。两种反应会由于氘核破裂产生的破裂中子而受到干扰，限制了能够产生单能中子的能区，竞争反应过程 T(d,np)T 和 D(d,np)D 的阈能分别为 3.71 MeV 和 4.45 MeV。

$^7Li(p,n)^7Be$ 反应是一个吸热反应，它的反应阈能 E_{th} 为

$$E_{th} = -Q\frac{m_p + m(^7Li)}{m(^7Li)} \approx \frac{8}{7} \times 1.644 \approx 1.879 \text{ MeV} \tag{2.66}$$

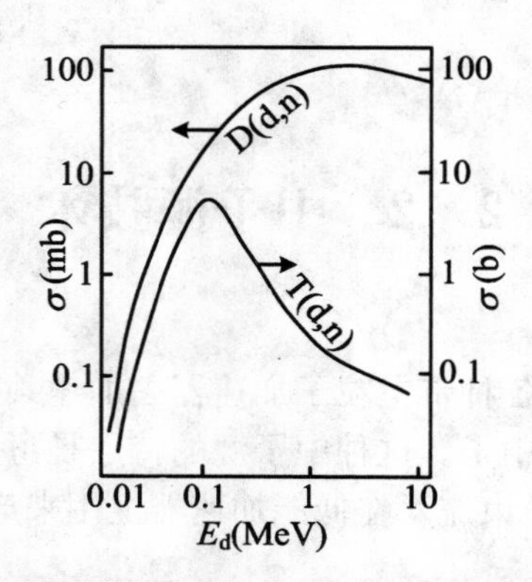

图 2.22　D(d,n)^{3}He(左纵轴)和 T(d,n)^{4}He(右纵轴)的反应截面随 E_d 的变化

当质子能量超过阈值时,只有小角度下才有中子发射。而且对每一角度,同一 E_p 有两种不同能量的中子,如图 2.23 所示。只有当 E_p 大于 E'_p时才出现单能中子,E'_p值为

$$E'_p = \frac{m(^7\mathrm{Be})}{m_p - m(^7\mathrm{Be})} Q = 1.918\ \mathrm{MeV} \tag{2.67}$$

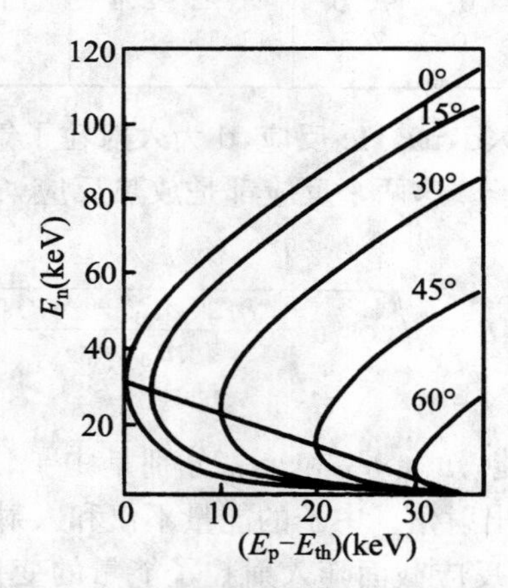

图 2.23　在阈能附近^{7}Li(p,n)^{7}Be 反应中,不同出射角中子能量 E_n 与 $E_p - E_{th}$ 的关系[1]

当 $E_p = E'_p$时,$\theta = 0^\circ$ 方向的中子能量是 120 keV。当质子能量大于 2.378 MeV时,^{7}Be 可能处在第一激发态,出现低能干扰中子。因此,^{7}Li(p,n)^{7}Be 反应只能得到 120～600 keV 的单能中子。这一反应的截面随能量的变化如图 2.24 所示。

对于能量为 0.6 MeV 与 2.4 MeV 之间的单能中子,可用 T(p,n)^{3}He 反应得

到。这一反应的阈能是 1.02 MeV,发射单能中子是 1.15 MeV。它的竞争反应是 T(p,np)D,相应的阈值是 8.34 MeV。因此,$T(p,n)^3He$ 反应在 $\theta=0°$ 方向上,可以获得 0.29～7.5 MeV 的单能中子。它的反应截面随 E_p 的变化如图 2.25 所示。

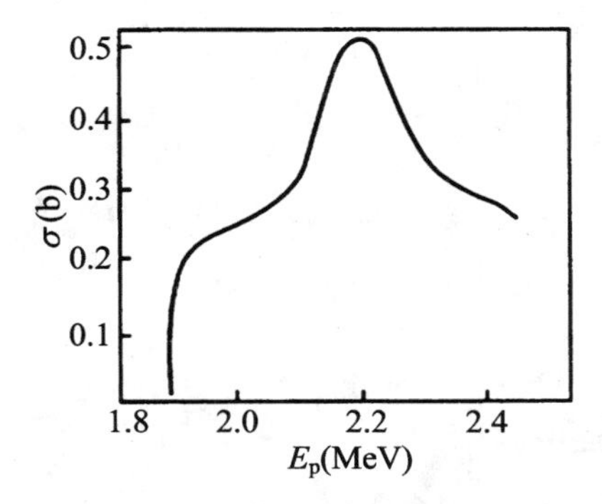

图 2.24　$^7Li(p,n)^7Be$ 反应截面随 E_p 的变化[1]

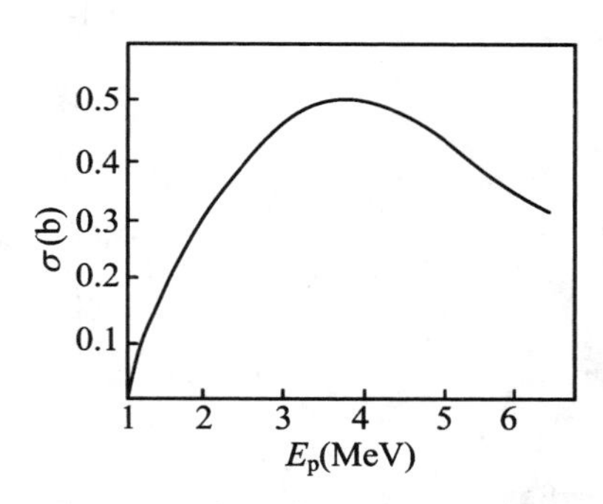

图 2.25　$T(p,n)^3He$ 反应截面随 E_p 的变化[1]

最后值得提到的是利用数百 MeV 的脉冲强流电子束或质子束轰击^{238}U 等重靶,可以产生具有连续能谱的强中子源(称"白光"中子源)。结合飞行时间技术(飞行距离 200 m 或更长)可以一次实验获得宽广能区内不同单能点的中子反应截面曲线。与单能中子源相比,不仅效率高、能区全,而且系统误差小。

反应堆中子源是利用重核裂变,在反应堆内形成链式反应,不断地产生大量的中子。这种中子源的特点是中子注量率大,能谱形状比较复杂。反应堆中子源是一个体中子源,它的强度不宜用总的中子数来描述,而是用每秒进入某一截面的单位面积的中子数来表示,称为中子注量率(Fluence Rate)。一般反应堆中子注量率在活性区内达到 $\varphi_0=(10^{12}\sim10^{14})\ cm^{-2}\cdot s^{-1}$,少数高通量堆 φ_0 可达 $10^{15}cm^{-2}\cdot s^{-1}$以上。

由活性区通过实验孔道引出堆外的中子束,它的注量率可用以下公式估算:

$$\varphi = \frac{S\varphi_0}{4\pi L^2} \tag{2.68}$$

式中 S 是孔道在活性区的横截面面积,L 是观测点到活性区的距离。

反应堆内中子能谱不是裂变中子谱,特别是热中子反应堆。图 2.26 给出了一个热中子反应堆内所测得的中子能谱。可看出低能部分可用一定温度的麦克斯韦分布去拟合:

$$N(E) = C\sqrt{E}e^{-E/kT} \tag{2.69}$$

式中 k 是玻尔兹曼常量，T 是慢化介质的绝对温度。图中拟合曲线的 $T=400$ K。谱的高能端部分大体服从 $1/E$ 的规律，有时称为费米谱。

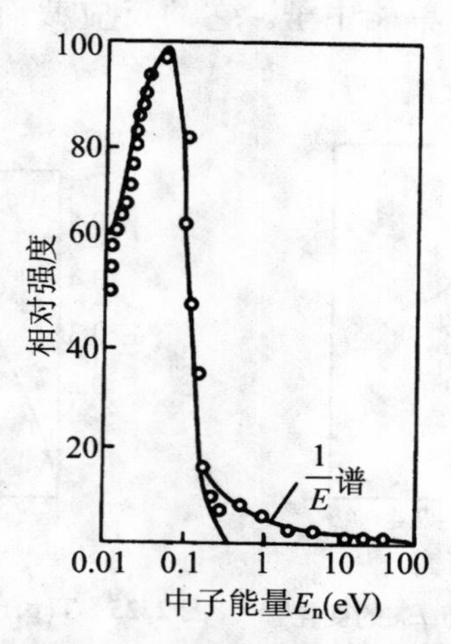

图 2.26 热中子反应堆内中子的能谱[1]

总的来说一个反应堆产生的中子能谱是复杂的，为了从反应堆中得到单能中子，一般利用晶体单色器、过滤器和机械转子等。

放射性中子源是利用放射性核素衰变时放出的射线，去轰击某些轻核靶发生(α,n)和(γ,n)反应，而放出中子的装置。现在，人们也可直接利用超钚原子核自发裂变中放出的中子作为自发裂变中子源。

常用(α,n)型反应中子源，是将锕系重核^{210}Po、^{226}Ra、^{239}Pu、^{241}Am 等 α 发射体粉末均匀、紧密地与 Be 粉相混合并压缩后密封在金属容器内制成的，通过放热核反应：

$$^{9}\text{Be}+\alpha\rightarrow{}^{12}\text{C}+\text{n}+5.70\ \text{MeV}$$

产生中子。表 2.9 给出了常用的几种(α,n)放射性中子源的性质。

表 2.9 几种常用放射性中子源的性质

α 源	$T_{1/2}$	中子能谱	γ 本底	每个 α 粒子产生的中子数目
^{210}Po	138 d	连续	低	6.75×10^{-3}
^{226}Ra	1690 a	连续	高	$(2.7\sim4.05)\times10^{-2}$
^{239}Pu	2.41×10^{4} a	连续	低	5.95×10^{-3}
^{241}Am	433 a	连续	低	5.95×10^{-3}

(γ,n)反应都是吸热的，用这种光中子源产生中子的主要特点是可以提供从20 keV 到 1 MeV 间某些能量点的单能中子。可利用中子结合能很低的^{9}Be 和 D 作靶核与 γ 发生作用：

$$\gamma + {}^{9}\text{Be} \to {}^{8}\text{Be} + \text{n} - 1.665\ \text{MeV}$$

$$\gamma + \text{D} \to \text{p} + \text{n} - 2.224\ \text{MeV}$$

目前用得较多的，例如^{124}Sb－^{9}Be（$T_{1/2} = 60.20$ d），^{24}Na－D，^{24}Na－^{9}Be（$T_{1/2} = 15.02$ h），光中子源分别提供 24 keV、0.264 MeV 和 0.97 MeV 的单能中子。

目前，常用的自发裂变中子源是^{252}Cf，其半衰期为 2.64 a，中子产额为 $2.31\times 10^{12}\ \text{s}^{-1}\cdot\text{g}^{-1}$，具有麦克斯韦能谱分布：

$$N(E) = C\sqrt{E}\,\mathrm{e}^{-E/E_{\mathrm{T}}} \tag{2.70}$$

其中 C 是归一化常量，E_{T} 为分布参数，其测量值为 $E_{\mathrm{T}} = (1.453 \pm 0.017)$ MeV。

目前国内小型的放射性中子源比较多，规模稍为大一些的反应堆中子源有较长的历史，氘氚类型的加速器中子源已有多台投入运行，最大规模的散裂中子源已经投入了建设。

参 考 文 献

[1] 卢希庭.原子核物理[M].修订版.北京：原子能出版社，2000.

[2] 谢仲生，张少泓.核反应堆物理理论与计算方法[M].西安：西安交通大学出版社，2000.

第3章　中子输运理论、燃耗方程与扩散近似

输运过程是指当大量粒子(或可抽象化为粒子的事物)在空间中或某种介质中运动时,由各粒子位置、动量和其他特征量的变化而引起的各种有关物理量随时空变化的过程。输运理论是数学上建立的用来研究输运过程的理论,即输运方程。由于输运过程是相当广泛的自然现象,并在日常生活中发生,所以输运理论已成为物理及工程中的重要工具。

3.1　中子输运方程研究的历史

中子输运理论描述了大量中子与介质相互作用的规律,它是中子与介质中原子核发生各种碰撞过程的综合描述。中子输运理论通常也称作中子迁移理论。求解某系统的中子输运方程,可以得到该介质内中子随能量、空间、角度变化的规律,其坐标取向如图3.1所示。

反应堆内的链式裂变反应实质上涉及中子在介质内的不断产生、运动和消亡的过程。反应堆理论的基本问题之一,是确定堆内中子密度(或中子通量密度)的分布。由于中子与原子核无规则碰撞,中子在介质内的运动是一种杂乱无章的具有统计性质的运动,即初始在堆内某一位置具有某种能量及某一运动方向的中子,在稍晚些时候,将运动到堆内另一位置以另一能量和另一运动方向出现。这一现象称之为中子在介质内的输运过程。因而,任一时刻中子运动的状态由其位置矢量 $\boldsymbol{r}(x,y,z)$、能量 E(或运动速度 v, $E=mv^2/2$,其中 m 为中子质量)和运动方向

$\boldsymbol{\Omega}$ 来表示。$\boldsymbol{\Omega}$ 是运动方向的单位矢量，它的模等于1，它的方向通过极角 θ 和方位角 φ 来表示（见图3.1）。

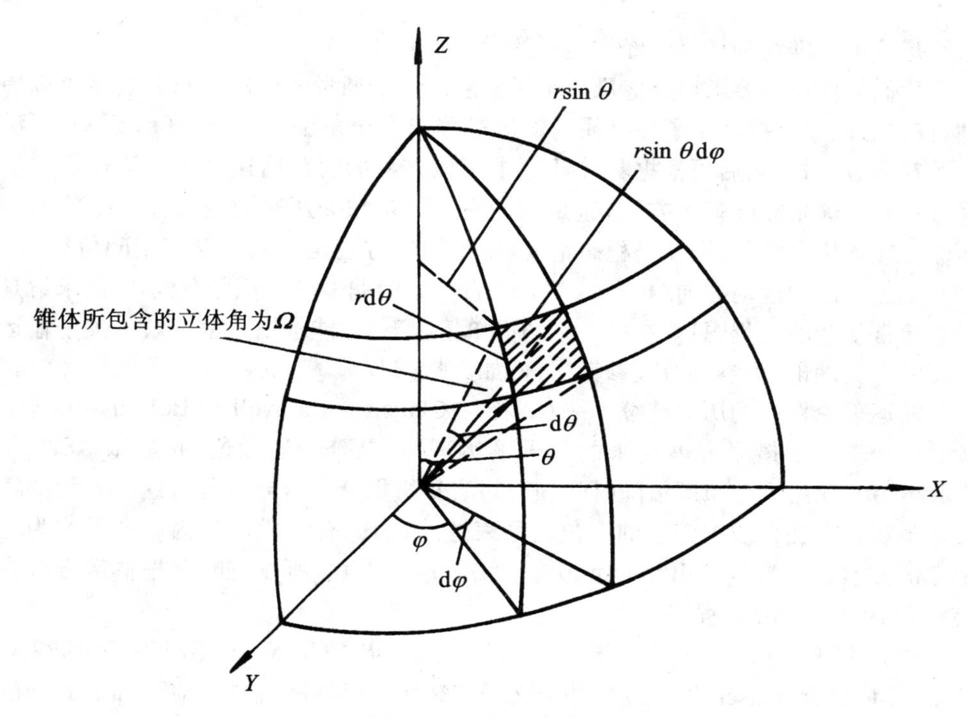

图3.1　方向 $\boldsymbol{\Omega}$ 的表示

中子随方向的分布，一般总是不均匀的。因此，计算所有方向的中子通量密度时，必须对所有方向求和。方向角的微元如式(3.1)所示：

$$\mathrm{d}\Omega = \frac{\mathrm{d}S}{r^2} = \frac{r^2 \sin\theta \mathrm{d}\theta \mathrm{d}\varphi}{r^2} = \sin\theta \mathrm{d}\theta \mathrm{d}\varphi \tag{3.1}$$

中子密度的分布可以用函数 $n(\boldsymbol{r}, E, \boldsymbol{\Omega})$——中子角密度来表示。它的定义是：在 $\boldsymbol{r}$ 处单位体积内和能量为 E 的单位能量间隔内，运动方向为 $\boldsymbol{\Omega}$ 的单位立体角内的中子数目。和它相对应的中子角通量密度为

$$\varphi(\boldsymbol{r}, E, \boldsymbol{\Omega}) = n(\boldsymbol{r}, E, \boldsymbol{\Omega}) v(E) \tag{3.2}$$

它是沿 $\boldsymbol{\Omega}$ 方向运动的平行中子束。如果将中子角密度对所有立体角方向积分，便得到与运动方向无关的中子密度：

$$n(\boldsymbol{r}, E) = \int_{4\pi} n(\boldsymbol{r}, E, \boldsymbol{\Omega}) \mathrm{d}\boldsymbol{\Omega} \tag{3.3}$$

和中子通量密度

$$\varphi(\boldsymbol{r},E)=\int_{4\pi}\varphi(\boldsymbol{r},E,\boldsymbol{\Omega})\mathrm{d}\boldsymbol{\Omega} \tag{3.4}$$

它们是核反应堆物理计算中经常使用的量。

我们的任务是要求出反应堆内中子密度或中子通量密度的分布。自然可以想到，首先必须建立描述中子在介质内输运过程或中子角密度分布 $n(\boldsymbol{r},E,\boldsymbol{\Omega})$ 所满足的基本方程式，然后再根据具体问题求出该方程的解。描述中子输运过程的精确方程叫做**玻尔兹曼输运方程**，这是因为它与玻尔兹曼用来研究气体扩散的方程相似。应该指出的是：即使是稳态情况，中子输运方程也是一个含有空间位置(x,y,z)、能量 E 和运动方向$\boldsymbol{\Omega}(\theta,\varphi)$等 6 个自变量的偏微分—积分方程，它的求解是一个非常复杂的过程，只有在极个别的简单情况下，才能求出其解析解。关于输运方程的有关理论，可参阅有关参考书，例如文献[2]。

输运理论发展的历史持续了一百多年。Clausius、Maxwell 和 Boltzmann 等学者的工作奠定了最早发展起来的粒子输运理论，是分子运动论的基础。1872 年 Boltzmann 导出了分布函数随时间和空间演变的积分—微分方程。这一方程的实质是微观粒子在介质中传输的守恒关系表达式，因此有时我们把输运方程称为粒子守恒方程。因为是 Boltzmann 最先导出了这一方程，所以有时又把输运方程直接称为 Boltzmann 方程。

1896 年 Becquerel 发现了天然放射性，1932 年 Chadwick 发现中子，1938 年 Hahn、Meitner、Frisch 等人发现并定义了核裂变。以后随着核反应堆和核武器的研究进展，中子输运理论得到了极其迅速的发展。

在一个有限的系统内，中子的命运不外乎以下几种可能性：第一，由于中子运动逃出系统以外；第二，发生寄生反应被“吃掉”；第三，引起裂变或$(\mathrm{n},j\mathrm{n})$等反应(其中 $j=2,3,\cdots$)，使中子的数目增加；第四，与核碰撞发生散射或其他中子数不改变的慢化反应，把能量的一部分或全部交给靶核，中子数不变化。前两种可能性是导致中子损失的因素，第三种可能性是导致中子数增长的因素。系统内中子数目随时间的变化，就是以上几种因素的竞争。

简单地说，中子的输运过程也就是中子在反应堆堆芯内穿行，不断被原子核散射，并最终被吸收或泄漏出反应堆外的运动规律。对单个中子来讲，它是以杂乱无章的折线轨迹在介质内进行运动的，直到被吸收或从表面逸出为止，是一个随机过程。实际上，我们研究的是在空间不同点处中子密度的宏观期望分布问题，因而可以像气体分子动力学一样，用一种处理大量中子行径的宏观理论，来推导出和气体分子输运方程相类似的中子输运方程，即玻尔兹曼输运方程。

中子在系统内的输运过程中，将发生各种形式的碰撞反应，碰撞理论在中子输运分析中至关重要，尤其对于各向异性严重的反应堆系统。

碰撞中子的各向异性发射在很多情况中是很常见的，分析碰撞动力学更方便的坐标系是质心坐标系。对于低能中子来说，在质心系中碰撞总是各向同性的。当中子的能量大于大约 0.1 MeV 以后，碰撞便是各向异性的了。而且随着能量的增加，次级中子的发射将越来越具有朝前的趋势。第二类各向异性是由从质心坐标系向实验室坐标系的转换引起的。在后一坐标系中，靶核被看成是静止的。从碰撞动力学可以看出，在质心坐标系中是各向同性的碰撞，转换到实验室坐标系中加以研究便具有一个向前的峰，即是各向异性的。对于重核，这一效应不十分重要，但对于轻核是重要的。

在质心坐标系中，中子与核的碰撞散射有两种类型，一种是入射中子和出射中子的能量相同的散射，称为弹性散射；一种是出射中子的能量比入射中子的能量低，称为非弹性散射(减少的部分变成了靶核的激发能，靶核处于激发状态)。根据核理论的推导，弹性散射微分截面可以近似为

$$\sigma^{S}(\cos\theta_{C})\approx R^{2}\left|\frac{J_{n}(R\theta_{C}/t)}{\theta_{C}}\right|^{2} \tag{3.5}$$

式中，$J_n(x)$是 n 阶柱 Bessel 函数。

因为核半径随核质量数的增加而增加，因此上式表明质量越大，质心坐标系中的散射各向异性就越明显。并且在实验室坐标系中，快中子被所有质量数的核散射，以及所有能量的中子被轻核散射都是各向异性的。

碰撞的各向异性不但影响中子的输运过程，而且影响它的慢化过程。所以，中子在被吸收之前运行的平均距离，以及损失一定能量中子与靶核碰撞的次数，均依赖于次级中子的角分布。实验证明，这些效应对中子在核系统中的行为有巨大影响。当计算屏蔽体中的深穿透和小尺寸临界系统以及含高能中子的聚变裂变系统的中子分布时，这些效应的影响尤为明显。在给出中子输运方程以前，下面介绍中子在介质中迁移过程的一些基本物理假设。

一般来说，核装置中的中子能量不会超过 20 MeV，其最低能量不会低于与室温介质处于热平衡的中子能量，即约 0.025 eV。于是，我们可以：

① 忽略中子与核相互作用时的相对论效应。

② 认为中子是质点粒子，也就是认为它的空间位置和速度是完全确定的量。

③ 忽略中子由于具有自旋和磁动量而可能发生的极化效应。

④ 忽略与周围介质处于或接近热平衡的中子，并假设靶核在与中子发生反应之前总是处于静止状态。

⑤ 忽略缓发中子的影响。

在导出中子输运方程时，我们假定：

① 中子流动时，在与介质核的两次碰撞之间，其运动方向和能量是不改变的。

② 所研究的中子数目在统计涨落可以忽略的意义下足够多，同时在中子—中子碰撞可以忽略的意义下它的数目又足够少。

③ 通常假设本底介质不随时间改变。

中子输运方程反映了在相空间 $\boldsymbol{r}\times E\times\boldsymbol{\Omega}$ 的微元 $\mathrm{d}V\mathrm{d}E\mathrm{d}\boldsymbol{\Omega}$ 内中子数的守恒，即中子数密度随时间的变化率应等于它的产生率减去泄漏率和移出率，亦即

$$\frac{\partial n}{\partial t}=\text{产生率}-\text{泄漏率}-\text{移出率} \tag{3.6}$$

为了描述中子在相空间的统计分布规律，我们引入称为中子角密度的量 $N(\boldsymbol{r},\boldsymbol{\Omega},E,t)$。它定义为在时刻 t、位置 $\boldsymbol{r}$、方向 $\boldsymbol{\Omega}$、能量 E 处每单位体积、单位立体角、单位能量内的中子可几数。因此，$N(\boldsymbol{r},\boldsymbol{\Omega},E,t)\mathrm{d}\boldsymbol{r}\mathrm{d}\boldsymbol{\Omega}\mathrm{d}E$ 是时刻 t 在 $\boldsymbol{r}$ 处体积元 $\mathrm{d}\boldsymbol{r}$ 内、方向 $\boldsymbol{\Omega}$ 处 $\mathrm{d}\boldsymbol{\Omega}$ 内、能量 E 处 $\mathrm{d}E$ 内的中子期望数。中子密度 $n(\boldsymbol{r},E,t)$ 定义为中子角密度对所有方向的积分，即

$$n(\boldsymbol{r},E,t)=\int_{4\pi}N(\boldsymbol{r},\boldsymbol{\Omega},E,t)\mathrm{d}\boldsymbol{\Omega}$$

式中，积分号下角标 4π 表示对所有方向积分。

中子速率与中子角密度的积 $vN(\boldsymbol{r},\boldsymbol{\Omega},E,t)$ 称为中子角注量率，用 $\Phi(\boldsymbol{r},\boldsymbol{\Omega},E,t)$ 表示：

$$\Phi(\boldsymbol{r},\boldsymbol{\Omega},E,t)=vN(\boldsymbol{r},\boldsymbol{\Omega},E,t)$$

它的含义是 t 时刻单位时间、$\boldsymbol{r}$ 处单位体积、$\boldsymbol{\Omega}$ 处单位立体角、E 处单位能量的中子走的总距离。角注量率对所有方向的积分叫做总注量率，以 $\varphi(\boldsymbol{r},E,t)$ 表示：

$$\varphi(\boldsymbol{r},E,t)=\int_{4\pi}\Phi(\boldsymbol{r},\boldsymbol{\Omega},E,t)\mathrm{d}\boldsymbol{\Omega}$$

由上面的守恒率和基本假设可推得微分形式中子输运方程如下：

$$\frac{1}{v}\frac{\partial\Phi}{\partial t}+\boldsymbol{\Omega}\cdot\nabla\Phi+\Sigma_{\mathrm{t}}(\boldsymbol{r},E)\Phi=Q_{\mathrm{s}}+Q_{\mathrm{f}}(\boldsymbol{r},E,\boldsymbol{\Omega},t)+S(\boldsymbol{r},E,\boldsymbol{\Omega},t) \tag{3.7}$$

其中，散射源：

$$Q_{\mathrm{s}}=\int_0^{\infty}\int_{\boldsymbol{\Omega}'}\Sigma_{\mathrm{s}}(\boldsymbol{r},E')f(\boldsymbol{r},E'\to E,\boldsymbol{\Omega}'\to\boldsymbol{\Omega})\Phi(\boldsymbol{r},E',\boldsymbol{\Omega}',t)\mathrm{d}E'\mathrm{d}\boldsymbol{\Omega}'$$

裂变源：

$$Q_{\mathrm{f}}(\boldsymbol{r},E,\boldsymbol{\Omega},t)=\mathrm{d}V\mathrm{d}E\mathrm{d}\boldsymbol{\Omega}\frac{\chi(E)}{4\pi}\int_0^{\infty}\mathrm{d}E'\int_{\boldsymbol{\Omega}}\nu(E')\Sigma_{\mathrm{f}}(\boldsymbol{r},E')\Phi(\boldsymbol{r},E',\boldsymbol{\Omega}',t)\mathrm{d}\boldsymbol{\Omega}'$$

上述各式中，$S(\boldsymbol{r},E,\boldsymbol{\Omega},t)$是外中子源，$v$ 为中子运动速率，$\Phi(\boldsymbol{r},\boldsymbol{\Omega},E,t)$为中子角注量率，$\boldsymbol{\Omega}$ 为空间立体角（即运动方向变量），$\Sigma_t(\boldsymbol{r},E)$为宏观反应截面，$\boldsymbol{r}$ 为空间位置，E 为中子能量，$f(\boldsymbol{r},E'\to E,\boldsymbol{\Omega}'\to\boldsymbol{\Omega})$为散射函数。散射函数的定义是：碰撞前中子的能量为 E'，运动方向为 $\boldsymbol{\Omega}'$，碰撞后中子能量变为 E 而运动方向为$\boldsymbol{\Omega}$ 的概率。用 Legendre 多项式展开如下：

$$f(\boldsymbol{r},E'\to E,\boldsymbol{\Omega}'\to\boldsymbol{\Omega}) = \sum_l \frac{2l+1}{4\pi} f_l(E'\to E)\, P_l(\mu_0) \tag{3.8}$$

式中，$\mu_0=\cos\theta_0=\boldsymbol{\Omega}\cdot\boldsymbol{\Omega}'$，$\theta_0$ 为方向矢量 $\boldsymbol{\Omega}$ 和$\boldsymbol{\Omega}'$之间的夹角。

稳态时，中子注量率不随时间变化：

$$\frac{\partial\Phi}{\partial t} = 0$$

方程式(3.7)左边第一项代表中子角密度随时间的变化率，第二项代表中子泄漏，第三项代表中子移出，方程右边代表中子源项。

从方程式(3.7)可看出，中子输运方程是一个含有空间坐标 $\boldsymbol{r}(x,y,z)$、能量 E、中子运动方向 $\boldsymbol{\Omega}(\theta,\varphi)$和时间 t 等 7 个自变量的微分方程，即使在稳态情况下，由于实际问题中几何和结构的复杂性与非均匀性，同时考虑到各种材料原子核的截面随能量的变化，要精确地求解这一方程是不可能的，只有在简单模型下或进行大量简化后才有可能求解。所以在实际的计算问题中通常是采用一些近似的方法求解。

3.2 输运方程的边界条件

为求解上述输运方程，必须给出一定的定解条件。定解条件包括初始条件和边界条件。初始条件：

$$\varphi(r,E,\Omega,0) = \varphi^{(0)}(r,E,\Omega) \tag{3.9}$$

外边界条件、不同介质交界面处连续条件和对称条件组成了一组完整而有效的中子输运方程的边界条件。自由边界条件：

$$\Phi(R,\Omega,E,t) = 0 \tag{3.10}$$

交界面连续条件：

$$\lim_{s\to 0}\left[N\left(r_s+\frac{1}{2}s\Omega,\Omega,E,t+\frac{s}{2v}\right) - N\left(r_s-\frac{1}{2}s\Omega,\Omega,E,t-\frac{s}{2v}\right)\right] = 0 \tag{3.11}$$

对称条件：

$$\Phi(0,\Omega,E,t) = \Phi(0,-\Omega,E,t) \tag{3.12}$$

3.3 近似求解

分析前面所述的输运方程、初始条件和边界条件可知：虽然输运方程中的变量 r、Ω、E 都是连续的，但得出角通量的解析解比较困难，一般用数值计算方法求解。

输运方程常用的数值计算方法有两种，求解中子输运问题的方法可据之分为两类，一类称为“确定论方法”，另一类称为“试验统计方法”。确定论方法是根据问题的物理性质建立起一组确定的数学物理方程，然后用数学方法来求解这些方程的近似解。试验统计方法，或称为蒙特卡罗（Monte Carlo）方法，也称“非确定论方法”，是基于概率统计理论的数值方法，对所要研究的问题构造一随机模拟模型来加以计算。在蒙特卡罗方法中，利用一系列的随机数来模拟中子在介质中运动的行径，追踪每个中子的历史，然后对所获得的信息加以分析。它具有对任何复杂几何形状，以及中子截面随能量变化很复杂的特性进行计算的适应性，并能获得精确的结果，但是为得到精确解必须耗费大量的计算时间。所以，目前在反应堆物理及相关设计计算中大多采用确定论的方法，而蒙特卡罗方法主要用于对最后设计方案的校验。

3.3.1 离散坐标法

因此现今输运方程求解，采用的方法大多是将变量离散化。针对角度、能量、空间进行离散处理之后，选取适当的边界条件，求解角通量分布。对能量变量的离散处理采用的是多群近似；对空间变量的离散采用的是常规的差分方法；对角度的处理方法则很多。关于近似计算的详细说明可参见相关文献。确定论方法的数值求解中，对于玻尔兹曼方程中的能量变量 E，通常采用传统的“分群近似”方法进行离散化处理；对于空间坐标 $\boldsymbol{r}(x,y,z)$，则采用有限差分方法或有限元等其他方法做离散处理；对于方向变量 $\boldsymbol{\Omega}(\theta,\varphi)$ 的近似，往往采用离散纵标 S_N 方法（Discrete Ordinates Method）。

现今中子学的相关计算程序已经有很多，一维程序如 BISONC、ANISN，二维程序如 DOT，三维程序如 TORT、MCNP；还有国内自主研发的多功能粒子输运与燃耗计算程序系统 VisualBUS。中子学的研究为反应堆设计提供了必需的支持，是反应堆设计的一个重要阶段。

对中子发射角 Ω 的离散化是这样处理的：将函数 $\Phi(\Omega)$ 离散，首先把 Ω 空间离散化，得到离散点列 $\Omega_1,\Omega_2,\cdots,\Omega_N$，然后设法求出这些离散点的函数值 $\Phi(\Omega_i)$，并用它们近似地表示函数 $\Phi(\Omega)$。当离散点取得足够密时，便可得到所需要的精度。

然后要进行的是：

① 对离散发射角求积权重系数——求积组的选取。

② 中子输运方程的离散化(空间及方向变量)及离散(差分)方程组的获得。

③ 离散方程的求解。

离散坐标方法的优点在于它对所有自变量都采用直接离散，因而数值过程比较简单。这样当迭代求解时，源项作为已知项，每个离散方程都是相对独立的，并具有相似的数值过程，从而便于编程。同时更重要的是它可以编成适用于不同离散方向 N(阶)的通用程序，当需提高或降低计算精度时只需改变输入的离散方向 N 即可，这给工程计算带来了极大的方便。

ANISN 程序最早由 B. G. Carlson 应用于输运方程求解，是美国橡树岭国家实验室编制的用于一维几何模型求解的程序。它是一维、多群、带有一般各向异性的多功能中子、光子输运离散纵标计算程序，该程序广泛应用于核问题各领域的计算。

S_N 方法是对方向角变量 $\boldsymbol{\Omega}(\theta,\varphi)$ 直接离散的数值方法，即只对选定的若干个离散方向 $\boldsymbol{\Omega}_m$ 求解中子输运方程，这时角度变量 $\boldsymbol{\Omega}_m$ 在方程中仅是个参变量，离散方向的数目取决于计算精度的要求。

离散纵标方法最早由 B. G. Carlson 应用于输运方程的求解，习惯称为离散 S_N 方法。如今随着计算机速度的不断提高和对 S_N 方法研究的深入，这种方法已经成为研究粒子(中子和光子等)输运问题有效的数值方法之一。

二维 (r,z) 坐标系守恒形式中子输运方程如下：

$$\omega_m \frac{\mu_m}{r}\frac{\partial(r\Phi_m)}{\partial r} + \omega_m \xi_m \frac{\partial \Phi_m}{\partial z} - \frac{1}{r}\left[\alpha_{m+1/2}\Phi_{m+1/2} - \alpha_{m-1/2}\Phi_{m-1/2}\right] + \omega_m \Sigma_t \Phi_m(r,z) = \omega_m Q_m \tag{3.13}$$

$$\alpha_{1/2} = \alpha_{m+1/2} = 0 \tag{3.14}$$

$$\alpha_{m+1/2} - \alpha_{m-1/2} = -\omega_m \mu_m \tag{3.15}$$

式中，μ_m、ξ_m 为离散方向的求积余弦，ω_m 为求积权重系数。

由中子输运方程式(3.13)，可得二维 (r,z) 几何 (i,j) 基元差分方程：

$$\omega_m\mu_m(A_{i+1/2,j}\Phi_{i+1/2,j,m} - A_{i-1/2,j}\Phi_{i-1/2,j,m}) + \omega_m\xi_m C_i(\Phi_{i,j+1/2,m} - \Phi_{i,j-1/2,m}) + \\ (A_{i+1/2,j} - A_{i-1/2,j})(\alpha_{m+1/2}\Phi_{i,j,m+1/2} - \Phi_{i,j,m+1/2} - \alpha_{m-1/2}\Phi_{i,j,m-1/2}) + \\ \omega_m\Sigma_{t,i,j}\Phi_{i,j,m}V_{i,j} = \omega_m Q_{i,j,m}V_{i,j} \\ i = 1,\cdots,I; j = 1,\cdots,J; m = 1,\cdots,M \tag{3.16}$$

式中相关符号：

$$A_{i+1/2} = 2\pi \boldsymbol{r}_{i\pm1/2}\Delta z_j,\quad C_i = \pi(\boldsymbol{r}^2_{i+1/2} - \boldsymbol{r}^2_{i-1/2}),\quad V_{i,j} = \pi(\boldsymbol{r}^2_{i+1/2} - \boldsymbol{r}^2_{i-1/2})\Delta z_j$$

而符号 $\boldsymbol{r}_{i\pm1/2}$是几何半径。

差分方程(3.16)式是在 $V_{i,j}$体积元和 $\Delta\boldsymbol{\Omega}_m$方向微元内中子守恒的差分形式。式中第一项表示通过 $\boldsymbol{r}$ 向的两个圆柱段表面泄漏出体积元的中子数；第二项表示通过体积元上、下两个端面的泄漏中子数；第三项表示由于 $\boldsymbol{\Omega}$ 坐标变化而“泄漏”出 $\Delta\boldsymbol{\Omega}_m$的中子数；第四项和方程的右端则分别表示碰撞引起的损失和中子源项。

3.3.2 蒙特卡罗方法和MCNP程序

蒙特卡罗方法(简称 MC 方法)属于非确定论方法，是一种基于概率统计理论的计算方法，又称随机抽样技巧或统计试验方法。其基本思想是：当所求问题的解是某个事件的概率，或者是某个随机变量的数学期望，或者是与概率、数学期望有关的量时，通过某种试验的方法，得出该事件发生的频率，或者该随机变量若干个具体观察值的算术平均值，通过它们得到问题的解。蒙特卡罗方法能较逼真地描述事物特点以及物理实验过程。随着计算机技术的高速发展，蒙特卡罗方法的程序化、物理模型细致化、计算高速化得到完美体现，广泛用于粒子输运及相互作用的研究中。随着计算机的飞速发展，这种方法越来越受到重视，在实验物理、原子能技术、固体物理以及社会和经济学中得到广泛的应用。

与确定论方法相比，蒙特卡罗方法具有如下优点：

① 具有直接解决问题的能力。

② 受问题的条件限制影响小，能方便地求解各种复杂几何条件及截面复杂变化情况的问题。

③ 收敛速度与问题的维数无关，所以更适于解决多维问题。

MCNP 程序(Monte Carlo Neutron and Photo Transport Code)，是美国 Los Alamos 国家实验室蒙特卡罗小组研制的一个模拟中子、光子等及其耦合输运问题，还可计算临界系统的 k_{eff}和本征值 α 问题的通用软件包。由于其功能、技巧、几何能力和取用数据方面相对于其他蒙特卡罗程序的优越性，被称为“超级蒙特卡罗程序”。现已发展到 MCNP－4C。其特点与功能如下：

① 使用精细的截面数据，可以采用点线性插值法获得连续能量，也可以把所

有截面压缩成240群,还可以在不需要太多能点的情况下,用较小能点的连续能量计算。

② 采用较多的降低方差的技巧,如几何分裂与轮盘赌、粒子的截断处理重要抽样、能量分裂、相关抽样及权窗等。

③ MCNP的计算功能非常齐全,适用于核科学和工程各方面的各种计算,如粒子物理、屏蔽计算、武器试验的测试分析以及检验截面数据等。

④ 灵活的几何处理能力。MCNP程序中几何体是三维任意组合的,可由一阶、二阶包括某些特殊的四阶表面所包围。每个栅元可由包围表面的交和余来定义。一个复杂几何体可以比较简单地表示出来。

⑤ 程序输入、输出以及绘图功能齐全。

MCNP可用于计算中子、光子或中子—光子耦合输运问题,也具有计算光子—电子耦合输运的能力,还可以计算临界系统(包括次临界和超临界)的本征值问题。MCNP可以处理任意三维几何结构的问题,几何区的界面可以是平面,也可以是二阶以及某些特殊的四阶曲面(如椭圆环曲面)。几何栅元中的材料可由任意多种同位素组合而成。MCNP具有较强的通用性,提供了多种源分布,包括通用源、临界源,以及通过输入卡自行定义几何栅元,并留有接口,允许用户定义自己的源。通用源包括体元(长方体、球、圆柱)、曲面元(平面、球面、椭球面)以及线元和点元。同时可以提供多种标准记数。它的缺点是:

① 蒙特卡罗方法是以概率与统计方法为基础的,误差用概率误差表示,是在一定置信水平下的概率误差,而不是一般意义下的误差。

② 对于大的几何形状系统或小概率事件的计算问题,计算结果往往不太好,比真实值偏低。

3.3.3 核数据

核数据,特别是核截面数据的选择和处理,是核计算的出发点和重要依据。为了提高计算的精度,一方面是要努力对计算模型和方法进行改进,另一方面则是要设法提高原始数据的精度。

由于核计算中涉及大量的同位素,以及在各个能区内中子截面和能谱的复杂关系,所以需要用到的核截面数据的数量是很庞大的。现在世界各国都对核数据进行了大量的数据库建设工作。图3.2给出了美国通用的核程序及数据库。

IAEA拥有全世界可公开使用的核数据库,其最新版本为聚变评价数据库FENDL-2。FENDL的英文全名是“Fusion Evaluation Nuclear Data Library”,是由IAEA的核数据部发起并协调的,它从美国的ENDF/B、俄罗斯的BROND、

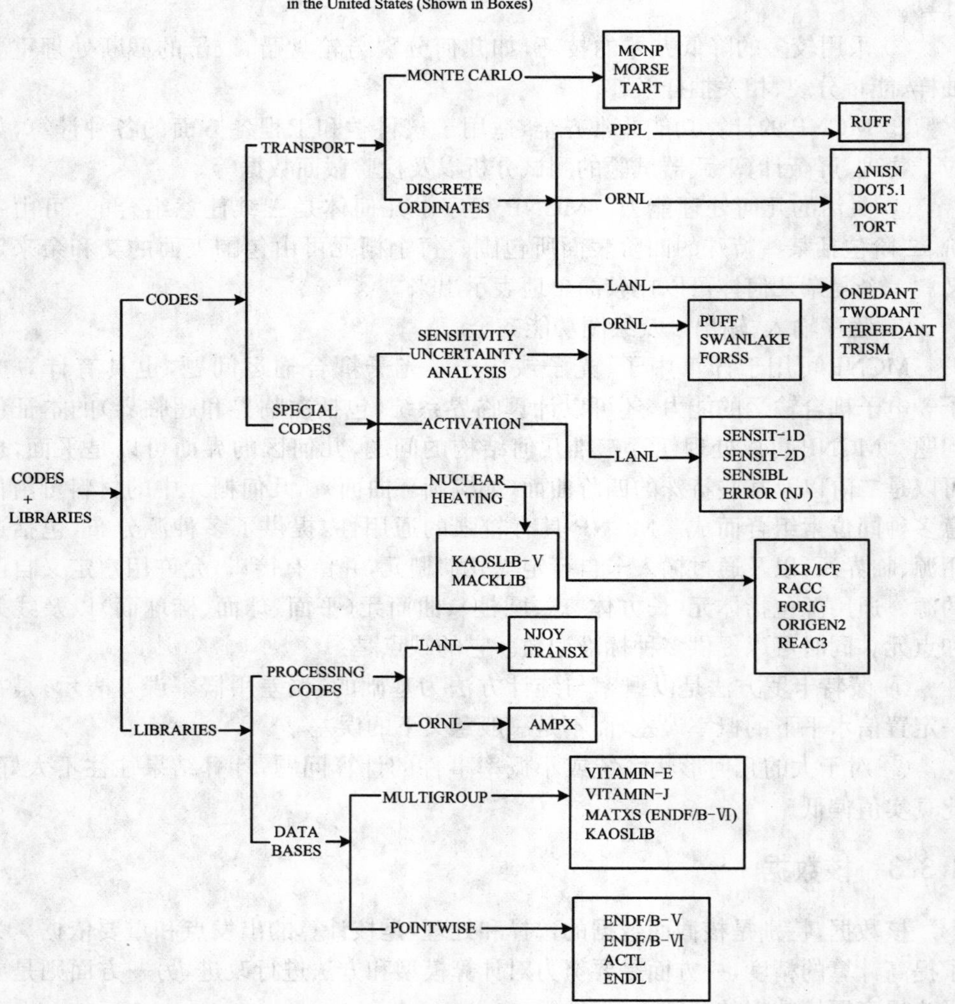

图 3.2 美国通用的核程序及数据库

欧洲的 EFF 和日本的 JENDL 中挑选数据编纂而成，并为聚变应用加以修订。这个数据库的第一个版本是 FENDL－1，已经编辑出版，且被作为 ITER 工程设计阶段的参考数据库。它的第二个版本是 FENDL/E－2，包含有评价过的中子、光子—原子和光子产生的反应截面，它以 ENDF 格式存在，适用于 57 种核素的共振参数，从已评价过的数据文件 BROND－2、ENDF/B－Ⅵ、JENDL－3.1、JENDL

－FF和EFF－3中选出，可用于聚变堆设计的中子—光子耦合输运计算。在改进的FENDL/E－2.0中，其已评价过的FENDL/E－1.0被用做初值文件，包含有处理过的逐点ACE格式截面，可用于蒙特卡罗输运程序MCNP4A；也包含有多群GENDF和MATXS格式，可用于离散坐标的中子光子耦合输运程序如ANSIN和ONEDANT等。

3.4　反应堆燃耗理论

在实际运行的核反应堆中，由于易裂变核素的裂变和新的易裂变核素的产生、裂变产物的积累、冷却剂温度的变化以及控制棒的移动等原因，反应堆的许多物理量，例如反应性、燃料的同位素成分和中子注量率密度等，将不断地随时间变化。研究燃耗问题，可以分析核燃料同位素和裂变产物同位素的成分随时间的变化以及它们对反应性和中子注量率密度的影响。具体包括：核燃料同位素成分的变化和燃耗、裂变产物同位素的生成和消耗、反应堆停堆后核素密度随时间的变化、反应性随时间的变化、堆芯寿期和燃耗深度以及核燃料的转换及循环。这些问题的研究对反应堆的物理性能研究具有重要的意义。

燃耗理论的基础是反应堆燃耗方程。燃耗方程反映了同位素在反应堆内的燃耗过程。图3.3表示了核素A的产生和消失的过程。

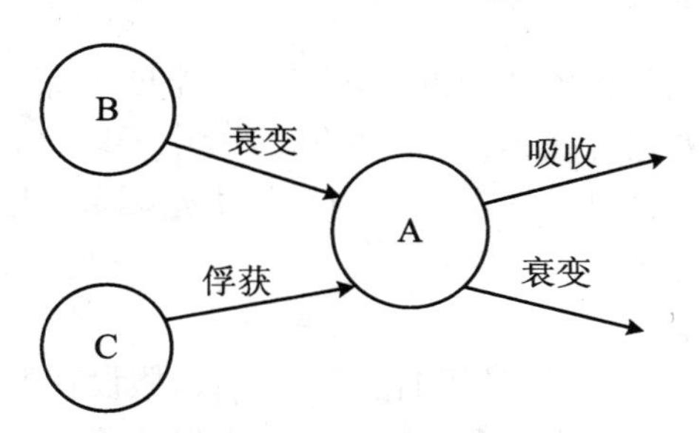

图3.3　核素A的产生和消失过程

反应堆燃耗方程描述如下：

$$\frac{\partial}{\partial t}N_{\mathrm{A}}(\boldsymbol{r},t)=N_{\mathrm{C}}(\boldsymbol{r},t)\int_0^{\infty}\sigma_{\gamma}^{\mathrm{C}}(E)\Phi(\boldsymbol{r},E,t)\mathrm{d}E+\lambda_{\mathrm{B}}N_{\mathrm{B}}(\boldsymbol{r},t)$$

$$- N_{\mathrm{A}}(\boldsymbol{r},t)\left[\int_{0}^{\infty}\sigma_{\mathrm{a}}^{\mathrm{A}}\Phi(\boldsymbol{r},E,t)\mathrm{d}E + \lambda_{\mathrm{A}}\right] \tag{3.17}$$

上式的物理意义为:某一核素 A 随时间的变化率等于系统中 C 核素吸收中子及 B 核素衰变而引起的核素 A 的产生率,减去 A 核素由于吸收中子和衰变而引起的总消失率。燃耗理论是核工程科研工作者进行核燃料循环计算、核废料处理、核燃料管理等工作的基础理论。

在燃耗计算中,需要求出核燃料同位素和裂变产物同位素成分随时间的变化以及它们对反应性和中子注量率分布的影响。但是,在燃耗方程中,核密度和中子注量率都是空间和时间的函数,任何核密度的变化都会立刻引起中子注量率密度和功率密度的变化,反之亦然,因此需要解决的问题是一个非线性问题。在适当近似的情况下,可以采用 BATEMAN 方法求解这些方程,它的实质是将复杂的非线性燃耗反应链分解为一系列的线性链,再对这些线性链分别求解燃耗方程。对于需要较精确考虑燃耗链的燃耗过程,通常是采用细分栅元数值方法进行求解。在求解过程中,首先把堆芯分为若干燃耗区,在每区内,认为中子注量率和核密度等于常数,即用该区的平均值来近似地代替它们。其次把时间也分为许多时间间隔,每一时间间隔称为一个时间步长,在每个时间步长中可以认为中子注量率保持常数。这样,我们便可以根据初始条件,在每个时间步长内求解燃耗方程。

因此,燃耗计算的主要内容是:计算在每个时间步长末、每个燃耗区燃料中重同位素的核密度和裂变产物的浓度、中子注量率、功率密度以及相应的反应性等。具体的输运燃耗计算主要分为两个部分:空间部分计算和时间部分计算。

(1) 空间部分计算

在给定堆芯燃料成分和各种同位素核密度的空间分布(由初始条件给出或由上一时间步长内燃耗方程解获得)的条件下,进行中子能谱、少群常数和临界相关的计算。从这些计算中可以求得反应堆的有效增殖因数(或过剩反应性)、中子注量率密度和功率密度分布等。

(2) 时间部分计算

在空间部分计算结束后,把时间加上一个步长,假设在上一个时间步长末空间部分计算求得的中子注量率密度在本时间步长内保持不变。然后解每个燃耗区的燃耗方程,求出在本时间步长末燃料中各种重同位素的核密度和裂变产物的浓度,这些又作为下一次空间部分计算的依据。

上述空间部分和时间部分计算需要反复交替地进行。当空间分区足够小和时间步长取得不太长时,这样的计算是可以满足工程设计上的要求的。

BATEMAN 方法是求解燃耗方程的解析方法，它的实质就是将复杂的燃耗链分解为一系列的线性链，再对这些线性链分别解析求解燃耗方程。

(1) 简单线性链 $X_1 \to X_2 \to X_3 \to \cdots \to X_n$（$X_n$ 为第 n 个核素）的燃耗由下式表示：

$$\frac{\mathrm{d}N_1}{\mathrm{d}t} = -\lambda_1^{\mathrm{c}} N_1 \tag{3.18a}$$

$$\frac{\mathrm{d}N_i}{\mathrm{d}t} = \lambda_{i-1}^{\mathrm{c}} N_{i-1} - \lambda_i^{\mathrm{a}} N_i \quad (i \geqslant 2) \tag{3.18b}$$

$$\lambda_i^{\mathrm{a}} = \lambda_i + \int \sigma_i^{\mathrm{a}} \varphi \mathrm{d}E \tag{3.18c}$$

$$\lambda_i^{\mathrm{c}} = f_{i,i+1} \lambda_i + \int \sigma_{i,i+1} \varphi \mathrm{d}E \tag{3.18d}$$

其中，N_i 表示核素 X_i 的原子密度，λ_i 表示核素 X_i 的衰变常数，σ_i^{a} 表示核素 X_i 的中子吸收截面，$f_{i,i+1}$ 表示从 X_i 到 X_{i+1} 的分支率，$\sigma_{i,i+1}$ 表示从 X_i 到 X_{i+1} 的反应截面，φ 表示总的中子注量率。

BATEMAN 方法给出了上述方程的精确解：

$$N_i = \sum_{k=1}^{i} \sum_{j=k}^{i} N_k^0 d_{kj}^i e^{-\lambda_j^{\mathrm{a}} t}$$

$$d_{k,j}^i = \begin{cases} 1 & (k = i) \\ \dfrac{\prod\limits_{l=k}^{i-1} \lambda_l^{\mathrm{c}}}{\prod\limits_{\substack{l=k \\ l \neq j}}^{i} (\lambda_l^{\mathrm{a}} - \lambda_j^{\mathrm{a}})} & (k \neq i) \end{cases} \tag{3.19}$$

式中 N_k^0 是 N_k 的初始值。

(2) 对于比较复杂的燃耗链，如分支链：

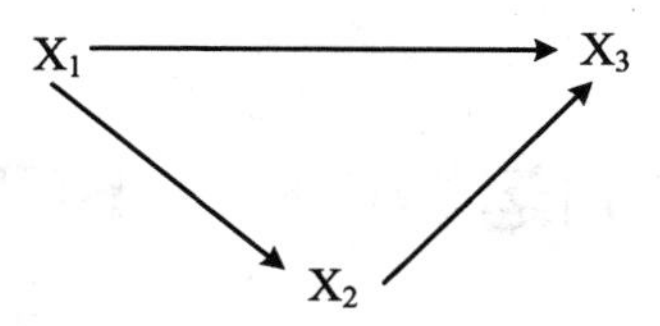

可将其分解为两个简单的线性链：

$$X_1 \longrightarrow X_3$$

$$X_1 \longrightarrow X_2 \longrightarrow X_3$$

上述的线性链可以用 BATEMAN 方法给出其组合解。

(3) 对于循环链,如:

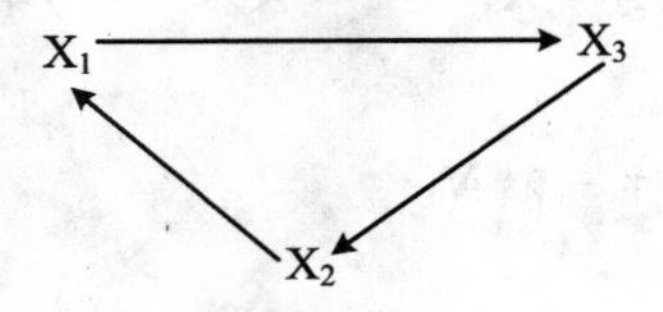

可用下面的近似线性链代替:

$$X_1 \longrightarrow X_3 \longrightarrow X_2 \longrightarrow X_1$$

这样,同一种核素 X_1 在近似的燃耗链中出现了两次,这意味着两种元素有同样的衰变常数。对这样的循环链,BATEMAN 方法给出如下解:

$$N_i = \sum_{k=1}^{i} \sum_{\substack{j=k \\ j \neq m,n}}^{i} N_k^0 d_{kj}^n \mathrm{e}^{-\lambda_j^a t} + \left[\sum_{k=1}^{m} \frac{N_k^0 \prod\limits_{\substack{j=1 \\ j \neq m,n}}^{i-1} \lambda_j^c t}{\prod\limits_{\substack{j=1 \\ j \neq m,n}}^{i} (\lambda_j^a - \lambda_m^a)} - \sum_{k=1}^{i} \sum_{\substack{j=1 \\ j \neq m,n}}^{i} d_{kj}^i \right] \mathrm{e}^{-\lambda_m^a t}$$

$$(\lambda_m^a = \lambda_n^a, m < n < i) \tag{3.20}$$

BATEMAN 方法采用多群中子注量率谱和多群中子截面解析求解燃耗方程,解析方法使其较数值方法获得的结果更准确,速度更快。但是由于 BATEMAN 方法是对复杂的非线性燃耗链进行线性化,因此,与数值方法燃耗计算程序相比,BATEMAN 方法求解燃耗链方程时会造成误差。我们研制的基于二维输运理论的燃耗程序 BUDOT 即采用此方法做燃耗计算。

3.5 二维输运燃耗程序 BUDOT 简介

下面对 BUDOT 程序输运计算采用的程序 DOT3.5 做简单介绍。DOT3.5 是美国橡树岭国家实验室研发的 S_N 方法二维中子光子输运程序。它用离散纵标方法描述在没有外力场的作用下 XY、RZ、R-Theta 二维几何中粒子的输运行为,玻尔兹曼输运方程仅仅用离散值或每个变量的区域近似表示。主要用于中子或光子的输运计算。

在能量变量中，使用多群近似，也就是在给定间隔内各种能量的所有粒子的行迹都按照相应间隔内平均得到的截面数据考虑它们之间的相互作用。

角度变量用一系列选择的离散方向和跟这些方向有关的权重处理。这一系列的方向和权重必须满足一定的平衡条件。每个空间维都被划分成很多网格，要在形成的二维空间的每个网格中建立沿离散方向移动的流和反应率的粒子密度的平衡方程，它用散射截面的任意阶 Legendre 展开处理各向异性散射。

DOT3.5 可以求均匀源和外源两种问题。对于堆物理中的倍增因子、时间吸收、核素浓度和区域厚度的种种搜索问题是有效的。

DOT3.5 程序可以考虑系统各向异性，根据计算精度要求选取空间离散方向数，并可以使用各种能群结构的微观截面数据库，计算速度相对较快，是反应堆屏蔽计算和临界计算中非常流行的程序。但是由于它采用 ORNL 标准的 FIDO 文件格式，用户输入非常繁琐。我们研发的 BUDOT 程序放弃了 DOT3.5 中使用的 FIDO 标准格式，采用更加方便的文件输入方法，并对程序的逻辑做适当修改，使其能进行分布源和特征值的同时计算，作为我们研发的基于二维输运理论燃耗程序 BUDOT 的输运计算模块。

多维输运燃耗程序 BUDOT 的研发主要就是为了计算二维强各向异性反应堆系统的燃耗过程，对它的功能有如下要求：

(1) 输运计算求解微分形式二维中子输运方程。

反应堆燃耗分析计算软件中，BISONC 已经能对一维模型进行计算，为了逐渐靠近真实反应堆设计模型及测试多维燃耗计算的时间耗费问题，首先选用二维方程做输运计算，用 S_N 方法求解输运方程。输入参数包括中子、光子微观截面，S_N 方向的求积权重、求积余弦，初始中子注量率等。输出数据包括反应堆真实中子角注量率、标注量率、中子泄漏、有效增殖系数等。

(2) 考虑任意阶各向异性散射截面的 Legendre 展开项。

对散射截面做 Legendre 展开，以此考虑系统各向异性。

(3) 求解二维平板几何、柱几何、环几何的输运方程。

输入参数包括三种几何的二维网格尺寸和边界条件。

(4) 计算反应堆的各种反应率、能量沉积、功率密度等。

除了输运计算经常需要计算的各种反应率参数外，对于燃耗计算，能量沉积和功率密度是另外两个非常重要的物理参数，燃耗程序需要计算这些参数随燃耗时间的演化值。

(5) 燃耗方程采用快速的解析方法求解。

考虑到燃耗计算的多时间步循环,所以选择较快速的解析方法求解燃耗方程。求解过程的输入参数为按材料区和能群分布的中子注量率、材料区同位素密度和微观截面及燃耗链信息。输出参数为燃料同位素密度。

(6) 具有分布源问题和特征值问题同时计算的功能。

为了计算有源次临界系统的燃耗过程,需要在有源次临界燃耗计算的同时给出系统的次临界度,这就要求程序能同时计算分布源和特征值问题。

(7) 计算屏蔽问题、临界问题、有源次临界系统的燃耗问题。

屏蔽问题和临界问题是一般输运程序需要具有的功能,也是有源次临界燃耗计算的基础,而燃耗计算的实现是本程序需要达到的最终目的。

上述 7 点是核工程专家提出的基本要求,可以以此作为程序研发的依据。

程序主要包括两部分:输运计算部分和燃耗计算部分。下面首先给出程序研发的基本思想、工作难点,然后提出程序计算过程总体设计流程图。

BUDOT 程序研发的基本思想如下:

(1) 采用 DOT3.5 作为 BUDOT 程序输运计算子程序,并为燃耗计算子程序按材料区和能群准备中子注量率分布。

DOT3.5 程序采用 S_N 方法求解二维微分形式中子输运方程,对散射截面用 Legendre 多项式展开,能详细描述二维平板几何、柱几何、环几何模型中各向异性系统的中子学特性。

(2) 改写 DOT3.5 程序,使其能同时计算分布源问题和特征值问题。

(3) BUDOT 的燃耗子程序采用 BATEMAN 解析方法求解燃耗方程。BATEMAN 方法对复杂燃耗链进行线性近似,大大减少了计算时间。

(4) 对输运计算得到的中子注量率和燃耗计算得到的同位素成分进行全局共享,使燃耗计算模块能使用输运计算得到的中子注量率,同时在燃耗子程序计算完同位素成分后,能返回给输运计算子程序,以进行下一个燃耗步的计算,如此构成燃耗周期循环。

以上 4 点陈述了 BUDOT 程序研发的基本思想:在使用 S_N 方法求解二维中子输运方程的 DOT3.5 程序基础上,增加 BATEMAN 方法求解燃耗方程的子程序,并适当修改 DOT3.5 程序,使其能适用于多个燃耗周期的次临界问题,实现二维反应堆中子光子输运燃耗计算。

BUDOT 程序开发的工作难点在于使输运计算部分和燃耗计算部分能够互相利用对方的计算结果,即首先用 DOT3.5 计算某时刻反应堆内各燃耗区的中子注量率按能量和空间的分布;然后利用堆内中子注量率分布和基于 BATEMAN 方法的燃耗模块对某一时间段各燃耗区进行燃耗计算,得到材料密度;最后把燃耗模块计算得到的这些材料密度共享给下一步的输运计算，以进行下一时间步的输运燃耗计算，如此构成输运燃耗计算循环。

根据以上对 BUDOT 程序输运燃耗计算过程的分析，下面给出 BUDOT 程序计算流程图，如图 3.4 所示。

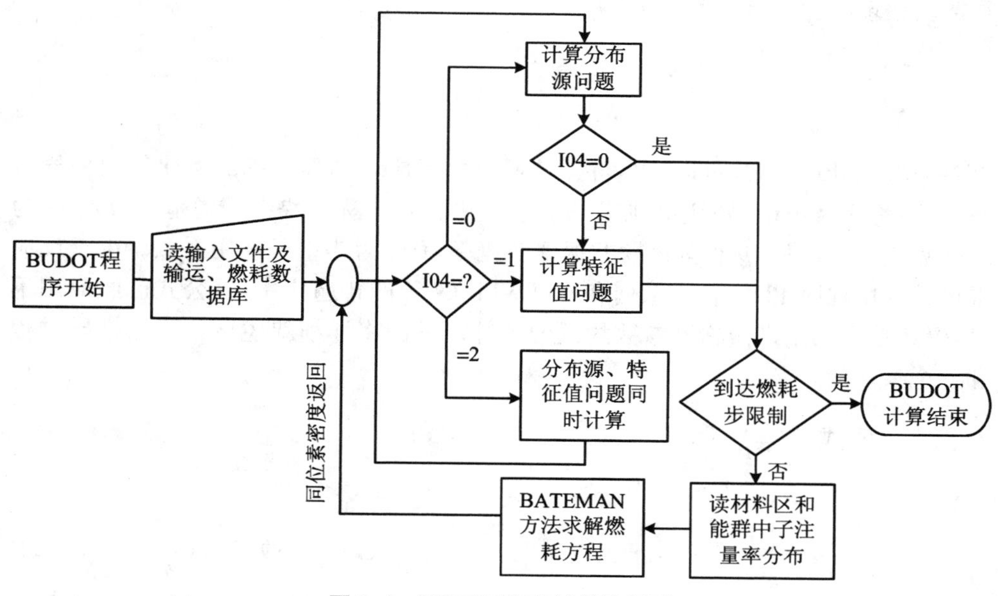

图 3.4　BUDOT 程序计算流程图

3.6　裂变反应堆的理论基础——扩散近似

设计和运行核反应堆的目的是利用堆芯内受控链式反应所释放的能量或射线。从利用核能的观点看，核裂变的重要意义在于两个方面：第一，一个中子引起一次裂变反应同时又释放出两个以上中子；第二，在裂变过程中释放出大量能量。这两个条件相结合，才有可能设计出既能形成自续链式反应又能连续释放能量的核反应堆。第二个条件毋庸置疑，但要保证第一个条件，就必须通过计算求得堆芯燃料循环周期内不同时刻的有效增值因数 k_{eff}（此物理量的概念参见后续章节)。

目前,k_{eff}一般采用分群扩散理论来计算。在早期的热中子反应堆计算中,常常用双群扩散理论计算 k_{eff},尤其是以石墨或重水作慢化剂的反应堆,只要群常数选择得当,往往可以得出较好的结果。但近年来计算机技术发展较快,普遍采用少群或多群扩散理论来计算。

公式

$$k_{eff} = \frac{\varepsilon\eta pf}{1 + M^2 B^2} \tag{3.21}$$

是一个近似计算公式,可以从多群连续慢化的反应堆临界方程的简化近似推导得来,一般称为修正单群理论的临界方程。式中符号 ε 称为快中子增殖系数,η 称为每次吸收中子产额,p 称为逃脱共振俘获概率,f 称为热中子利用系数。由于反应堆设计专用程序 PDQ 程序系列和 CITATION 等的普遍应用,该公式已经应用不多,但还是可以用来做临界参数的近似估算。下面将详细叙述该公式的推导过程和各个参数的意义。

3.6.1 公式的推导

$$\frac{\partial n}{\partial t} = \frac{1}{v} \cdot \frac{\partial \varphi}{\partial t} = \text{产生率}(S) - \text{泄漏率}(L) - \text{吸收率}(A) \tag{3.22}$$

中子扩散方程就是根据这一平衡原则建立的。下面我们就来求出扩散方程的具体形式。

首先计算中子的泄漏率。如图 3.5 所示,设在某一点(x,y,z)处有一小体积元:

$$\mathrm{d}V = \mathrm{d}x\mathrm{d}y\mathrm{d}z$$

上下两平面面积为 $\mathrm{d}x\mathrm{d}y$。单位时间内由下表面进入 $\mathrm{d}V$ 的中子数是$J_z\mathrm{d}x\mathrm{d}y$。此处 J_z 是z 方向的中子流密度。同样,由上表面流出 $\mathrm{d}V$ 的中子数是$J_{z+\mathrm{d}z}\mathrm{d}x\mathrm{d}y$。于是,通过平行于 xy 平面的上下两个平面,单位时间从 $\mathrm{d}V$ 中泄漏出去的中子数为

$$\begin{aligned}
&(J_{z+\mathrm{d}z} - J_z)\mathrm{d}x\mathrm{d}y \\
&\quad = \frac{\partial J_z}{\partial z}\mathrm{d}z\mathrm{d}x\mathrm{d}y = \frac{\partial J_z}{\partial z}\mathrm{d}V = \left(-D\frac{\partial \varphi}{\partial z}\bigg|_{z+\mathrm{d}z} + D\frac{\partial \varphi}{\partial z}\bigg|_{z}\right)\mathrm{d}x\mathrm{d}y \\
&\quad = -\frac{\partial}{\partial z}\left(D\frac{\partial \varphi}{\partial z}\right)\mathrm{d}V
\end{aligned} \tag{3.23}$$

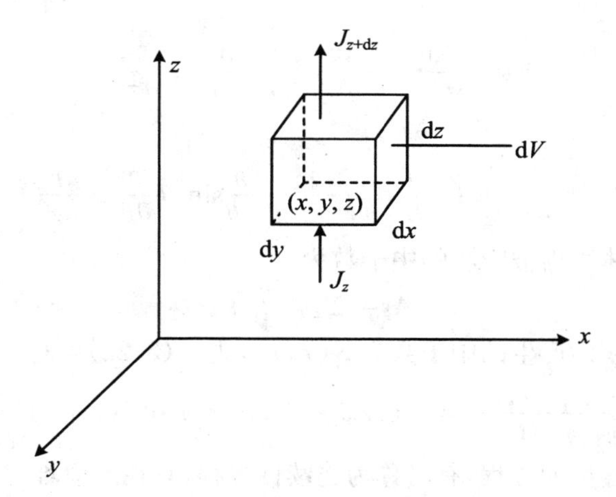

图 3.5 计算中子泄漏示意图

用同样方法可以求出，通过平行于 yz 平面和平行于 xz 平面方向上的两个表面，从 $\mathrm{d}V$ 中泄漏出去的中子数分别是

$$\frac{\partial J_x}{\partial x}\mathrm{d}V \quad 或 \quad -\frac{\partial}{\partial x}\left(D\frac{\partial \varphi}{\partial x}\right)\mathrm{d}V$$

和

$$\frac{\partial J_y}{\partial y}\mathrm{d}V \quad 或 \quad -\frac{\partial}{\partial y}\left(D\frac{\partial \varphi}{\partial y}\right)\mathrm{d}V$$

中子从 $\mathrm{d}V$ 内泄漏出去的总数等于以上三项之和，这样，单位时间、单位体积泄漏出去的中子数为

$$L = \left(\frac{\partial J_x}{\partial x} + \frac{\partial J_y}{\partial y} + \frac{\partial J_z}{\partial z}\right) = \mathrm{div}\boldsymbol{J} \tag{3.24}$$

应用斐克定律，上式可以写成

$$L = -\left[\frac{\partial}{\partial x}\left(D\frac{\partial \varphi}{\partial x}\right) + \frac{\partial}{\partial y}\left(D\frac{\partial \varphi}{\partial y}\right) + \frac{\partial}{\partial z}\left(D\frac{\partial \varphi}{\partial z}\right)\right] = -\mathrm{div}D\ \mathrm{grad}\varphi \tag{3.25}$$

若扩散系数 D 与空间位置无关，那么便可得到

$$L = -D\left[\frac{\partial^2 \varphi}{\partial x^2} + \frac{\partial^2 \varphi}{\partial y^2} + \frac{\partial^2 \varphi}{\partial z^2}\right] = -D\nabla^2\varphi \tag{3.26}$$

式中∇^2是拉普拉斯算符。在反应堆计算常用的几种坐标系中，∇^2的表达式如下：

直角坐标系：

$$\nabla^2 = \frac{\partial^2}{\partial x^2} + \frac{\partial^2}{\partial y^2} + \frac{\partial^2}{\partial z^2} \tag{3.27a}$$

柱坐标系：

$$\nabla^2 = \frac{\partial^2}{\partial r^2} + \frac{1}{r}\frac{\partial}{\partial r} + \frac{1}{r^2}\frac{\partial^2}{\partial \theta^2} + \frac{\partial^2}{\partial z^2} \tag{3.27b}$$

球坐标系：

$$\nabla^2 = \frac{\partial^2}{\partial r^2} + \frac{2}{r}\frac{\partial}{\partial r} + \frac{1}{r^2 \sin\theta}\frac{\partial}{\partial \theta}\sin\theta\frac{\partial}{\partial \theta} + \frac{\partial^2}{\partial z^2} \tag{3.27c}$$

每秒每单位体积内被吸收的中子数为

$$A = \Sigma_a \varphi(\boldsymbol{r}, t)$$

设每秒每单位体积内产生的中子数为 $S(\boldsymbol{r}, t)$，则式(3.22)可写成

$$\frac{1}{v}\frac{\partial \varphi(\boldsymbol{r}, t)}{\partial t} = -\operatorname{div}\boldsymbol{J} - \Sigma_a \varphi(\boldsymbol{r}, t) + S(\boldsymbol{r}, t) \tag{3.28}$$

这是表示中子数守恒的方程，有时称为连续性方程，它在反应堆理论中具有极重要的意义。无论斐克定律是否成立，该方程都是普遍成立的。

如果斐克定律成立，则根据式(3.26)，式(3.28)可写成

$$\frac{1}{v}\frac{\partial \varphi(\boldsymbol{r}, t)}{\partial t} = S(\boldsymbol{r}, t) + D\nabla^2 \varphi(\boldsymbol{r}, t) - \Sigma_a \varphi(\boldsymbol{r}, t) \tag{3.29}$$

式(3.29)就是单能中子扩散方程，可以用它来近似确定许多情况下中子通量密度的分布。

若中子通量密度不随时间变化，则式(3.29)可以化为

$$D\nabla^2 \varphi(\boldsymbol{r}) - \Sigma_a \varphi(\boldsymbol{r}) + S(\boldsymbol{r}) = 0 \tag{3.30}$$

上式称为稳态单能中子扩散方程。

这个方程仅适用于单能中子的情况，同时由于它是以斐克定律为基础推导出来的，因此它的应用范围受到斐克定律适用条件的限制。

3.6.2 扩散方程的边界条件

解扩散方程经常用到的几种边界条件：

(1) 在扩散方程适用的范围内，中子通量密度的数值必须是正的、有限的实数。

(2) 在两种不同扩散性质介质的交界面上，垂直于分界面上的中子流密度相等，中子通量密度相等，即

$$J_x^+ \big|_A = J_x^+ \big|_B \tag{3.31a}$$

$$J_x^- \big|_A = J_x^- \big|_B \tag{3.31b}$$

$$D_A \frac{\mathrm{d}\varphi}{\mathrm{d}x}\bigg|_A = D_B \frac{\mathrm{d}\varphi}{\mathrm{d}x}\bigg|_B \tag{3.31c}$$

$$\varphi_A = \varphi_B \tag{3.31d}$$

它们就是扩散方程在分界面上的边界条件。

(3) 介质与真空交界面上，根据物理上的要求，自真空返回介质的中子流等应满足：

$$J_x^- \big|_{x=0} = 0 \tag{3.32a}$$

$$J_x^- \big|_{x=0} = \frac{\varphi_0}{4} + \frac{\lambda_{\mathrm{Air}}}{6} \frac{\mathrm{d}\varphi}{\mathrm{d}x}\bigg|_{x=0} \tag{3.32b}$$

$$\frac{\mathrm{d}\varphi}{\mathrm{d}x}\bigg|_{x=0} = -\frac{3\varphi_0}{2\lambda_{\mathrm{Air}}} \tag{3.32c}$$

$$\frac{\mathrm{d}\varphi}{\mathrm{d}x} \approx -\frac{\varphi_0}{d} \tag{3.32d}$$

$$\frac{\varphi_0}{d} = \frac{3}{2}\frac{\varphi_0}{\lambda_{\mathrm{Air}}} \tag{3.32e}$$

式中

$$d = \frac{2}{3}\lambda_{\mathrm{Air}} \tag{3.32f}$$

称之为直线外推距离。如图 3.6 所示。

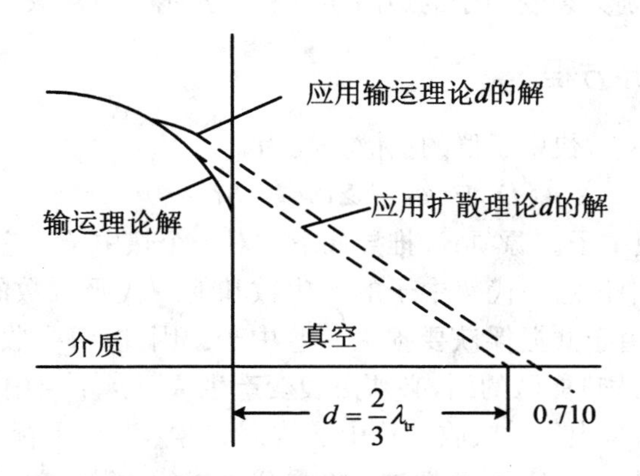

图 3.6　应用输运理论和扩散理论的距离求得扩散方程的解

3.7 双群理论

对于单群理论,相对较为简单,但它只能给出一些近似的结果。因为它是以中子在单一能量下产生、泄漏并吸收为依据。它不考虑由裂变产生的中子一开始具有较高的能量,然后逐步慢化,最后才进入热能区这个过程。中子在中间区经过的过程中可能被吸收,特别是共振俘获。比单群方法要好的近似是双群处理,其中假定所有的中子处于两个群之一:快群或热群。虽然严格说来该近似中也没有考虑中能中子,但可对共振吸收做等效的处理。就是说认为离开快群的所有中子并非热群,因为中子在非裂变反应中由于俘获而损失了。快群和热群的中子通量密度分别定义为

$$\varphi_1(r) = \int_{E_c}^{E_0} \varphi(r,E)\mathrm{d}E \tag{3.33}$$

$$\varphi_2(r) = \int_{0}^{E_c} \varphi(r,E)\mathrm{d}E \tag{3.34}$$

其中,E_0 和 E_c 分别为裂变中子的最高能量和分界能。通常取 $E_0 = 10$ MeV。

3.7.1 双群临界方程

在临界的条件下,快中子群的扩散方程为

$$D_1 \nabla^2 \varphi_1 - \Sigma_1 \varphi_1 + S_1 = 0 \tag{3.35}$$

其中下标 1 记为快中子。源项 S_1 推导如下。对一个热中子反应堆,无限倍增因子 k_∞ 是无限大系统中任意一代热中子的产生数和前一代吸收数的比。没有泄漏损失,但慢化过程中由于共振俘获要损失一些中子。因此,每吸收一个热中子,如果要有 k_∞ 个中子到达热能区的话,必须由裂变产生 k_∞/p 个快中子,这里 p 是逃脱共振几率。每立方米内每秒吸收的热中子数为 $\Sigma_2 \varphi_2$,其中下标 2 记为热中子。因此快中子源项为$(k_\infty/p)\Sigma_2 \varphi_2$。把这一结果代入式(3.35),就可得

$$D_1 \nabla^2 \varphi_1 - \Sigma_1 \varphi_1 + (k_\infty/p)\Sigma_2 \varphi_2 = 0 \tag{3.36}$$

这就是临界系统内快中子的守恒方程。

在这个方程中,Σ_2 是热中子的宏观截面,但 Σ_1 只是一种表现的吸收截面,实际上它是中子由于慢化从快群向热群转移的截面。若无共振俘获,$\Sigma_1 \varphi_1$ 就给出快

中子转移到热群的速率。然而由于有共振俘获，快中子被热化的概率为 p，因此，热中子源项为 $p\Sigma_1\varphi_1$。这样，临界系统内中子的扩散方程为

$$D_2\nabla^2\varphi_2-\Sigma_2\varphi_2+p\Sigma_1\varphi_1=0 \tag{3.37}$$

为了得到式(3.36)、式(3.37)的解，可以在适当边界条件下，由下列方程定出快中子和热中子通量的空间分布：

$$\nabla^2\varphi_1+B^2\varphi_1=0 \tag{3.38}$$

$$\nabla^2\varphi_2+B^2\varphi_2=0 \tag{3.39}$$

其中 B 只取决于系统的几何形状、大小，B^2 称为"曲率"。假定外推距离与中子能量无关，它对于热中子和快中子是相同的。将式(3.38)、式(3.39)分别代入式(3.36)、式(3.37)，即可得临界状态方程：

$$-(D_1B^2+\Sigma_1)\varphi_1+(k_\infty/p)\Sigma_2\varphi_2=0 \tag{3.40}$$

$$p\Sigma_1\varphi_1-(D_2B^2+\Sigma_2)\varphi_2=0 \tag{3.41}$$

这些齐次方程具有非零解的条件是其系数行列式为0(克莱姆法则)，即

$$(D_1B^2+\Sigma_1)(D_2B^2+\Sigma_2)-k_\infty\Sigma_1\Sigma_2=0 \tag{3.42}$$

将式(3.42)两端除以 $\Sigma_1\Sigma_2$，用 L_1^2 代换 D_1/Σ_1，用 L_{th}^2 代换 D_2/Σ_2，其中 L_{th}^2 为热中子的扩散长度，就可推得

$$\frac{k_\infty}{(1+L_1^2B^2)(1+L_{\text{th}}^2B^2)}=1 \tag{3.43}$$

这就是双群扩散近似下裸堆的临界方程。它与单群的结果非常相似，只是其中有两个形式为 $1/(1+L^2B^2)$ 的因子，它们分别表示两群中每一群中子不从临界泄漏的几率。系统总的不泄漏几率是这两项的乘积。

3.7.2 连续慢化的临界方程

双群处理的一种进一步推广是假设中子可被分成能量递减的若干群，记以1，2，3，…，n。若假定任一快群的所有中子必定进入较低能量的下一群中，则可证明临界方程为

$$\frac{k_\infty}{(1+L_1^2B^2)(1+L_2^2B^2)(1+L_3^2B^2)\cdots(1+L_n^2B^2)(1+L_{\text{th}}^2B^2)}=1 \tag{3.44}$$

若快中子的群数分得很多，中子从一群慢化到下一群，直至达到热群，这在物理上就等价于连续慢化模型。在这种情况下，和值 $L_1^2+L_2^2+\cdots+L_n^2$ 变成与前面所定义的热中子年龄相同，即

$$\lim_{n\to\infty}\sum_{i=1}^{n} L_i^2 \equiv \tau \tag{3.45}$$

利用这个结果,可以进一步简化式(3.44)。对式(3.44)两边取对数,得

$$\ln k_\infty = \sum_{i=1}^{n} \ln(1 + L_i^2 B^2) + \ln(1 + L_{th}^2 B^2) \tag{3.46}$$

在 $n\to\infty$时,每个 $L_i^2B^2$ 都变得很大,$\ln(1+L_i^2B^2)$接近于 $L_i^2B^2$,因此,式(3.46)可以近似写成

$$\ln k_\infty = B^2\sum_{i=1}^{n} L_i^2 + \ln(1 + L_{th}^2 B^2) \tag{3.47}$$

再将式(3.45)代入,得

$$\ln k_\infty = \tau B^2 + \ln(1 + L_{th}^2 B^2) \tag{3.48}$$

这样,基于连续慢化模型可得临界方程为

$$\frac{k_\infty e^{-\tau B^2}}{1 + L_{th}^2 B^2} = 1 \tag{3.49}$$

直接从热中子的扩散方程和年龄方程出发,也能推得同一结果。该结果常常称为年龄扩散临界方程。这个方程是超越方程,难以求解,为实用起见,必须进行简化。由于 B^2 的倒数相关于反应堆尺寸,显然对于大堆,指数 $e^{-\tau B^2}$ 可以展开为级数形式,再忽略第二项后的所有项,即可得

$$e^{-\tau B^2} \approx 1 - \tau B^2 \approx (1 + \tau B^2)^{-1} \tag{3.50}$$

代入式(3.49),得

$$\frac{k_\infty}{(1 + L_{th}^2 B^2)(1 + \tau B^2)} = 1 \tag{3.51}$$

在式(3.51)中,$1/(1+\tau B^2)$表示慢化过程中的不泄漏率,$1/(1+L_{th}^2B^2)$表示成为热中子后的不泄漏率。系统总的不泄漏率是这两项的乘积。用 P_F 表示慢化过程中的不泄漏概率,P_T 表示热中子不泄漏概率,Λ 表示总的不泄漏概率,那么就有 $k_\infty P_F P_T = k_\infty \Lambda = 1$。在一个无限大的反应堆里,一个热中子到第二代就增殖到 k_∞ 个,但在有限大反应堆中,热中子所产生的第二代中子,可能有一部分在慢化过程中泄漏出堆芯,还可能有一部分在慢化成热中子后泄漏出去,这样,留在堆芯内的第二代中子数就只有 $k_\infty P_F P_T$ 个。所以有限大堆的有效增殖因子 $k_{eff} = k_\infty P_F P_T$。

继续化简式(3.51),将分母乘开,并略去 B^4 项,方程就简化为

$$\frac{k_\infty}{1 + B^2(L_{th}^2 + \tau)} = 1 \tag{3.52}$$

将 $L_{th}^2 + \tau$ 用符号 M^2 代换,得

$$\frac{k_\infty}{1+B^2M^2}=1 \tag{3.53}$$

再将 $k_\infty=\eta\varepsilon pf$ 代入,得

$$\frac{\eta\varepsilon pf}{1+B^2M^2}=1 \tag{3.54}$$

这是临界条件下的近似计算公式,根据有效增殖因子的定义,有

$$k_{\mathrm{eff}}=\frac{\eta\varepsilon pf}{1+B^2M^2}=1$$

写成一般形式,即

$$k_{\mathrm{eff}}=\frac{\eta\varepsilon pf}{1+B^2M^2} \tag{3.55}$$

式(3.55)是六因子公式的一种表述形式。

3.7.3　k_∞ 和 k_{eff} 的定义

核反应堆的堆芯是一个中子倍增系统,其基本参数之一是它的无限介质增殖因数,记为 k_∞。对于假想的无限大系统,没有中子泄漏损失,中子由裂变产生,并且仅仅被系统内所有各种材料吸收而损失,因而无限介质增殖因数定义为

$$k_\infty=\frac{\text{某一代产生的中子数}}{\text{上一代产生的中子数}}\quad(\text{在无限大系统中}) \tag{3.56}$$

对于有限大的系统,部分中子由于泄漏而损失。在这种系统中,中子仍由裂变产生,但中子的损失不仅是被系统内材料吸收,还有一部分泄漏到堆外而损失。对有限大系统,有效增殖因数定义为

$$k_{\mathrm{eff}}=k=\frac{\text{中子产生率}}{\text{中子吸收率}+\text{中子泄漏率}}\quad(\text{在有限大系统中}) \tag{3.57}$$

当 $k_\infty=1$ 时,堆内中子产生率等于中子消失率,中子数达到平衡,不随时间变化,此时为临界状态。中子数在不同水平下平衡,相当于反应堆处于不同功率下稳定运行的工况。

3.7.4　四因子公式和六因子公式

为了能够清楚说明四因子公式和六因子公式,有必要分别介绍六个因子的定义。

1. *每次吸收的中子产额 η*

η 的定义是核燃料每吸收一个热中子产生的次级快中子的平均数,称为每次吸收的中子产额。用公式表达为

$$\eta = \frac{\text{核燃料吸收中子引起裂变产生的次级快中子数}}{\text{核燃料吸收的热中子数}} \tag{3.58}$$

2. 快中子增殖因数 ε

所有能量中子引起的裂变产生的净快中子总数与热中子引起裂变产生的快中子数之比,称为快中子增殖因数。用公式表达为

$$\varepsilon = \frac{\text{热中子裂变产生的快中子数} + \text{快中子裂变产生的净快中子数}}{\text{热中子裂变产生的快中子数}} \tag{3.59}$$

3. 逃脱共振俘获概率 p

p 的定义是源中子逃脱俘获并慢化到低于共振区域的某特定能量的份额数。用公式表达为

$$p = \frac{\text{通过共振吸收能量间隔而进入热能区的中子数}}{\text{进入共振能量间隔的快中子数}} \tag{3.60}$$

4. 热中子利用因数 f

$$f = \frac{\text{核燃料吸收的热中子数}}{\text{核燃料吸收的热中子数} + \text{其他材料吸收的热中子数}} \tag{3.61}$$

5. 不泄漏概率 Λ

该参数的定义是:该能量的中子吸收率与吸收率加上中子泄漏率的和之比。用公式表达为

$$\Lambda = \frac{\text{中子吸收率}}{\text{中子吸收率} + \text{中子泄漏率}} \tag{3.62}$$

Λ 求得的方法和具体表达式,要看系统的中子分群方法和分群的多少。在双群裸堆临界计算中,一般以 P_F 表示快中子不泄漏率,以 P_T 表示热中子不泄漏率。也有的书上以 Λ_{NL} 表示总的不泄漏率,以 Λ_{fN} 表示快中子的不泄漏率,以 Λ_{tN} 表示热中子的不泄漏率。

至此,每次吸收的中子产额 η、快中子增殖因数 ε、逃脱共振俘获概率 p 和热中子利用因数 f 的定义已经明确了。称这四个参数为四因子,其乘积称为四因子公式,这个乘积恰好是 k_∞,即

$$k_\infty = \eta\varepsilon pf \tag{3.63}$$

根据在有限大热中子反应堆内中子循环和四因子及不泄漏概率的定义,有

$$k_{\text{eff}} = \varepsilon pf\eta P_F P_T \tag{3.64}$$

这就是所谓的六因子公式。

3.7.5 费米年龄方程

在反应堆内由于裂变而产生的快中子,在反应堆内做扩散运动的同时,由于与

慢化剂核的碰撞逐渐地减速，从而具有不同的能量。为了解决实际的一些问题，有必要求解两个相关参数 $\varphi(r,E)$ 和 $q(r,E)$。其中 $\varphi(r,E)$ 是在有限介质内慢化过程中的中子通量密度的空间—能量的分布；$q(r,E)$ 是慢化密度，指在 r 处每秒每立方米内能量降到 E 以下的中子数。可是，除非做某些近似，否则慢化密度无法用解析的形式表示，而只能用数值方法根据测定的截面来计算。然而，有一种特殊的近似慢化模型能够进行相当简单的解析处理，这就是所谓的连续慢化模型，或称为费米模型。对质量数较大的物质慢化，费米模型是一种相当好的近似；但对于慢化剂质量较小时，这一模型就不再生效了。这是因为对于轻的慢化剂核，每次碰撞后能量的分散性和平均勒变化都很大。对费米年龄方程，几乎所有的相关参考书上都有它的推导过程，故此处不再详细推导，而只写出最后结果。

采用连续慢化模型并结合扩散理论可以证明，在无吸收介质中慢化区内能量 E 处的中子密度空间分布满足下列方程：

$$\nabla^2 q(r,\tau) = \frac{\partial q(r,\tau)}{\partial \tau} \tag{3.65}$$

此方程就是费米年龄方程。该方程中 τ 是能量 E 中子的费米年龄或中子年龄，其定义的费米年龄与能量 E 的关系是

$$\tau(E) = \int_E^{E_0} \frac{D}{\xi \Sigma_s E} \mathrm{d}E \tag{3.66}$$

在该方程中，扩散系数 D 和宏观散射截面 Σ_s 是能量的函数，E_0 是初始中子的能量。费米年龄不具有时间的量纲，而是具有长度平方的量纲。虽然它不代表渡过的时间，但它仍然与中子的慢化时间有关。

3.7.6　扩散长度、迁徙面积和慢化长度

单速中子的稳态扩散方程为 $D\nabla^2\varphi(r) - \Sigma_a\varphi(r) + S(r) = 0$。求解过程中，有时为方便起见将全式除以 Σ_a，结果出现量 D/Σ_a；该量具有 L^2 的量纲，因为 D 的量纲是长度，Σ_a 的量纲是倒长度。于是 D/Σ_a 的平方根有长度量纲，称之为扩散长度 L。定义表达式为

$$L = \sqrt{D/\Sigma_a} \tag{3.67}$$

中子的费米年龄与慢化过程中所移动的均方根距离有关，因而称年龄的平方根为慢化长度。热中子扩散长度的平方 L_T^2 与年龄 τ_T 之和为迁徙面积 M^2，即

$$M^2 = L_T^2 + \tau_T$$

其平方根称为迁徙长度，即

$$M = \sqrt{L_T^2 + \tau_T} \tag{3.68}$$

在后续的叙述中，为明了起见，参数下标多采用 th，虽然 T 和 th 均表示热中子，但显然 th 更明确些。在此给出了式(3.53)与式(3.54)中引入符号 M 的物理含义。

有一个时期曾用此类公式计算裸的热中子反应堆，尽管目前已经应用不多，但此公式在近似估算和定性分析上还是有重要意义的。该公式的推导我们是在双群理论的基础上类推到多群，然后再由多群临界方程简化得出式(3.68)。

表 3.1　几种几何形状裸堆的几何曲率和热中子通量密度分布

<table>
<tr><th>几何形状</th><th>尺　寸</th><th colspan="2">几何曲率</th><th>热中子通量密度分布</th></tr>
<tr><td>一维无限平板</td><td>厚度 a</td><td colspan="2">$B_g^2=(\pi/a)^2$</td><td>$\cos(\pi/a)x$</td></tr>
<tr><td>球形</td><td>半径 R</td><td colspan="2">$B_g^2=(\pi/R)^2$</td><td>$(1/R)\sin(\pi/R)r$</td></tr>
<tr><td rowspan="4">直角长方体</td><td rowspan="4">边长为
a,b,c</td><td>x</td><td>$B_x^2=(\pi/a)^2$</td><td>$\cos(\pi/a)x$</td></tr>
<tr><td>y</td><td>$B_y^2=(\pi/b)^2$</td><td>$\cos(\pi/b)y$</td></tr>
<tr><td>z</td><td>$B_z^2=(\pi/c)^2$</td><td>$\cos(\pi/c)z$</td></tr>
<tr><td colspan="2">$B_g^2=(\pi/a)^2+(\pi/b)^2+(\pi/c)^2$</td><td>$\cos\frac{\pi}{a}x\cos\frac{\pi}{b}y\cos\frac{\pi}{c}z$</td></tr>
<tr><td rowspan="3">圆柱体</td><td rowspan="3">半径 R
高度 H</td><td>r</td><td>$B_r^2=(2.405/R)^2$</td><td>$J_0(2.405r/R)$</td></tr>
<tr><td>z</td><td>$B_z^2=(\pi/H)^2$</td><td>$\cos(\pi/H)z$</td></tr>
<tr><td colspan="2">$B_g^2=(2.405/R)^2+(\pi/H)^2$</td><td>$J_0(2.405r/R)\cos(\pi/H)z$</td></tr>
</table>

事实上，由于 k_∞、L^2 等参数都仅仅取决于反应堆芯部材料特性，显然，对于一定材料成分的反应堆，只能有一个满足临界方程的 B^2 值。为了计算方便，我们把它叫做材料曲率，它能满足临界方程，并记为 B_m^2。因而，对于单群扩散理论，材料曲率

$$B_m^2=\frac{k_\infty-1}{L^2}\tag{3.69}$$

引进了材料曲率的概念之后，反应堆的临界条件就是材料曲率等于几何曲率(见表 3.1)：

$$B_m^2=B_g^2\tag{3.70}$$

对球形裸堆，为

$$\frac{k_\infty-1}{L^2}=\left(\frac{\pi}{R}\right)^2\tag{3.71}$$

对圆柱形裸堆，为

$$\frac{k_\infty - 1}{L^2} = \left(\frac{\pi}{H}\right)^2 + \left(\frac{2.405}{R}\right)^2 \tag{3.72}$$

由此可以得到三种做法：

(1) 给定反应堆材料成分，确定它的临界尺寸。

(2) 给定反应堆的形状和尺寸，确定临界时反应堆的材料成分。

(3) 反应堆的材料成分已经给定，而且堆的几何尺寸已由工程或热工的需要所确定，这时就可确定反应堆的有效增殖系数以及反应性：

$$k_{\text{eff}} = \frac{k_\infty}{1 + L^2 B_g^2} \tag{3.73a}$$

$$\rho = \frac{k - 1}{k} \tag{3.73b}$$

3.8　有反射层反应堆的单群扩散理论

在裸堆的情况下，堆内的中子一旦逸出芯部外，就不可能再返回到芯部中去，这一部分中子就损失掉了。如果在芯部外围包上一层散射性能好、吸收截面小的非增材料（如石墨、D_2O、Be 等），这时由芯部逸出的中子会有一部分经这一层介质散射而返回到芯部来，从而减少中子的损失，这就是反射层。反射层的作用是：减小临界尺寸；节省燃料；增加中子通量密度，最后导致提高反应堆的平均输出功率。如图 3.7、图 3.8、图 3.9 所示。常用的反射层材料有 H_2O、D_2O、Be 和石墨。

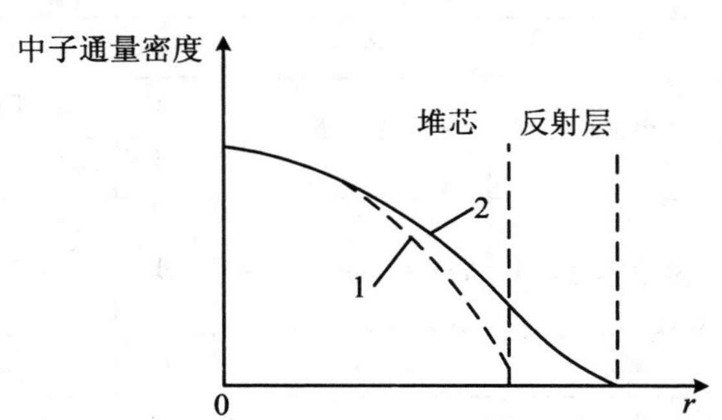

图 3.7　裸堆与带有反射层反应堆的中子通量密度分布

1—裸堆；2—有反射层的反应堆

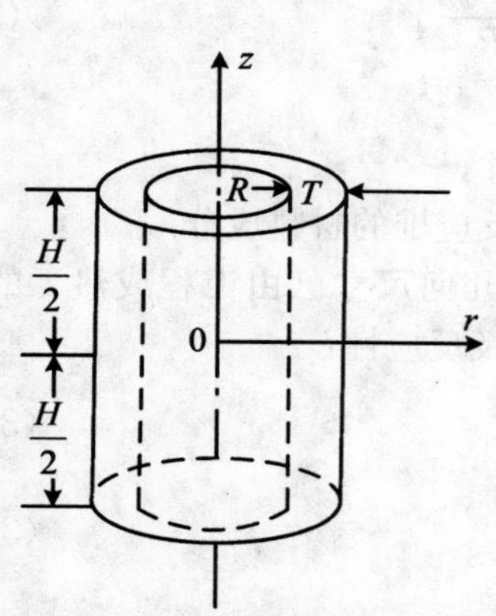

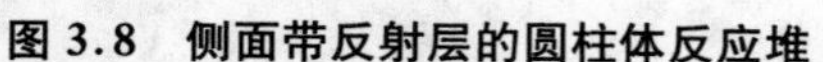
图 3.8 侧面带反射层的圆柱体反应堆

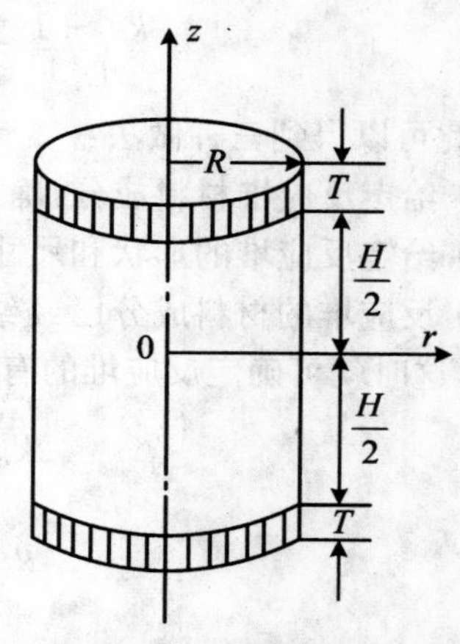

图 3.9 端部带反射层的圆柱体反应堆

双群波动方程是一个联立的二阶偏微分方程，在文献[3]中有详尽的讨论，我们将结果在表 3.2 中列出，其在芯部和反射层的中子通量密度可以写成

$$\varphi_{1,c}(r,z) = [AJ_0(\bar{\mu}r) + CI_0(\bar{\nu}r)]\cos B_z z \tag{3.74a}$$

$$\varphi_{2,c}(r,z) = [s_1 AJ_0(\bar{\mu}r) + s_2 CI_0(\bar{\nu}r)]\cos B_z z \tag{3.74b}$$

式中

$$\bar{\mu}^2 = \mu^2 - B_z^2,\quad \bar{\nu}^2 = \nu^2 + B_z^2,\quad B_z^2 = \left(\frac{\pi}{H}\right)^2$$

表 3.2 芯部和反射层内中子通量密度波动方程的解

	芯部		反射层	
	$X(r)$	$Y(r)$	$Z(r)$	
球状(芯部半径 R；反射层厚度 T)	$\dfrac{\sin \mu r}{r}$	$\dfrac{\sin \nu r}{r}$	A	$\sinh[k_r(R+T-r)]/r$
			B	$e^{-k_r r}/r$
长方体形(z 方向有反射层)	$\cos B_x x \cos B_y y \cdot \cos \bar{\mu} z$	$\cos B_x x \cos B_y y \cdot \cosh \bar{\nu} z$	A	$\sinh[\bar{k}_r(\frac{c}{2}+T-z)] \cdot \cos B_x x \cos B_y y$
			B	$e^{-\bar{k}_r r}\cos B_x x \cos B_y y$
	$\bar{\mu}^2 = \mu^2 - B_x^2 - B_y^2$ $B_x^2 = (\pi/a)^2$ $B_y^2 = (\pi/b)^2$	$\bar{\nu}^2 = \nu^2 + B_x^2 + B_y^2$	$\bar{k}_r^2 = k_r^2 + B_x^2 + B_y^2$	

续表

<table>
<tr><td></td><td colspan="2">芯　部</td><td colspan="2">反射层</td></tr>
<tr><td></td><td>$X(r)$</td><td>$Y(r)$</td><td colspan="2">$Z(r)$</td></tr>
<tr><td rowspan="3">圆柱体形
（侧面带反射层）</td><td rowspan="2">$J_0(\bar{\mu} r)\cos B_z z$</td><td rowspan="2">$I_0(\bar{\nu} r)\cos B_z z$</td><td>$A$</td><td>$\left\{I_0(\bar{k}_r r)-\frac{I_0[\bar{k}_r(R+T)]}{K_0[\bar{k}_r(R+T)]}\cdot\frac{K_0(\bar{k}_r r)}{1}\right\}\cos B_z z$</td></tr>
<tr><td>B</td><td>$K_0(\bar{k}_r r)\cos B_z z$</td></tr>
<tr><td>$\bar{\mu}^2=\mu^2-B_z^2$
$B_z^2=(\pi/H)^2$</td><td>$\bar{\nu}^2=\nu^2+B_z^2$</td><td colspan="2">$\bar{k}_r^2=k_r^2+B_z^2$</td></tr>
<tr><td rowspan="3">圆柱体形
（端部带反射层）</td><td rowspan="2">$J_0(B_r r)\cos\bar{\mu} z$</td><td rowspan="2">$I_0(\bar{B}_r r)\cosh\bar{\nu} z$</td><td>$A$</td><td>$J_0(B_r r)\cdot$
$\sinh[\bar{k}_r(H/2+T-z)]$</td></tr>
<tr><td>B</td><td>$J_0(B_r r)e^{-\bar{k}_r z}$</td></tr>
<tr><td>$\bar{\mu}^2=\mu^2-B_r^2$
$B_r^2=(2.405/R)^2$</td><td>$\bar{\nu}^2=\nu^2+B_r^2$</td><td colspan="2">$\bar{k}_r^2=k_r^2+B_z^2$</td></tr>
</table>

可以通过双群临界方程求出 $\varphi_{1,c}$、$\varphi_{2,c}$、$\varphi_{1,r}$、$\varphi_{2,r}$ 的解，其中有四个待定常数 A、C、F、G，它们可由四个边界条件求得：

$$[\varphi_{1,c}]=[\varphi_{1,r}] \tag{3.75a}$$

$$[\varphi_{2,c}]=[\varphi_{2,r}] \tag{3.75b}$$

$$D_{1,c}[\varphi_{1,c}]=D_{1,r}[\varphi_{1,r}] \tag{3.75c}$$

$$D_{2,c}[\varphi_{2,c}]=D_{2,r}[\varphi_{2,r}] \tag{3.75d}$$

这里的方括号各项表示函数取芯部和反射层的交界面上的值。根据上述边界条件便可得

$$A[X]+C[Y]-F[Z_1]=0 \tag{3.76a}$$

$$s_1A[X]+s_2C[Y]-s_3F[Z_1]-G[Z_2]=0 \tag{3.76b}$$

$$A[X']+C[Y']-\rho_1F[Z'_1]=0 \tag{3.76c}$$

$$s_1A[X']+s_2C[Y']-s_3\rho_2F[Z'_1]-G\rho_2[Z'_2]=0 \tag{3.76d}$$

其中

$$\rho_1=\frac{D_{1,r}}{D_{1,c}} \tag{3.77a}$$

$$\rho_2=\frac{D_{2,r}}{D_{2,c}} \tag{3.77b}$$

A、C、F、G 不同时为零，则其系数判别式必须为零，亦即

$$\Delta=\begin{vmatrix}[X] & [Y] & -[Z_1] & 0\\ s_1[X] & s_2[Y] & -s_3[Z_1] & -[Z_2]\\ [X'] & [Y'] & -\rho_1[Z'_1] & 0\\ s_1[X'] & s_2[Y'] & -\rho_2 s_3[Z'_1] & -\rho_2[Z'_2]\end{vmatrix}=0 \tag{3.78}$$

这就是带有反射层的反应堆的双群理论的临界方程，它给出了一个临界状态的反应堆在稳态时所必须满足的条件。

若令

$$\alpha=\frac{[X]}{[X']} \tag{3.79a}$$

$$\beta=\frac{[Y]}{[Y']} \tag{3.79b}$$

$$\gamma=\frac{[Z'_1]}{[Z_1]} \tag{3.79c}$$

$$\delta=\frac{[Z'_2]}{[Z_2]} \tag{3.79d}$$

则双群临界方程行列式(3.78)式可展开简化成如下便于计算的形式：

$$\alpha=\frac{\rho_2\delta c_1+\rho_1\gamma c_2+\beta c_3}{c_1+c_2+c_3} \tag{3.80a}$$

$$c_1=s_1(\rho_1\gamma-\beta) \tag{3.80b}$$

$$c_2=s_2(\beta-\rho_2\delta) \tag{3.80c}$$

$$c_3=s_3\rho_2(\delta-\gamma) \tag{3.80d}$$

表 3.3 中给出了几种简单几何形状堆的 α、β、γ、δ 的函数形式。

表 3.3　α、β、γ、δ 的函数形式

		平板	球	圆柱(侧面带有反射层)
α		$-\bar{\mu}\tan\left(\bar{\mu}\,\frac{a}{2}\right)$	$\bar{\mu}\cos(\bar{\mu}R)-\frac{1}{R}$	$-\bar{\mu}\,\frac{J_1(\bar{\mu}R)}{J_0(\bar{\mu}R)}$
β		$\bar{\nu}\tanh\left(\bar{\nu}\,\frac{a}{2}\right)$	$\bar{\nu}\coth(\bar{\nu}R)-\frac{1}{R}$	$\frac{\bar{\nu}I_1(\bar{\nu}R)}{I_0(\bar{\nu}R)}$
γ 和 δ	A	$-\bar{k}_r\coth(\bar{k}_rT)$	$-\bar{k}_r\coth(\bar{k}_rT)-\frac{1}{R}$	$\frac{\left\{-\bar{k}_rK_1(\bar{k}_rR)-\frac{K_0[\bar{k}_r(R+T)]}{I_0[\bar{k}_r(R+T)]}\bar{k}_rI_1(\bar{k}_rR)\right\}}{\left\{K_0(\bar{k}_rR)-\frac{K_0[\bar{k}_r(R+T)]}{I_0[\bar{k}_r(R+T)]}I_0(\bar{k}_rR)\right\}}$
	B	$-\bar{k}_r$	$-\bar{k}_r-\frac{1}{R}$	$-\frac{\bar{k}_rK_1(\bar{k}_rR)}{K_0(\bar{k}_rR)}$

图 3.10 是用上述方程计算出来的双群中子通量密度分布。

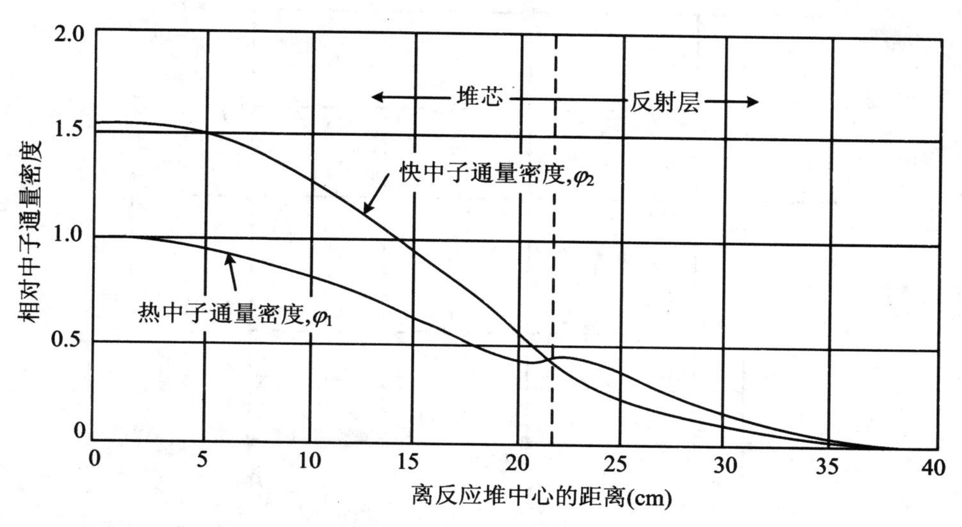

图 3.10　热中子堆内的双群通量密度分布

二维扩散方程的数值解其网格图如图 3.11 所示，而节点如图 3.12 所示。

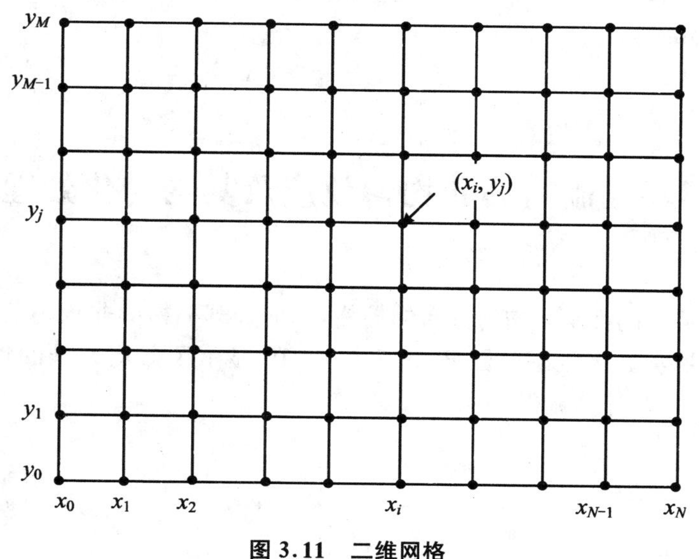

图 3.11　二维网格

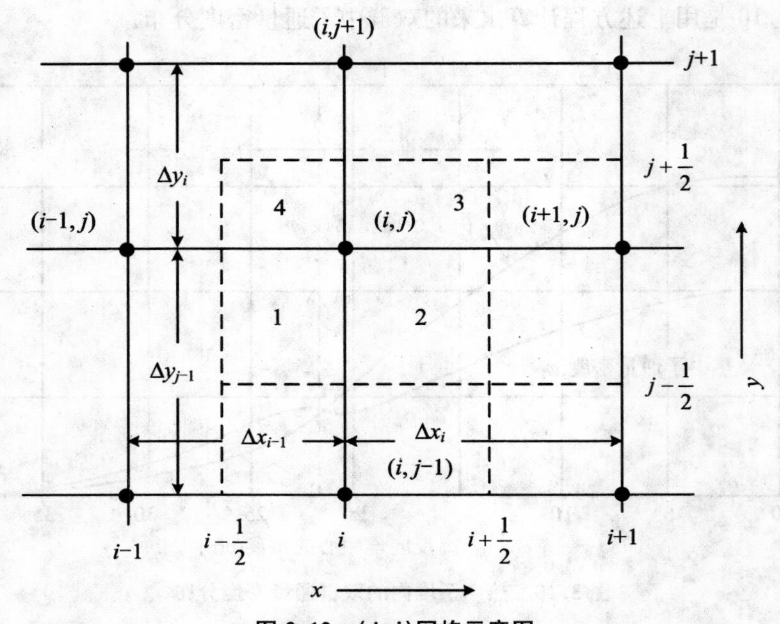

图 3.12　(i,j)网格示意图

随着许多通用计算程序的出现,大大节省了计算的工作量,图 3.13 就显示了一种临界计算流程。

3.9　栅格的非均匀效应及其均匀化处理

工程上遇到的都是非均匀分布的栅格,如何处理栅格的非均匀效应而将它们看做均匀化群常数来处理?图 3.14 和图 3.15 显示了非均匀堆的均匀化处理,图 3.16 给出了其计算流程。

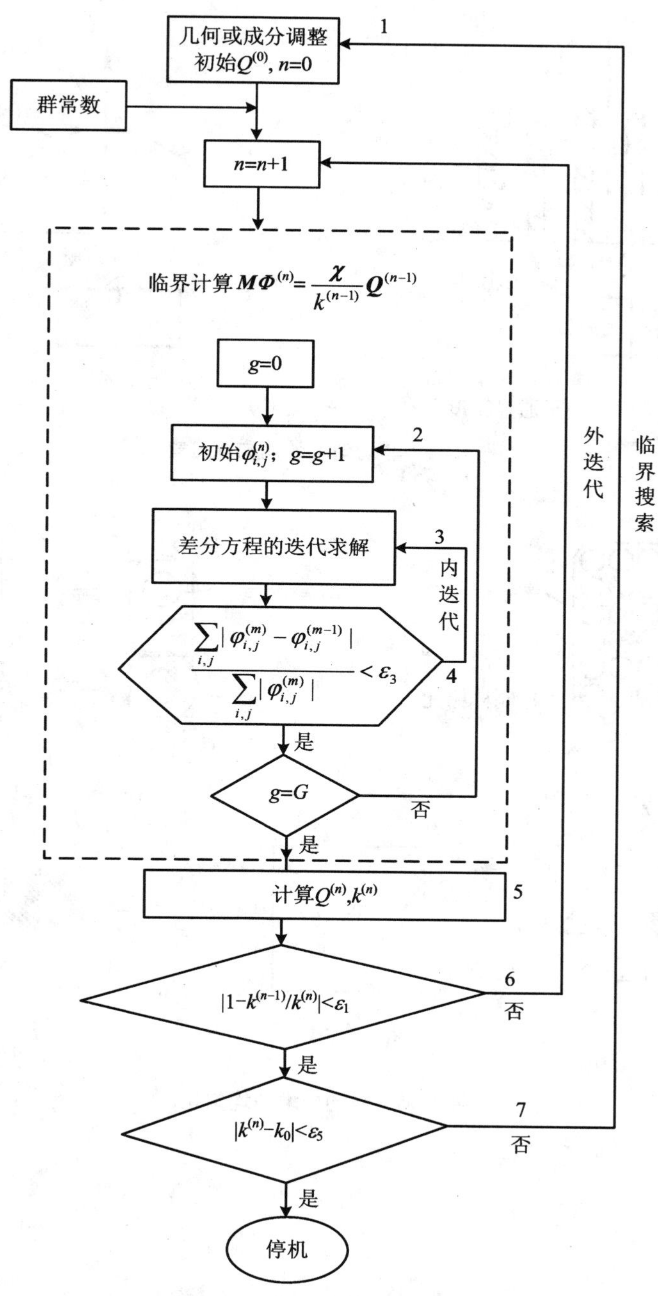

图3.13　临界计算流程示意图

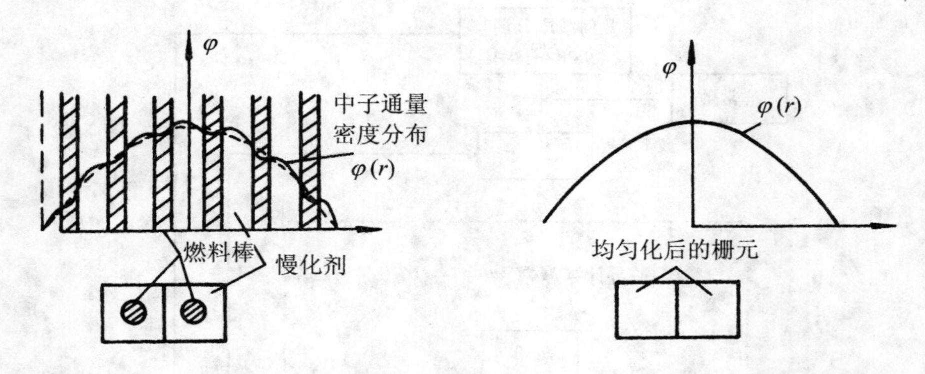

(a) 非均匀堆内的中子通量密度分布 (b) 等效均匀堆内的中子通量密度分布

图 3.14 非均匀堆的均匀化处理

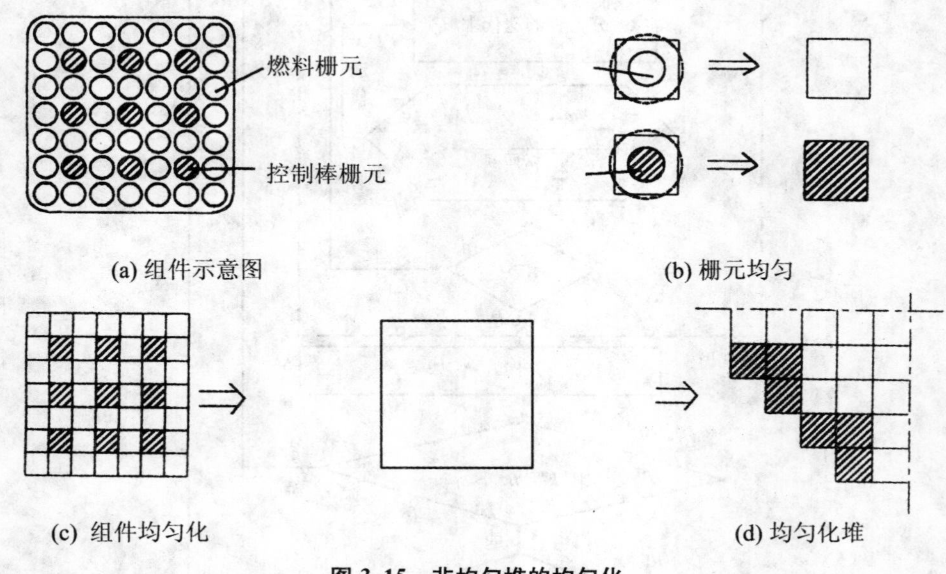

(a) 组件示意图 (b) 栅元均匀

(c) 组件均匀化 (d) 均匀化堆

图 3.15 非均匀堆的均匀化

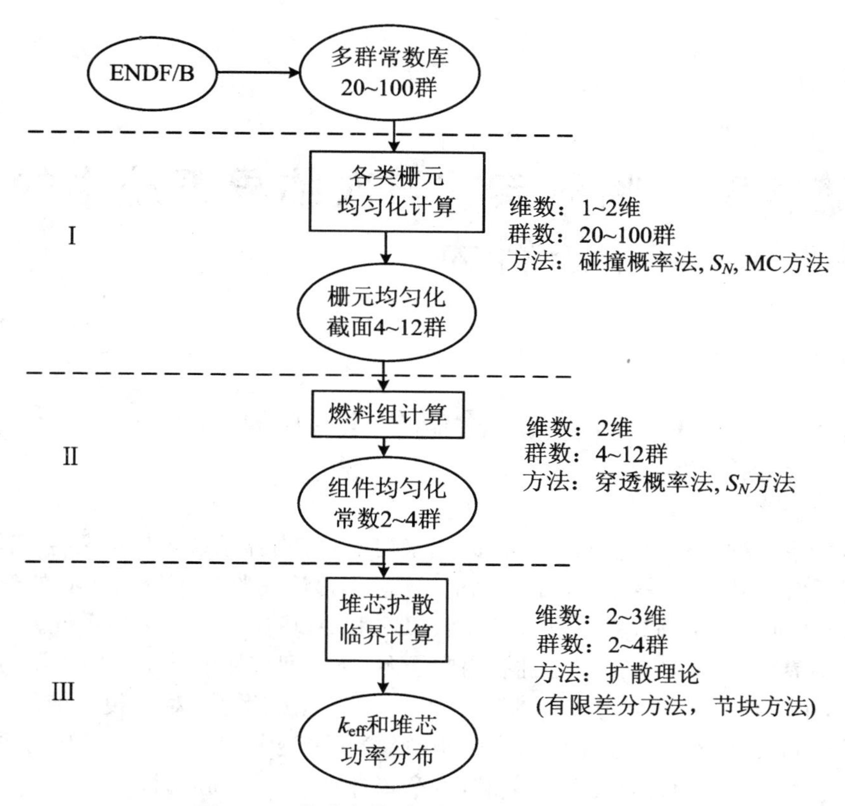

图3.16 非均匀堆(轻水堆)计算流程示意图

参考文献

[1] 谢仲生,张少泓.核反应堆物理理论与计算方法[M].西安:西安交通大学出版社,2000.

[2] 丁大钊,叶春堂,赵志祥,等.中子物理学:原理、方法与应用[M].北京:原子能出版社,2001.

[3] 刘海波.基于2D输运理论燃耗计算程序的研发及其初步应用[D].中国科学院等离子体物理研究所硕士论文,2005.

第4章　临界系统与次临界系统中的中子行为

4.1　临界堆、次临界堆中子学理论

核能系统种类繁多，但从其工作原理来看，只有临界系统与次临界系统两种。而临界系统中超临界系统是难于控制的，这里不讨论超临界系统。所有的热中子裂变堆、快堆均属于临界系统，而聚变堆、FDS和ADS则属于次临界系统。临界系统与次临界系统的区别，在于是拥有内中子源，还是拥有外中子源。中子源对系统的影响，主要是引起三个物理量的变化：中子有效增殖系数（对应裂变堆的 k_{eff}）、反应堆时间尺度（对应裂变堆的缓发中子份额）和聚变中子源强扰动变化对系统的影响。这些都属于反应动力学的范畴，本章将分别予以详细的讨论。

4.1.1　中子有效增殖系数

通常裂变堆的中子有效增殖率 k_{eff} 定义为某一代的裂变数与相邻的上一代的裂变数之比。反应堆内（自持）链式裂变反应的条件可以很方便地用有效增殖系数 k_{eff} 来表示。它的定义是：给定系统中新生一代的中子数和产生它的直属上一代中子数之比，即

$$k_{eff} = \frac{\text{新生一代中子数}}{\text{直属上一代中子数}} \tag{4.1}$$

上式的定义与式(3.57)在形式上是一致的，是直观地从中子的“寿命—循环”观点出发的。然而，该式在实用上是不太方便的，因为在实际问题中很难确定中子每“代”的起始和终了时间。例如，在堆芯部位中有的中子从裂变产生后立即就引起新的裂变，有的中子则需要经历慢化过程成为热中子之后才引起裂变，有的中子在慢化过程中便泄漏出系统或者被俘获吸收。所以，实际应用中从中子的平衡关

系上来定义系统的有效增殖系数更为方便，即

$$k_{\text{eff}} = \frac{\text{系统内中子的产生率}}{\text{系统内中子的总消失(吸收 + 泄漏)率}} \tag{4.2}$$

所有类型的临界裂变反应堆共同具备的反应堆动力学的基本概念，是反应性、中子一代时间及缓发中子。堆功率水平和中子数变化速度的快慢主要依赖于反应性的大小。在动态特性方面，热堆和快堆之间最重要的差别，在于中子一代时间的长短。从反应堆动力学角度看，各种核燃料的主要区别，在于不同核燃料有不同份额的中子缓发产生。

核裂变反应虽然提供了形成中子链式反应的可能性，但是要使它实现，还必须保证每代裂变放出的中子在引起下一代裂变之前不因非裂变吸收或泄漏而过多地损失。如果我们粗略地用 k 表示某时刻反应堆中裂变过程的总数和前一代裂变过程总数之比，也就是相邻两代裂变中子总数之比。当 $k>1$ 时，裂变反应将不可控制地发生，像原子弹爆炸。当 $k=1$ 时，裂变反应可以在堆内平稳地持续下去，像裂变电站反应堆。当 $k<1$ 时，各代裂变过程的总数越来越小，链式反应无法自持继续。这时要继续维持裂变过程，必须要引入外中子源来补充这一部分差额，例如聚变驱动次临界堆和加速器驱动次临界系统等，都是利用该原理运行在次临界状态。这里的 k 就是有效增殖因子，而定义反应性为

$$\rho = \frac{k-1}{k}$$

表征系统偏离临界的程度(在有些原子核物理教材中，称 ρ 为介质的活性，活性越大，有效增殖因子越大)。k 或者 ρ 反映反应堆的整体性质，决定于中子在堆中的整个输运过程。因此，它们依赖于反应堆的大小，堆中不同材料的相对量和密度，以及中子在各种材料原子核上的相互作用(散射、俘获和裂变)截面。但是所有这些因素都受到温度、压力以及裂变的其他效应的影响，所以反应堆的反应性同时也依赖于反应堆的功率水平。这种反应性“反馈”计算是反应堆动力学的中心问题之一。

中子一代时间是中子在反应堆中再生的平均时间。它也是反应堆的一种整体性质。在快中子反应堆中，中子一代时间可以短到 10^{-8} s；而在热中子反应堆中，却可能达到 10^{-3} s 的量级。中子一代时间，主要依赖于一个典型中子在核反应中被吸收或从堆中漏出之前所经受的散射碰撞次数，以及它进行这些碰撞之间的飞行速度与路程。

在裂变核能系统中，裂变过程放出的中子是最重要的裂变产物之一。原子核裂变成两个裂变碎片后，在库仑斥力作用下，分离飞开的碎片具有很大的动能。两

个碎片的总动能占裂变释放能量的绝大部分。裂变碎片具有较高的激发能，是很不稳定的原子核，会有粒子发射出来。由原子核物理可知，稳定核的中质比（N/Z）随 A 的减小而减小，而碎片的中质比与裂变核相近，大于质量相同的稳定核，因此这些碎片是远离稳定的丰中子核。这些具有高激发能的裂变碎片会继续释放中子。经过发射中子后的碎片称为次级碎片，释放中子前的裂变碎片则被称为初碎片或裂变的初级产物。放出几个中子后，激发能降低到约小于 8 MeV 时，初级产物已不足以发射核子，但这些次级碎片还能以 γ 跃迁的方式退激发。绝大多数 γ 射线在这些中子发射之后发出。以上发射中子和 γ 射线的过程分别在裂变后小于 10^{-15} s 和小于 10^{-11} s 这样短的时间内完成。小于 10^{-15} s 时间内释放的中子称为瞬发中子，小于 10^{-11} s 发射的 γ 射线称为瞬发裂变 γ 射线。

初级产物仍然是丰中子的核素，还要经过一次或多次 β 衰变，最后转变为稳定的核素。β 衰变半衰期为 10^{-2} s 或者更长，比上述发射瞬发中子和瞬发 γ 射线的时间长得多。因而 β 衰变过程称为慢过程。在 β 衰变过程中，偶尔也有些衰变中形成的核素，其激发能超过中子结合能，有可能继续发射中子。例如，轻碎片 $A=87$ 的 β 衰变链中，^{87}Br 经 β^- 衰变到 ^{87}Kr，^{87}Kr 的一个激发能级可以发射中子。当 β^- 衰变到这样的能级时，立即有中子发射。实验上测得的中子发射的半衰期是 55 s，是 ^{87}Br 的 β^- 衰变的半衰期。这种在 β 衰变慢过程中发射的中子，称为缓发中子。其中，激发态的 ^{87}Kr 称为中子发射体，^{87}Br 称为缓发中子先驱核。又如重碎片 $A=137$ 的 β 衰变链中，^{137}Xe 也是中子发射体，中子发射半衰期由 β 衰变母核 ^{137}I 的半衰期（$T_{1/2}=22$ s）所决定。这里的 ^{137}I 是缓发中子先驱核。缓发裂变中子的产额约占裂变中子总数的 1%。

因此，中子引起的裂变过程释放的中子包含两类中子。一类是瞬发中子，就是裂变的瞬时释放出的中子，即在核裂变发生后约 10^{-15} s 以内出现的中子。另一类在裂变发生后较长时间才出现的是缓发中子，就是裂变之后，丰中子裂变产物核的衰变过程中释放出的中子。正是由于缓发中子的存在，才使得可控链式裂变反应成为可能。而影响核能系统安全和控制的主要参数，就是中子寿命和缓发中子份额。

在裂变产生的中子中，虽然缓发中子只占不到 1% 的份额，但在决定反应堆动力学的时间尺度方面却极为重要。这些缓发中子是几种高激发的裂变碎片在经过 β 衰变后的核跃迁过程中放出的。相关的 β 衰变的半衰期，确定缓发中子在裂变后放出的半衰期。

当 k 值足够大，使中子链式裂变反应只靠瞬发中子就能自持裂变时，中子一代时间在决定时间尺度方面起着支配作用。如果反应堆偏离临界不太远，单靠瞬发中子不足以维持裂变链式反应，还需要缓发中子来补充，后者的相对长的缓发时间就对反应堆动态变化的时间尺度起支配作用，使得反应堆的控制成为可能。

4.1.2　每次裂变放出的平均中子数

决定中子经济性的一个重要参数是 ν，即每次裂变放出的平均中子数。显然 ν 越大，中子经济性越好。核裂变时放出的中子数，与诱发裂变的中子能量以及裂变核种类有关。表 4.1 中给出了在裂变反应中每吸收一个约 0.025 eV 的热中子发生裂变后所释放的平均中子数 ν。ν 不是整数，这是由于受激的复合核以多种不同的方式分裂的缘故。虽然在任意一次特定裂变中放出的中子数是整数，但其平均值不一定是整数。

表 4.1　裂变中释放的平均中子数(热中子～0.025 eV 数据)

核素	ν	η	σ_a	σ_f	$\alpha(\sigma_f/\sigma_a)$
铀—233	2.50	2.29	573	525	0.093
铀—235	2.44	2.08	678	577	0.175
天然铀	2.50	1.31	7.59	4.16	0.910
钚—239	2.90	2.12	1015	741	0.370
钚—241	3.00	2.21	1375	950	0.357

有时候并不是每个可裂变核吸收中子都会直接引起裂变(例如 ^{238}U 吸收中子可能先导致辐射俘获)，因此用 η 表征可裂变燃料每吸收一个中子所释放的中子数。对于单核，ν 和 η 的关系可表示为

$$\eta = \nu \times \frac{\sigma_f}{\sigma_a} \tag{4.3}$$

对于多核燃料系统，可表示为

$$\eta = \frac{\sum_j \nu_j \Sigma_f^j}{\sum_j \Sigma_a^j} \tag{4.4}$$

其中，σ_f 和 Σ_f 分别是裂变燃料核的微观裂变截面和宏观裂变截面，σ_a 和 Σ_a 分别是微观吸收截面和宏观吸收截面。表 4.2 中给出了三种易裂变核素的 η 值。快中子的 η/ν 明显地高于热中子，这是因为快中子非裂变反应吸收的中子份额较小。

表 4.2　易裂变核吸收一个中子释放的中子数(η)

核素	中子能量				
	1～3 keV	3～10 keV	0.1～0.4 MeV	0.4～1 MeV	14.1 MeV(再校核)
铀—233	2.25	2.3	2.4	2.5	4.22
铀—235	1.75	1.8	2.2	2.3	4.35
钚—239	1.75	1.9	2.6	2.9	4.94

表 4.1 中的数据对于讨论核反应堆中增殖易裂变物质的可能性具有重要作用。很明显,要发生增殖,必须在吸收一个中子后,能有一个剩余的中子用来使核素转化为易裂变核素,这就要求 η 大于 2。此外,还必须考虑由于溢出反应堆系统以及与结构材料、冷却剂等发生寄生俘获而不可避免地损失掉的那部分中子。因此,对于有意义的增殖来说,η 必须显著地大于 2。从表 4.1 中可明显地看出,由于对应的 η 只有 1.31,天然铀作为裂变堆燃料的热堆不可能产生增殖。从表 4.2 可知,以 ^{239}Pu 为易裂变物质的快中子反应堆的增殖是最为有效的,在聚变驱动次临界堆中,氘—氚聚变释放的中子是 14.06 MeV 的高能中子,因此加入 ^{239}Pu 对增殖中子提高中子数是非常有效的。

4.1.3　瞬发中子、瞬发 γ 射线与缓发中子

裂变时释放中子和 γ 射线,释放的中子可以分成两类,即瞬发中子和缓发中子。为了说明问题方便,下面对瞬发中子、缓发中子和瞬发 γ 射线分别做简要叙述。

1. 瞬发中子

瞬发中子占裂变释放出的中子总数的 99%以上,是在原子核发生裂变后的极短时间(10^{-15} s 时间以内)被释放出来的。瞬发中子释放基本按以下方式进行:由俘获一个中子形成的受激复合核首先分裂成两个核碎片,每个碎片都具有较高的激发能,具有过多的中子并放出一个中子所需要的过剩(激发)能量。这些受激的不稳定核碎片,往往在它形成后的极短时间内放出称为瞬发中子的一个或几个中子。大多数瞬发中子的能量在 1～2 MeV 之间,平均能量约为 2 MeV,也就是通常所说的裂变中子的平均能量。

2. 瞬发 γ 射线

瞬发 γ 射线是瞬发裂变中子释放后的仍然具有过剩能量的核碎片,在 10^{-15} s 至 10^{-11} s 这样的时间内释放的 γ 射线。多数核碎片在释放瞬发中子与瞬发 γ 射线后成为次级碎片,这些次级碎片经过 β 衰变变成趋于稳定的次级碎片。

3. 缓发中子

缓发中子就是在核裂变反应释放出瞬发中子与瞬发裂变射线后的次级碎片β衰变过程中，少数丰中子次级碎片发射出来的中子。一般是核裂变次级碎片发生β^-衰变，处于高激发态的次级碎片核发生能级跃迁中释放出来的，如^{87}Br及^{137}I等经过β^-衰变后分别转化为^{87}Kr和^{137}Xe，由^{87}Kr和^{137}Xe释放出的中子就可称为缓发中子。

在裂变过程中产生的、最终可以放出缓发中子的那些核，如^{87}Kr、^{137}I等，称为缓发中子先驱核。尽管无论是在实验上还是在理论上，都表明缓发中子先驱核很多，超过50种，然而从最早的测量(Hughes等及Keepin等)开始，就选择6组来表示缓发中子的时间行为，每组具有相应的有效指数衰减常数λ_i($i=1,2,3,\cdots,6$)。从他们以前实验测量观察到的误差表明：6组比5组或7组能更好地拟合测量使用的衰变数据。因此，至今反应堆动力学研究中一般也都采用6组不同半衰期的缓发中子发射体。表4.3列出了各组有关参数(Keeping，1965)。

缓发中子先驱核的分布，还有缓发中子的产额及各组的半衰期，是裂变核及引起裂变的中子的能量的函数。以^{239}Pu为例，对^{239}Pu由热中子引起裂变，其缓发中子的有关数据列于表4.4。

表4.3　缓发中子先驱核

分组	先驱核	先驱核的半衰期(s)	参考半衰期(s)
1组	^{87}Br	54.5	>25
2组	^{137}I	24.4	10～25
	^{88}Br	16.3	
3组	^{138}I	6.3	2.0～10
	$^{(89)}$Br	4.4	
	$^{(93,94)}$Rb	～6	
	^{139}I	2.0	
4组	(Cs,Sb或Te)	(1.6～2.4)	1.5～2.0
	$^{(90,92)}$Br	1.6	
	$^{(93)}$Kr	～1.5	
5组	(^{140}I+Kr$^{a)}$)	0.5	0.5～1.5
6组	(Br,Rb,As+$^{a)}$)	0.2	<0.5

a)：待定核以及同位素。

表 4.4 ^{239}Pu 的热中子裂变的缓发中子数据

组别	半衰期(s)	衰变常数 $\lambda(s^{-1})$	产额(每次裂变的中子数)	份额 β_i
1	54.28	0.0128	0.00021	0.000215
2	23.04	0.0301	0.00182	0.000626
3	5.60	0.124	0.00129	0.000443
4	2.13	0.325	0.00199	0.000685
5	0.618	1.12	0.00052	0.000181
6	0.257	2.69	0.00066	0.000092
说明	总产额:0.0061 总缓发中子份额(β):0.0021			

在反应堆物理动力学相关的计算中,采用缓发中子份额 β_i 比采用缓发中子的绝对产额要方便一些。β_i 定义为第 i 组缓发中子占裂变释放的所有中子(包括瞬发中子和缓发中子)的份额。由于每次裂变释放出来的总中子数为 ν,由此得出:$\beta_i\nu$ 等于第 i 组缓发中子的绝对产额。总缓发中子份额用 β 表示,它等于所有各组的 β_i 之和,即

$$\beta = \sum_{i}^{6}\beta_i \tag{4.5}$$

$\beta \cdot \nu$ 就是所有各组缓发中子的总产额。

从表 4.4 中给出的 β_i 和 β 的数值可以看出,缓发中子占裂变放出的总中子数的份额不到 1%,比例非常小。但是,这个份额不大的缓发中子,在反应堆运行控制中却起着至关重要的作用。

裂变放出的各组缓发中子,都具有大体上确定的能量,这一点不同于瞬发中子所具有的连续能谱,并且缓发中子的能量比大部分的瞬发中子能量要低很多。这对有限反应堆的动力学有以下的重要影响:

首先应当注意,如果像绝大多数反应堆那样,燃料是一种不动的固体,那么反应堆内放出来的瞬发中子及其有关的缓发中子就具有相同的空间分布。而如果对于所选择的聚变驱动次临界堆的双冷嬗变包层,燃料均匀分布在液态金属冷却剂中随冷却剂一起匀速流动,也可以近似认为放出的裂变中子具有相同的空间分布。由于瞬发中子比缓发中子需要更长的慢化时间,所以有较高能量的瞬发中子的平均快泄漏几率要大一些,结果使得在堆内慢化的缓发中子份额比每次裂变放出的份额略有增加。

这个效应可以由简单地重新定义缓发中子份额来考虑。具体地说，对应于每个裂变中子出现在 i 组的β_i 个中子，实际上有 $p\beta_i \exp(-B^2\tau_i)$个中子在反应堆内慢化下来，这里 τ_i 是该组中子的年龄。把每一个 β_i 都用有效份额β_i^* 来代替，β_i^* 的定义如下：

$$\beta_i^* = \beta_i \mathrm{e}^{B^2(\tau_T-\tau_i)} \tag{4.6}$$

于是，原来的所有缓发中子的年龄都等于 τ_T 的错误假定，就给出了在系统中慢化的缓发中子的正确数目，即

$$p\beta_i^* \exp(-B^2\tau_T) = p\beta_i \exp(-B^2\tau_i) \tag{4.7}$$

对于小的水慢化堆来说，β_i^* 可能比β_i 大 25%。

如果燃料是由同位素的混合物组成的，则 β_i 等于每种同位素放出的裂变中子数权重的各同位素的缓发中子份额的平均值。例如，假定一个热堆的燃料是同位素^{235}U 和^{238}U 的一种混合物，从快裂变因子的定义可知，对于一个热裂变放出的一个中子总共有 ε 个快中子产生，因此，对于每一个裂变中子有 ε^{-1}个中子是由^{235}U 热裂变放出来的，有 $1-\varepsilon^{-1}$个中子是由^{238}U 快裂变放出来的，于是 β_i 的有效值为

$$\beta_i^* = \left[\frac{\beta_i^{235}}{\varepsilon} + \frac{\beta_i^{238}(\varepsilon-1)\nu^{238}}{\varepsilon\nu^{235}}\right]\mathrm{e}^{B^2(\tau_T-\tau_i)} \tag{4.8}$$

4.1.4 中子寿命

k 为有效增殖系数，l_∞ 为无限介质的热中子寿命，而 l 则是在考虑了热中子扩散过程的泄漏影响后的热中子寿命，简称为热中子寿命。

$$l = \frac{l_\infty}{1+L^2B^2},\quad l_\infty = \frac{1}{\Sigma_\mathrm{a}\nu},\quad k = \frac{k_\infty}{1+L^2B^2} \tag{4.9}$$

定义中子平均每代时间（寿命）为

$$l_\mathrm{g} \equiv \frac{l}{k} \tag{4.10}$$

当不考虑缓发中子时，堆内中子的平均寿命就等于瞬发中子的寿命，如果不考虑泄漏的影响，它便等于瞬发中子的慢化时间和热中子扩散时间之和。

缓发中子的份额虽然很少，但它的缓发时间较长，缓发效应大大增加了两代中子之间的平均时间间隔，从而滞缓了中子密度的变化率。反应堆控制实际上正是利用了缓发中子的作用才得以实现的。

这里再简单给出考虑缓发中子的平均每代时间。反应堆出现短周期的基本原因在于每代时间值过小，在不考虑缓发中子的情况下，这个时间等于瞬发中子寿命。当考虑缓发中子时，每代时间就显著地加大了。这时它等于按相对产额权重

的瞬发中子寿命和缓发中子寿命之和。令 β_i 为出现在第 i 组的裂变中子的份额，于是缓发中子的总份额为

$$\beta = \sum_{i=1}^{6} \beta_i \tag{4.11}$$

所以裂变中子中有 $1-\beta$ 的份额是作为瞬发中子放出来的。如果 l_p 仍为瞬发中子寿命，l_i 为第 i 组缓发中子的平均寿命（从裂变的瞬时算到中子最终被吸收的时间），则所有瞬发和缓发裂变中子的平均寿命为

$$\bar{l} = (1-\beta) l_p + \sum_{i=1}^{6} \beta_i l_i \tag{4.12}$$

这里应当注意：缓发中子在比它们的先驱核的平均寿命短得多的时间内慢化和被俘获，也就是说 $t_s + t_d \ll \bar{t}_i$，这里 $\bar{t}_i$ 是第 i 组缓发中子先驱核的平均寿命。由于每一个先驱核的衰变只放出一个缓发中子，所以 $\bar{t}_i$ 也等于第 i 组中子的平均寿命，即 $\bar{t}_i = l_i$，于是上式可以简化为

$$\bar{l} = (1-\beta) l_p + \sum_{i=1}^{6} \beta_i \bar{t}_i \tag{4.13}$$

尽管自由中子的寿命都非常短，但在聚变次临界堆中，由于聚变外源中子的不断注入，因此与缓发中子的寿命定义类似，可以假设这一部分中子的寿命和聚变源的周期（对于稳态运行或脉冲运行的堆为“开启—关闭”的时间间隔）等同。这样，中子的平均寿命应该包括三个部分：瞬发中子、缓发中子和聚变外源中子。表达式也可以修改为

$$\bar{l} = (1-\beta) l_p + \sum_{i=1}^{6} \beta_i \bar{t}_i + l_s \tag{4.14}$$

其中的 l_s 是外源中子的平均寿命，也是聚变堆芯的运行周期。显然，如果是一个稳态运行的聚变驱动次临界堆，那么中子的平均寿命将可看成是稳态运行的周期，因为聚变堆芯源源不断地向次临界包层提供外源中子。

4.2 次临界系统

一个聚变驱动次临界堆中的裂变包层，可能是一个不同能量的中子引发裂变的混合系统（既不是单纯的热中子堆，也不是单纯的快中子堆）。下面先说明中子

一代时间的整个循环过程。裂变包层里面中子数目的增减与平衡，主要取决于下列几种过程：

(1) 聚变中子源提供中子。

(2) 燃料吸收热中子引起的裂变。

(3) 燃料吸收快中子引起的裂变。

(4) 冷却剂和结构材料以及其他非裂变材料的辐射俘获。

(5) 中子的泄漏。

图4.1给出了聚变驱动次临界堆内的中子平衡示意图。由于存在外中子源，所以这里分无源中子增殖率(即普通裂变堆中的概念)和有源中子增殖率。

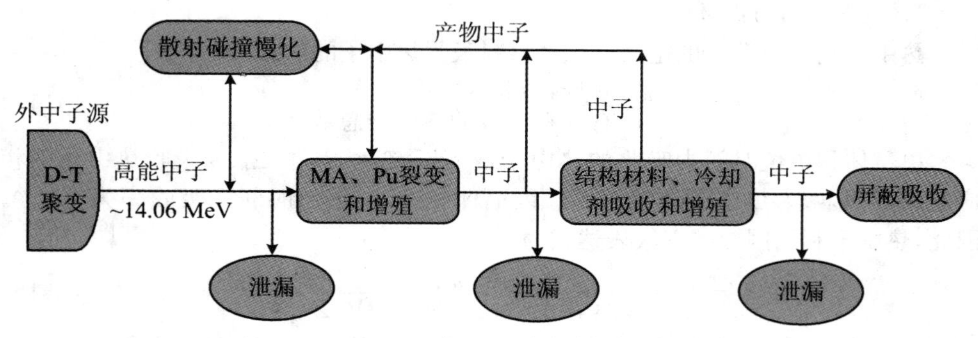

图4.1　聚变驱动次临界堆内中子平衡示意图

4.2.1　无源中子增殖率

1. 每次吸收的中子产额 η

η 的定义：核燃料每吸收一个中子产生的平均裂变中子数。根据吸收的中子的能量，可分为两部分：一是每吸收一个热中子的中子产额，另一个则是每吸收一个快中子的中子产额。由于燃料每吸收一个中子引起裂变的概率为 Σ_f/Σ_a，并且燃料是由易裂变和非易裂变同位素的混合物组成的，那么若设每次裂变放出的中子平均产额为 ν，则显然有

$$\eta = \frac{\Sigma_f}{\Sigma_a}\nu \tag{4.15}$$

2. 快中子增殖因数 ε

ε 的定义：所有能量中子引起裂变产生的净快中子总数与热中子引起裂变产生的快中子数之比，即

$$\varepsilon = \frac{\text{所有裂变产生的净快中子总数}}{\text{热中子裂变产生的快中子数}} = \frac{\int_0^\infty \varphi(E)\Sigma_f(E)\nu(E)\mathrm{d}E}{\int_0^{E_T} \varphi(E)\Sigma_f(E)\nu(E)\mathrm{d}E} \tag{4.16}$$

其中,$\varphi(E)$是与能量相关的中子能量密度,$\Sigma_f(E)$是能量为E的宏观截面,$\nu(E)$是能量为E的中子引起的裂变所放出的平均中子数。分母的积分对热中子能区进行,分子的积分对中子所有能量进行,对这个积分必须用数值法计算。

3. 逃脱共振俘获概率 $p(E)$

$p(E)$的定义:源中子逃脱俘获并慢化到低于共振区域的某特定能量E的份额数。

4. 热中子利用因数 f

热中子利用因数f的定义是燃料材料吸收热中子的份额,即

$$f = \frac{\text{燃料吸收的热中子数}}{\text{所有材料吸收的热中子总数}} \tag{4.17}$$

单位体积单位时间内吸收的热中子数等于$\Sigma_a\varphi$,其中Σ_a为吸收热中子的相应宏观截面,φ为热中子通量密度。因而体积V内单位时间的吸收率为$V\Sigma_a\varphi$。因此,热中子利用因数的一般表达式为

$$f = \frac{V_{fe}\Sigma_{a,fe}\varphi_{fe}}{V_{fe}\Sigma_{a,fe}\varphi_{fe} + V_m\Sigma_{a,m}\varphi_m + V_p\Sigma_{a,p}\varphi_p} \tag{4.18}$$

式中,下标fe、m、p分别指燃料、慢化剂和寄生吸收体(或核毒物)。寄生吸收在反应堆处于不同时期和状态下所含内容不同,如在冷态初始设计时只含反应堆堆芯内的结构材料,而在动态过程中和反应堆后期,应包括控制材料和裂变产物的吸收。热中子利用因数的一般表达式的应用方式与系统是均匀还是非均匀的有关。对均匀系统,V和中子通量密度都是一样的,因而该表达式可以大为简化。非均匀系统中,该式可变为

$$f = \frac{\Sigma_{a,fe}\int_{V_{fe}}\varphi(r)\mathrm{d}V}{\Sigma_{a,fe}\int_{V_{fe}}\varphi(r)\mathrm{d}V + \Sigma_{a,m}\int_{V_m}\varphi(r)\mathrm{d}V + \Sigma_{a,p}\int_{V_p}\varphi(r)\mathrm{d}V} \tag{4.19}$$

式中,V_{fe}、V_m和V_p分别指燃料、慢化剂、寄生吸收体的体积。

非均匀堆的方程可以用燃料内的平均通量密度$\bar{\varphi}_{fe}$和慢化剂内平均通量密度$\bar{\varphi}_m$进一步简化。这些平均通量密度的定义为

$$\bar{\varphi}_{fe} = \frac{1}{V_{fe}}\int_{V_{fe}}\varphi(r)\mathrm{d}V,\quad \bar{\varphi}_m = \frac{1}{V_m}\int_{V_m}\varphi(r)\mathrm{d}V,\quad \bar{\varphi}_p = \frac{1}{V_p}\int_{V_p}\varphi(r)\mathrm{d}V \tag{4.20}$$

综合到热中子利用因数的非均匀堆的表达式，有

$$f = \frac{\Sigma_{a,fe} V_{fe} \bar{\varphi}_{fe}}{\Sigma_{a,fe} V_{fe} \bar{\varphi}_{fe} + \Sigma_{a,m} V_m \bar{\varphi}_m + \Sigma_{a,p} V_p \bar{\varphi}_p} \tag{4.21}$$

一般在初始计算热中子利用因数时，不考虑寄生吸收，把结构材料混合入慢化剂中，则有

$$f = \frac{\Sigma_{a,fe} V_{fe} \bar{\varphi}_{fe}}{\Sigma_{a,fe} V_{fe} \bar{\varphi}_{fe} + \Sigma_{a,m} V_m \bar{\varphi}_m} \tag{4.22}$$

或

$$f = \frac{\Sigma_{a,fe} V_{fe}}{\Sigma_{a,fe} V_{fe} + \Sigma_{a,m} V_m (\bar{\varphi}_m / \bar{\varphi}_{fe})} \tag{4.23}$$

称 $\bar{\varphi}_m/\bar{\varphi}_{fe}$为热不利用因子。

到现在为止，每次吸收的中子产额 η，快中子增殖因数 ε，逃脱共振俘获概率 p，热中子利用因数 f 比本书前一章有了更明确的定义，并有相应的计算公式。我们称 η、ε、p、f 为四因子，它们的乘积 $\eta\varepsilon pf$，称为四因子的乘积，这个乘积正是无限有效增殖因数 k_∞，即

$$k_\infty = \eta\varepsilon pf$$

由于实际的系统都是有限几何尺寸的，因此不泄漏概率 Λ 的定义是该能量的中子吸收率与其加上中子泄漏率的和之比，即

$$\Lambda = \frac{\text{中子吸收率}}{\text{中子吸收率} + \text{中子泄漏率}} \tag{4.24}$$

而 p_F 为快中子不泄漏概率：

$$p_F = \frac{1}{1 + B^2\tau} = (1 - B^2\tau)^{-1} \approx 1 - \tau B^2 \approx e^{-B^2\tau} \tag{4.25}$$

此处 $\tau B \ll 1$，则有上述近似表达式。p_T 为热中子不泄漏概率：

$$p_T = \frac{1}{1 + L_T^2 B} \tag{4.26}$$

有效增殖因数为 k_{eff}或 k，则有

$$k = k_\infty \cdot \Lambda = k_\infty \cdot p_F p_T = \eta\varepsilon pf p_F p_T \tag{4.27}$$

4.2.2.　有源中子增殖率

对于一个有外源的由易裂变核及其他材料组成的核系统，在稳态时，系统内的中子通量密度 $\Phi(r, E, \Omega)$（或功率）分布由中子输运方程决定，用矩阵形式表示为

$$A \cdot \Phi_1 = M \cdot \Phi_1 + S \tag{4.28}$$

其中 A 为输运算子(包括泄漏和吸收),M 为增殖算子,S 为外中子源。为了与无外源的输运方程区别,这里中子通量密度 Φ 用 Φ_1 表示。

$$S = S_0 \cdot \xi(r, E, \Omega) \tag{4.29}$$

S_0 为源强(n/s),$\xi(r,E,\Omega)$是外源的空间能谱分布。ξ 满足归一化条件:

$$\iiint \xi(r, E, \Omega) \mathrm{d}r\mathrm{d}E\mathrm{d}\Omega = 1 \tag{4.30}$$

为了表示该系统的增殖特性,引入有源次临界中子有效倍增因子 k_s,定义为

$$k_s = \frac{\langle M\Phi_1 \rangle}{\langle M\Phi_1 \rangle + \langle S \rangle} \tag{4.31}$$

它表示裂变中子与总中子(裂变中子+外源中子)之比。由此可得

$$\frac{1}{k_s} = \frac{\langle M\Phi_1 \rangle + \langle S \rangle}{\langle M\Phi_1 \rangle} = 1 + \frac{\langle S \rangle}{\langle M\Phi_1 \rangle} = 1 + \frac{S_0}{W\nu} \tag{4.32}$$

括号〈…〉表示对所有自变量(空间、能量和角度)的积分。W 为单位时间内有源的次临界系统内发生的裂变次数;ν 为每次裂变产生的平均中子数。

有源次临界倍增因子 k_s 与表征系统中的材料性质、数量和分布等参数有关的中子有效倍增因子 k_{eff} 的关系,可从稳态无外中子源时,系统的中子输运方程和共轭方程导出,为

$$\varphi^* = \frac{\Phi_s^*}{\Phi_f^*} = \frac{1 - \dfrac{1}{k_{eff}}}{1 - \dfrac{1}{k_s}} \tag{4.33}$$

$\varphi^* = \Phi_s^* / \Phi_f^*$ 为外源中子价值,它描述了一个外源中子相当于 φ^* 个裂变中子[4]。

显然这种方法定义的考虑外源的 k_s 总是小于 1,但对于聚变驱动次临界堆这样的外置中子源系统,k_s 不能够直接等同于传统裂变堆的 k_{eff} 去判断系统的临界特性。然而如果 k_s 越大,则可说明发生核裂变的次数越多,即系统核废料的嬗变能力越高。

因此对于具有外置驱动器的聚变驱动次临界堆来说,需要直接从中子平衡的角度来定义。一般无源中子增殖因子等于中子产生率(裂变反应和倍增中子反应(n,xn)反应)与中子消逝率(俘获反应、裂变反应、逃脱泄漏和(n,xn)反应)之比:

$$k_{eff} = \frac{(\nu_f \Sigma_f \Phi) + \sum_x (x\Sigma_{(n,xn)} \Phi)}{(\Sigma_c \Phi) + (\Sigma_f \Phi) + \sum_x (\Sigma_{(n,xn)} \Phi) + (\Omega \nabla\Phi)} \tag{4.34}$$

而对于聚变驱动次临界堆来说,中子产生途径除了裂变反应和非裂变倍增反应之

外，还包括一项聚变中子外源，因此表达式修改为

$$k_s = \frac{(\nu_f \Sigma_f \Phi) + \sum_x (x\Sigma_{(n,xn)} \Phi) + S_0}{(\Sigma_c \Phi) + (\Sigma_f \Phi) + \sum_x (\Sigma_{(n,xn)} \Phi) + (\Omega \ \nabla\Phi)} \tag{4.35}$$

其中，ν_f 表示一次裂变放出的平均中子数，Σ_f 表示裂变反应的宏观截面，$\Sigma_{(n,xn)}$ 表示倍增中子反应(如(n,2n)、(n,3n)等)的宏观截面，x 为该反应产生的中子的个数，Σ_c 为俘获反应的宏观截面，Φ 表示中子通量，S_0 是中子源项，$\Omega \ \nabla\Phi$ 代表中子泄漏项。

将有源中子增殖率和无源中子增殖系数，即通常提及的 k_{eff} 结合，关系可以表示为

$$k_s = k_{eff}\left(1 + \frac{1}{(\nu_f \Sigma_f \Phi) + \sum_x (x\Sigma_{(n,xn)} \Phi)}\right) \tag{4.36}$$

显然，设计聚变驱动次临界堆中的中子产生能力，可改变有源中子增殖系数偏离临界值的程度，是次临界堆的安全表征参数之一。

4.3 缓发中子份额

普通裂变堆中缓发中子尽管占总裂变中子数不到1%，但是仍然起到了非常重要的作用，尤其是它改变了临界裂变堆中中子的时间行为，使得反应堆的控制成为可能。经由裂变反应释放出来的中子分为两类，一类是寿命极短的瞬发中子，第二类是由裂变碎片经过β衰变后再释放出来的缓发中子，因此可以认为衰变周期为缓发中子的寿命。所以可以通过控制这一部分的中子份额，使得系统的中子增殖因子保持在 $k_{eff}\sim1$。从这一点就可以看出缓发中子的份额和寿命决定了整个临界堆的寿命。

对于聚变驱动次临界堆，由于运行在次临界状态，因此不再是瞬发中子和缓发中子的份额和寿命对次临界堆的时间尺度有影响，一旦聚变中子源被切断，次临界堆内的反应就会停止，不再持续运行，整个堆的运行时间将主要依赖于聚变中子源。因此，聚变驱动次临界堆中的中子应该分成三类：瞬发中子、缓发中子和外源中子，由于外源中子在一定程度上与临界堆中的缓发中子的作用类似，因此有一种

观点认为在外源驱动的次临界系统中外源"部分地"补偿或者是转换成了缓发中子,从而提高了次临界堆的安全性。基于这样的假设,也可以认为聚变驱动次临界堆中的中子仍然包括两大类,一类是裂变瞬发中子,另一类依然是"缓发中子",包括裂变缓发中子和外源中子(前者来源于裂变碎片的衰变,后者来源于氘—氚聚变堆芯)。为了与临界裂变堆的概念区别,称之为"修订缓发中子"。显然,堆要持续且安全地运行就主要依赖于"修订缓发中子"。下面予以简单说明。

令每一个源中子进入次临界堆内引发的有效裂变放出总的平均中子数为 ν_t,包括平均瞬发中子 ν_p 和平均缓发中子 ν_d,按照普通临界裂变堆的缓发中子份额 β 的定义,可以表示为

$$\beta = \frac{\nu_d}{\nu_t} = 1 - \frac{\nu_p}{\nu_t} \tag{4.37}$$

但是在次临界系统中,由于源中子是源源不断加入的,因此简单加入源中子的作用,假设有效源中子为 S_{eff},得到的"修订缓发中子"份额将变化成

$$\beta_r = \frac{\nu_d + S_{eff}}{\nu_t + S_{eff}} \tag{4.38}$$

显然,修订后的缓发中子份额比未加入外源的要大,假如近似认为所有源中子在堆中利用率是百分之百,那么上式可改写成

$$\beta_r = \frac{\nu_d + 1}{\nu_t + 1} \tag{4.39}$$

4.4 聚变中子源强扰动对系统的影响

外中子源对聚变驱动次临界堆的持续运行起到关键的作用,外中子源的强度如果发生变化,也会连带影响包层次临界系统产生的热功率和燃耗能力,进而影响系统的反应性反馈。这一点正是等离子体物理参数影响 FDS 系统的特性,由于过于复杂,本书限于篇幅不展开论述。

4.5　次临界堆中子学安全特性

聚变驱动次临界堆由于运行在次临界条件下，由聚变堆芯作为外驱动器，其中子学安全特性可分两个方面来看，一是次临界运行条件下的被动安全性，二是由外源驱动带来的安全效应。

裂变核能反应堆运行在临界状态下，靠链式裂变反应维持，尽管可以将反应堆的控制系统设计得非常安全，但还是存在着发生超临界事故的潜在危险性。而对于聚变驱动次临界堆，由于运行在次临界条件下，只需要满足 $k_{eff}<1$ 的设计目标，因而它可以设计成较深的次临界度。

而且，在裂变反应堆运行过程中，由于核燃料的不断消耗和裂变产物的不断积累，反应堆内的反应性就会不断减少；此外，反应堆功率的变化也会引起反应性变化。所以，核反应堆的初始燃料装载量必须比维持临界所需的量多得多，使堆芯寿命初期具有足够的剩余反应性，以便在反应堆运行过程中补偿核燃料消耗和裂变产物积累所引起的反应性损失。由于燃料装载量超出临界所要求的量，因此裂变反应堆必须使用有效的控制方法和手段，才能适时地调节堆芯反应性以保证系统不发生超临界事故，这样的反应堆控制要求非常灵敏和严格。而在聚变驱动次临界堆中，由于设计就要求 $k_{eff}<1$，不仅可以设计避免瞬态反应性变化导致超临界，还可以合理安排不同材料分布和成分比例来保证系统的 k_{eff} 随着燃耗时间增加而合理变化，因此不存在类似的问题。

因此，和临界裂变反应堆相比，聚变驱动次临界反应堆具有次临界运行条件下的被动安全性。同时，由于用聚变驱动器作为外中子源，也带来了一些特殊的效应。

首先，聚变驱动次临界堆运行在次临界状态，不像裂变堆中一般有一个内置的小中子源仅仅起到触发链式反应启动反应堆的作用，聚变外中子源提供的中子维持和控制了整个堆的持续运行和“开启—关闭”，一旦外源被切断，次临界堆的链式反应也会相应停止，只有重新启动外源，深度次临界堆才有可能接着运转。

其次，在临界堆中由于缓发中子的存在使得反应堆可以被控制，即通过考虑缓发中子的份额，调节中子有效增殖系数的设计，以维持堆的临界状态。由于外源的提供可补偿次临界余量，因此，在聚变驱动次临界堆中结合 k_{eff} 的设计值和外源在次临界堆中的作用和比例得到的有源中子有效增殖因子(记为 k_s)决定了这样一个次临界堆是否有发生超临界的危险。显然,外源对聚变驱动次临界堆的控制起到了非常重要的作用。

最后,由于聚变外源的源强大小可以通过调节聚变堆芯参数(如聚变功率)而得到,因此可以根据需要改变聚变堆芯释放的中子源来适应和实现聚变驱动次临界堆的各种可能的功能需要,同时,源强的扰动也可能给次临界堆带来其他的一些事故影响,例如瞬间提高功率等,这是聚变驱动次临界堆的特殊安全特性。

4.6 聚变驱动次临界堆反应性反馈机理

反应性反馈产生于堆内温度、压力或流量的变化。其中,温度对反应性的影响是一项主要的反馈效应,它决定了反应堆对于功率变化的内在稳定性(又称固有安全性)。这种内在稳定性是由燃料的多普勒效应、慢化剂的温度效应和空泡效应表现出来的。

在临界堆中,反应性是度量反应堆运行工况偏离临界状态的一个重要参量,决定了反应堆运行中功率瞬间变化的内在稳定性。对于一个聚变驱动次临界堆,反应性的影响主要表现在温度效应、外源引入和系统燃耗三个方面。

4.6.1 温度效应

堆内的温度无论是在启动(从冷态到热态)还是在运行过程中,都会随时间变化。温度的变化引起慢化剂密度和核截面的改变,反过来又影响反应性,这种现象称为温度效应。

决定反应堆反应性的许多参数,即热利用系数、逃脱共振几率、扩散长度等,都是燃料、慢化剂以及冷却剂的温度的函数。温度效应经常表现为燃料的多普勒效应、慢化剂和冷却剂的温度效应和空泡效应。

以压水堆为例,反应堆从冷态到热态,堆芯温度变化约 300 K。即使正常运行后,堆内温度也不可避免地随时间变化。温度的变化引起慢化剂密度和核截面的改变,反过来又影响反应性,这种现象即称为温度效应。通常,把温度变化 1 K 所引起的反应性变化称为反应性温度系数,用 α_T 表示,即

$$\alpha_T = \frac{\mathrm{d}\rho}{\mathrm{d}T} \tag{4.40}$$

式中 ρ 是反应性，T 表示某种特定成分的温度。若 T 是燃料温度，则称为燃料温度系数，用 $\alpha_{T,\mathrm{fe}}$ 表示；如果 T 是慢化剂温度，则称为慢化剂温度系数，用 $\alpha_{T,\mathrm{c}}$ 表示。

从反应性定义：

$$\rho = 1 - \frac{1}{k} \tag{4.41}$$

可得

$$\alpha_T = \frac{\partial \rho}{\partial T} = \frac{\partial}{\partial T}\left(1 - \frac{1}{k}\right) = -\frac{\partial}{\partial T}\left(\frac{1}{k}\right) = \frac{1}{k^2}\frac{\partial k}{\partial T} \tag{4.42}$$

通常在临界裂变堆中，k 接近于1，一般教材中表述为①

$$\alpha_T = \frac{1}{k}\frac{\mathrm{d}k}{\mathrm{d}T} \tag{4.43}$$

裂变中产生的快中子在慢化过程中被核燃料吸收的效应，随燃料本身的温度变化而有很大的变化，这种效应就是多普勒效应。由于燃料温度对反应堆功率变化的响应是瞬时的，而且燃料温度变化引起核截面的改变也没有明显的时间延迟，所以可将燃料温度系数称为瞬时温度系数，它对抑制功率增长起着重要的作用。特别重要的是这种效应是瞬时的，当燃料温度上升时，它马上就起作用。通常所说的多普勒系数即燃料温度系数。

功率变化时，热量从燃料内传出需要一定的时间，慢化剂温度才能变化，因此慢化剂温度反馈有滞后效应，并且不一定为负值，而与堆型（快堆还是热堆）以及单位体积内慢化剂核数和燃料核数的比值有关。对于一个临界裂变堆，从安全运行角度考虑，要求慢化剂温度系数是负值（至少在额定温度工况下），以提高反应堆的自调节自稳定特性。

4.6.2　多普勒效应

通常说截面与中子能量有关，实际上它们取决于发生相互作用时的中子和核的相对能量。如果核是静止的，则相对能量就等于中子能量。实际情况是：固体中的核在晶格中的固定点附近振动，其振动能随温度升高而增加。另外，即使在某一给定的温度下，核的振动能也在宽阔的能量范围内倾向于具有一种麦克斯韦分布。这样，即使对单能中子入射束，其相对于靶核的能量也将在单一中子能量测量值的

① 慢化剂温度系数应该与有效增殖系数 k 的平方成反比，然多数教材表述为与有效增殖系数 k 成反比，本书暂认为与 k 成反比。

上下范围内变化。这种现象叫做多普勒效应，因为它与具有表现固定频率的运动光源或声源所能测到的波长变化现象相类似。

由于靶核的振动能随温度升高而增加，所以中子与核的相对能量范围也随温度升高而增大。因此，由于多普勒效应，核反应截面共振峰的覆盖区域随温度升高而增大，这种现象叫做多普勒靶展宽。峰的展宽伴随着其高度的降低，共振区域的面积保持不变。

对热中子反应堆来说，多普勒展宽对中子的吸收率有影响。如果共振中子平均通量密度保持不变，则共振中的中子吸收率将不受多普勒展宽的影响，因为截面曲线下的面积不变。实际上，在热中子反应堆中，在中子慢化过程中经过共振区的共振中子，平均通量密度由于共振峰的展宽，即由于温度的增加而增大，这样，共振区里中子的总吸收率(它取决于中子通量密度与截面的乘积)随温度升高而增加。

在聚变驱动次临界堆中，除了次临界包层中裂变产生的中子，外源中子是氘—氚聚变放出的14.06 MeV的高能中子。它所引起的嬗变主要通过快中子裂变的方式，而引发Pu废料裂变的中子可以是快中子，也可以是能量较低的中子，因此共振区的多普勒展宽影响是两者的综合效应。不过和临界堆不同的是，如果临界堆中多普勒效应得到的是正反馈，就可能会导致系统超临界，需要别的负反馈来进行调节；对于聚变驱动次临界堆，只要正反馈在次临界程度允许的裕量范围内，都不会致使系统发生超临界事故。

4.6.3　冷却剂温度效应

一般冷却剂分为气态和液态两大类，不同类型冷却剂又包括多种具体的冷却剂，聚变驱动次临界堆中根据不同设计需要可以选择一种或多种冷却剂。最常用的气体冷却剂是氦气，它对于中子的穿行来说可以当成是几乎透明的介质，所以氦气冷却剂的温度效应一般都可以忽略。因此冷却剂温度效应主要是液态冷却剂的温度效应，可以分两类来考虑：截面温度效应和空泡效应。

1. 截面温度效应

并不是所有的液体冷却剂的截面温度效应都很重要，例如钠冷快堆中用液态金属钠作为冷却剂，钠与中子之间没有非常重要或者特殊的核反应，不会因为核反应截面随温度的变化而对系统的增殖特性产生很显著的影响。而对于聚变驱动次临界堆中经常选择的冷却剂LiPb，则又是另外一种情况。LiPb在一个聚变驱动次临界系统中扮演着多重角色：既是冷却剂，又是中子倍增剂和氚增殖剂(LiPb中的Li是产氚材料，Pb是中子倍增材料)，如果温度影响了截面，那么显然会相应影响中子倍增和产氚的能力，进而影响系统的反应性。

2. 空泡效应

在液体做冷却剂的反应堆中，由于冷却剂沸腾(包括局部沸腾)产生气泡，引起反应性的变化，这种现象称为空泡效应。导致空泡产生的原因往往是温度过高，因此空泡效应也归入温度的反应性效应。一般来说，当出现空泡或空泡分数增大的情况时，有以下3种效应：① 冷却剂中有害中子吸收减小，这是正效应；② 中子泄漏增加，这是负效应；③ 慢化能力变小，能谱变硬，这可以是正效应，也可以是负效应。这些都依赖于冷却剂本身的特性[3]。

空泡效应经常用空泡系数来描述，定义冷却剂空泡份额变化1%所引起的反应性变化为空泡系数，用 α_V 表示。

假设 α 为空泡份额，N_C^l、N_C^V 分别代表冷却剂液相、气相的原子密度，则气液两相冷却剂密度 N_C 为

$$N_C = (1-\alpha)N_C^l + \alpha N_C^V \tag{4.44}$$

此时空泡系数可由下式表示①：

$$\alpha_V = \frac{1}{k}\frac{\partial k}{\partial \alpha} = \frac{\partial N_C}{\partial \alpha}\frac{1}{k}\frac{\partial k}{\partial N_C} = -(N_C^l - N_C^V)\frac{1}{k}\frac{\partial k}{\partial N_C} \tag{4.45}$$

4.6.4 密度效应

发生一次核裂变会放出大量的能量，而燃料无论是以颗粒形式还是其他形式存在，可裂变核发生裂变都会相当密集，因此热量产生也非常集中。热量的扩散和传导速度再大，可裂变燃料周围热量也会上升得很快，导致燃料的几何形状发生变化，例如燃料颗粒会发生膨胀等。为尽量避免裂变燃料颗粒膨胀进而引起破裂，燃料颗粒外层一般包覆有其他材料，如碳化硅和石墨等，所以燃料颗粒膨胀的主要表现形式之一就是密度变化。

在反应堆系统运行中，除了中子引发的核反应会放出热量外，一些放射性核衰变过程也会放出热量，其综合效应不仅会引发燃料的膨胀，也会随着热传导和热平衡运动，导致系统温度也逐渐升高，冷却剂随着系统流道中温度的升高体积发生膨胀，密度也将发生相应变化，影响系统的反应性，这种效应称为膨胀效应或者密度效应。燃料或冷却剂体积的膨胀所引起的反应性变化叫做膨胀系数，用 α_E 表示。密度变化所引起的反应性变化称为密度系数，用 α_D 表示：

---

① 与慢化剂温度系数微分表达式同样的原因，空泡系数等式中保留与有效增殖系数 k 成反比的描述。

$$\alpha_{\mathrm{D}} = \frac{1}{k}\frac{\partial k}{\partial D_{\mathrm{fe}}} \tag{4.46}$$

其中 D_{fe}是燃料的密度①。

4.6.5 燃耗效应

聚变驱动次临界堆的主要功能之一是嬗变核废料，核废料燃料随着时间的变化会不断消耗并转化成别的核，这种燃耗的结果就是系统中部分燃料核的消逝和产物核（包括裂变产物）的积累改变系统的中子有效增殖率，从而系统的反应性也发生变化，这种由于燃料燃耗导致的不同时刻的反应性变化称为燃耗效应。实际上燃耗效应的实质就是由于不同核素的核反应截面不同，系统燃耗导致核密度变化，影响了各类核反应的宏观截面，改变了中子产生、增殖和泄漏的比例。

由于聚变驱动次临界堆中有效中子增殖率必然会随着系统的燃耗而逐渐减小，因此为了能表征某个时刻由于燃耗带来的反应性效应，定义燃耗反应性效应为某一时刻的燃料多普勒效应。因为燃耗的过程中燃料裂变，温度变化非常明显，而燃料的温度效应是瞬时效应，选择燃料多普勒效应相比其他效应更具有代表意义。

4.7 核裂变运行管理与裂变产物中毒（碘坑）

当反应堆中燃料核裂变时，产生很多种裂变碎片，这些裂变碎片中绝大部分都具有放射性，它们经过一系列衰变后，又形成许多种同位素，我们把核裂变生成的裂变碎片及其衰变产物统称为裂变产物。从反应堆卸出的乏燃料中，可以含有多达300多种稳定及不稳定的裂变产物。裂变产物按其吸收截面的大小可以分为两类，第一类包括一些具有很大的热中子吸收截面的同位素，其中对热中子堆特别重要的是^{135}Xe和^{149}Sm这两种同位素。这两种同位素由于吸收截面很大，因而其浓度在反应堆运行后不久便接近饱和值，所以也称为快饱和裂变产物。裂变产物吸收热中子会引起反应性变化，会明显下降。这种由于裂变产物吸收中子所引起的反应性变化现象称为裂变产物中毒。能够发生产物中毒的具有很大热中子吸收截

---

① 与慢化剂温度系数微分表达式同样的原因，密度系数等式中保留与有效增殖系数 k 成反比的描述。

面的同位素，不仅具有很大的热中子吸收截面，而且它们的先驱核还具有较大的裂变产额，它们的产生和消失对反应堆的有效增殖系数及运行有很大的影响。因此，对这两种裂变产物需加以关注。其余裂变产物归第二类，由于它们的吸收截面比较小，远不如^{135}Xe和^{149}Sm，因此其核密度随运行时间不断增加，我们统称它们为慢饱和或非饱和性裂变产物。图4.2显示了质量数为135的裂变产物的衰变链。

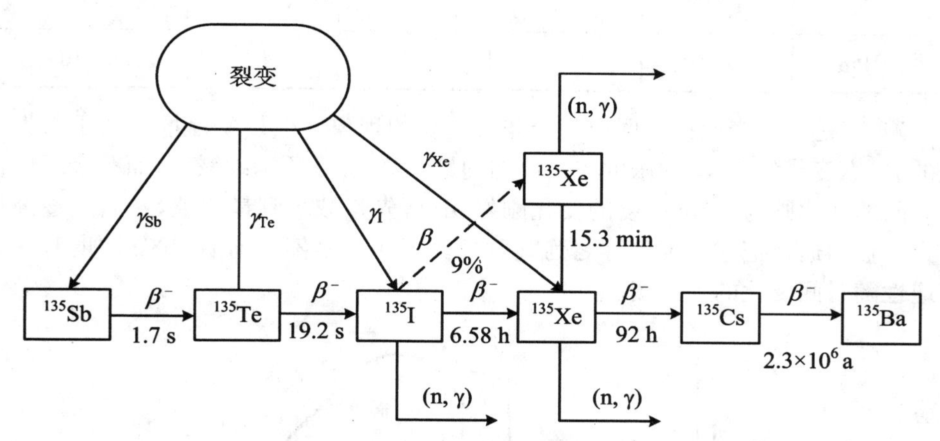

图4.2　质量数为135的裂变产物的衰变链

裂变产物中，最重要的同位素之一是^{135}Xe，其热中子吸收截面特别大。当中子处于热能区时，其平均吸收截面高达$\sim 3\times10^6$ b；在高能区吸收截面显著下降。因此，在快中子堆中，氙中毒的影响非常小。^{235}U核裂变时，^{135}Xe的直接产额仅0.00228，但其先驱核(详见图4.2)的直接裂变产额却很高(详见图4.2和表4.5)，它们经过β^-衰变后形成了^{135}Xe，发生了氙中毒。因此，在核裂变的运行管理中，要特别关注核素^{135}Xe和^{149}Sm的中毒管理。其中，^{135}I、^{135}Xe、^{149}Pm的浓度裂变产额和衰变常数随时间变化的方程式如下：

$$\frac{\mathrm{d}N_{\mathrm{I}}(t)}{\mathrm{d}t}=\gamma_{\mathrm{I}}\Sigma_{\mathrm{f}}\varphi-\lambda_{\mathrm{I}}N_{\mathrm{I}}(t) \tag{4.47a}$$

$$\frac{\mathrm{d}N_{\mathrm{Xe}}(t)}{\mathrm{d}t}=\gamma_{\mathrm{Xe}}\Sigma_{\mathrm{f}}\varphi+\lambda_{\mathrm{I}}N_{\mathrm{I}}(t)-(\lambda_{\mathrm{Xe}}+\sigma_{\mathrm{a}}^{\mathrm{Xe}}\varphi)N_{\mathrm{Xe}}(t) \tag{4.47b}$$

表4.5中列出了γ_{I}、γ_{Xe}、λ_{I}、λ_{Xe}的数值和^{135}I、^{135}Xe、^{149}Pm的裂变产额和衰变常数。

表 4.5 ^{135}I、^{135}Xe 及 ^{149}Pm 的裂变产额和衰变常数

裂变产物	裂变产额 γ(%)				变常数 $\lambda(s^{-1})$
	^{233}U	^{235}U	^{239}Pu	^{241}Pu	
^{135}I	4.884	6.386	6.100	7.694	2.87×10^{-5}
^{135}Xe	1.363	0.228	1.087	0.255	2.09×10^{-5}
^{149}Pm	0.66	1.13	1.19		3.58×10^{-6}

碘坑,是核裂变运行管理中一个非常重要的现象。核裂变停堆后由于其先驱核的 β^- 衰变导致 ^{135}Xe 的浓度先是增加到最大值,然后逐渐地减小;而剩余反应性随时间的变化则与 ^{135}Xe 浓度的变化刚好相反,先是减小到最小值,然后又逐渐地增大。业内通常把这一现象称之为“碘坑”。图 4.3 是停堆前后 ^{135}Xe 浓度和剩余反应性随时间变化的示意图。

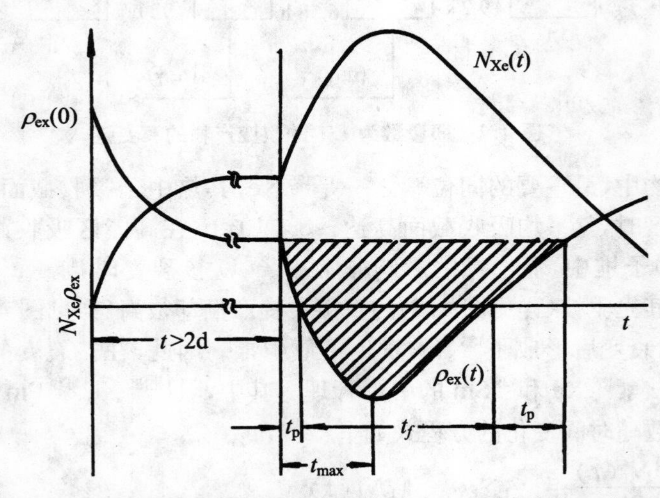

图 4.3 停堆前后 ^{135}Xe 浓度和剩余反应性随时间变化的示意图

碘坑对裂变堆的运行管理是很重要的。

参考文献

[1] 谢仲生,张少泓.核反应堆物理理论与计算方法[M].西安:西安交通大学出版社,2000.

[2] 郑善良.聚变驱动次临界堆双冷嬗变包层中子学安全分析研究[D].中国科学院等离子体物理研究所博士论文,2005.

[3] 朱继洲,等.核反应堆安全区分析[M].西安:西安交通大学出版社,2002.

[4] 史永谦,朱庆福,夏普,等.反应堆物理实验中的源倍增法研究[J].核科学与工程,2005.

第5章　裂变反应堆

5.1　裂变反应堆的发展历程

人类100多万年进化发展的过程，就是一部不断向自然界索取更多能源的历史。在现代社会中，能源的人均消耗已经成为衡量一个国家生产水平和生活水平的重要标志之一。按现在的开采水平估计，世界上的煤、石油、天然气资源将在几十年内逐渐枯竭。如果不加紧开发新能源，几十年后，人类将怎么办？

我国是一个发展中国家，人均能耗仅为发达国家的几十分之一。国民经济要大发展，首先能源要有个大发展。我国的煤、石油、水力等虽然丰富，但是人口众多，人均占有量不到世界平均值的二分之一。而且我国能源资源分布极不均衡。60%以上的煤矿集中在东北、华北和西北，70%的水力资源在西南。而人口、工业多集中在东南沿海地区。“北煤南运、西电东送”的难题一直是制约我国经济发展的巨大障碍。煤、石油、天然气还是重要的化工原料，用做燃料非常可惜。同时，大量燃烧煤炭和石油所引起的环境污染和生态平衡问题也越来越受到人们的重视。因此，我们的时代需要有新型的能源。

在诸多类型的能源中，除了煤、石油气等传统形式的燃料以外，还有很多可以利用的能源，比如风能、太阳能、地热能、潮汐能、生物质能、海水温差等等。但是，以上这些能源很难在短期内实现大规模的工业生产和应用。只有核能，才是一种可以大规模使用的安全的和经济的工业能源。从20世纪50年代以来，美国、法国、比利时、德国、英国、日本、加拿大等发达国家都建造了大量核电站，核电站发出的电量已占世界总发电量的16%，其中法国核电站的发电量已占该国总发电量的75%。在这些国家，核电的发电成本已经低于煤电成本。裂变核电站及核电设备制造，在日本、法国、韩国等国已成为其能源工业的重要支柱。据国际原子能机构2000年3月份公布的统计数字，截止到1999年，全世界处于运营中的核电站共有

436座。核发电量在总发电量中所占比例最高的10个国家：法国75%、立陶宛73.1%、比利时57.7%、保加利亚47.1%、斯洛伐克47%、瑞典46.8%、乌克兰43.8%、韩国42.8%、匈牙利38.3%、亚美尼亚36.4%。1999年全世界核发电量为2394.6兆兆瓦时，占所需全部电能的四分之一。

在裂变堆的发展历程中，经历了技术的突破、应用、发展和成熟的过程。20世纪五六十年代投入运行的各种原型堆（UNGG、Shippingport、Magnox、Fermi Ⅰ）属于第一代反应堆。这时候还没有掌握铀浓缩工业技术，反应堆运行只能使用天然铀，以石墨或重水为慢化剂。法国的天然铀石墨反应堆（UNGG）以及英国的Magnox同属于第一代反应堆。从开发更大功率动力堆的角度来看，这些反应堆具有一定的优点（热工水力效率高、可优化利用堆芯内的铀等），但也有许多技术上的问题（造价高、难于提高更大功率反应堆的安全性等），相比之下，不如水堆（压水堆、沸水堆）的经济性能好。

目前世界各国正在运行的核电站基本都属于第二代反应堆技术（水堆）。第二代反应堆的诞生有其必然性。一方面，核能在20世纪70年代提高了竞争力；另一方面，一些国家意识到化石能源市场的紧张局势，希望通过发展核能，减少对能源进口的依赖性。

这一时期，生产国防所需的裂变材料不再是首要任务。此外，气体扩散浓缩天然铀技术研发成功后，位于法国南部的大型铀浓缩厂EURODIF投入商业运行，推动了压水堆和沸水堆的大规模建设。目前，这两种反应堆占全球核电总装机容量的85%以上，约450台机组。

最近二十年，商业运行经验反馈提高了核能的经济和环保性能，与化石燃料发电电价比较，核电电价具有很强的竞争性，废气、废液排放远低于国家的排放标准。目前，全球已经积累了10000堆年的运行经验，完全可以证明核电技术进入了成熟阶段。与此同时，美国等国家对正在运行的核电站为提高安全性和经济性而进行的技术改进取得了显著成效：改进机组运行性能，发挥机组设计余量，提高额定功率，延长机组寿期。美国三里岛事故及前苏联切尔诺贝利事故发生后，反应堆的安全问题成为人们关注的焦点。核安全也成为第三代反应堆设计的核心问题。第三代反应堆一方面提高了安全冗余系统的性能，以减少事故发生的概率；另一方面，设计了事故状态下非能动安全保护等系统。法德两国联合开发的EPR是一种渐进型的反应堆，采用了一些有效的装置（如增加了安全系统等），严重事故的概率可降低一个10次方。经过研究，第三代反应堆设计与运行的工作重点主要是以下四个方面：

① 尽量降低放射性的剂量率。

② 设计相应的系统，将事故状态恢复到安全状态。

③ 降低熔堆概率，一方面降低初始事件的发生概率，另一方面提高安全系统的可靠性。

④ 严重事故状态下，通过加强安全壳的安全性（采用堆芯熔化物收集装置、氢气复合器、安全壳采用双层钢衬里等），将影响限制在场区内。

为了提高核能利用的效率，确定实现目标的关键技术，十年前美国联合其他核电先进技术国家正在进行第四代核电站的研究论证工作。2002 年 9 月 20 日在日本东京召开的第四代反应堆国际研讨会上公布了 6 种第四代反应堆设计概念。这 6 种设计概念将成为美国和其他 9 个国家共同开发第四代反应堆的发展方向，分别如下：气冷快堆系统 GFR，铅合金液态金属冷却快堆系统 LFR，熔盐反应堆系统 MSR，液态金属钠冷却快堆系统 SFR，超临界水冷反应堆系统 SCWR，超高温气冷反应堆系统 VHTR。

5.2 裂变反应堆现在面临的主要问题

在裂变核能发展成为新一代大规模商用能源的历程中，面临着如下四个需要解决的问题：提高安全性，增殖核燃料，处理核废料，防止核扩散。

5.2.1 安全问题

在所有与裂变反应堆相关的问题中，安全问题无疑是最迫切也是人们最为关心的问题。谈核色变，说的正是这个问题。谈到核事故，我们就不能忘记前苏联的切尔诺贝利核事故和美国的三里岛事故。1986 年 4 月 26 日发生的切尔诺贝利核事故是人类和平利用核能过程中的巨大技术灾难。这起事故的原因是反应堆结构和物理设计上的缺陷。1979 年发生在美国宾夕法尼亚州三里岛核电站的事故，虽然不及切尔诺贝利核事故的危害，但是它是美国历史上最严重的一场核事故。这次事故造成了公众对核电的恐慌，并引起人们对健康问题的担忧。为了确保压水反应堆核电厂的安全，应从设计上采取所能想到的最严密的纵深防御措施。为防止放射性物质外逸设置了四道屏障：

① 裂变产生的放射性物质 90%滞留于燃料芯块中。

② 密封的燃料包壳。

③ 坚固的压力容器和密闭的回路系统。

④ 能承受内压的安全壳。

在出现可能危及设备和人身的情况时，核反应堆应具有多重保护：

① 进行正常停堆。

② 因任何原因未能正常停堆时，控制棒自动落入堆内，实行自动紧急停堆。

③ 如因任何原因控制棒未能插入，高浓度硼酸水自动喷入堆内，实现自动紧急停堆。

5.2.2　原料问题

现阶段，不论是我们的核电站还是核潜艇，都需要消耗目前储量有限的核资源，但是铀资源，再加上潜在的核燃料钍资源，毕竟不能解决我们日益严重的能源问题。据世界能源组织的估计，像煤炭和石油这样不可再生的化石能源，按现在的能源消耗速度，大体上还能使用50年；现在可供和平使用的裂变核燃料（如铀—235、钍—232），在地球上的储量也较少，大约能用200年。这就需要我们研制更为高效的裂变堆、聚变堆，甚至是裂变—聚变混合堆以及加速器驱动的次临界堆。快中子增殖反应堆以及惯性约束热核聚变，也是我们解决这一紧迫问题的途径。

目前广泛应用的热中子堆主要是利用天然铀中只占0.7%的铀—235作裂变燃料，一次最多烧掉投入铀资源的0.42%。即使经过后处理把未烧掉的钚、铀—235和铀—238做成新的燃料再次燃烧，理论上的多次循环利用也只能消耗铀资源的1%左右。剩下99%，主要是铀—238也还是无法利用。如何提高核燃料的利用效率也是裂变核能需要解决的重要问题。

5.2.3　核废料问题

核废料问题也是一个让我们极为头痛的问题。以一个1000 MW的核电机组为例，它每年要产生27吨高放射性核废料，310吨中放射性核废料和460吨低放射性核废料。

核裂变产生的核废料中共有200～300种放射性核元素，从理论上讲这些核废料都是可以做到再利用的。目前，用做核燃料的铀—235裂变后所产生的核废料，主要是碘—129和锝—99等，它们都带有极强的放射性，寿命均大于50年。

裂变电站在提供巨大能量的同时，也在产生大量带有放射性的铀、钚和锕系元素，以及结构材料的活化产物。如何避免这些放射性物质进入自然生态系统，降低对生物的危害性也是裂变核能发展急需解决的问题。总体来说，核电厂实际排放的放射性物质的量远低于标准规定。我们的核电站对于核废料有严格的国家标准，核电厂的三废治理设施与主体工程同时设计，同时施工，同时投产。其原则是尽量回收，把排放量减至最小，核电厂的固体废物完全不向环境排放，放射性液体废物转化为固体也不排放。像工作人员淋浴水、洗涤水之类的低放射性废水经过处理、检测合格后排放。气体废物经过滞留衰变和吸附，过滤后向高空排放。但是，有一个问题我们不能回避，那就是高放射性核废料问题，也就是锕系元素问题。锕系元素具有很强的放射性，同时它们的寿命也相当长，可达百万年之久。这就使得我们对它们的处理显得非常困难。现有的处理方式主要有三种：自然衰减、分离固化后深埋和嬗变。自然衰减和分离固化后深埋都是常用的处理方式，但是处理锕系元素它们就有点“心有余而力不足”。锕系元素的寿命达百万年之久，我们不可能等到它们自然衰减。同时，如果将其分离固化后深埋，表面看来是一个不错的处理方式，但是一旦发生了不可预料的灾难，锕系元素有可能重新回到地面，这时后果不堪设想。

防止核扩散是一个政治问题，这里不做讨论。

裂变核能具有广泛的应用前景，除了主要用于发电以外，在其他方面也有广泛的应用，例如核能供热、核动力等。核能供热是 20 世纪 80 年代才发展起来的一项新技术，这是一种经济、安全、清洁的热源，因而在世界上受到广泛重视。在能源结构上，用于低温(如供暖等)的热源，占总热耗量的一半左右，这部分热多由直接燃煤取得，因而给环境造成了严重污染。在我国能源结构中，近 70%的能量是以热能形式消耗的，而其中约 60%是 120 ℃以下的低温热能，所以发展核反应堆低温供热，对缓解供应和运输紧张、净化环境、减少污染等方面都有十分重要的意义。

核能又是一种具有独特优越性的动力。它不需要空气助燃，可作为地下、水中和太空缺乏空气环境下的特殊动力；它少耗料、高能量，是一种一次装料后可以长时间供能的特殊动力。例如，它可作为火箭、宇宙飞船、人造卫星、潜艇、航空母舰等的特殊动力。

核反应堆的另一个用途就是利用链式裂变反应中放出的大量中子。可以用反应堆来大量生产各种放射性同位素，在工业、农业、医学上具有广泛的用途。比如生产带有极微小孔洞的薄膜、优质半导体材料，治疗癌症，中子成像等等。

5.3　中国核电的发展方向

目前,中国能自主设计建造的核电站最大出力为65万千瓦,而国际上先进的一般都达到百万千瓦级,美国GE公司的ABWR型出力达到135万千瓦。中国现有11个核电机组,而美国有103座核电站,日本有50台核电机组。目前中国国内的机组有3台是自主设计建造的,其余8台则是分别采用法国、加拿大、俄罗斯的技术,堆型有重水堆和轻水压水堆。从发展阶段看,中国的核电还处于自主技术成熟化、批量建设的准备阶段,因此核电站数量较少。而国际上的核电强国已经走过了批量建设的阶段,技术先进成熟,处于技术输出阶段。

核能是20世纪出现的新能源,核科技的发展是人类科技发展史上的重大成就。核能的和平利用,对于缓解能源紧张、减轻环境污染具有重要的意义。我国十分重视核能的开发利用,在国家高技术研究发展计划(863计划)中,能源领域计划研制开发三种先进反应堆,分别是快中子堆、高温气冷堆、聚变—裂变混合堆。

快堆不仅把铀资源的有效利用率增大数十倍,而且也将铀资源本身扩大几百倍以上。因为一旦大量使用快堆,目前认为开采价值不大的铀矿便具有开采价值。这样,快堆的利用就可能为人类提供极其丰富的能源。快堆核电站是热中子堆核电站最好的继续。核工业的发展堆积了大量的贫铀(含铀—235很少的铀—238),快堆消耗的正是贫铀。用贫铀来发电,同时还增殖燃料,实在是一举多得的好事。热中子堆核电站发展到一定水平时,及时地引入快堆核电站,利用快堆来增殖核燃料,这是一个很必然的发展计划。快堆核电站具有良好的经济前景。因为它具有增殖核燃料的突出优点,所以发电成本在燃料价格上涨的情况下,仍能保持较低的水平。据估计,石油价格上涨100%,油电站发电成本增加60%;天然铀价格上涨100%,轻水堆核电站发电成本增加5%,而快堆的发电成本只增加0.25%。快中子实验堆是在我国可较早实用的增殖堆,可大幅度提高核燃料利用率,从目前压水堆(大亚湾、秦山核电站均采用压水堆型)的约1%提高到60%左右,这对充分有效利用我国核资源有重大意义。2000年7月18日,江泽民主席与普京总统出席了中俄两国政府《关于在中国建造和运行快中子实验堆的合作协议》的签字仪式。快中子实验堆的承担者是中国原子能科学研究院等40多个单位。

高温气冷堆是一种安全性好、经济性好、用途广泛的先进反应堆。这种堆型的颗粒状燃料表面积大，氦气的传热性好，堆芯材料耐高温，改善了传热性能，提高了功率密度。这样，高温气冷堆成为一种高温、深燃耗和高功率密度的堆型。由于氦气是惰性气体，因而它不能被活化，在高温下也不腐蚀设备和管道；由于石墨的热容量大，所以发生事故时不会引起温度的迅速增加；由于用混凝土做成压力壳，这样反应堆没有突然破裂的危险，大大增加了安全性；由于热效率达到 40%以上，这样高的热效率减少了热污染。2000 年 12 月 21 日，位于北京昌平区的高温气冷实验堆建成并首次临界。它由清华大学核能技术设计研究院负责设计、建造和运行，设备制造由十几家工厂完成，主要是上海的核电和机电设备制造厂。高温气冷堆的建成，是社会主义大协作的结果。2000 年国际上提出第四代先进核能系统的概念，要求发展在事故情况下不会对公众造成损害，在经济上能和其他发电方式竞争，核废料少并可防止核扩散的新型反应堆。高温气冷堆是目前很有希望满足上述要求的一种堆型。

聚变—裂变混合堆能增殖核燃料，支持裂变核能的发展，还能处理高放核废料。能源领域在开展聚变—裂变混合堆研究的同时，推进了我国的核聚变研究，并为 HT－7U 两个大型托卡马克装置的立项奠定了良好的技术基础。在大功率中性束系统、长脉冲低杂波系统和等离子体约束改善等方面取得了一批重要的研究成果，缩小了与国际先进水平的差距。

5.4 裂变反应堆设计过程

裂变堆设计是一个成熟的技术领域，累集了许多便捷、有效的程序和工具，而且有许多专门的设计部门在进行。而我们要推荐一种简便、易掌握的设计方法，它使我们能了解设计核电站的全过程。裂变反应堆的主要设计参数，分述列举如下。

1. *功率密度 p 的设计计算*

单位体积的功率计算公式：

$$p = E_f \Sigma_f \bar{\varphi} = \frac{\Sigma_f \bar{\varphi}}{3.125 \times 10^{10}} (\text{MW/m}^3 \text{ 或 kW/cm}^3) \tag{5.1}$$

这里，E_f 是每一次裂变可利用的能量，约为 200 MeV（$1\text{ MeV} = 1.602 \times 10^{-13}$ J）；Σ_f 为堆芯的宏观裂变截面，量纲单位为 m^{-1}；$\bar{\varphi}$ 是堆芯平均中子流强，量纲单位为 $\text{m}^{-2} \cdot \text{s}^{-1}$。正如前面第 2 章所讲到的，$\Sigma_f \varphi$ 具有反应率的概念与量纲。式(5.1)

与式(2.33)具有同等价值。计算公式的第2个等号后的括号中的符号，是量纲单位。对于气体的功率密度许可达到 $p=12\sim16\ \mathrm{MW/m^3}$，水($H_2O$)许可达到 $p=20\sim120\ \mathrm{MW/m^3}$，液态金属许可达到 $p=600\sim800\ \mathrm{MW/m^3}$。这些参数主要是根据传热能力而确定的。

2．功率的设计计算

功率 P 的计算公式为

$$P=\frac{\Sigma_\mathrm{f}\bar{\varphi}V}{3.125\times10^{10}}(\mathrm{W}) \tag{2.34}$$

注意，此处的功率是指热功率，而计算公式中的 V 为反应堆体积，单位为 $\mathrm{m^3}$。

3．传热面积的设计计算

总功率计算公式的另一种形式：

$$P=p\times V=F\times q \tag{5.2}$$

这里 p 为活性区功率的体密度，单位为 $\mathrm{MW/m^3}$；V 为活性区的体积，单位为 $\mathrm{m^3}$；F 为活性区的表面积，单位为 $\mathrm{m^2}$；q 为流经活性区表面积的功率密度，单位为 $\mathrm{MW/m^2}$。由此可以计算得到活性区域的传热面积。

4．总热量大卡的设计计算

$$Q=GC_\mathrm{p}(T_\mathrm{out}-T_\mathrm{in})=FK(T_0-T_\mathrm{wall}) \tag{5.3}$$

这里 Q 为反应堆的总热量；G 为流量，单位 kg/s；C_p 为比热(又称比热容)；T_out 与 T_in 为冷却剂出口温度和进口温度；F 为传热总面积，单位为 $\mathrm{m^2}$；K 为总传热系数；T_0 与 T_wall 为以摄氏温度计量的燃料元件中心及外壁温度。计算中需要注意：在比热单位取“焦耳每千克摄氏度”时，得到的单位是“焦耳”，如果换算为“卡每千克摄氏度”时应除以“4.184”。

5．燃料组件几何模型的一般形式：圆形、矩形、六边形

燃料组件截面形状有圆形、矩形和六边形三种，如图5.1所示。

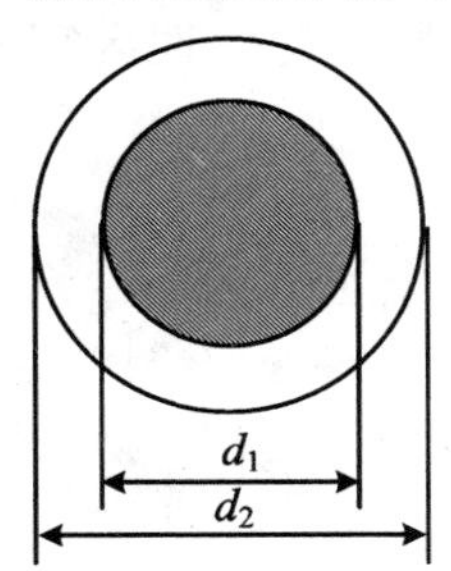

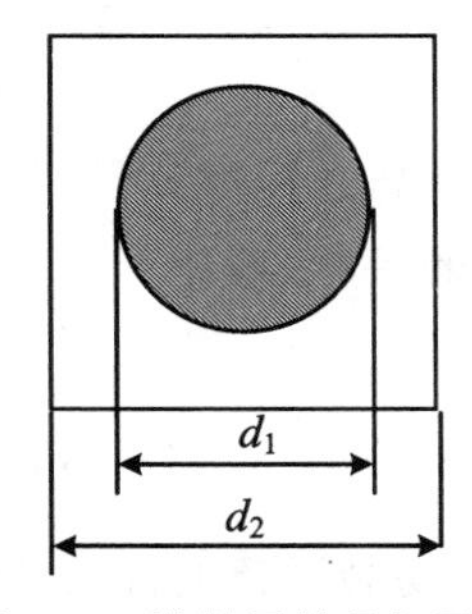

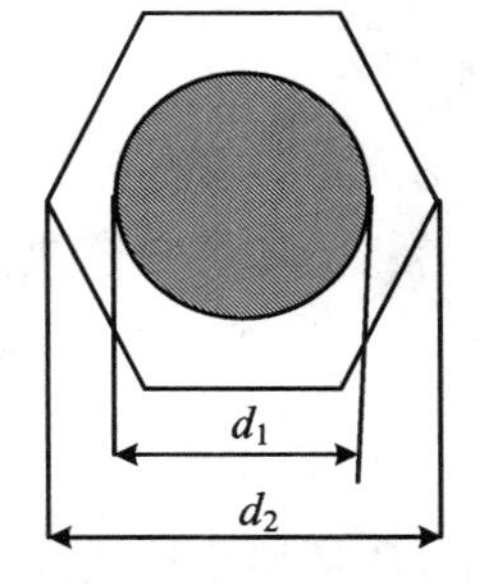

图5.1　燃料元件几何形状

6. 根据元件面积及活性区总面积确定元件数目

$$\pi R^2 = Nf \tag{5.4a}$$

$$N = \frac{\pi R^2}{f} \tag{5.4b}$$

等式中 f 是活性区燃料元件的截面积，R 是活性区的截面半径，式(5.4a)左边是活性区的截面总面积。燃料元件的排列及冷却剂通道和在活性区燃料元件的布置，分别如图 5.2 和图 5.3 所示。

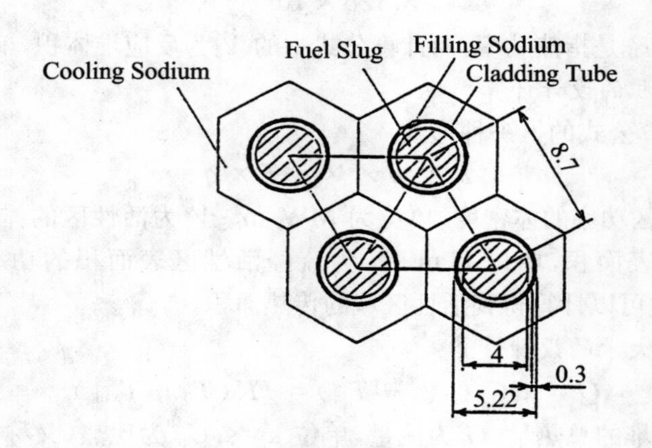

图 5.2　活性区燃料元件布置

7. 平均中子流强的设计计算

根据反应堆的功率，确定反应堆中子通量密度的计算公式：

$$\varphi = nv\,(\mathrm{cm^{-2}\cdot s^{-1}}) \tag{5.5a}$$

$$\bar{\varphi} = \frac{1}{V}\int_V \varphi(r)\,\mathrm{d}V = \frac{3.125\times 10^{10}P}{V\Sigma_{\mathrm{f}}} \tag{5.5b}$$

实际上式(5.5b)来源于确定功率密度的式(5.1)，对于非均匀的活性区宜积分求和。

8. 反应堆内裂变率与吸引率的设计计算

裂变率(裂变核数)N_{f} 与吸收率(吸收中子核数)N_{a} 的计算公式为

$$N_{\mathrm{f}} = 3.125\times 10^{10}P \tag{5.6a}$$

$$N_{\mathrm{a}} = N_{\mathrm{f}}\frac{\sigma_{\mathrm{a}}}{\sigma_{\mathrm{f}}} = (1+\alpha)P_{\mathrm{f}} = (1+\alpha)\times 3.125\times 10^{10}P \tag{5.6b}$$

这里，P 是裂变释放的功率，α 为易裂变核的俘裂—裂变比。

9. 燃料消耗率

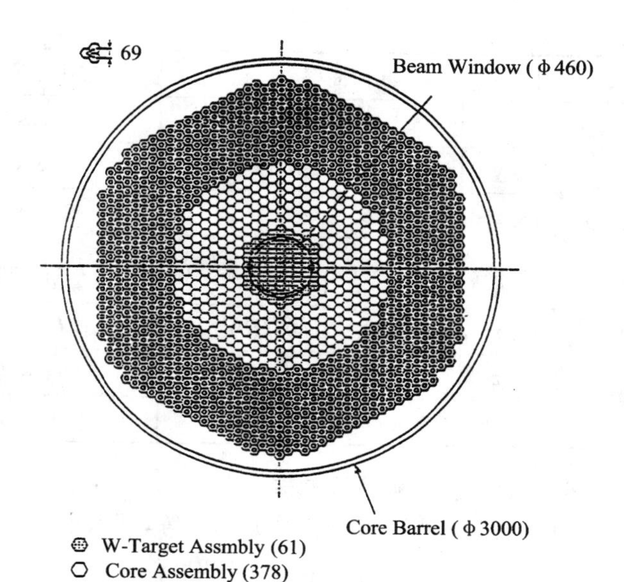

图 5.3　活性区燃料元件分区布置

$$G_{\mathrm{f}} = \frac{P_{\mathrm{f}} A}{N_{\mathrm{A}} \times 10^{3}} = 4.48 \times 10^{-12} \times (1+\alpha) P \times A (\mathrm{kg/d}) \tag{5.7}$$

这里，A 为可裂变核的原子量；对^{235}U，$\alpha=0.18$。假定反应堆热功率为 1 MW，那么^{235}U 需消耗 1.24×10^{-3} kg/d。

10. 是否满足临界条件的检验

对有效增殖因子进行计算，计算得到的有效增殖因子必须至少满足：

$$k_{\mathrm{eff}} = \frac{k_{\infty}}{1+L^{2}B^{2}} = 1 \tag{5.8a}$$

$$k_{\infty} = \varepsilon p f \eta \tag{5.8b}$$

其中，L 为泄漏因子；B 是最小特征值，即几何曲率(可利用表 5.1 进行校核检查)。

表 5.1　几种几何形状裸堆的几何曲率和热中子通量密度分布

几何形状	尺　寸	几何曲率	热中子通量密度分布
一维无限平板	厚度 a	$B_{\mathrm{g}}^{2}=(\pi/a)^{2}$	$\cos(\pi/a)x$
球形	半径 R	$B_{\mathrm{g}}^{2}=(\pi/R)^{2}$	$(1/R)\sin(\pi/R)r$

续表

几何形状	尺　寸	几何曲率		热中子通量密度分布
直角长方体	边长为 a,b,c	x	$B_x^2=(\pi/a)^2$	$\cos(\pi/a)x$
		y	$B_y^2=(\pi/b)^2$	$\cos(\pi/b)y$
		z	$B_z^2=(\pi/c)^2$	$\cos(\pi/c)z$
		$B_g^2=(\pi/a)^2+(\pi/b)^2+(\pi/c)^2$		$\cos\frac{\pi}{a}x\cos\frac{\pi}{b}y\cos\frac{\pi}{c}z$
圆柱体	半径 R 高度 H	r	$B_r^2=(2.405/R)^2$	$J_0(2.405r/R)$
		z	$B_z^2=(\pi/H)^2$	$\cos(\pi/H)z$
		$B_g^2=(2.405/R)^2+(\pi/H)^2$		$J_0(2.405r/R)\cos(\pi/H)z$

11. 材料曲率必须等于几何曲率的校核

圆柱体形反应堆的材料曲率与几何曲率必须相等，即满足

$$\frac{k_\infty-1}{L^2}=\left(\frac{\pi}{H}\right)^2+\left(\frac{2.405}{R}\right)^2 \tag{5.9}$$

不然就必须调整。首先可以给出反应堆的尺寸，调整核燃料的成分，使满足式(5.9)；或者先确定核燃料的成分，再调整反应堆的尺寸使之满足式(5.9)。值得一提的是：式(5.9)仅仅对于单群理论近似时是正确的，必须修正时用 $M^2=L^2+\tau$，τ 为热中子年龄，L 为热中子扩散长度，M 为徙动长度。从热中子年龄和扩散长度的意义，即由扩散长度[1]的计算公式：

$$L^2=\frac{1}{6}\overline{r_d^2} \tag{5.10}$$

和中子年龄[1]的计算公式：

$$\tau=\frac{1}{6}\overline{r_s^2} \tag{5.11}$$

可得

$$M^2=\frac{1}{6}(\overline{r_s^2}+\overline{r_d^2}) \tag{5.12}$$

式中 r_s 为快中子自源点到慢化为热中子时所穿行的直线距离，r_d 是中子从成为热中子点到被吸收为止所扩散穿行的直线距离（见图 5.4）。若设 r_M 是快中子从源点产生到变为热中子被吸收时所穿行的直线距离，则由图 5.4 可知

$$r_M=r_s+r_d \tag{5.13}$$

对上式两边取均方值：

$$\overline{r_M^2} = \overline{r_s^2} + \overline{r_d^2} + 2\,\overline{r_d r_s \cos\theta} \tag{5.14}$$

由于 r_s 和 r_d 的方向彼此不相关，因而两者的夹角余弦 $\cos\theta$ 的平均值等于零，于是有

$$M^2 = \frac{1}{6}(\overline{r_s^2} + \overline{r_d^2}) = \frac{1}{6} r_M^2 \tag{5.15}$$

这样，式(5.12)与式(5.15)完全一致，描述的徙动面积 M^2 是中子由作为快(裂变)中子产生出来，直到它成为热中子并在介质中扩散所穿行直线距离均方根值的六分之一[1]。

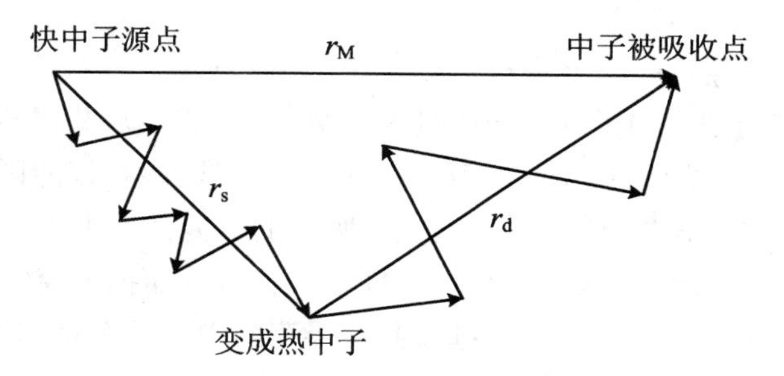

图 5.4　徙动长度的计算

徙动长度或徙动面积在有效增殖因子计算中起重要作用：

$$k_{\text{eff}} = \frac{k_\infty}{1 + M^2 B^2} \tag{5.16}$$

12. 中子扩散长度 L 的设计计算

稳态无源区域的中子扩散方程[1]具有

$$\nabla^2 \varphi(\boldsymbol{r}) - \frac{\varphi(\boldsymbol{r})}{L^2} = 0 \tag{5.17}$$

的形式，其中 L^2 具有长度平方的量纲。L 为中子扩散长度：

$$L^2 = \frac{D}{\Sigma_a} \tag{5.18}$$

不同慢化剂中中子扩散长度的计算公式：

$$L_C^2 = (51)^2 \left(\frac{1.65}{\bar{\gamma}_C}\right)^2 \left(\frac{T}{293}\right)^{0.5} (\text{cm}^2) \tag{5.18a}$$

$$L_{H_2O}^2 = (2.85)^2 \left(\frac{0.998}{\bar{\gamma}_{H_2O}}\right)^2 \left(\frac{T}{293}\right)^{0.5} (\text{cm}^2) \tag{5.18b}$$

$$L_{D_2O}^2 = (116)^2 \left(\frac{1.11}{\bar{\gamma}_{D_2O}}\right)^2 \left(\frac{T}{293}\right)^{0.5} (\text{cm}^2) \tag{5.18c}$$

$$L_{\mathrm{Be}}^2 = (20.8)^2\left(\frac{1.85}{\bar{\gamma}_{\mathrm{Be}}}\right)^2\left(\frac{T}{293}\right)^{0.5}(\mathrm{cm}^2) \tag{5.18d}$$

$$L_{\mathrm{B_2O}}^2 = (29)^2\left(\frac{2.69}{\bar{\gamma}_{\mathrm{B_2O}}}\right)\left(\frac{T}{293}\right)^{0.5}(\mathrm{cm}^2) \tag{5.18e}$$

13．热中子年龄 τ 的设计计算

$$\tau = f(t,\gamma) \tag{5.19}$$

$$\tau_{\mathrm{H_2O}} = \tau_{\mathrm{H_2O}}^0 - \left(\frac{1}{3\xi\Sigma_{\mathrm{s}}\Sigma_{\mathrm{tp}}}\right)\ln\frac{T_{\mathrm{H_2O}}}{293} \tag{5.19a}$$

还有很多,不一一详述。

14．逃脱共振俘获概率 p 的设计计算

裂变反应堆内裂变中子的平均能量为2 MeV,在它们从2 MeV慢化至热中子能量的过程中,要经过共振能区(1 eV～10 eV),而^{238}U核在该能区有许多共振峰,因此当中子慢化进入该能区时,中子被共振吸收的可能性就很大,因而在慢化过程中,裂变产生的快中子必然有一部分被^{238}U核共振吸收而损失掉,只有一部分快中子能慢化至热中子。在慢化过程中逃脱共振俘获的中子份额就称为逃脱共振俘获概率,用 p 表示。与中子通量密度的关系为[1]

$$\varphi(E) = \frac{1}{E\xi\Sigma_{\mathrm{s}}}p(E) \tag{5.20}$$

式中符号 E 为中子能量,ξ 为平均能降变化,Σ_{s} 为宏观散射截面。在弱吸收情况下,逃脱共振俘获概率为[1]

$$p(E) = \exp\left[-\int_E^{E_0}\frac{\Sigma_{\mathrm{a}}(E)}{\xi\Sigma_{\mathrm{t}}(E)}\frac{\mathrm{d}E}{E}\right] \tag{5.21}$$

式中积分限为慢化初始能量与终止能量,Σ_{a} 为宏观吸收截面,Σ_{t} 为宏观总截面。引入共振峰(i)有效共振积分概念[1]:

$$I_i = \int_{\Delta E_i}\sigma_{\mathrm{a}}(E)\varphi(E)\mathrm{d}E \tag{5.21a}$$

相应的逃脱共振俘获概率为

$$p_i = 1 - \frac{N_{\mathrm{A}}I_i}{\xi\Sigma_{\mathrm{a}}} \tag{5.21b}$$

在等式右边第二项为小量条件下,对整个慢化过程有

$$p = \exp\left[-\frac{N_{\mathrm{A}}}{\xi\Sigma_{\mathrm{a}}}\sum_i I_i\right] = \exp\left[-\frac{N_{\mathrm{A}}}{\xi\Sigma_{\mathrm{a}}}I\right] \tag{5.22}$$

式中 I 为整个共振能区的共振积分。对于混合物材料的平均对数能降,有

$$\bar{\xi} = \sum_i \frac{\Sigma_s^i \xi_i}{\Sigma_s} = \frac{\sum\limits_i \Sigma_s^i \xi_i}{\sum\limits_i \Sigma_s^i} \tag{5.23}$$

对于强吸收情况下的逃脱共振概率[1]，有

$$p = 1 - \frac{1}{\xi(1-\alpha)}\left[\frac{\Delta E}{E_r} + \alpha \ln\left(1 - \frac{\Delta E}{E_r}\right)\right] \approx 1 - \frac{\Delta E}{\xi E_r} \tag{5.24}$$

实际设计中经常用的是经验公式，例如对前述燃料元件组成的栅格，有

$$\begin{aligned} p &= \mathrm{e}^{-\frac{[0.455\sqrt{(1-\alpha)l}\cdot 0.775(1+0.0175\sqrt{T_{\delta n}})+0.235 l(1-\alpha)]}{(\xi\Sigma_s)_s 4\gamma_M/S_f}} \\ &= \mathrm{e}^{-\frac{1}{\xi}\frac{[0.455\sqrt{(1-\alpha)l}\cdot 0.775(1+0.0175\sqrt{T_{\delta n}})+0.235\bar{l}(1-\alpha)]}{(V_M/V_l)[1/(\omega/0.99286)]}} \end{aligned} \tag{5.25}$$

这里，$L=4V_M/(S\delta_L)$为中子在减速剂中的平均路程，V_M 为减速剂体积(cm^3)，S 为中子流强($n/cm^2/s$)，δ_L 为燃料元件栅格厚度(cm)。式中的 $\bar{l}=4V_L/S\delta_L$ 为中子在栅格中的平均路程，V_L 为燃料元件的体积(cm^3)。

中子在各减速剂中的自由程：

$$\lambda_S^{H_2O} = \frac{0.72}{\bar{\gamma}_{H_2O}}(\mathrm{cm}) \tag{5.26a}$$

$$\lambda_S^{D_2O} = \frac{3.15}{\bar{\gamma}_{D_2O}}(\mathrm{cm}) \tag{5.26b}$$

$$\lambda_S^{C} = \frac{4.15}{\bar{\gamma}_{C}}(\mathrm{cm}) \tag{5.26c}$$

$$\lambda_S^{Be} = \frac{2.97}{\bar{\gamma}_{Be}}(\mathrm{cm}), \quad \bar{\gamma}_{Be} = 1.84(\mathrm{g/cm^3}) \tag{5.26d}$$

$$\lambda_S^{B_2O} = \frac{3.77}{\bar{\gamma}_{B_2O}}(\mathrm{cm}), \quad \bar{\gamma}_{B_2O} = 2.80(\mathrm{g/cm^3}) \tag{5.26e}$$

五种慢化剂(轻水、重水、石墨、硼、氧化铍)的参量 ξ 的数据分别为

$$\xi_{H_2O} = 0.927, \quad \xi_{D_2O} = 0.51, \quad \xi_C = 0.158, \quad \xi_{Be} = 0.209, \quad \xi_{B_2O} = 0.174$$

以下五式的量纲为 cm^{-1}：

$$(\xi\Sigma_S)_{H_2O} = 1.28\bar{\gamma}_{H_2O} \tag{5.27a}$$

$$(\xi\Sigma_S)_{D_2O} = 0.161\bar{\gamma}_{D_2O} \tag{5.27b}$$

$$(\xi\Sigma_S)_{C} = 0.0381\bar{\gamma}_{C} \tag{5.27c}$$

$$(\xi\Sigma_S)_{Be} = 0.0965\bar{\gamma}_{Be} \tag{5.27d}$$

$$(\xi\Sigma_S)_{B_2O} = 0.0465\bar{\gamma}_{B_2O} \tag{5.27e}$$

$$\bar{T}_{\delta n} = \bar{T}_{\text{cool}} + \Delta\bar{T},\quad \bar{T}_{\text{cool}} = \frac{T_{\text{out}} + T_{\text{in}}}{2} + 273,\quad \Delta\bar{T} = \frac{q_{\max}}{\alpha}\delta_{\text{H}}\delta_{\text{d}} \tag{5.28}$$

不同的燃料有不同的 ω 和 γ 值。其中,U 元素的为

$$\gamma = 18.7(\text{g/cm}^3),\quad \omega = 1 \tag{5.29a}$$

UO_2 燃料的为

$$\gamma = 9.5(\text{g/cm}^3),\quad \omega = \frac{9.5 \cdot 0.602 \times 10^{24}}{238 + 32} \cdot \frac{238}{18.7 \cdot 0.602 \times 10^{24}} = 0.447 \tag{5.29b}$$

U_3O_8 燃料的为

$$\gamma = 6.52(\text{g/cm}^3),\quad \omega = \frac{6.52 \cdot 0.602 \times 10^{24}}{848.51} \cdot \frac{238}{18.7 \cdot 0.602 \times 10^{24}} = 0.086 \tag{5.29c}$$

不同的核燃料元件有不同的平均自由程。对圆柱形燃料元件:

$$\bar{l} = \frac{4\dfrac{\pi}{4}d_{\text{f}}^2}{\pi d_{\text{f}}\delta a} \cdot \frac{\omega}{0.99286} = d_{\text{f}}\frac{\omega}{0.99286}(\text{cm}) \tag{5.30a}$$

对平板形燃料元件:

$$\bar{l} = \frac{2\delta a}{\delta + a} \cdot \frac{\omega}{0.99286}(\text{cm}) \tag{5.30b}$$

这里,δ 和 a 分别是元件的厚度与长度,d_{f} 是燃料元件直径。

15. 快中子增殖系数 ε 的设计计算

初始裂变中子中有部分中子能量在可裂变核素裂变阈能以上(如^{238}U 的裂变阈能 $E_{\text{th}}=1.1$ MeV),这些快中子与可裂变核素作用,部分能使可裂变核素裂变,而可裂变核素裂变释放出的快中子中,又有部分有可能引起其他可裂变核素的裂变。这一过程称之为可裂变核素的快中子增殖效应。

$$\varepsilon = 1 + \frac{(\nu\sigma_{\text{f}} - \sigma_{\text{f}} - \sigma_{\text{c}})p}{\sigma - (\nu\sigma_{\text{f}} + \sigma_{\text{c}})p'} = 1 + \frac{0.095p}{1 - 0.52p'} \tag{5.31}$$

$$\Sigma = 0.2034(1 - \alpha)\frac{\omega}{0.99286}\sigma \tag{5.31a}$$

这里的 p 取决于

$$\Sigma = N_0(1 - \alpha)\frac{\omega}{0.99286}\sigma \tag{5.31b}$$

而 p'取决于

$$\frac{\alpha}{\Sigma} = 0 \tag{5.31c}$$

亦有经验公式：

$$\varepsilon = 1 + 0.0013d(1-\alpha)\frac{\omega}{0.99286} \tag{5.31d}$$

其中 α 和 d 分别为在燃料元件组合中的扩散长度的倒数和组件直径。

16. 每次吸收的中子产额 η 的设计计算

$$\eta = \frac{\sigma_f}{\sigma_a}\nu = \frac{\sigma_f \nu}{\sigma_f + \sigma_\gamma} = \frac{\nu}{1+\alpha} \tag{5.32}$$

这里 ν 是每次裂变的中子产额，α 为辐射俘获截面与裂变截面之比。

17. 热中子利用系数 f 的设计计算

f 表示被燃料吸收的热中子数占被芯部中所有物质(包括燃料在内)吸收的热中子总数的份额：

$$f = \frac{N_{fe}\sigma_{a,fe}}{N_f\sigma_{a,fe} + N_m\sigma_{a,m} + N_c\sigma_{a,c} + N_s\sigma_{a,s}} \tag{5.33}$$

这里 N_{fe}、N_m、N_c、N_s 分别代表混合物单位体积中燃料、慢化剂、冷却剂和结构材料的核子数。

18. 反复迭代使 $k_{eff} \cong 1$ 得到满足

如果前述17项计算过程能够满足临界条件，则核反应堆基本确定。如果临界条件不够满足这些条件，必须继续调整参数重新进行设计计算，直到临界条件得到满足为止。

5.5 压水堆(PWR)裂变电站示例

第二代裂变核电站的主要堆型是水堆(包括压水堆 PWR 和沸水堆 BWR)。第三代裂变核电站也主要是在水堆上改进(APWR)。下面以秦山一期核电站为例说明核电站的主要设备构成。秦山一期核电站是中国自行设计、建造、调试及成功运行的电功率为300 MW的压水堆核电站；秦山二期核电站是在秦山一期核电站基础上扩建成600 MW的压水堆核电站。图5.5为整个电站动力装置系统图，图5.6为压水堆剖面示意图。

秦山核电基地已经发展成秦山一期、秦山二期、秦山三期7座核电机组组成的核电集群。其中秦山一期有1座电功率300 MW的轻水堆机组，秦山二期拥有4

座电功率 600 MW 的轻水堆机组。如果这些轻水堆机组全部投入发电，合计发电能力为 2700 MW。假设这些压水堆驱动的核电机组年负荷因子都是 0.86，我们可以尝试着估算一下 2700 MW 在 1 年(365 天)内所消耗的^{235}U 的量(t)，这些压水堆的核燃料的俘获截面—裂变截面比为 0.18。

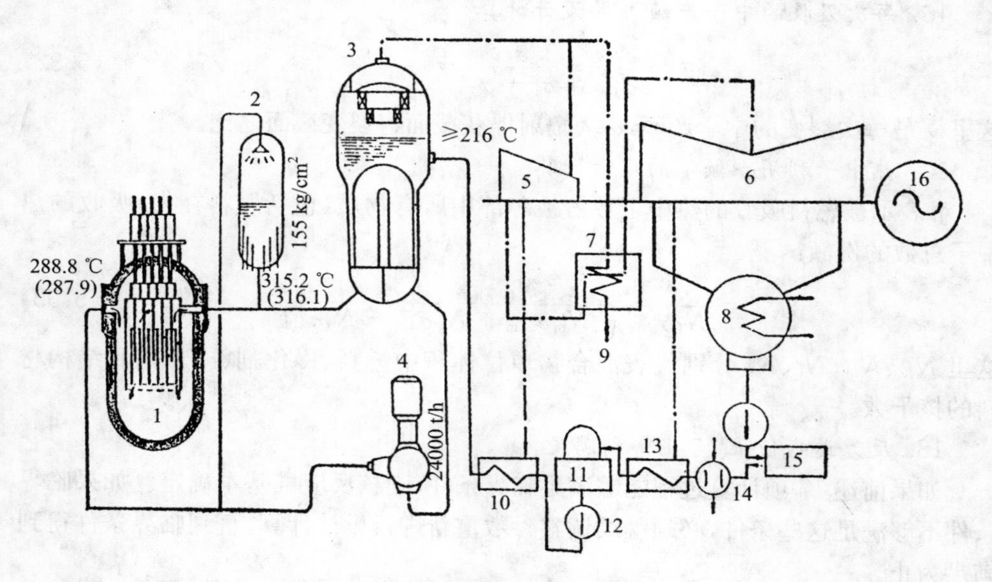

图 5.5　秦山核电站动力装置示意图

1—反应堆；2—稳压器；3—蒸汽发生器；4—主泵；5—缸；6—汽轮机低压缸；7—汽水分离再热器；8—冷凝器；9—去疏水器；10—高压加热器；11—除氧器；12—给水泵；13—低压加热器；14—抽气器；15—除盐装置

解　根据年负荷因子的定义，1 年实际发电功率与名义电功率计算的发电量之比为

$$f = W_e / P_e t$$

(等式中的 W_e 是一年实际发电量，P_e 是名义电功率，t 是一年的时间)则这些电站 1 年转换的电能为

$$W_e = P_e \cdot f \cdot t = 27 \times 10^8 \times 0.86 \times 365 \times 86400 = 0.7323 \times 10^{17}\,(\text{J})$$

考虑到热电转换，2700 MW 核电站轻水堆 1 年释放的热能为

$$W_h = W_e \div \eta = 0.7322658 \times 10^{17} \div 0.4 = 1.8306646 \times 10^{17}\,(\text{J})$$

需要的^{235}U 的裂变率(裂变核数)为

$$N = 3.125 \times 10^{10}\, W_h = 5.7208270 \times 10^{27}$$

共消耗的^{235}U质量数为

$$m=\frac{(1+\alpha)NA}{N_A}=\frac{(1+0.18)\times 5.7208270\times 10^{27}\times 235}{6.0221367\times 10^{23}}\ \text{kg}$$

$$\approx 2634.3\ \text{kg}\approx 2.6343\ \text{t}$$

或者由1 MW运行热功率^{235}U消耗率1.24×10^{-3} kg/d，考虑热电转换效率为40%，由1年365天直接计算：

$$m=P_e\cdot f\cdot t\cdot G=2700\times 0.86\times 365\times 1.2433\times 10^{-3}\div 0.4\ \text{kg}$$

$$\approx 2634.3\ \text{kg}\approx 2.634\ \text{t}$$

所以负荷因子为0.86的2700 MW压水堆机组1年(365天)所消耗的^{235}U量为2.634 t。

5.6 先进轻水堆

轻水慢化和冷却的轻水堆(LWR)，包含压水堆(PWR)和沸水堆(BWR)，是目前核电的主干力量，占全世界核电总装机容量的86%，近40年的设计、建造和运行的经验以及近300堆年的运行纪录表明，当前轻水堆的安全性是良好的。电厂的可利用因子已达75%，核电站的发电成本在有些国家已低于煤电。可以预见，在未来二三十年期间轻水堆将继续发挥更大的作用，从而满足核能发展的需要。

自20世纪80年代起，许多国家开始致力于轻水堆的改进。国际原子能机构(IAEA)将改进的技术路线分为以下三种类型：

① 改进核燃料的利用。此方向的工作以法国为代表，改进的重点是在现有压水堆标准化的基础上，提高核燃料的利用率，包括工业钚在轻水堆中的应用与再循环；主要是对燃料组件(包括结构和燃料)进行改进，而反应堆的其他部件则很少变动。

② 先进轻水堆(ALWR)。这种改进型设计是以美国和日本等国为代表，其目标是在轻水堆成熟技术的基础上，对现有轻水堆设计进行重大的革新与简化，采用非能动安全设计，开发一种先进的轻水堆型。

③ 新概念设计。这是旨在摆脱现有轻水堆的束缚而设计的一种固有安全的轻水堆。瑞典ASEA-ATOM公司提出的“过程固有最终安全反应堆(PIUS,

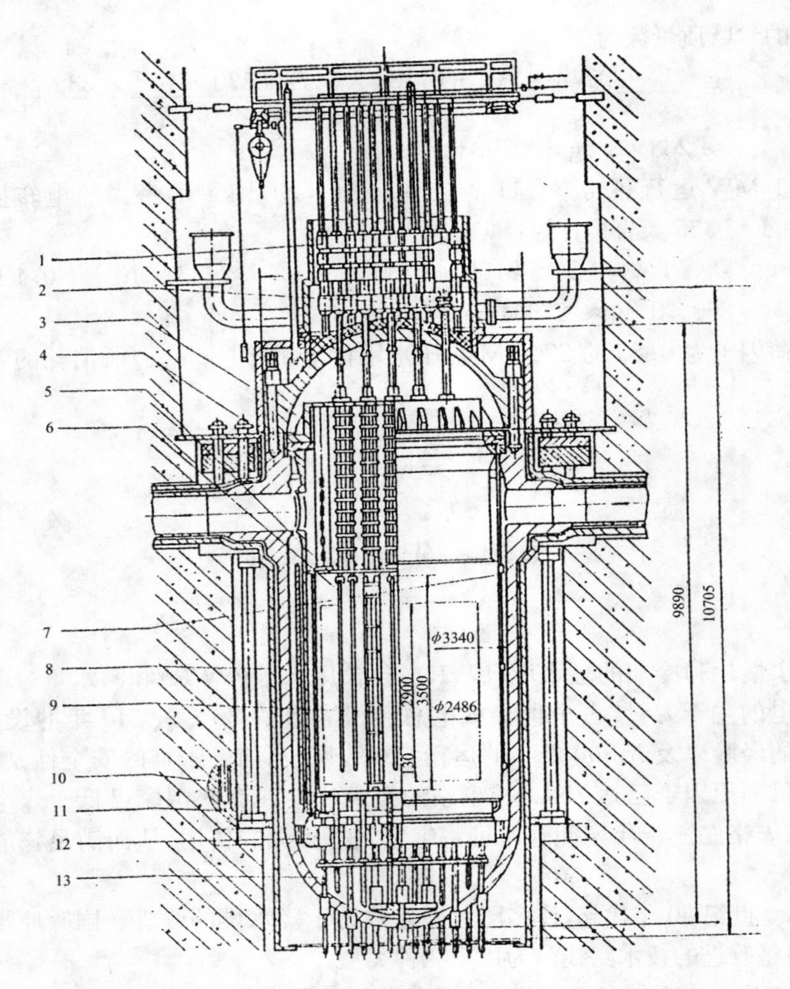

图 5.6　秦山核电站压水堆剖面示意图

1—控制棒驱动机构；2—堆内温度测量装置；3—压缩部件；4—吊篮部件；5—堆芯上板；6—控制棒组件；7—压力壳材料辐照监督管；8—压力壳；9—燃料组件；10—堆芯下板；11—流量分配板；12—吊篮底板；13—堆内中子通风测量装置

Process Inherent Ultimate Safety)”便属于这种新概念设计。这种反应堆将避免堆芯熔化的可能性，并“容忍”操作人员的差错，保证不发生重大的放射性物质外泄事故。

ALWR 包含先进压水堆（APWR）和先进沸水堆（ABWR），表 5.2 列出了其主要指标。

表 5.2　先进轻水堆的一些主要指标

参　数	现行轻水堆	先进轻水堆
可利用率	70%	87%～90%
寿命	40 年	60 年
堆芯熔化概率	$<10^{-4}$/(堆·年)	$<5\times10^{-5}$/(堆·年)
放射性外泄严重事故概率		$<10^{-4}$/(堆·年)
工作人员辐照剂量	4～6 人·Sv/(堆·年)	<1 人·Sv/(堆·年)
低放核废物	283～759 m^2	71 m^2
建造周期	6～10	4
综合发电成本	10.8 美分/(kW·h)	6.5 美分/(kW·h)

表 5.3 给出了 AP－600 与现有 PWR－600 的参数比较。

表 5.3　AP－600 与现有 600 MW(电)PWR 的参数比较

参　量	现有 600 MW(电)压水堆	AP－600
净电功率输出(MW)	620	600
反应堆热功率(MW)	1876	1812
燃料组件数(组)	121	145
燃料组件形式	16×16	17×17 OFA
燃料高度(mm)	3658	3658
装铀量(t)	49.45	61.02
平均线密度功率(kW/m)	17.6	12.6
平均堆功率密度(kW/L)	107.90	73.89
^{235}U 富集度* (W/O)	4.53	3.58
需要的 U_3O_5* (kg/GW·d)	243.6	187.8
需要的分离功* (SWU/GW·d)	190	134
压力壳内径(mm)	3353	3988
压力壳积分通量(cm^2)	5×10^{19}	2×10^{19}

* 对于 18 个月燃料循环长度和燃耗 42000 MW·d/t U。

为了达到上述指标,必须:

① 采用低功率密度堆芯,加大堆芯体积。这不仅增加了安全裕量,同时也降低了燃料的浓缩度和燃料循环费用,提高了核电站的安全性和经济性。图 5.7 显示了 AP-600 的新堆芯设计。

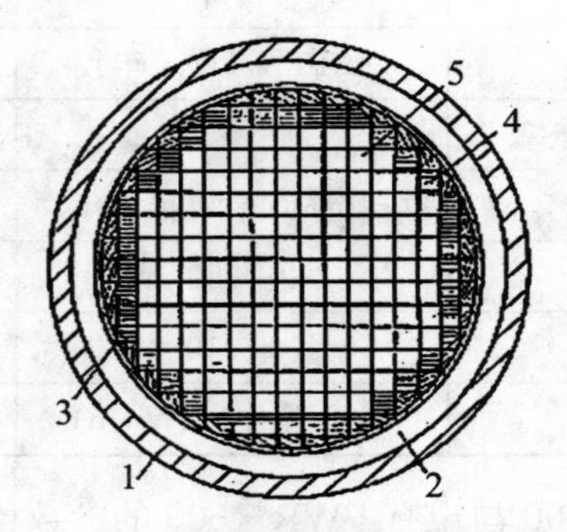

图 5.7 AP-600 压水堆堆芯横断面示意图

1—压力壳;2—下流环形通道;3—吊篮;
4—不锈钢/水反射层;5—145 组组件

图 5.8 对改进前后压力壳与堆芯位置做了比较。

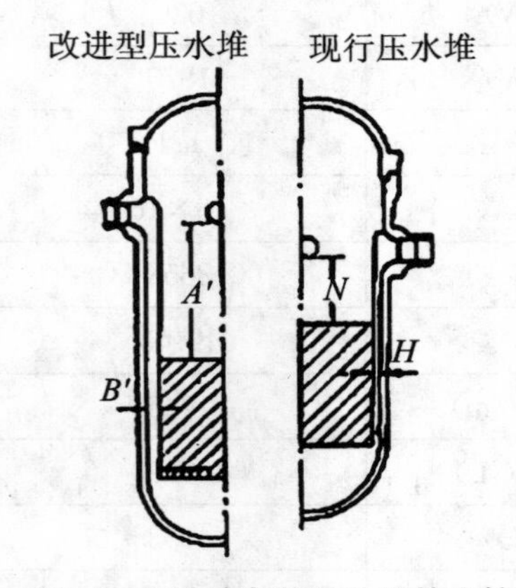

图 5.8 压力壳与堆芯位置的比较

② 采用简化系统。图 5.9 中显示了系统结构的简化,表 5.4 表明设计的简化。

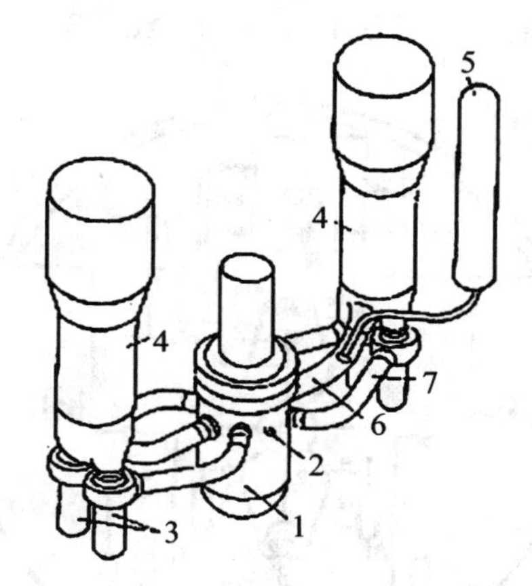

图 5.9 AP-600 反应堆冷却剂系统

1—压力壳;2—安全注射口;3—主泵;4—蒸汽发生器;5—稳压;6—热段;7—冷段

表 5.4 AP-600 设计的简化

	现有 600 MW(电)PWR 电厂	AP-600	减少量(%)
泵(安全级)	25	无	
泵(非安全级)	188	139	25%
HVAC 系统风机	52	27	48%
HVAC 系统过滤器	16	7	56%
阀门:			
NSSS 系统	512	259	49%
其他辅助系统	2041	1530	25%
管道(>50 mm):			
NSSS 系统	13503 m	3366 m	75%
其他辅助系统	29566 m	20422 m	25%
蒸发器	2	2	
柴油发电机	2(安全级)	2(非安全级)	
电缆			80%
厂房:			
安全壳厂房	7.6×10^4 m^2	9.6×10^4 m^2	46%
抗震厂房	19×10^4 m^2	4.8×10^4 m^2	

③ 采用非能动安全系统。图 5.10 显示了 AP－600 的非能动安全系统。

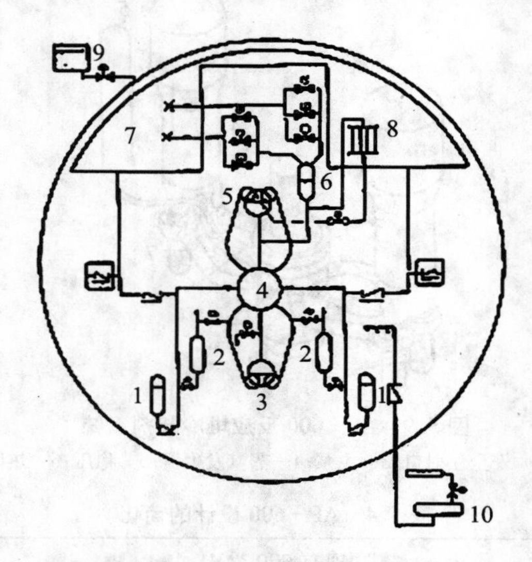

图 5.10　AP－600 非能动安全系统

1—安全箱;2—堆芯补水箱;3—主泵;4—压力壳;5—蒸汽发生器;6—稳压器;7—安全壳内换料水箱;8—非能动余热排出热交换器;9—非能动安全壳冷却水箱;10—安全壳喷淋水箱

图 5.11 表明了 AP－600 堆芯余热排出系统及非能动注射系统;图 5.12 显示了非能动安全壳冷却系统,应用模块化建造技术,缩短了建造周期。

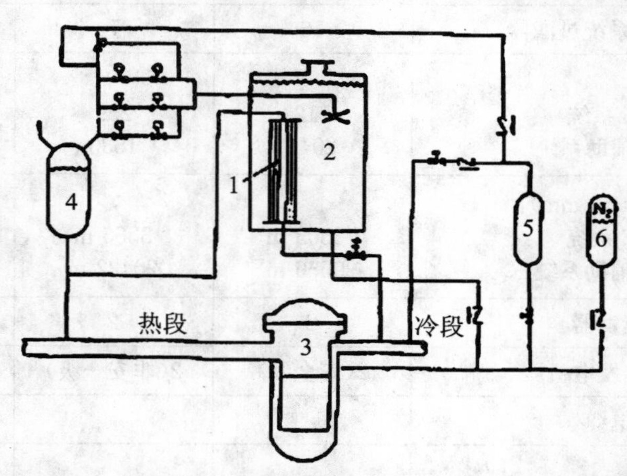

图 5.11　AP－600 堆芯余热排出系统与非能动注射系统

1—非能动余热排出热交换器;2—安全壳内换料水箱;3—压力壳;4—稳压器;
5—堆芯补水箱(2 个);6—安全箱(2 个)

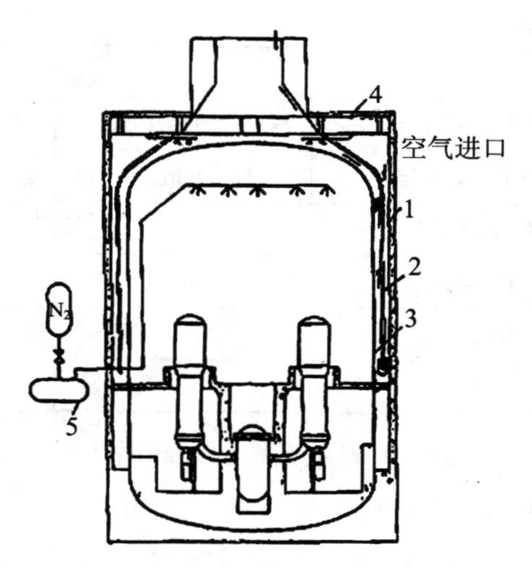

图 5.12　AP-600 非能动安全壳冷却系统

1—混凝土安全壳；2—隔板；3—钢安全壳；4—贮水箱；5—非能动喷淋系统

1978 年美国 GE 和日本东芝公司在现有 BWR 技术基础上开始联合开发先进沸水堆(ABWR)，已完成了三个阶段的设计。两座沸水堆，ABWR-1300(K-6 和 K-7)已分别于 1991 年 9 月和 1992 年 2 月在日本动工兴建，1996 年以后投入运行，这是世界上最早投入运行的第二代轻水堆。

沸水堆自问世以来，已经经历了四代的变革，ABWR 是 BWR 的最新一代，它的改进目标是：

① 提高安全性和可靠性，采用非能动安全系统。

② 简化系统，降低建造、运行、维修和燃料循环价格。

③ 提高可利用性。

④ 提高负荷跟踪能力。

⑤ 减少职业辐照剂量。

⑥ 缩短建造周期。

表 5.5 列出了一些 ABWR 核电站与 BWR 核电站性能参数的比较。

表 5.5　ABWR 与 BWR 的性能参数比较

参　数	BWR	ABWR
负荷因子(%)	75	87
堆芯熔化概率	10^{-6}	10^{-2}

续表

参数	BWR	ABWR
职业辐照剂量(人·Sv/年)	约为1	约为0.36
放射性废物(桶/(堆·年))	800	<100
电站总效率(%)	33	35
建造周期(月)	53	48
建造价格		减少20%
燃料循环费用		减少20%

图5.13显示了将BWR的喷射泵系统的外部循环系统改成ABWR的内置泵系统,可以提高安全性。

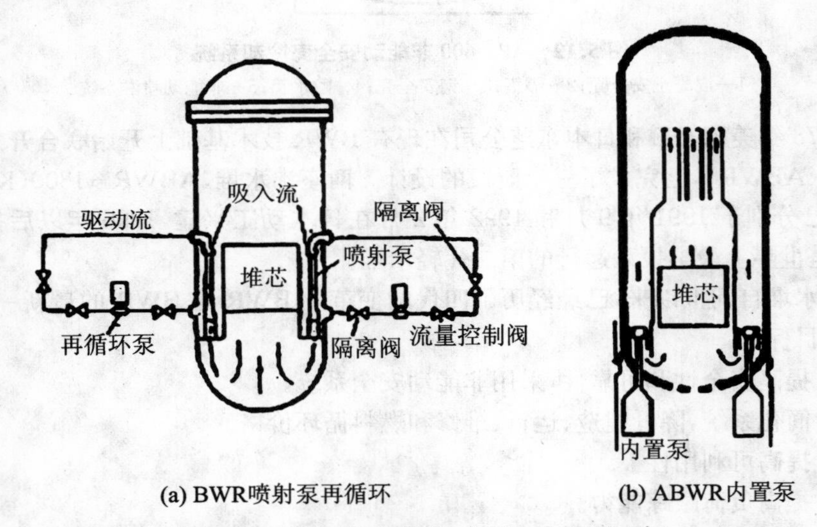

图5.13 BWR喷射泵改为ABWR内置泵系统

1983年瑞典通用电气—原子(ASEA-ATOM)首先提出热功率为1600 MW、电功率为500 MW的PIUS型反应堆的概念设计SECURE-P。图5.14给出了它的流程示意图。它是一种全新概念的反应堆,具有固有安全的特点,从根本上消除了目前核电站中存在的潜在安全问题,但仍然处在开发阶段。

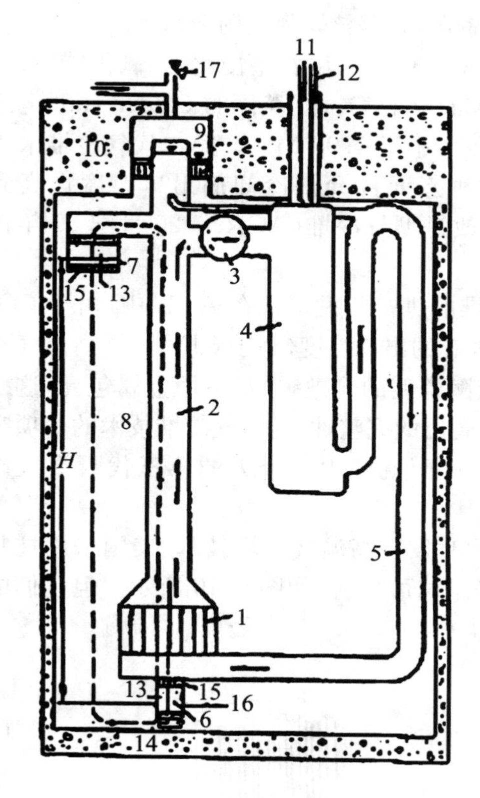

1—堆芯；
2—上升管；
3—主循环泵(湿定子)；
4—直流蒸汽发生器；
5—下降管；
6—下部热/冷接口；
7—上部热/冷接口；
8—池水(2200×10^{-6})硼，约50 ℃；
9—稳压器蒸汽空间；
10—预应力混凝土压力壳；
11—蒸汽发生器给水；
12—去汽轮机的蒸汽；
13—检测热/冷接口液面位置的温度传感器；
14—启动时用气门装置；
15—防止水平流动的蜂窝状结构件；
16—去净化水；
17—压力释放阀

图 5.14 SECURE－P 反应堆流程原理图

5.7 高温气冷堆 HTGR 示例

高温气冷堆是采用涂敷颗粒燃料，以石墨作慢化剂和堆芯结构材料，以氦气作冷却剂的先进热中子反应堆。冷却剂的堆芯出口温度可高达 700～950 ℃，除发电外，并可作为高温工艺的核热源，而压水堆冷却剂出口温度仅为 350 ℃。可用于提供供热，精炼石油，煤的液化、气化，生产氢等用途。它也是公认的具有固有安全性的堆型。同时它可以获得较高的核燃料转换比，具有采用多种燃料循环方式和不同的核燃料的优点，如采用高浓缩铀—钍循环，类似压水堆为快堆积累燃料；也可采用低浓缩铀—钍燃料循环，充分利用钍资源，开辟核燃料利用新途径。

高温气冷堆的发展是从低温到高温，第一代是采用石墨慢化，二氧化碳冷却，金属天然铀作燃料，镁铍作包壳，所以叫 Magnox 气冷堆，英国的 Calder Hall 电站是代表。但不能承受高温，只有 400 ℃，压力小于 1.96 MPa。第二代气冷堆采用稍加浓缩 UO_2 作燃料和不锈钢包壳，这种新元件允许冷却剂出口温度提高到 675 ℃，工作压力提高到 3.92 MPa，称为改进型气冷堆（AGR）。20 世纪 60 年代英国共建造 10 个 AGR 型气冷堆。

高温气冷堆（HTGR）是改进型气冷堆的进一步发展。在 AGR 中，由于 CO_2 与元件包壳材料的化学不相容性限制了堆芯的出口温度（小于 600 ℃）。高温气冷堆采用了氦气作冷却剂，燃料元件采用全陶瓷型的涂敷颗粒，不用金属包壳，这样就允许燃料元件在 1600 ℃工作仍保持包壳层的完整性，这是气冷堆技术的一项突破。堆芯出口温度提高到 750～950 ℃，从而就产生了今天的第三代石墨气冷堆——高温气冷堆。

20 世纪 60 年代初美国和联邦德国同时发展高温气冷堆技术：美国采用柱状燃料元件，如图 5.15 所示，而联邦德国采用球形燃料，如图 5.16 所示。但它们的燃料元件的基本技术是一样的涂敷颗粒技术，如图 5.17 所示。

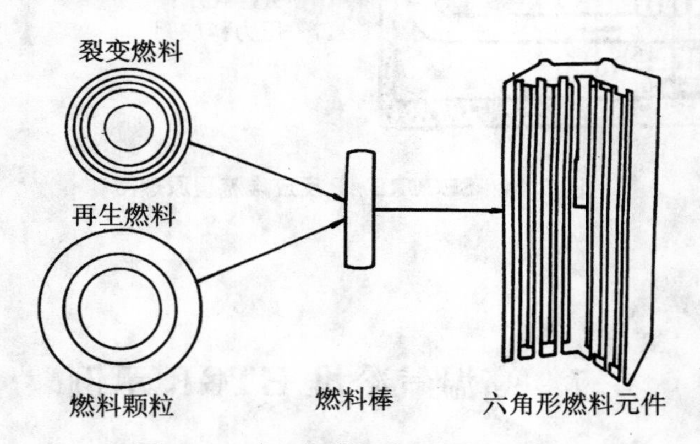

图 5.15　高温气冷堆的柱状燃料元件

高温气冷堆的发展已经历了试验电站和工业规模示范电站两个阶段，表 5.6 是实验电站的主要参数，而表 5.7 列出了国外典型的模块式高温气冷堆的主要参数。图 5.18 展示了德国发展的球床式高温气冷堆 HTR－100 和 HTR－M 的一体化布置图。

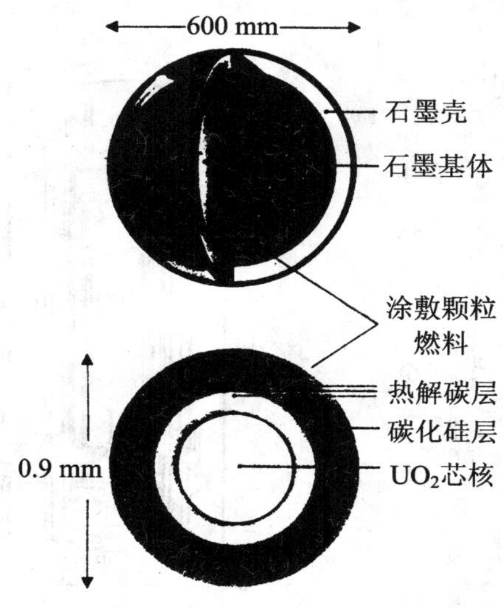

图 5.16　高温气冷堆的球形燃料元件

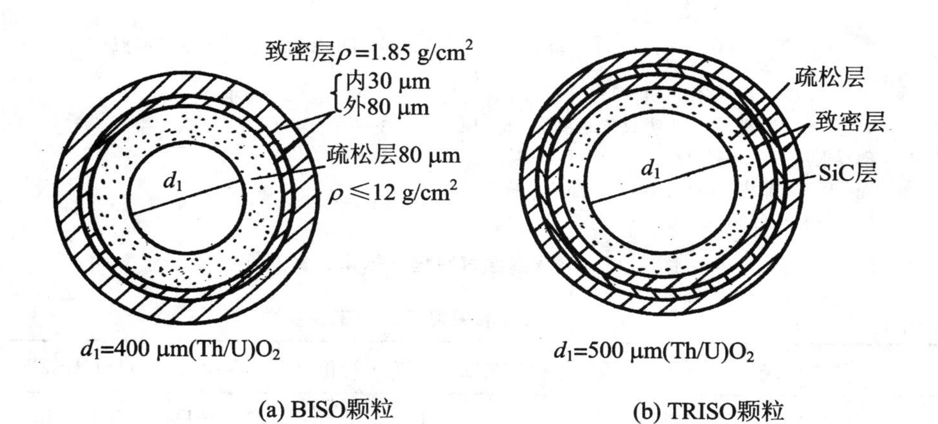

图 5.17　涂敷颗粒燃料

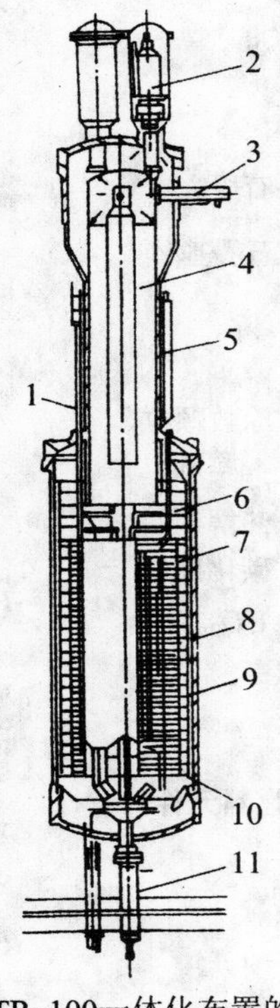

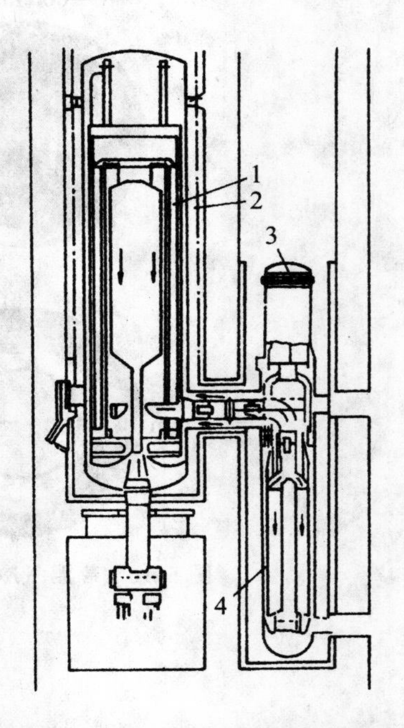

(a) HTR-100一体化布置的球床堆　　(b) HTR-Dodule肩并肩布置的球床堆

1—控制棒；2—循环风机；3—给水入口；4—蒸汽发生器；5—小吸收球贮存器；6—顶部反射层；7—侧部反射层；8—反应堆压力壳；9—侧部热屏蔽层；10—底部热屏蔽层；11—燃料元件卸料装置

1—堆芯；2—壁面冷却器；3—循环风机；4—蒸汽发生器

图 5.18　球床高温气冷堆一体化布置图

表 5.6　高温气冷堆实验电站的主要参数

实验电站	桃花谷	龙堆	圣·符伦堡	AVR	THTR-300
国家	美	英	英	联邦德国	联邦德国
开始建造日期	1962	1960.4	1968.4	1961.9	1971.6
建成日期	1966	1964	1976	1966	1985.9

续表

实验电站	桃花谷	龙堆	圣·符伦堡	AVR	THTR-300
并网日期	1967	-	1979	1967	1985.11
总功率(MW)	115	20	840	46	750
电功率(MW)	40	-	330	15	315
功率密度(MW/m^2)	8.3	14.0	6.3	2.6	6.0
燃料最高温度(℃)	1331	1600	1260	1134	1250
平均燃耗(W·d/t)	60000	30000	100000	70000	114000
一回路(氦气)					
压力(kg/cm^2)	23.6	20.0	49.0	10.9	40.0
出口温度(℃)	728	750	785	950	750
入口温度(℃)	344	350	406	275	260
流量(kg/s)	55.0	9.62	430	13.0	300
二回路(汽·水)					
入口压力(kg/cm^2)	102	-	175	72	190
蒸汽温度(℃)	538	-	540	500	535
流量(t/h)	140	-	1000	56	950

表5.7　国外典型的模块式高温气冷堆主要设计参数

堆　型	HTR-M	HTR-100	MHTGR
热功率(MW)	200	250	350
堆芯形式	球床	球床	柱状,双区
堆芯直径(m)	3.0	3.5	3.5
堆芯高度(m)	9.4	8.0	8.0
平均功率密度(MW/m^3)	3.0	4.2	5.9
燃料元件尺寸(cm)	球,直径6	球,直径6	六棱柱, 35.5(宽)×80(高)
重金属含量(g/球)	7.0	8.0/14/6	-

续表

堆　型	HTR-M	HTR-100	MHTGR
加浓度^{235}U(%)	7.9	6.0/9.0	19.8%+ThO
平均燃耗(MW·d/t U)	80000	100000	82460
燃料在堆内时间(天)	100	977	约3年
氦气压力(MPa)	6	7	6.4
氦气温度(℃)	700/250	740/225	686/258
蒸汽压力(MPa)	17～19	17	17.1
蒸汽温度(℃)	530	530	542
蒸汽发生器台数	1	1	1
压力壳	钢壳	钢壳或预应力混凝土壳	钢壳
壳直径(m)	5.9	6.1	7.4
壳高度(m)	25.0	30.0	22.0

我国清华大学也建造了10 MW球床式高温气冷堆HTR-10[2]，图5.19显示了其一体化的结构布置，而图5.20显示了HTR-10球形高温气冷堆的剖面图。

在HTR-10技术基础上，我国将建设一座电功率为200 MW级的高温气冷堆核电站(HTR-PM)示范工程提上了日程。国家相关部委将该项目列入核能开发计划，并给予科研经费支持。2004年3月中国华能集团公司、中国核工业建设集团公司、清华大学三方签署合作建设高温气冷堆核电站示范工程的框架协议，开始项目筹备工作，选择厂址，启动了示范工程的标准设计。2004年12月，合作三方正式签署投资协议。2007年1月，中国华能集团公司、中国核工业建设集团公司和清华大学合资注册成立项目业主公司——华能山东石岛湾核电有限公司。作为未来的核岛设备集成供应商和工程承包商，中国核工业建设集团公司和清华大学于2003年10月合资注册成立了中核能源科技有限公司。在国家支持下，示范工程的标准机型研究于2004年5月启动，2007年年底完成，落实了HTR-PM示范工程的技术方案。

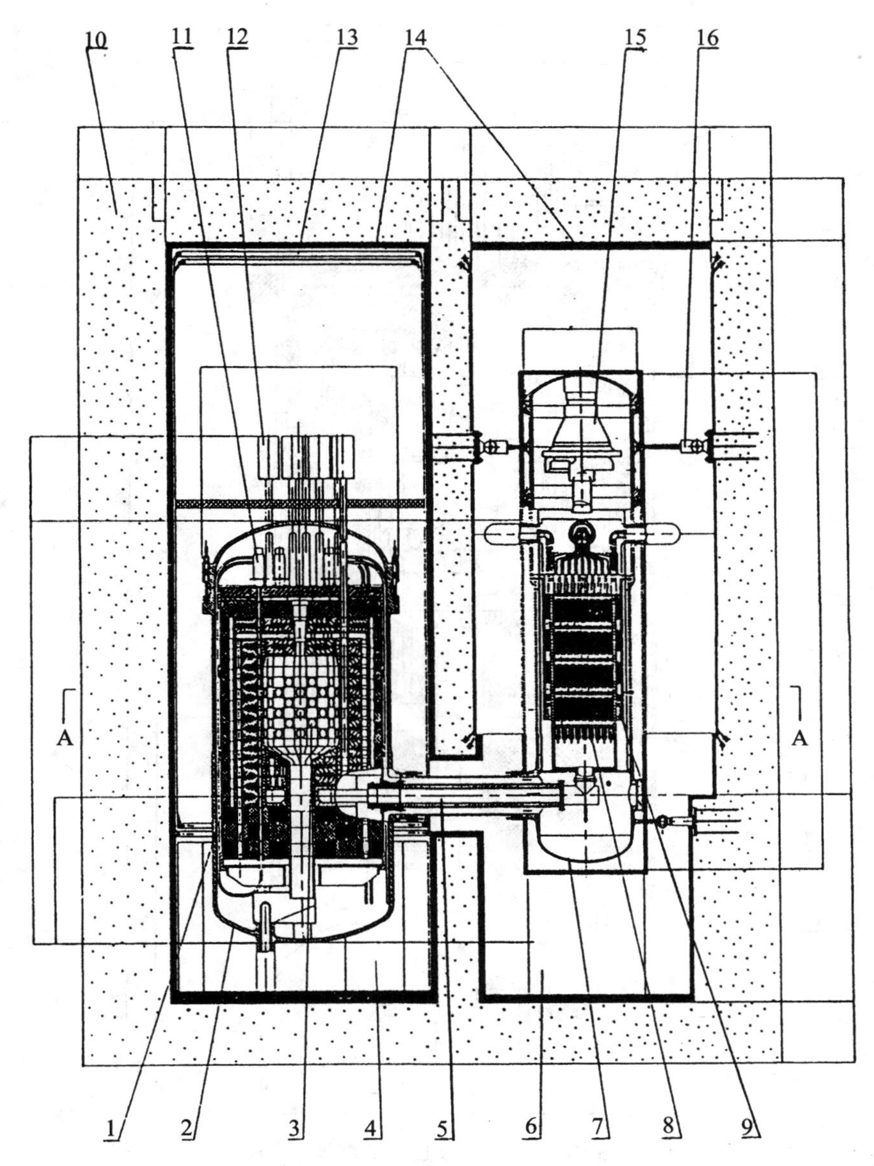

图 5.19 HTR-10 堆体与一回路布置图

1—石墨—碳堆体结构；2—反应堆压力管；3—堆芯；4—反应堆腔室；5—燃气导管；6—蒸汽发生器腔室；7—蒸汽发生器压力壳；8—氦—氦换热管；9—蒸汽发生器换热管；10—主生物屏蔽层；11—吸收球停堆系统；12—控制棒驱动机构；13—堆腔冷却器上联箱；14—绝热层；15—主氦风机；16—上部抗震支承

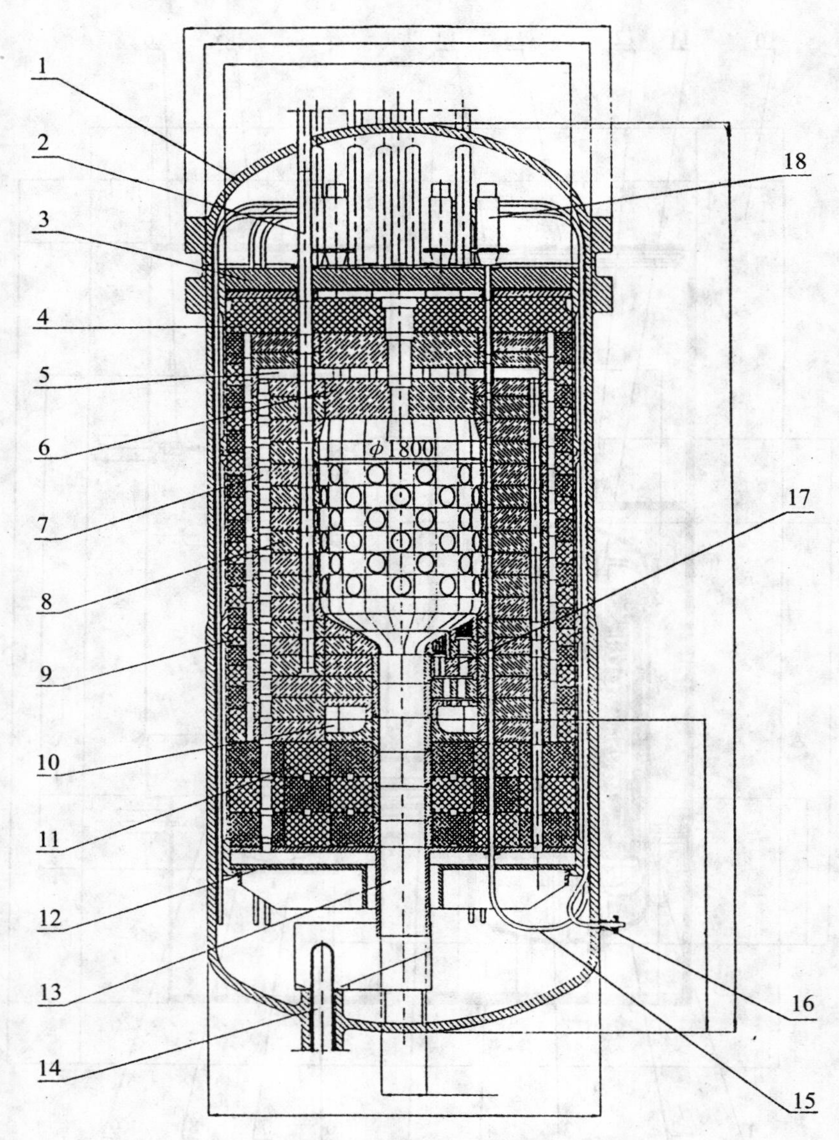

图 5.20　HTR-10 反应堆堆体剖面图

1—反应压力壳；2—控制棒导向管；3—热屏蔽；4—碳砖；5—冷氦气联箱；6—顶部反射层；7—冷氦气孔道；8—侧反射层；9—碳砖；10—热氦气联箱；11—碳砖；12—支承板；13—卸料管；14—料机构；15—吸收球管；16—吸收球系统氦气管；17—底部反射层；18—吸收球储罐

参考文献

[1] 谢仲生,张少泓.核反应堆物理理论与计算方法[M].西安:西安交通大学出版社,2000.
[2] 马大园,等.核能与核技术领域发展报告[M].杭州:浙江大学出版社,2011.

第 6 章　快堆的工作原理及现况

6.1 快 堆 概 念

尽管利用热中子反应堆可以得到巨大的核能，但是在天然铀中，仅有 0.714% 的铀同位素^{235}U 能够在热中子的作用下发生裂变反应，而占天然铀绝大部分的铀同位素^{238}U 却不能在热中子的作用下发生裂变反应，在热堆中不能得到有效利用，如图 6.1 所示。

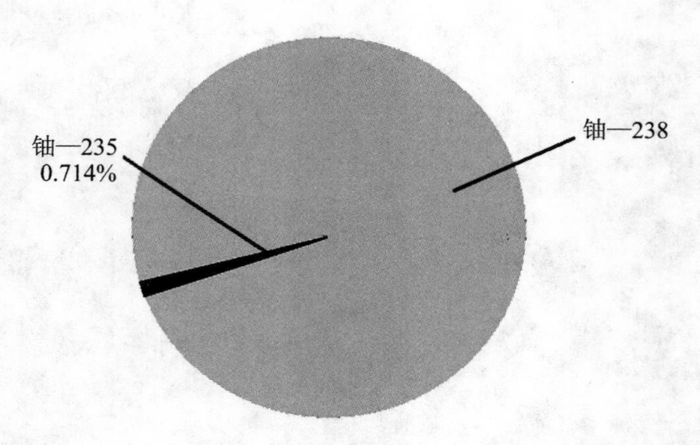

图 6.1　天然铀

但^{238}U 在吸收中子后，经过几次核衰变，可以变成另一种可裂变的核材料^{239}Pu。在热中子反应堆中，产生的^{239}Pu 的数量不足以抵偿消耗的^{235}U，只有利用快中子来维持链式反应，使新产生的可裂变材料多于消耗的裂变材料。这种主要由快中子来引起裂变链式反应的反应堆，叫做快中子反应堆，简称快堆。快堆中常用的核燃料是^{239}Pu，而^{239}Pu发生裂变时放出来的快中子会被装在反应区周围的^{238}U吸收，又变成^{239}Pu。这就是说，在堆中一边消耗^{239}Pu，一边又使^{238}U转变成新的^{239}Pu，而且新生的^{239}Pu比消耗掉的还多，从而使堆中核燃料变多。研究发现，^{238}U吸收中子后，经过几次核蜕变，可以变成另一种自然界不存在的易裂变物质——^{239}Pu，如图6.2、图6.3所示。

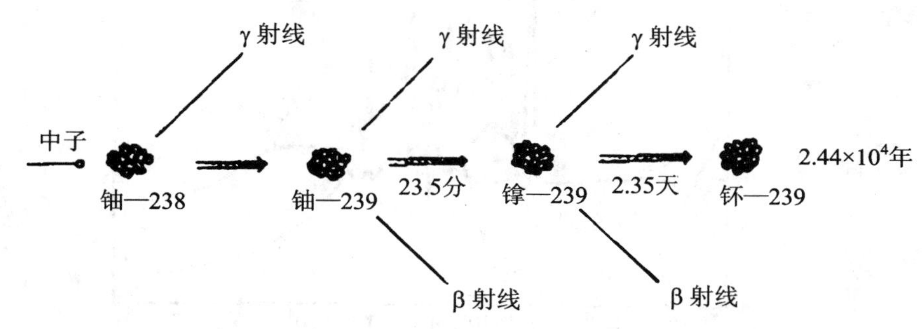

图6.2 快中子使铀—238蜕变为钚—239

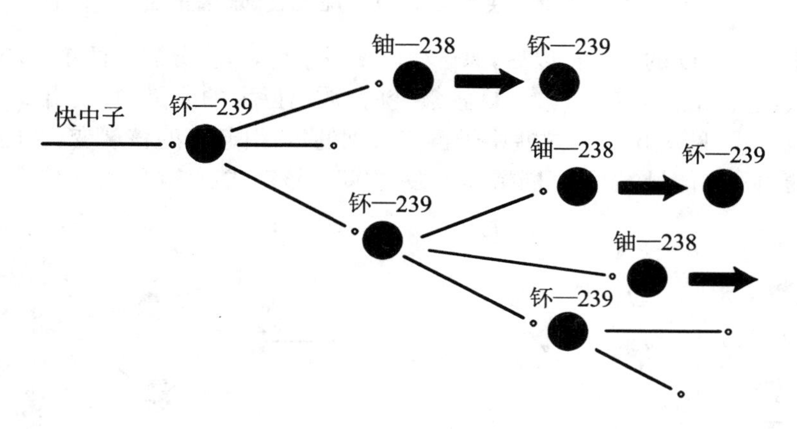

图6.3 快堆能增殖核燃料

为了进一步说明问题，我们定义所谓热中子是指能量为1 eV以下的中子。^{235}U吸收中子裂变时，放出的中子是能量为2 MeV的快中子。在热中子堆中，几乎所有的裂变都是由热中子引起的。为了实现链式反应，有两种方法：其一是提高铀中^{235}U的浓度，使快中子引起的裂变能持续进行下去，这就是快中子堆的原理；

另一种方法是用水、石墨等作慢化剂，把快中子慢化为热中子，^{235}U 对热中子的裂变几率大，对低浓度铀也可使裂变反应继续进行下去，这就是热中子反应堆的原理，如图 6.4 所示。

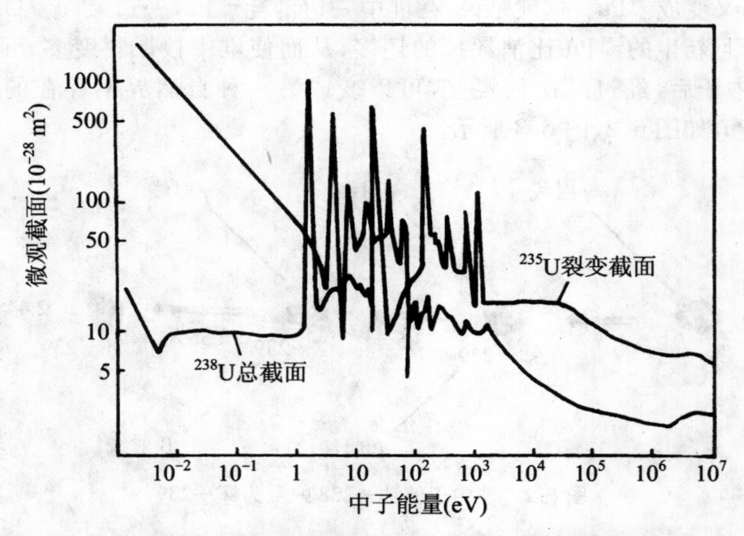

图 6.4　^{235}U 的裂变截面和 ^{238}U 的总截面随能量的变化

中子打入 ^{235}U 的原子核以后，原子核就变得不稳定，会分裂成两个较小质量的新原子核，这就是核裂变反应。^{235}U 核裂变时，放出巨大的能量，并放出 2～3 个中子和其他射线（见图 6.5）。这些中子再打入别的核，引起新的核裂变，新的裂变又产生新的中子和能量，如此不断持续下去，这就叫核链式反应（见图 6.6）。

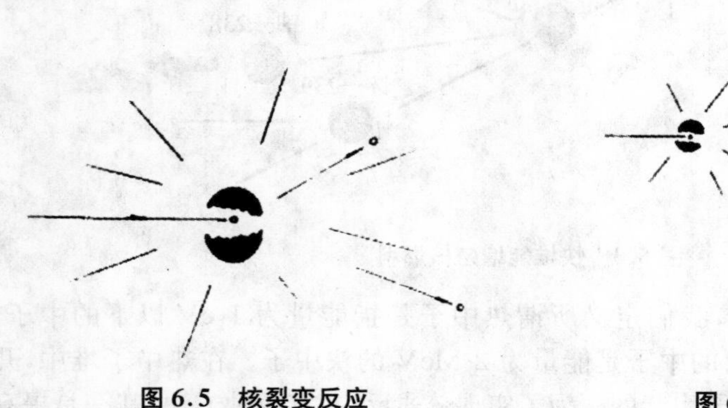

图 6.5　核裂变反应

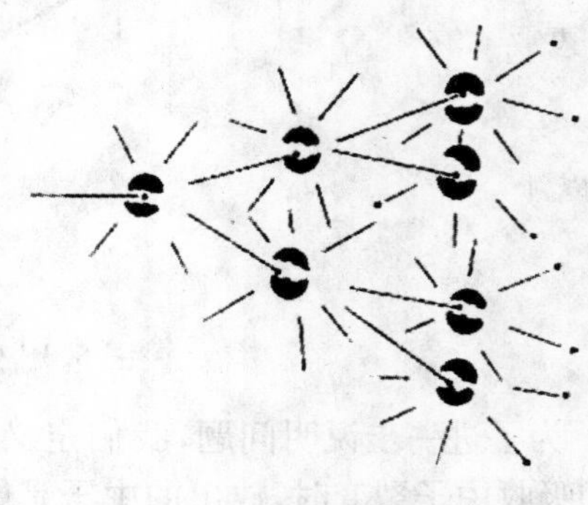

图 6.6　核链式反应

^{238}U对热中子的吸收率很低，在热堆中产生的^{239}Pu数量不足以抵偿消耗掉的^{235}U。^{238}U对快中子的吸收率最高，在快堆中新产生的核燃料多于消耗掉的核燃料，可以达到增殖核燃料的目的，所以快堆也称为快中子增殖反应堆。

然而，世界上可经济开采的铀资源只相当于世界石油储量的1/4，因此，利用原先的热中子反应堆发电无法根本解决人类无限需求的能源问题。而且这种热堆在铀资源的利用效率上极差，只有1%～2%可以用来发电，其余的98%～99%的铀只能被作为乏燃料——贫铀弃置。

这样，在原子能工业中我们需要找到新的办法来解决这个问题。其中一个方法是充分利用贫铀；另一个方法是根本不用铀类资源，而采用聚变—裂变混合堆。这里只讲第一种方法。

在热中子反应堆内，中子的速度要通过慢化剂减速变慢以后，才能引起铀裂变放出能量，发电时，易裂变核燃料越烧越少。快中子反应堆不需要慢化剂，它由快中子引发裂变，在发电的同时，易裂变核燃料越烧越多，快堆增大了可裂变核燃料的利用率。

理论上快堆可以将^{238}U、^{235}U及^{239}Pu全部加以利用，但由于反复后处理时的燃料损失及在反应堆内变成其他种类的原子核，快堆只能使60%～70%的铀得到利用。即便如此，这也比目前热堆中的压水堆对铀的利用率高140倍，比重水堆高70倍以上。并且由于贫铀、乏燃料、低品位铀矿乃至海水里的铀，都是快堆的“粮食”来源，所以快堆能为人类提供的能源，就不是比热中子反应堆大几十倍，而是大几千倍甚至更多。

对热中子堆核电站，就铀资源的利用而言，主要是利用天然铀中约占0.7%的^{235}U，其余99.3%的^{238}U大部分不能被利用。而快中子堆可以充分利用^{238}U，把它的利用率从1%～2%提高到60%～70%。^{238}U吸收一个中子变成^{239}Pu，1克^{239}Pu裂变时发出的热量相当于3吨煤发出的热量。世界铀矿储量约为460万吨，可换算成138000亿吨煤（目前全世界已探明的煤储量为6630亿吨）。通过快中子堆充分利用这些铀资源，就相当于目前已知煤储量的21.8倍。

由于在快堆内^{239}Pu裂变后放出的中子比^{235}U多，所以快堆内最好用^{239}Pu作为核燃料。如果没有足够的钚，可以用^{235}U浓缩度为15%～20%的浓缩铀代替。但是最经济合理的办法，还是利用热中子反应堆中积累的工业钚。热中子堆卸料时，乏燃料中也积累了一部分钚。由于热中子反应堆核电站内，核燃料元件的燃耗比生产核武器装料用的生产堆的燃耗深，所以钚中含有20%～30%的^{240}Pu，这种钚称为工业钚。这种钚也可以在热中子反应堆内利用。在热中子堆内，1 kg钚只相当于0.8 kg的^{235}U，而在快堆内，1 kg钚可相当于1.4 kg的^{235}U。所以在快堆内使用热中子堆积累的工业钚，比在热中子堆内使用要合算得多。在目前的核电站中，由于重水堆消耗的核燃料少，积累的工业钚多，所以用重水堆为快堆积累工业钚，也就是建立重水堆—快堆组合体系，从核燃料循环的角度来看，最为有利。

由于只要不断添加^{238}U，快堆中多余的^{239}Pu就能不断产生出来，将这些新产生出来的核燃料，通过后处理不断提取出来，则快堆核电站每过一段时间，它所得到的^{239}Pu还可以装备一座相同规模的快堆，这段时间称为倍增时间。倍增时间除了决定于反应堆内^{239}Pu的生成速度外，还决定于后处理提取钚并将钚制成燃料元件所需的时间，以及库存时间。

快堆可以增殖核燃料，也就是说会越烧越多。我们知道，^{235}U一次裂变可放出2.43个快中子（^{239}Pu可放出3个快中子），维持链式反应只要一个中子就够了，余下的1.43个中子可让^{238}U吸收，使大部分的^{238}U变成^{239}Pu，其中一小部分中子引起了^{238}U裂变。如果余下的中子全部被^{238}U吸收，那么每发生一次核裂变，就可产生一个以上新的核燃料^{239}Pu。当这种新产生的核燃料与所消耗的核燃料之比值大于1时，就称为增殖，其比值称为增殖比。如果这个比值低于1，就称为转换比。对热中子堆，浪费中子较多，这个比值不可能大于1，一般对气冷堆约为0.8，对轻水堆约为0.5，而快堆的增殖比在1.1～1.4之间。

快堆的结构不同，堆内中子平均能量等就略有差别，因而核燃料的增殖特性也就略有不同。增殖特性的差别，用增殖比表示：

$$\text{增殖比}=\frac{\text{产生的核燃料的原子核数}}{\text{消耗的核燃料的原子核数}}$$

表6.1和图6.7显示了热堆与快堆的差别。

表6.1　快堆和热堆增殖参数

	^{235}U钠冷快堆	压水堆
η	2.17	2.07
A	0.13	0.58
L	0.4/0.017*	0.0505
F	0.17	0.0858
BR或CR	1.2	0.53

*：分子系芯部向再生区的泄漏，分母为整堆泄漏。

经过一段倍增时间，1座快堆会变成2座快堆，再经过一段倍增时间，这2座快堆就变成4座。按照目前的情况，快堆使用的核燃料多为氧化物，它的倍增时间是

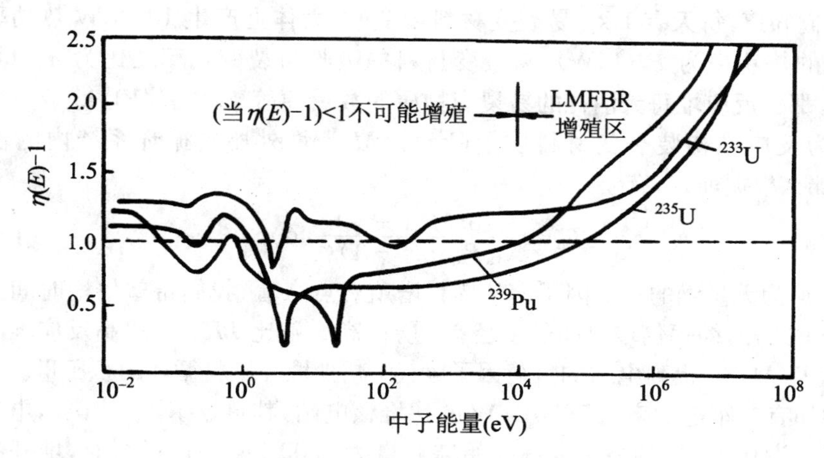

图6.7　$\eta-1$ 随能量的变化

30多年。也就是说，只要添加铀—238，每过30多年，快堆核电站就可翻一番。并且这种氧化物核燃料快堆稍加改进，倍增时间就可缩短到20年左右。如果我们将快堆的核燃料由氧化物改为碳化物，则快堆的倍增时间可以缩短到10多年。如果改为金属型核燃料，则倍增时间还可缩短到6～7年。

最后，为得到高的增殖比，应尽量使堆内的中子保持比较高的能量。这也就是为什么金属铀燃料比 UO_2 具有更高的增殖性能或增殖比，因为 UO_2 中的氧起着一定的慢化作用使谱变软。目前，根据计算，金属铀的 *BR* 可达1.58～1.6，而氧化物的 *BR* 值一般为1.3～1.35。增殖比 *BR* 固然可以表征核燃料转换过程的增益情况，但它并不能表示我们感兴趣的易裂变物质增殖的速率。易裂变物质增殖的速度通常用倍增时间 T_d 来表示，它是指反应堆生产出来的剩余易裂变材料量等于燃料循环内初装载的易裂变材料量所需的时间。希望 T_d 能尽量短，这意味着能够迅速生产出足量的剩余易裂变材料用以作为另一炉的装料。但燃料倍增时间受诸多因素的影响。常把燃料倍增时间写成：

$$T_d = \frac{\text{初装易裂变材料质量}}{\text{易裂变材料的净增加率}} \tag{6.1}$$

式中增加率一项有两种不同定义。如果假设净增殖的易裂变材料不断地从堆中取出并储存起来，直至积累到足够的数量后再用做另一堆的装料，这种假想情况通常称为“简单倍增时间”。另一定义是，假设堆运行一段时间后所增殖的易裂变材料又送回到原反应堆或另一反应堆的堆芯内，于是又引起了进一步的增殖，这样定义的燃料倍增时间称为“复倍增时间”。这里我们只讨论简单倍增时间的情况。

我们知道,每天有 1 kg 易裂变材料裂变时,大体上产生 10^3 MW 热功率。设反应堆的热功率为 P_t(MW),易裂变材料的吸收与裂变几率之比为 α_a,即 $\alpha_a = \Sigma_a/\Sigma_f$,那么反应堆每天消耗的易裂变物质的数量便等于 $P_t\alpha_a/10^3$ kg。另一方面设 M 为反应堆初装裂变材料质量(kg),γM 为堆外燃料循环系统内的占料量(kg),那么根据前式,有

$$T_d \approx \frac{10^3 M(1+\gamma)}{\alpha_a P_t(BR-1)\varphi}(\mathrm{d}) \tag{6.2}$$

式中的 φ 为无量纲的负荷因子。从燃料增殖观点来看,我们希望倍增时间愈短愈好。从上式知,缩短倍增时间的途径有:① 提高增殖比 BR;② 提高反应堆的重量比功率 P/M;③ 提高电站的负荷因子 φ;④ 减少堆外燃料循环的积压量。

例如有一座电功率为 1000 MW 的快堆核电站,其热效率 $\eta_t = 40\%$,电厂平均负荷因子为 0.75,堆的易裂变钚初始装载量为 2600 kg,平衡运行时,堆外的裂变钚量预计为堆内的一半,设 $BR = 1.4$,$\alpha_a = 1.25$,则可利用上式求出 $T_d = 11.4$ a,若其余参数不变,BR 降为 1.2,则 $T_d = 23$ a。

正如前面介绍的,在快堆中裂变链式反应主要是由快中子引起的;快中子除供发电外,另一重要功能是增殖核燃料。快堆的这一工作原理决定了快堆的一些特点。与热中子堆相比,快堆有如下一些特点:

(1) 必须采用浓缩度比较高的燃料。在热能区($E<1$ eV),^{235}U 的裂变截面迅速增大,因而^{235}U 的裂变截面相对于其他元素(如^{238}U)的吸收截面之相对比值比较大,足以补偿非裂变吸收的损耗,因而只需比较少的易裂变材料即低浓缩铀,就可以达到临界(^{239}Pu 也有类似的性质)。水堆的燃料富集度一般为 2%~4%。快堆是依靠快中子来实现链式反应,而^{235}U 或^{239}Pu 的快中子的裂变截面及其与其他元素的吸收截面比值比较小,因此必须利用含^{235}U 或^{239}Pu 同位素比较多的浓缩燃料才可以得到快中子链式反应,对于一般大型快堆,要求燃料的富集度在 16%左右或更高。

(2) 堆芯体积紧凑,功率密度高。这是由于快堆中没有任何慢化剂而且又采用高浓缩度燃料的缘故。其功率密度可达 400~900 kW/L。因而怎样把热量从堆芯中导出是个大问题,但快堆的冷却剂又不能采用轻材料,如水、重水之类,因为这些材料将使中子慢化。经过对多种材料的比较选择,采用导热性能良好的金属钠作为冷却剂较好。

(3) 由于 Na 通过堆芯后被活化,为了避免带放射性的钠与蒸汽发生器中的水直接接触,同时也为了避免蒸汽回路中的水进入堆芯引起钠水反应,因此设置了中间回路。所以,采用三个回路系统是快堆区别于热中子堆的另一特点。

（4）为了充分利用中子，通常在快堆芯部外面围以可转换材料，例如贫铀组成的包层，通常称为再生区或增殖区，使芯部泄漏出来的中子（数量还是可观的）能在这里用于核燃料增殖。所以，几乎所有快堆堆芯都由芯部和再生区两区组成。

（5）快堆具有良好的固有安全性。

6.2　快堆的安全性考虑

快堆与原子弹是有区别的。原子弹和作为核电站用的快堆，虽然都没有慢化剂，而且都是用快中子引发裂变，但有一系列原则上的差别。

第一，原子弹使用钚或高浓铀，铀—238 的量没有或者很少，而快堆中铀—238 很多。铀—238 俘获中子后大多不会裂变，它要转化为钚—239 后才易裂变。经过这道转换后，作为核电站用的快堆的能量释放速度，就受到极大限制，并且使工程控制成为可能。

第二，原子弹内核内与裂变无关的材料少，而快堆为了维持长期运行，并将堆内原子核裂变产生的热送出来，堆内有大量的结构材料和冷却剂。它们的存在既增加了中子的吸收，又使中子的速度有一定程度的慢化，延长了中子存在时间。这是限制核电站用快堆功率增长速度的另一个因素。

第三，原子弹采用高效炸药的聚心爆炸，使核燃料很快密集在一起，将链式反应的规模急剧扩大，也就是我们说的达到瞬发超临界状态；而作为核电站用的快堆，只要一达到瞬发临界，堆芯很快就会散开，难以继续维持链式反应。目前的控制手段已可以保证快堆不至于达到瞬发临界。

第四，原子弹的装料超过维持链式反应所需的量多，而快堆的装料仅仅稍微多于维持链式反应的需要，并有负反馈效应——有抑制作用的效应。

由于这些原因，快堆不可能像原子弹那样爆炸。

快堆有中间回路。目前，各国发展的主要是用铀、钚混合氧化物作燃料，用液态钠作冷却剂的快中子增殖堆。它的简单工作过程是：堆内产生的热量由液态钠载出，送给中间热交换器；在中间热交换器中，一回路钠把热量传给中间回路钠，中间回路钠进入蒸汽发生器，将蒸汽发生器中的水变成蒸汽；蒸汽驱动汽轮发电机组。

中间回路把一回路和二回路分开，这是为了防止由于钠水剧烈反应使水从蒸汽发生器漏入堆芯，与堆芯钠起激烈的化学反应，直接危及反应堆，造成反应堆破坏事故。同时，也是为了避免发生事故时，堆内受高通量快中子辐照的放射性很强的钠扩散到外部。

6.3 快堆的优点和难点

快堆的优点主要体现在以下3个方面：

(1) 快堆不仅把铀资源的有效利用率增大了数十倍，而且也将铀资源本身扩大了几百倍以上。因为一旦大量使用快堆，目前认为开采价值不大的铀矿便具有开采价值。这样，快堆的利用就可能为人类提供极其丰富的能源。

(2) 快堆核电站是热中子堆核电站最好的继续。核工业的发展堆积了大量的贫铀(含铀—235很少的铀—238)，快堆消耗的正是贫铀。用贫铀来发电，同时还增殖燃料，实在是一举多得的好事。热中子堆核电站发展到一定水平时，及时地引入快堆核电站，利用快堆来增殖核燃料，这是一个很必然的发展计划。

(3) 快堆核电站具有良好的经济前景。因为它具有增殖核燃料的突出优点，所以发电成本在燃料价格上涨的情况下，仍能保持较低的水平。据估计，石油价格上涨100%，油电站发电成本增加60%；天然铀价格上涨100%，轻水堆核电站发电成本增加5%，而快堆的发电成本只增加0.25%。

但是同时，快堆在工程技术实现上还存在着很多的技术难点。在快堆中，由于快中子与核燃料中的原子核相互作用引起裂变的可能性要比热中子小得多，为了使链式反应能继续进行下去，所用核燃料的浓度(一般为12%～30%)要比热中子堆的高，装料量也大得多。快堆活性区单位体积所含核燃料比热中子堆大得多，它的功率密度比热中子堆大几倍，一般每升为400 kW左右。这样高的功率密度，要把热量从堆内取出加以应用，这在技术上是比较复杂的。快堆不能用水作冷却剂，而普遍采用液态金属钠把热量带出来。此外，快堆用的燃料元件的加工制造要比热中子堆复杂得多和困难得多，随之而来就导致了制造费用高昂。同时，快堆的控制就是控制中子的作用，由于快堆内快中子寿命短，钚的缓发中子份额小，这就使得问题复杂多了。并且，对反应堆的操作系统保护的要求也很严格。

6.4 快堆的经济性有待验证

目前快堆的主要问题是验证其经济性。只有当快堆在经济上可以与目前的压水堆竞争时，快堆才有可能大规模进入市场。

据估计，法国超凤凰快堆每千瓦的基建投资，是最先进的 1450 MW 压水堆的 3 倍多，运行费与核燃料费也比压水堆略高。所以超凤凰的发电成本是压水堆的 2.5 倍。

法国、英国、德国合作设计了 1500 MW 的欧洲快堆。欧洲快堆的功率比超凤凰快堆的功率加大了，不锈钢等材料的用量大大减少，一些设备也简化了。因此欧洲快堆每千瓦的单位投资，只是法国最先进的压水堆的 2 倍，运行费也有所降低，燃料费则比压水堆少，因此总的发电成本是压水堆的 1.45 倍。今后，如果欧洲快堆能成批建造，每 kW 的基建投资将只是压水堆的 1.26 倍，核燃料费大约是压水堆的一半，因而总的发电成本只比压水堆贵 3%，已经在计算的误差范围以内。

独联体在 600 MW 快堆电站取得成功的基础上建造了 800 MW 的快堆电站，20 世纪 90 年代又在此基础上，发展了 1600 MW 的快堆电站。日本 1992 年建成 300 MW 的示范快堆，在此之后，又建造了一系列大型快堆。日本的快堆也有望在经济上取得与压水堆竞争的地位。

由于快堆技术的进一步成熟和完善，由于快堆成批建造费用的降低，也由于石油价格的上涨导致的天然铀价格的上涨，使得快堆在经济性上将逐渐优于压水堆。

6.5 快堆结构、中间回路

快堆的功率密度高，又不允许冷却剂对中子产生强烈的慢化作用，这就要求使用载热效率高、慢化作用小的冷却剂。目前考虑的冷却剂主要有两种：金属钠和氦气。根据冷却剂的种类，可以将快堆分为钠冷快堆和气冷快堆。气冷快堆由于缺乏工业基础，而且高速气流引起的振动以及氦气泄漏后堆芯失冷时的问题较大，所以目前仅处于探索阶段。世界上现有的、正在建造的和计划建造的,都是钠冷快堆,其典型结构如图 6.8 所示。

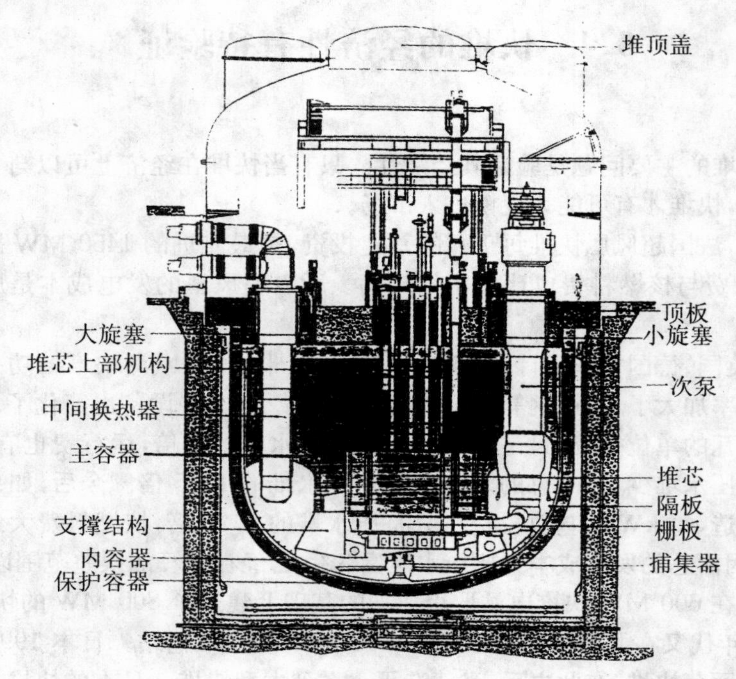

图 6.8　典型的池式快堆结构

图 6.8 是池式快堆剖面结构示意。此反应堆的堆芯、钠循环泵、中间热交换器置放在一个很大的钠池内。钠的中子吸收截面小,比热大。它的沸点高达 886.6 ℃,所以在常压下工作温度高,而且在工作温度下对很多钢种腐蚀性小,无毒。所以钠是快堆的一种很好的冷却剂。但钠的熔点为 97.8 ℃,在室温下是凝固的,所以要用外加热的方法将钠熔化。钠的缺点是化学性质活泼,易与氧和水起化学反应。当蒸汽发生器管子破漏时,管外的钠与管内的水相接触,会引起强烈的钠水反应。所以在使用钠时,要采取严格的防范措施,这比热堆中用水作为冷却剂的问题要复杂得多。

压水堆的出口水温约为 330 ℃,燃料元件包壳的最高温度约为 350 ℃。而快堆为了提高热效率并适应功率密度的提高,冷却剂的出口温度为 500～600 ℃,燃料元件包壳的最高温度达 650 ℃。仍比热堆包壳的温度高得多。很高的温度,很深的燃耗,以及数量很大的快中子的强烈轰击,使快堆内的燃料芯块及包壳碰到的问题比热堆复杂得多。由于以上原因,虽然快堆在20世纪40年代已起步,只比热堆的出现晚4年,而且第一座实现核能发电的就是快堆,但是快堆现在还未发展到商用阶段。然而,通过40年来的努力,以及一系列试验堆、示范堆和商用验证堆的建造,上述困难已基本克服。现在快堆技术上已日臻完善,为大规模商用准备了条件。

现在世界上建造的快堆都是钠冷快堆。按结构来分,钠冷快堆有两种类型:回路式和池式,如图6.9所示。由于钠的沸点高,所以快堆使用钠作冷却剂时只需两三个大气压,冷却剂的温度达五六百摄氏度。在一回路与二回路之间有一条中间钠回路。在回路式结构中,如果一回路有破裂、堵塞,或循环泵出现故障,钠就会流失或减少流量,从而造成像压水堆的失水事故那样的失钠事故,燃料元件会因得不到良好的冷却以致温度升高而烧毁,导致放射性外逸。

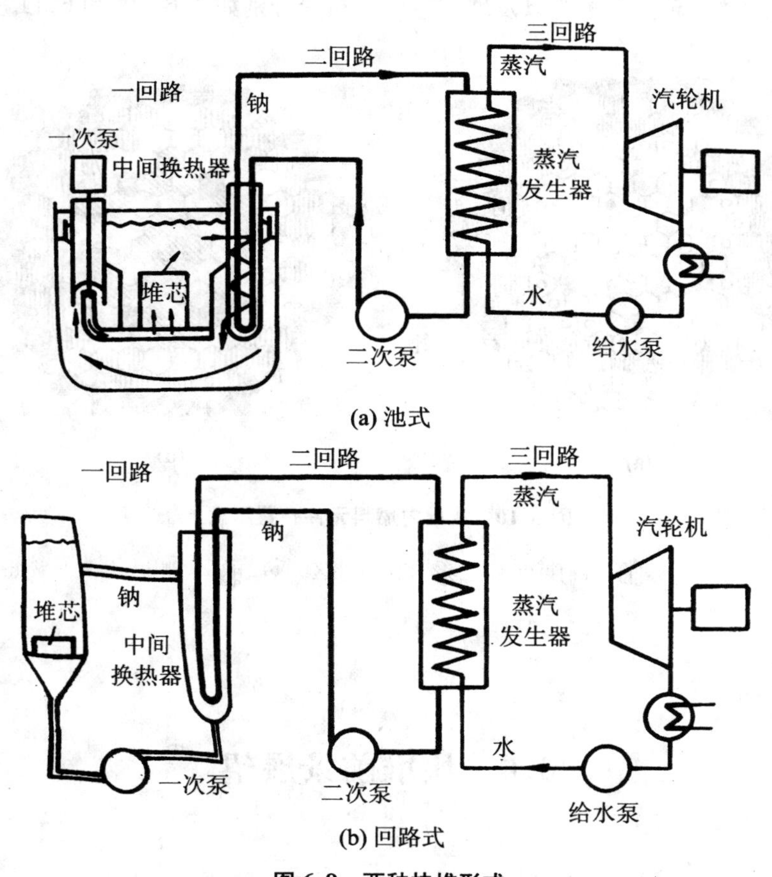

图6.9 两种快堆形式

通过钠泵使池内的钠在堆芯与中间热交换器之间流动。中间回路里循环流动的钠,不断地将从中间热交换器得到的热带到蒸汽发生器,使二回路里的水变成高温蒸汽。所以池式结构仅仅是一回路放在一个大的钠池内,二回路与回路式结构类似。

在池式结构中,即使循环泵出现故障,或者管道破裂、堵塞造成钠的漏失和断流,堆芯仍然泡在一个很大的钠池内。池内大量的钠所具有的足够的热容量及自然对流能力,可以防止失钠事故。因而池式结构比回路式结构的安全性好。但是池式结构复杂,不便检修,用钠多。因而目前各国设计人员的看法不一。法国"狂想曲"试验快堆先采用回路式布局,后又转向池式布局,"凤凰"快堆及以后更大的快堆均为池式。

快堆内燃料元件的布置以及堆芯组件的布置分别如图 6.10、图 6.11 所示。

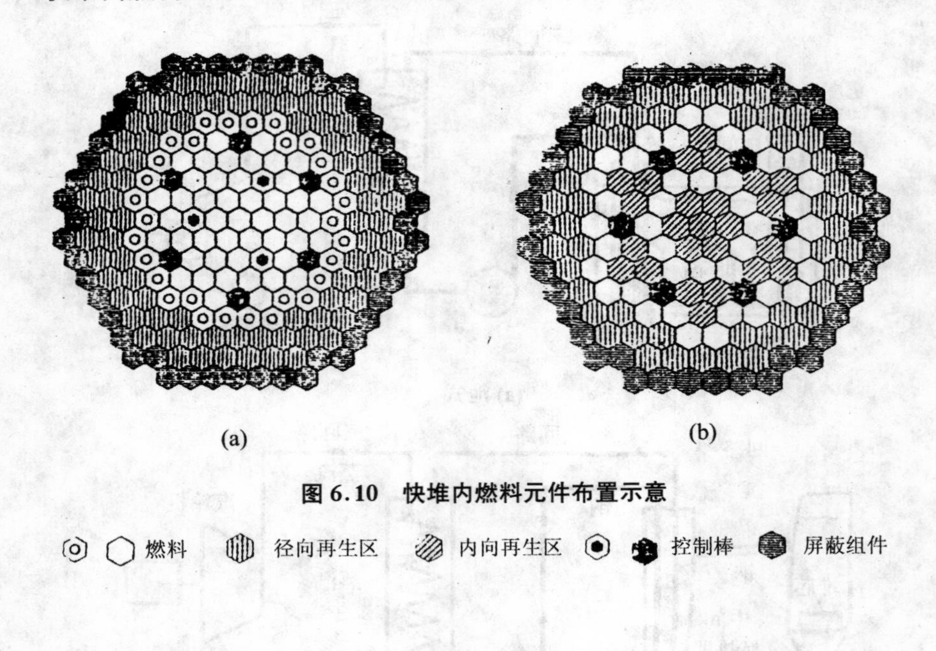

图 6.10 快堆内燃料元件布置示意

6.6 快堆前景展望

目前情况是压水堆和重水堆都已成熟,各国可以根据自己的情况选择一种作

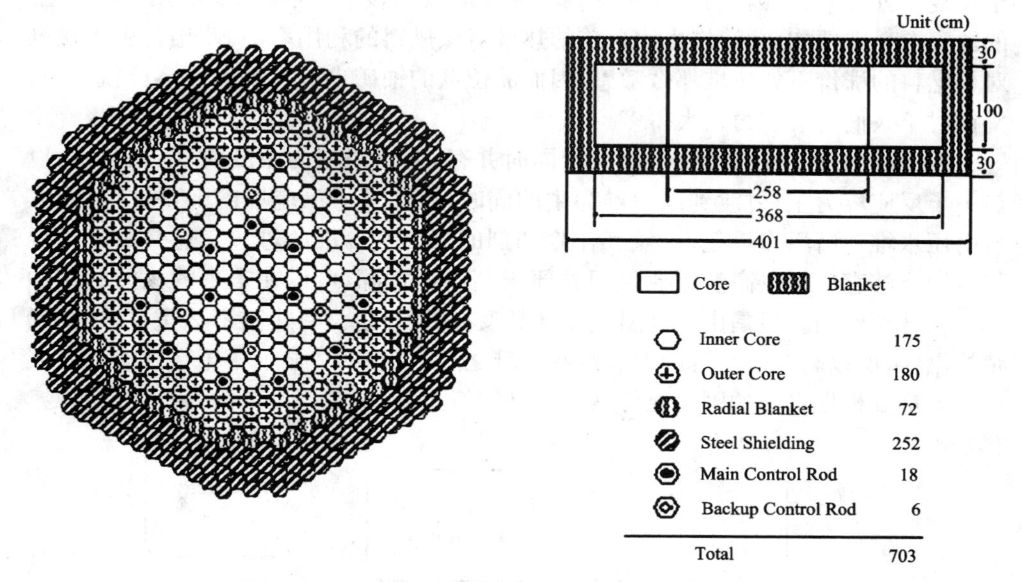

图 6.11　1000 MWe 的 MOX 燃料快堆堆芯组件示意

图中英文：Inner Core，内层堆芯；Outer Core，外层堆芯；Radial Blanket，径向再生组件；Steel Shielding，屏蔽钢组件；Main Control Rod，主控制棒；Backup Control Rod，备份控制棒

为当前主要的堆型。但是由于热中子反应堆的迅速发展，以及可以经济开采的铀资源不久将枯竭，所以快堆是反应堆发展的方向。快堆的大量发展，会使可以经济开采的铀资源扩大，又会给热中子堆以新的生命力。

但是随着加速器驱动的快中子反应堆（ADS）概念的提出及实验的成功，快堆的发展又有了新的方向。并且由于 ADS 是通过加速器产生的高能质子轰击靶材料，用产生的中子来维持反应堆内裂变反应的进行，因此可以很方便地控制反应堆的运行状态，从而解决了快堆固有的反应堆控制困难的缺点，同时 ADS 保留了快堆的其他优点。因此，ADS 现已成为快堆的一个非常有发展前景的运行模式。也正是由于快堆的固有缺点以及 ADS 的出现，现在世界各国已经暂停了快堆的运行，同时在对各种类型的快堆进行概念研究，以期在控制技术、工程技术以及运行经济性上能有重大的突破。

在热堆中，天然铀资源的利用率只能达到 1%～2%，在快堆中可以提高到 60%～70%，即利用率可以增加 35～60 倍。

由于快堆仅在启动时需要投入核燃料，所以它对核燃料价格的上涨，不如热堆那么敏感。理论上快堆可以将铀—238、铀—235 及钚—239 全部加以利用。但由于反复后处理时的燃料损失及在反应堆内变成其他核素，快堆只能利用70%以上的铀资源。即便如此，快堆也比目前的热堆对核燃料的利用率高80倍。由于快堆对核燃料的涨价不如热堆那么敏感，因而品位低的铀矿也有开采的经济价值，海水提铀对于人们的吸引力也大得多。

因此将出现快堆与热中子反应堆同时并存，但以快堆为主的时代。在目前以热中子反应堆为主，过渡到以快堆为主的同时，在热中子反应堆内部，也会逐步实现由压水堆向石墨作慢化剂、氦气作冷却剂的高温气冷堆的过渡。这是由于高温气冷堆能够直接提供高温工业热源并便于利用钍资源，可以在未来的核能利用中起一种补充作用。但是由于高温气冷堆既没有成熟，也没有快堆那么重要，不能增殖核燃料，所以高温气冷堆的发展将在快堆之后。图6.12显示各国在核燃料发展战略上都要根据自己的国情充分展示自己的特点。

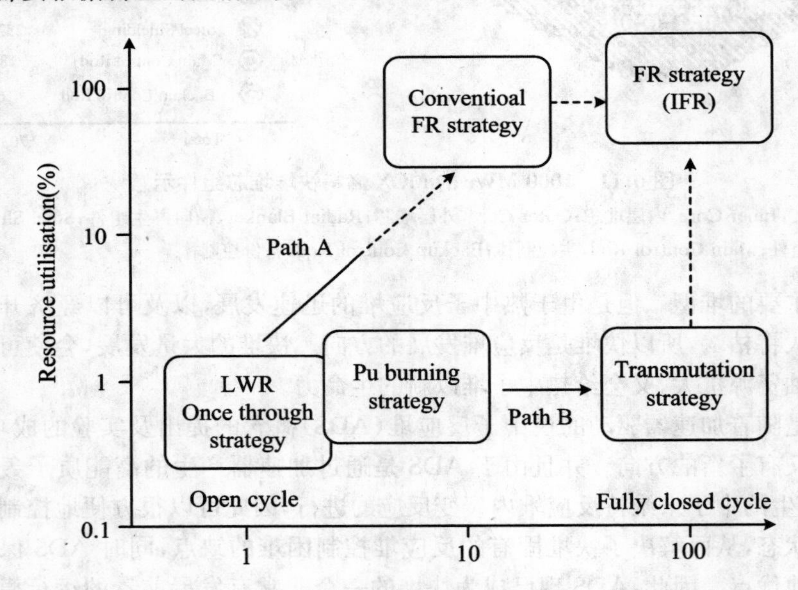

图6.12 核燃料发展战略快堆的特点

6.7 快堆现状

世界各国快堆的研究与开发呈现出多样性。俄罗斯等国显示出极大的热情。另一方面，已经具备从实验堆、原型堆到部分验证堆的建造、运行经验的欧美各国，由于政治或经济原因而中止了开发。然而，2000年美国提出了“第四代核能发电体系开发计划(GEN-Ⅳ)”，有10个国家参加。该计划的出台使快堆开发再次受到世人瞩目。

6.7.1 美国

20世纪40～80年代，美国先后建造和运行了EBR-Ⅰ(1951年临界)、EBR-Ⅱ(1961年临界)、FERMI-Ⅰ(1963年临界)、FFTF(1980年临界)等实验堆。其中，EBR-Ⅱ积累了30年的运行经验，于1994年退役。FFTF也运行了13年，2002年12月宣布退役。然而，作为新的计划，美国能源部(DOE)1999年推出了“核能研究动议”(NERI)，另外，2000年又出台了旨在提高安全性、经济性，既能防止核扩散又可降低环境负荷的GEN-Ⅳ，以开展第四代反应堆的概念研究。其中的快堆(可降低放射性废物毒性，能够有效而经济地利用随核武器退役遗留的钚)重新受到人们的审视和关注。

美国快堆发展最早，也最快。EBR-2(20 MWe)、EFFBR(60 MWe)、FFTF(400 MWt，1980)得到最高燃耗100000 MWd/t，1994年美国政府决定中断快堆计划，到2001年底全停快堆的运行和研究，其中包括IFR。IFR最早由ANL提出，使用三元合金燃料(UPuZr)，后被通用电气(General Electric)公司在快堆电站的新颖设计PRISM(Power Reactor Innovative Small Module)中实现，总功率为135 MWe，由9个生产的模块组成(1984～1994)，又叫ALMR(Advanced Liquid Metal Reactor)。图6.13显示的是ALMR，图6.14为PRISM模块。后又推出一体化堆IFR(Integral Fast Reactor)方案，由美国阿贡实验室ANL提出，可以说是快堆后处理的一项革命性改革。它摒弃传统的做法，把乏燃料后处理厂建在反应堆旁边，就地(现场)进行后处理。其主要思想是采用金属燃料，其设备及乏燃料的后处理采用高温冶金过程干法处理，燃料元件制造工艺采用射铸法，其主要流程如图6.15所示。

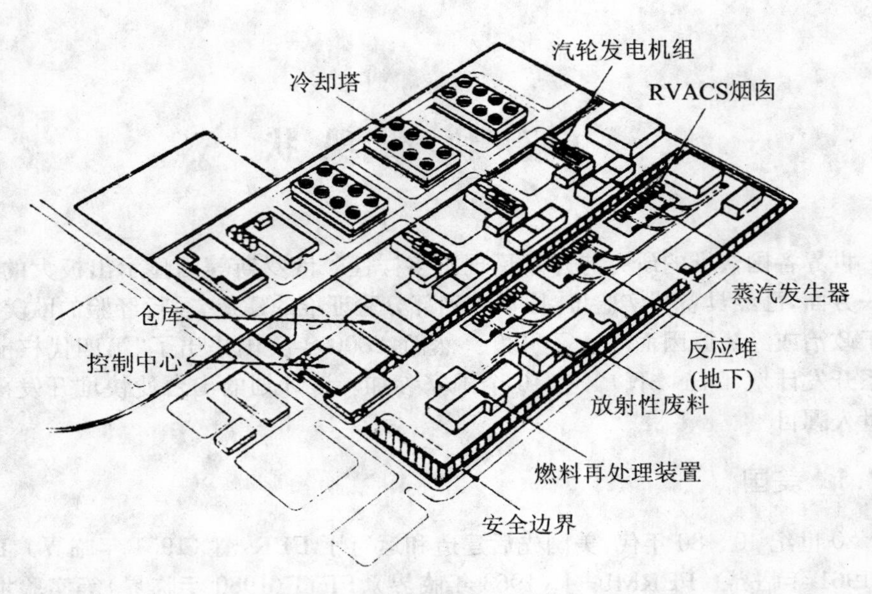

图 6.13 ALMR 电厂示意

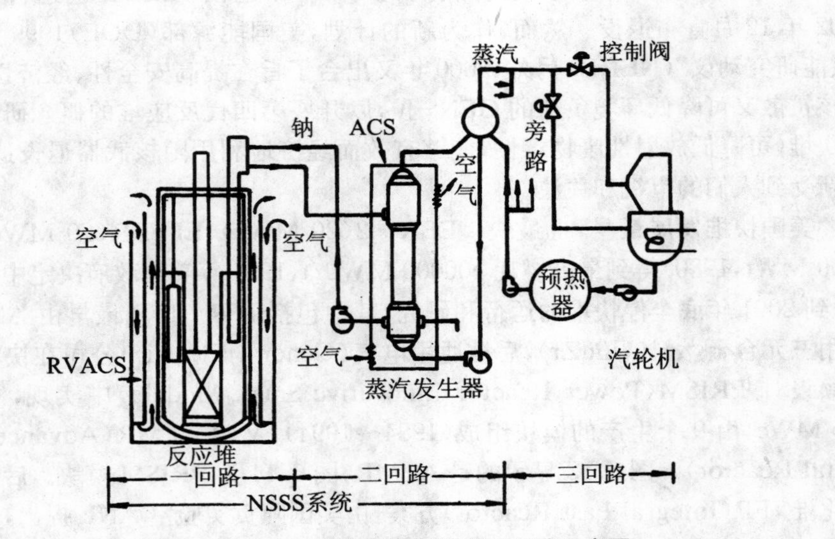

图 6.14 PRISM 单个模块的堆芯及回路示意图

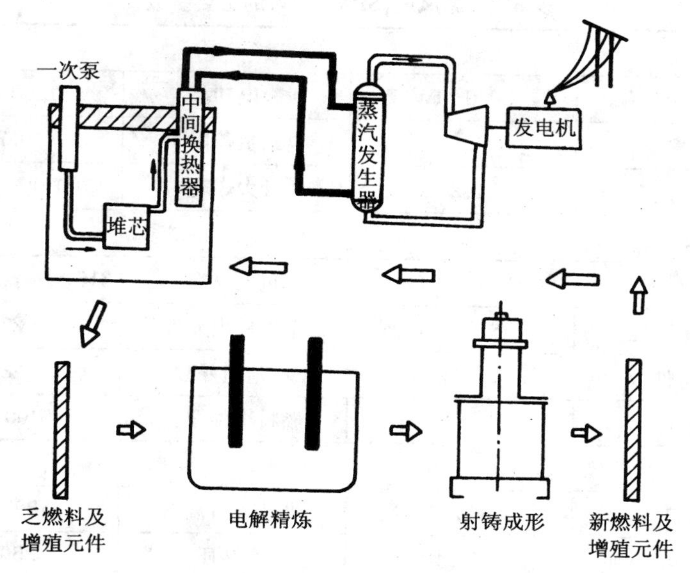

图 6.15　IFR 概念示意

6.7.2　欧洲

法国的凤凰原型快堆(250 MWe,1973 年临界)具有大约 30 年的运行经验。后来,凤凰快堆在进行设备改造后,约 2003 年 3 月前后重新运行,计划再延长其运行寿期 10 年。而后,计划利用 5 年时间,进行长期以来一直开展的高性能燃料材料开发、燃钚研究、次锕系元素的燃烧以及长寿命裂变产物(LLEP)核素转换研究(SPIN 计划)等的照射试验。

超凤凰实验快堆(SPX-1)是法国与欧洲其他国家一道合资建造的,主要参数见表 6.2(1240 MWe,1985 年临界),由于所谓"缺乏经济性"而于 1998 年 12 月放弃。该堆的退役改造工作预定于 2025 年前后完成。

法国钠冷却快堆的开发已经取得了相当的成绩,所以今后法国快堆开发将主要进行产氢等方面的研究,而可用做发电以外用途的反应堆的研究将会转移到气冷堆上。法国并与欧洲其他国家一道进行欧洲快堆(EFR)的建造,它是在超凤凰的基础上加以改进的,如图 6.16 所示。设计电功率为 1500 MW(热功率为 3600 MW),主要技术路线与 SPX-1 相似,混合金属氧化物燃料,钠池式结构,3 个回路。

表 6.2　超凤凰(SPX－1)堆的主要参数

电站总参数：			
热功率	3000 MW	净电功率	1200 MW
效率	40%	电站负荷因子	0.75
增殖比	1.24	最大燃耗	70000 MW·d/t
堆芯参数：			
燃料材料	PuO_2-UO_2	包壳材料	316 型奥氏体不锈钢
燃料棒外径	8.5 mm	每个组件内元件数	271
燃料组件数	364	增殖组件数	233
控制棒数	24	燃料组件全长	5400 mm
一回路：			
堆芯出口温度	545 ℃	堆芯入口温度	395 ℃
一次钠流量	4×4.24 t/s	一次钠质量	3500 t
主容器直径/高	21.0 m/15.5 m	一次泵数	4
IHX 数目	8		
一次泵：			
流速	4100 kg/s	温度	395 ℃
扬程	63 m·Na		
二次泵：			
流速	3300 kg/s	温度	345 ℃
扬程	28 m·Na		
中间热交换器：			
单元热功率	395 MW	一次钠进口温度	542 ℃
一次钠出口温度	392 ℃	二次钠进口温度	345 ℃
二次钠出口温度	525 ℃		
管道数目	5380	管径和壁厚	14 mm×1 mm
蒸汽发生器：			
二次钠质量	1500 t	二次钠流量	4×3300 kg/s

续表

蒸汽发生器：			
二次钠出口温度	525 ℃	二次钠进口温度	345 ℃
进口处给水温度	235 ℃	进口处给水压力	21 MPa
蒸汽出口温度	490 ℃	蒸汽出口压力	18.4 MPa
给水流速	4×340 kg/s	每个蒸汽发生器输出热功率	750 MW
传热管材料	因科镍 800		

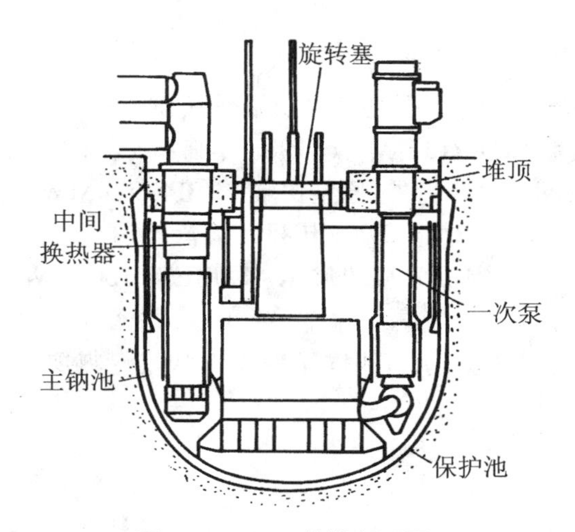

图 6.16 EFR 快堆剖面图

英国的原型快堆 PFR(250 MWe,1974 年临界)在消除自然循环衰变热及提高燃料燃耗研究方面取得了一定的成果,积累了约 20 年的运行经验。但是,由于英国以北海油田为首的化石燃料资源相当丰富,因此认为快堆实用化将会推迟到 21 世纪中叶以后,于是于 1994 年决定中止开发该反应堆,今后的 50～60 年间将实施退役计划。

德国的快实验堆 KNK－Ⅱ(20 MWe,1972 年临界)由热中子堆"KNK－Ⅰ"改造而来,已经积累了约 15 年的运行经验。随后,又建造了原型快堆 SNR－300(327 MWe),然而地方政府禁止 SNR－300 投入运行,联邦政府于 1991 年放弃了快中子增殖堆(FBR)开发计划。

6.7.3 俄罗斯

俄罗斯的快中子实验堆 BR－10（8000 kWt，1958 年临界）与 BOR－60（12 MWe，1968 年临界）分别运行了 30 年和约 35 年。另外，世界发电量最大的实验快堆 BN－600（600 MWe，1980 年临界）已经运行了约 20 年，目前仍以 75% 的平均功率继续良好地运行着。基于良好的运行业绩，2002 年开始，俄罗斯又重新建造大型快堆 BN－800（800 MWe），预计 2010 年左右建成。BN－600 和 BN－800 都是钠冷却型快堆，同时，俄罗斯还在开发铅冷却型快堆 BREST 等。俄罗斯是目前世界上快堆开发成绩最好的国家。

6.7.4 亚洲

亚洲地区有中国、印度、韩国在从事快堆研究。

印度的实验快堆 FBTR（15 MWe，1985 年临界）是在法国的帮助下建造的，于 1997 年 7 月首次并网发电。另外，原型快堆 PFBR（500 MWe）正在接受安全审查，原计划于 2003 年 4 月开工建造，2009 年投入运营。

韩国计划于 2006 年完成原型快堆 KALIMER（150 MWe）的基础设计，将于 2015 年前着手建造。

世界已建快堆见表 6.3，运行快堆见表 6.4，快堆燃料加工工厂见表 6.5。

表 6.3 世界各国已建快堆基本情况

堆名	国家	地址	首次临界	关闭	热量(MW)	电量(MW)	燃料	一回路	冷质	冷质温度入/出(℃)
Clementine	美国	洛杉矶	1946	1953	0.025		Pu 金属		汞	140/40
EBR-1		阿尔戈	1951	1963	1.4	0.2	U		钠/钾	
EBR-2 E Fermi		阿尔戈	1963	1994	62	20	U-Zr, U-Pu-Zr			482/370
(EFFBR)		底特律	1963	1972	200	66	U-Mo	循环	钠	427/268
SEFOR		阿肯色州	1969	1972	20		MOX	循环	钠	430/370
FFIF		汉福德	1980	1994	400		MOX	循环	钠	590/370
CRBR		克林奇河	1983 年装料		975	380	MOX	循环	钠	
DFR	英国	唐瑞	1959	1977	72	15	U-Mo	循环	钠/钾	350/230
PFR			1974	1994	600	270	MOX	循环	钠	560/400
BR-2	独联体	奥布宁斯克	1956	1957	0.1		Pu 金属		汞	70/40
BR-5			1959	1971	5		PuO_2, UC		钠	450/375
BR-10			1971		10		MOX, UN	循环		
BOR-60		季米特洛夫格勒	1969		60	12	MOX	循环	钠	550/360
BN-350		Chevenko	1972	1999	1000	150 与脱盐	UO_2	循环	钠	500/300
BN-600		别洛雅斯克	1980		1470	600	UO_2	循环	钠	550/550
BN-800			暂停	1996	3000	800	800		钠	550/350

续表

堆名	国家	地址	首次临界	关闭	热量(MW)	电量(MW)	燃料	一回路	冷质	冷质温度入/出(℃)
Rapsodie	法国	卡达拉什	1966	1982	20/40		MOX	循环	钠	510/404
Phenix		马库勒	1973		560	250	MOX	循环	钠	552/385
Super phenix		维尔	1985	1996	3000	1240	1240		钠	545/395
KNK-11	德国	卡尔斯鲁厄	1977	1991	58	21	MOX/UO_2	循环	钠	
SNR-300		卡尔卡	1991 年装料		770	327	MOX	循环	钠	560/380
PFC	意大利	Brasimone	装料		125		MOX	循环	钠	525/375
Joyo	日本	大洗	1977 (Mark-Ⅰ)		100 (Mark-Ⅱ)		MOX	循环	钠	500/370
Monju		敦贺	1994		714	280	MOX	循环	钠	529/397
FBTR	印度	Kalpakhan	1985		40		(U,Pu)C	循环	钠	518/400

表 6.4　世界运行快堆装置数据

	日本 Joyo(Mark -Ⅱ)	法国 Phenix	日本 Monju	哈萨克斯坦 BN - 350	俄罗斯 BN - 600	法国 Super phenix
功率						
热功率(MW)	100	560	714	1000*	1470	3000
总电功率(MW)	0	250	280	150	600	1240
净电功率(MW)	0	233	246	135	560	1200
堆芯						
活性高度/ 活性直径(m)	0.55/0.72	0.85/1.39	0.93/1.8	1.06/1.5	1.02/2.05	1/3.66
燃料质量(tHM)	0.76	4.3	5.7	1.17 ^{235}U	12.1 UO_2	31.5
组件数	67	103	198	226	370	364
最大功率(kW/I)	544	646	480	——	705	480
平均功率(kW/I)	475	406	275	400	413	280
燃耗预期(MWd/t)	75000	100000	80000	100000	100000	70000 (首次堆芯)
燃料						
易裂变材料	MOX	MOX	MOX	UO_2	UO_2	MOX
首次堆芯 富集度(%)	30 Pu	19.3 Pu	15/20 Pu_f	——	——	15.6 Pu
首次堆芯钚质量(t)						6
再装富集度(%)	30 Pu	27.1 Pu	16/21 Pu_f	17/21/26	17/21/26	20 Pu
再装钚质量(t)						7
装配更新率	70 天	3 月	5 月 20%	80efpd	160efpd	3 年 100%
形状	丸	丸	丸	丸	丸	丸
每组件燃料针数	127	217	169	127	127	271
装配几何性	六边形	六边形	六边形	六边形	六边形	六边形
平均线性额定功率 (kW/m)			21	36		
最高线性额定功率 (kW/m)	40	45	36	48	48	48
包壳温度(℃)	650	700	675	700	620	620
中心最高温度(℃)	2500	2300	2350	2200		

*:实际热量是 520 MW。

表 6.5 快堆燃料加工工厂

国家	生产工厂	能力(tHM/y)	工厂提供的快堆
比利时	德塞尔,核能公司	5	SNR-300
法国	卡达拉什,高杰马公司	20	Rapsodie,凤凰,超级凤凰
德国	哈瑙,西门子	10①	KNK-Ⅱ,SNR-300
日本	东海村堆,PNC	10	Joyo,文殊
英国	Windscale,BNFL	5	PFR
美国	阿波罗,巴高克—威尔科克斯(ex:NUMEC)	5②	FFTF
俄罗斯	Chelabinsk,在马亚克的帕克 季米特洛夫格勒,RIAR	0.3 0.1	BN-350, BN-600 BN-600

①:正被永久关闭。

②:正被拆卸。

6.8 中国实验快堆发展

图 6.17 中国首个快中子零功率测试装置[1]

中国的快堆[1]基础研究起步于1965～1987年期间,建成12套钠回路和试验装置,其中包括一座快中子零功率装置(图6.17)。1988～1993年中国原子能科学研究院与其他八个研究所和大学开展了一系列应用研究的863项目,重点进行了快堆设计研究,经过广大科技工作者的努力,已在快堆设计、钠工艺技术、燃料材料和快堆安全等方面取得突破性进展,建成20多套钠回路和试验装置。并开始与俄罗斯以及法国的合作研究。1998～2005年完成快堆施工设计,并在2000年开始主厂房建造,2002年主厂房封顶(见

图 6.18)，2005 年开始主容器安装(见图 6.19)。2008 年中国实验快堆(65 MWt，25 MWe)进入系统调试，2010 年 6 月再次批准正式装料，2010 年 7 月首次进入临界状态，以后进入临界实验(详见图 6.20、图 6.21、图 6.22、图 6.23)，计划 2011 年 6 月并网发电。另外，中国还计划于 2025 年前后建造 1000 MW 级大型实验快堆。

图 6.18　中国实验快堆主厂房封顶(2002 年 8 月)[1]

图 6.19　投入运行的中国实验快堆主容器安装照片[1]

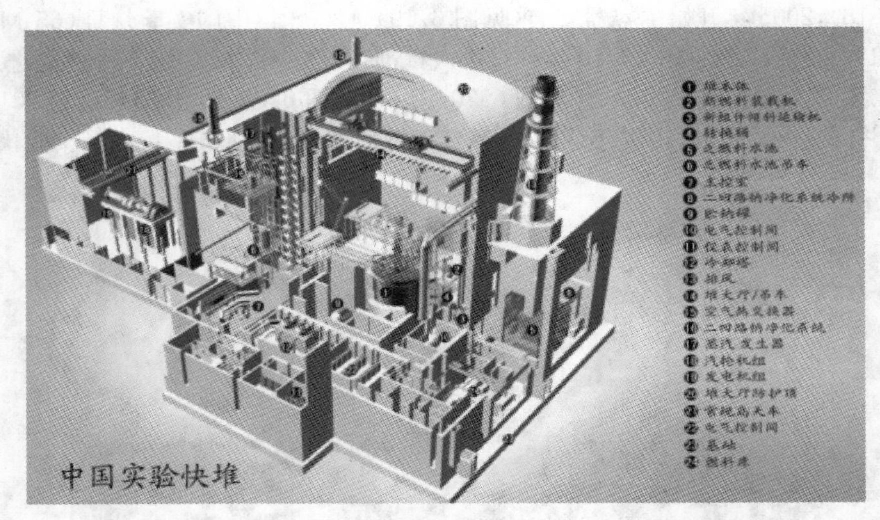

图 6.20　投入运行的中国实验快堆的厂房三维布局示意图[1]

图 6.21　投入运行的中国实验快堆反应堆大厅照片[1]

2010 年 8 月中国实验快堆首次临界，这是中国和平利用原子能研究的重要里程碑之一，对我国先进核电的研发与建设将起重要推动作用，使我国成为世界上少数拥有快堆的国家之一。在此期间，涉及长寿命放射性核素的中子物理学研究取得了一定进展，图 6.24 给出了 MA 类（镎—237、镅—241、镅—243、锔—244）核素与铀—238和钚—239裂变截面与中子能谱的关系[2]。图6.25至图6.29给出了中国实验快堆的几个系统的运行构造及早期构造示意。

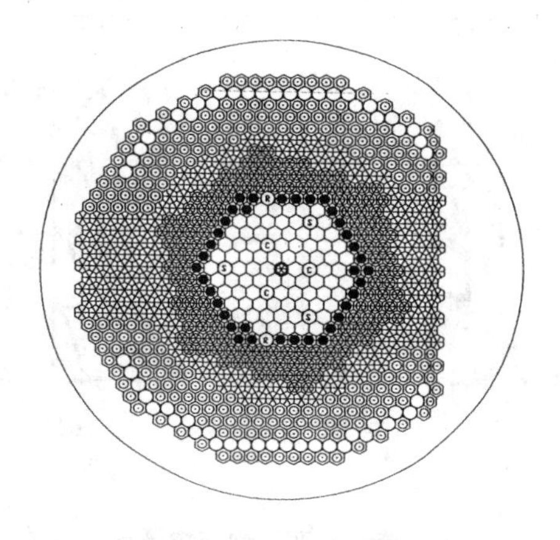

图6.22　投入运行的中国实验快堆的堆芯截面布置图[1]

图6.23　投入运行的中国实验快堆主控制台[1]

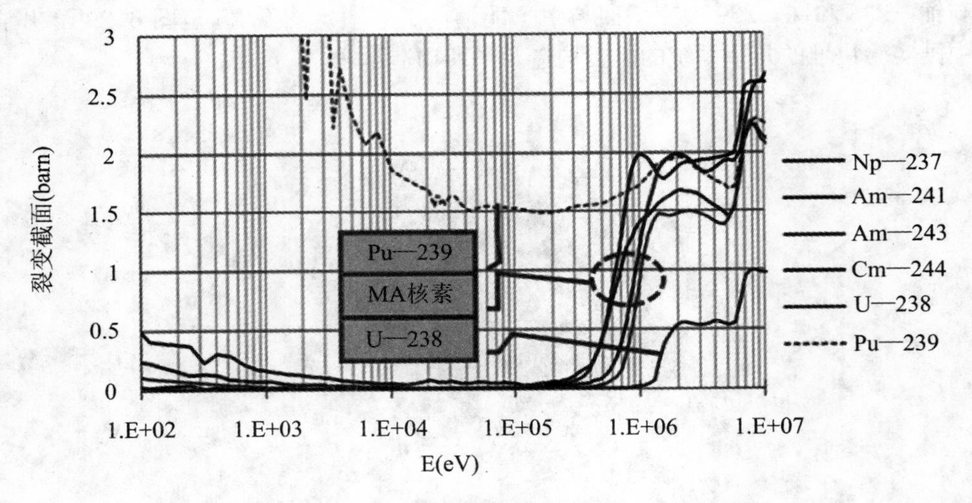

图 6.24 MA 等核素裂变截面与中子能谱的关系[2]

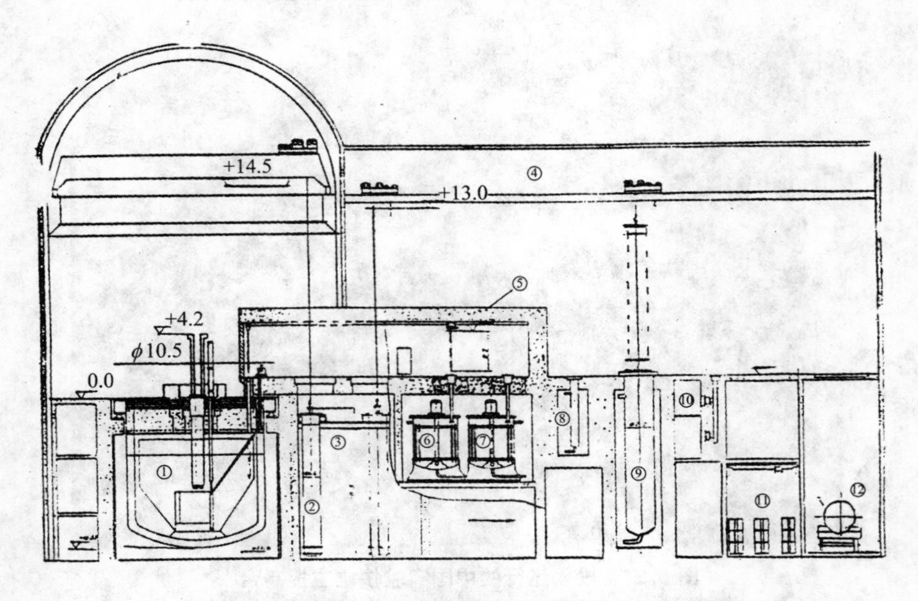

图 6.25 中国实验快堆(FFR)燃料操作系统示意图

1—反应堆本体;2—堆内部件拆卸专用设备(袋式设备);3—运输槽;4—燃料操作大厅;5—屏蔽运输走廊;6—乏燃料组件堆外储存容器;7—新组件预热容器;8—乏燃料组件清洗井;9—堆内大型机构部件清洗井;10—组件检查热室;11—新组件存储室;12—乏燃料运输车;13—新组件检查室(未在本图中示意);14—堆外储存水池(未在本图中示意)

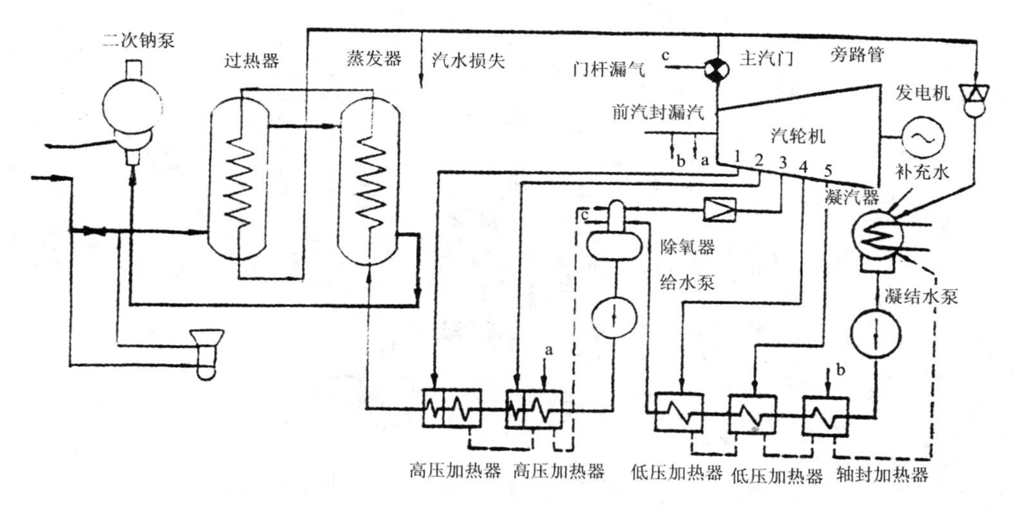

(a) 中国实验快堆（FFR）主传热系统结构示意图

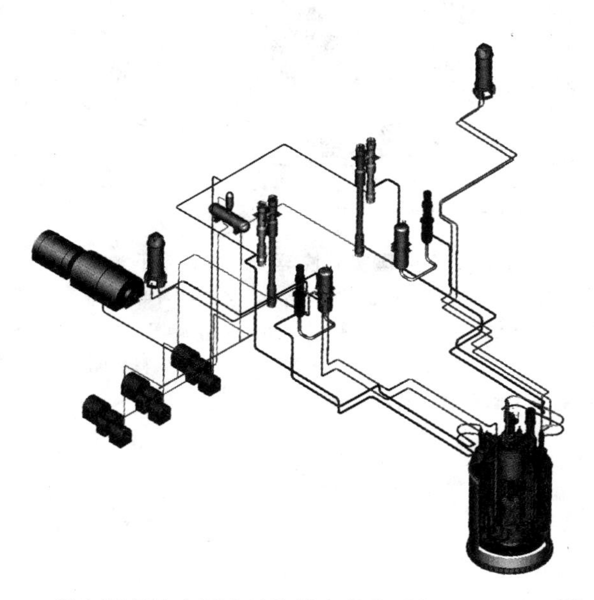

(b) 投入运行的中国实验快堆主传热系统布局示意图[1]

图 6.26 中国实验快堆(FFR)主传热系统示意图

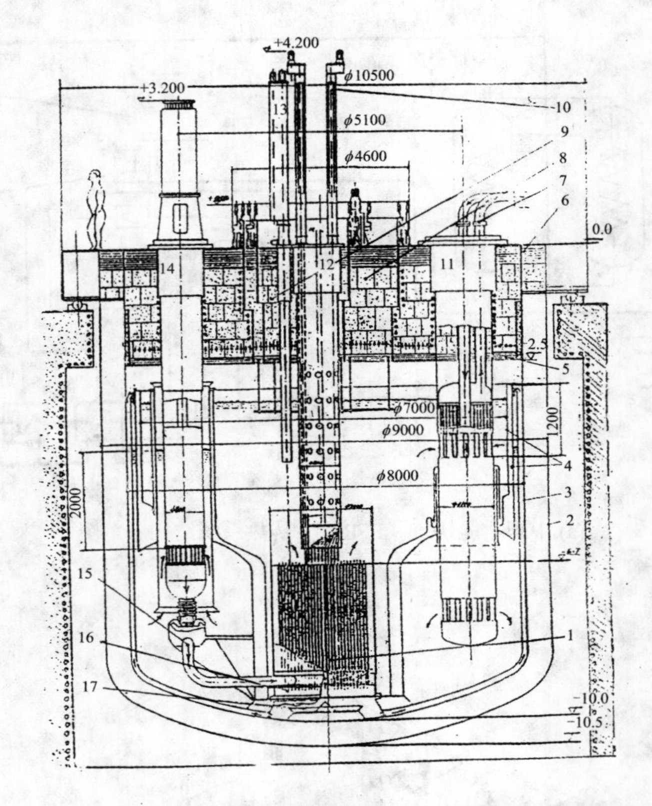

图 6.27　中国实验快堆(FFR)本体示意图

1—堆芯组件;2—保护容器;3—一次容器(主钠池);4—内池;5—隔热元件;6—堆顶盖;7—二回路管道;8—大旋塞;9—小旋塞;10—控制棒驱动机构(9);11—IHX(2);12—中心测量柱;13—堆内燃料操作机;14—主泵;15—主泵出口管座;16—栅板联箱;17—分数器

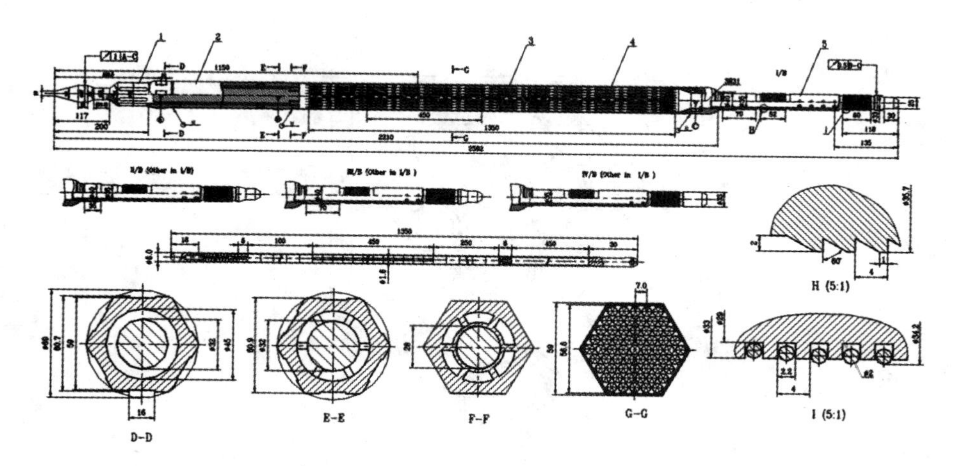

图 6.28　投入运行的中国实验快堆燃料组件结构[1]

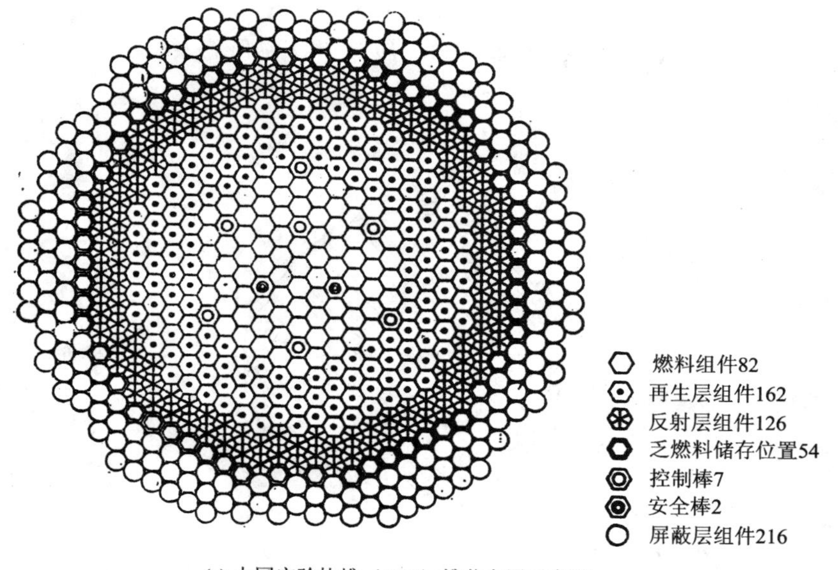

(a) 中国实验快堆（FFR）堆芯布置示意图

图 6.29　中国实验快堆(FFR)组件

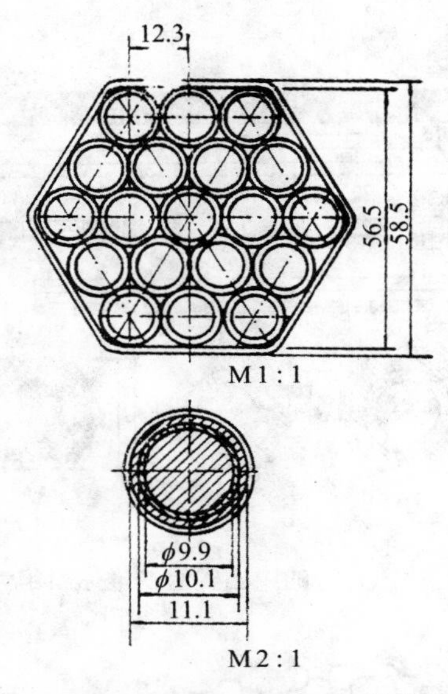

(b) 中国实验快堆（FFR）转换区组件截面示意图

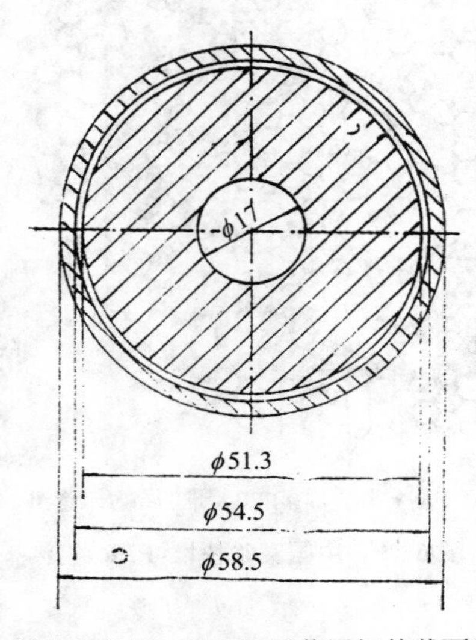

(c) 中国实验快堆（FFR）屏蔽层组件截面示意图

续图 6.29　中国实验快堆(FFR)组件

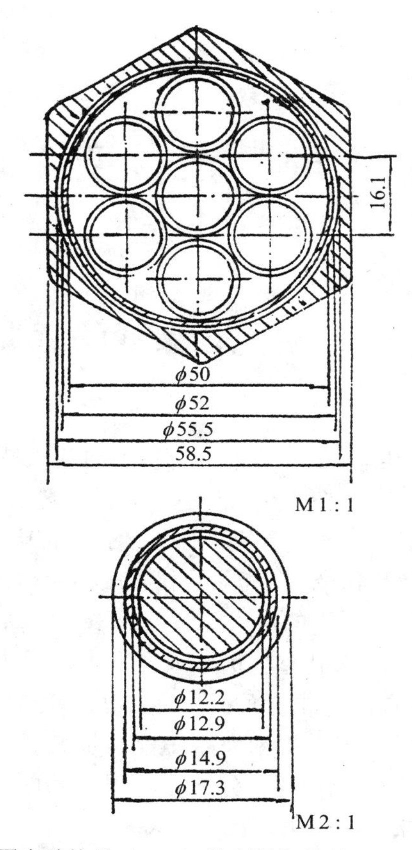

(d) 中国实验快堆（FFR）控制棒组件截面示意图

续图 6.29 中国实验快堆(FFR)组件

参 考 文 献

[1] 徐銤.全国核物理会议报告[R].2010.

[2] 胡赟,王侃,徐銤.钠冷氧化物燃料快堆嬗变 MA 研究[J].核动力工程,2010,31(1):18－23.

第7章　聚　变　堆

7.1　研究核聚变的意义

能源是社会发展的基础，迄今为止，煤炭、石油和天然气等化石能源一直是人类所利用的主要一次能源。由于化石燃料储量有限，随着社会的发展，能源消耗急速上升，预期200多年后，整个人类将面临一次能源枯竭的危机。此外，化石燃料是宝贵的化工原料，如仅用做燃料，资源的利用极不合理，还对环境造成严重污染。核聚变可释放出巨大能量，太阳的巨大能量就是来源于其内部发生的核聚变反应。氢弹的成功爆炸表明，在地球上通过氘氚聚变也可释放出巨大能量。核聚变的主要燃料是氘和氚。氘来自占地球总面积3/4的海洋，它是一个取之不尽的能源库。海水中提取氢的同位素氘，每立方米海水中能提取约33 g，能获得相当于约3000 MW·h电量的能量。氚是从资源十分丰富的锂中制取的。核聚变反应堆也是一种增殖堆，聚变释放出来的中子可以产生更多的氚。由此可见，核聚变可以为人类提供近乎无限的能源。聚变过程不产生二氧化碳、二氧化硫等有害气体，也不产生寿命长的放射性废物，聚变反应产物是无放射性的惰性气体氦，它既无化学毒性，又不产生放射性废物，不污染环境。此外，聚变反应堆安全性较好，因为反应堆一旦发生故障就会变冷而停止反应，不致引起爆炸事故。聚变反应的成本低廉，制取1 kg核裂变所需的浓缩铀需要花费1.2万美元，而制取1 kg核聚变所需的氘只要300美元。如果能实现可控热核氘氚聚变反应，这一新能源至少可供人类使用数十亿年，因此，聚变能将是人类实现可持续发展最理想的清洁而又取之不尽的新能源。

核聚变的理论依据是两个轻核在一定条件下能聚合生成一个较重核，同时伴有质量亏损，根据爱因斯坦的质能方程，聚变过程将会释放出巨大的能量。1 g氢同位素氘完全燃烧可产生相当于燃烧8 t煤释放的能量，因此聚变能源是取之不尽、用之不竭的符合国际环保标准的清洁能源，是人类解决未来能源问题的根本途径之一。反应条件是将一定密度的等离子体加热到足够高的温度，并且保持足够长的时间，使聚变反应得以进行。由于核聚变等离子体温度极高(达上亿度)，任何实物容器都无法承受如此高的温度，因此必须采用特殊的方法将高温等离子体约束住。像太阳及其他恒星是靠巨大的引力约束住1000万～1500万摄氏度的等离子体来维持聚变反应，而地球上根本没有这么大的引力，只有通过把低密度的等离子体加热到更高的温度(1亿度以上)来引起聚变反应。通过人工方法约束等离子体主要有两种途径，即惯性约束和磁约束。

7.2 可利用的聚变核反应

聚变能是由氢元素的同位素之间发生核反应释放而得，这种核反应也是太阳与恒星的能量来源，氢弹的爆炸也是聚变能的利用。一些可利用的聚变核反应有：

$$d + T \rightarrow {}^4He(3.52\ MeV) + n(14.1\ MeV) + 17.6\ MeV \tag{7.1}$$

$$d + D \rightarrow T + p + 3.37\ MeV \tag{7.2}$$

$$d + D \rightarrow {}^3He + n + 3.37\ MeV \tag{7.3}$$

$$d + {}^3He \rightarrow {}^4He + p + 18.14\ MeV \tag{7.4}$$

$$p + {}^{11}B \rightarrow 3({}^4He) + 18.76\ MeV \tag{7.5}$$

式中，d和p分别为弹核的氘与质子，D和T分别为靶核的氢(H)的同位素氘和氚，^3He和^4He分别为生成的氦的同位素，n为发射的中子，p为发射的质子，括号中的数字表示反应产物所携带的动能。

7.3 实现受控核聚变的基本要求

7.3.1 劳逊判据

假定从聚变堆中逸出的总功率，即聚变功率加热传导功率为外部集热器所收集，然后以一定的转化因子转化为电功率，利用这个电功率来维持聚变堆中的等离子体功率损失，可以得到一个条件，这个条件称为劳逊判据：

$$\eta\left(\frac{1}{4}n_e^2\langle\sigma v\rangle E_{fus}+P_{brem}+\frac{3n_eT}{\tau_E}\right)\geqslant\frac{3n_eT}{\tau_E}+P_{brem} \tag{7.6}$$

式中 n_e 为等离子体电子密度（单位 $10^{14}\ cm^{-3}$），T 为温度（keV），τ_E 为能量约束时间（s），E_{fus}为一次聚变反应释放的能量，P_{brem}为轫致辐射损失功率，$\langle\sigma v\rangle$为聚变反应几率，η 为电功率转化因子。上式取等号并解出 $n_e\tau_E$，得

$$n_e\tau_E=\frac{3T(1-\eta)}{\eta\left[\frac{1}{4}\langle\sigma v\rangle E_{fus}+C\sqrt{T}\right]-C\sqrt{T}} \tag{7.7}$$

上式右方仅为温度的函数，若温度以 keV 计，则上面公式右方分母中的 E_{fus}应乘以 10^{15}（例如，对氘氚反应，$E_{DT}=17.6\times10^{15}$），而轫致辐射功率中的相应系数 $C=0.3$。对氘氚聚变堆来说，在劳逊条件中，没有考虑 α 粒子对氘氚等离子体的自加热，这一部分功率为全部聚变功率的1/5。

7.3.2 能量得失相当判据

考虑粒子对氘氚等离子体的自加热，这时直接逸出反应堆区域的聚变功率是由中子携带的那部分聚变功率，即$(4/5)P_{fus}$，进行类似的分析，实现零功率输出的条件为

$$\frac{3n_eT}{\tau_E}+P_{brem}-\frac{1}{5}P_{DT}=\eta\left(\frac{4}{5}P_{DT}+P_{brem}+\frac{3n_eT}{\tau_E}\right) \tag{7.8}$$

式中 P_{DT}为聚变功率。解出 $n_e\tau_E$，得

$$n_e\tau_E=\frac{3T(1-\eta)}{\frac{1}{4}\langle\sigma v\rangle_{DT}E_{DT}\left(\frac{1}{5}+\frac{4\eta}{5}\right)-C\sqrt{T}(1-\eta)} \tag{7.9}$$

这一条件明显低于劳逊判据的要求。

7.3.3 自持燃烧条件

对氘氚聚变堆来说，由于存在 α 粒子的自加热，有可能建立完全或基本上依靠这种自加热将聚变反应长期维持下去的工作状况。其物理设想是：先用外加热方法将氘氚等离子体加热到足够高的温度，如果约束也足够好，则在关闭外加热功率时聚变反应可以长期维持下去。这个条件称为“点火”。类似于普通的烧煤炉子，当把煤点燃后，如煤的温度已足够高，煤就可以自身维持燃烧状态。显然，一个实用的聚变堆，应该是在自燃状态下工作的。否则，虽然可以获得净能量输出，但需从外部维持对等离子体的加热，这种加热设备将是十分昂贵的。自持燃烧条件要

求 α 粒子的功率等于或大于总的等离子体损失功率，即要求

$$\frac{1}{5}P_{\mathrm{DT}} \geqslant \frac{3n_{\mathrm{e}}T}{\tau_{\mathrm{E}}} + P_{\mathrm{brem}} \tag{7.10}$$

由此可得

$$n_{\mathrm{e}}\tau_{\mathrm{E}} \geqslant \frac{3T}{\frac{1}{20}\langle\sigma v\rangle_{\mathrm{DT}}E_{\mathrm{DT}} - C\sqrt{T}} \tag{7.11}$$

对氘氚反应，劳逊条件比零功率条件要求高，而比点火条件要求低。

以上计算都是很粗糙的近似估算，因为没有考虑物理量的空间分布，也没有考虑许多重要的物理过程。例如，在关于点火条件的分析中，假定 α 粒子的功率完全沉淀在氘氚等离子体中，这是太理想化的假定。此外，没有考虑杂质辐射以及杂质成分引起的有效燃料成分的减少。事实上，根据电中性条件

$$n_{\mathrm{e}} = n_{\mathrm{D}} + n_{\mathrm{T}} + \sum_{z>1} zn_z \tag{7.12}$$

可知，在反应堆中心混入很微量的杂质离子，也会引起有效燃料离子浓度的很大减少，从而使有效聚变功率更大的减少。聚变 α 粒子的能量也绝不可能是就地沉淀在氘氚等离子体中，它们本身有特定的约束规律。虽然以上得到的公式都是粗糙的近似，但仍然为聚变研究指出了方向。对氘氚聚变来说，基本上归结为两方面的要求：第一，要求将氘氚等离子体的温度加热到 10 keV(10^8 K)以上；第二，要求等离子体的粒子密度与能量约束时间的乘积大于(2～4)×10^{14} $\mathrm{cm^{-3}}$ · s 以上。

7.4 受控核聚变研究历程

20 世纪 30 年代，在英国剑桥的卡文迪什实验室进行了人类历史上第一次核聚变实验，结果可想而知，著名的物理学家卢瑟福于 1933 年宣布：从原子中寻找能源无异于痴心妄想！然而随着第二次世界大战的结束和曼哈顿计划（原子弹爆炸）的成功实施，人们对原子物理和核聚变的兴趣与日俱增。1952 年 11 月 1 日，西太平洋埃尼威托克岛秘密爆炸了一颗氢弹，爆炸中释放的巨大能量宣告人类终于成功地实现了核聚变。欣喜之余，科学家们设想能否将爆炸中瞬间释放的巨大能量缓慢地释放出来，以实现和平利用核能的目的呢？事实上，科学家们一直在为受控核聚变努力着。1951 年，阿根廷的学者们声称实现了受控核聚变，尽管后来证明

这个结论是错误的，但也为其他科学家提供了有益的经验。

这个时候，世界上许多国家都在秘密开展受控核聚变的相关研究。美国的物理学家斯必泽在普林斯顿大学等离子体物理实验室建造了磁约束装置仿星器，物理学家詹姆士·塔克在洛斯阿拉莫斯国家实验室建造了磁场箍缩装置，爱德华·泰勒在劳伦斯利弗莫尔实验室把氢弹研究扩展到惯性约束研究。在英国，聚变研究的大量工作是在大学里开展的，其中最主要的有位于哈维尔皇家学院的汤姆逊研究组和位于牛津大学的桑尼曼研究组，汤姆逊还发明了一项聚变堆专利。1952年，物理学家库辛和沃尔建造了小型等离子体环形箍缩装置；后来又建造了规模较大的实验装置 ZETA，ZETA 是一种稳定的环形箍缩装置，于 1954 年开始使用，到 1958 年停止。在前苏联，聚变研究也在有条不紊地开展，但都在高度保密状态下进行。直到 1956 年冷战结束，前苏联领导人赫鲁晓夫访问英国，才促成了聚变研究逐步开展国际合作。由于聚变反应的实现条件非常苛刻，不是一个国家的力量就能实现的，基于这样一个认识，1958 年日内瓦召开的国际原子能大会上终于通过了开展国际合作与交流的决定。

此后几年，聚变研究进展非常缓慢。直到 10 年后，即 1968 年，在前苏联新西伯利亚召开的第三次国际等离子体物理和受控热核聚变会议上，前苏联物理学家塔姆和萨哈罗夫报告在托卡马克装置 T－3 上获得了非常好的等离子体参数。消息传来，聚变界深受鼓舞，但同时也有人表示怀疑。1969 年，在征得塔姆等人同意后，英国卡拉姆实验室主任亲自携带最先进的激光散射设备重新测量了 T－3 上的电子温度，结果发现测得的温度比塔姆等人报告的温度还要高！自那以后，托卡马克在聚变研究中脱颖而出，成为磁约束聚变的主要研究平台，世界范围内也掀起了托卡马克研究热潮。

美国首先把当时最大的仿星器改装成托卡马克，并很快投入运行，获得了跟 T－3 类似的结果。这期间世界上建造了许多托卡马克装置，如美国普林斯顿大学的 ATC、橡树岭国家实验室的 ORMAK、麻省理工学院的 Alcator，英国的 Cleo，法国的 TFR 400，联邦德国的 Pulsator，日本的 JFT－2 等。这批装置一般被称为第一代托卡马克。在此基础上，紧接着又建造了规模较大的第二代托卡马克装置，典型的有美国普林斯顿大学的 PLT，前苏联的 T－10，美国通用原子能机构的 Doublet，联邦德国伽兴的 ASDEX。这批装置在 20 世纪 70 年代中期先后投入运行，并获得重要进展。为了研究接近聚变点火条件的高温等离子体的性质，开始设计第三代托卡马克装置。这就是美国的 TFTR、欧洲的 JET、日本的 JT－60 和前苏联的T－15。前三个装置已分别于 1982 年、1983 年和 1985 年投入运行，取得了非常显著的成果。1991 年 11 月 9 日，在 JET 装置上首次获得了 17 MW 的受控聚变能，接着，1993 年在 TFTR 装置上通过氘氚等离子体燃烧获得了 10 MW 的聚变能，1997 年，在 JET 装置上获得了 16 MW 的聚变能。

我国开展核聚变研究最早可追溯到 20 世纪 50 年代中期，主要有两大研究基地：中国核工业集团公司西南物理研究院（成都）和中科院等离子体物理研究所（合肥）。20 世纪 70 年代左右，国内学者分别利用中科院物理研究所和中科院等离子体物理研究所的 CT6、HT－6B、HT－6M 等小型托卡马克装置对放电物理等课题进行了研究。1984 年，中国环流器一号（HL－1）在西南物理研究院投入运行；1992 年，HL－1 改造成 HL－1M；1994 年，HT－7 超导托卡马克在中科院等离子体物理研究所改造成功，使我国成为继法、日、俄之后第 4 个具有超导托卡马克装置的国家。2006 年，中科院等离子体物理研究所研制的世界第一座具有偏滤器位形的非圆截面全超导托卡马克装置 EAST 投入运行[2]，EAST 主要研究长脉冲物理。

磁约束聚变研究从 20 世纪 50 年代初就开始了，起初是“百花齐放、百家争鸣”，各种途径齐头并进，群雄割据。但在克服等离子体“宏观稳定性”这一走向建堆的第一道“障碍”的研究中，托卡马克装置异军突起。通过 30 余年的努力，又在等离子体电流驱动、走向稳态运行、提高约束模式、L－H 模转换等方面取得进展，在 TFTR（美）、JET（欧盟）及 JT－60U（日本）等装置上第一次得到聚变功率，并接近“得失相当”，即得到“燃烧等离子体”。这意味着，需要有一个实验堆来验证氘氚燃烧等离子体的“科学可行性”，以及一个聚变堆完整的系统工作，哪怕不是很高的中子流强，即部分的“工程现实性”就可得到验证。于是人们开始考虑“建堆”，这就是建造 ITER 的背景和主旨，具体可见图 7.1 及图 7.2。1985 年，在美国、前苏联的倡议下，美国、日本、前苏联及欧洲的一些国家开始进行 ITER 项目的合作研究。

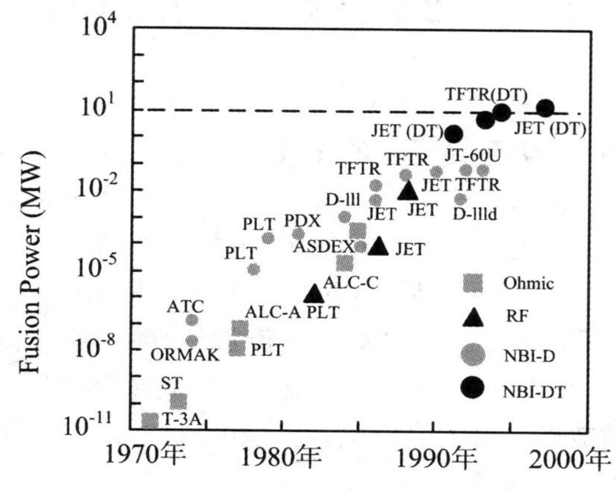

图 7.1 30 余年来托卡马克的进展

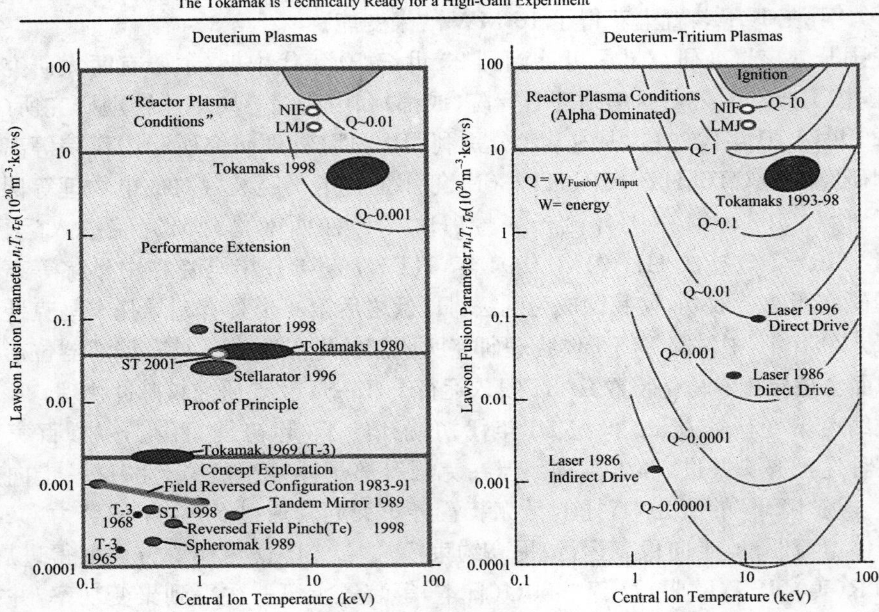

图 7.2 世界范围各种约束"三重积"显示

7.5 托卡马克的工作原理

现在磁约束装置中,研究得最多的是托卡马克,它是前苏联科学家最先提出的。它的组成部分有三:

(1) 能产生、约束、加热等离子体的极向场系统:可以是铁芯,也可以是空芯变压器。在变压器原边器合上开关后,通过电磁感应,能在真空室内产生环电压,击穿而电离,从而产生等离子体。通过本身电流加热,使等离子体电流进一步增大,且本身电流又能约束等离子体,使之达到磁压与等离子体内压平衡。

(2) 能提供合适放电条件的真空室,与之相应的抽、充气,清洗放电系统,一般包层、偏滤器、屏蔽也放在里面。

(3) 能保障环向等离子体电流稳定放电的纵场系统。

具体见图 7.3。

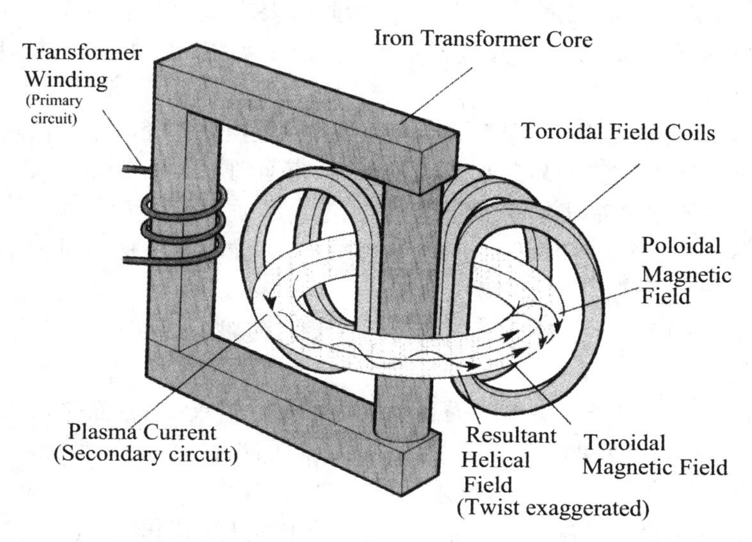

图 7.3 托卡马克工作原理

在磁场中,带电粒子沿磁感线做螺线轨道运动。等离子体可看做是带电粒子的集合,炽热的等离子体温度特别高,无合适的材料做成容器予以储存,而磁场能约束等离子体,使之与用固体材料构成的器壁相隔离,成为理想的约束区。稳定的约束取决于等离子体的压强 P 与磁压 $B^2/2$ 之比,这个比值称做 β 值,其最大值仅能达到理论极限的一小部分。磁场作为等离子体的约束区需采用适当位型。自 20 世纪 50 年代以来,受控聚变界已采用过多种磁场位型。开端型的有磁镜、串级镜、直线箍缩等,闭合型的有环型箍缩、绉折环、仿星器、托卡马克等。种类层出不穷,不胜枚举。

由于具有优良的等离子体约束性能,到目前为止,托卡马克装置被认为是最有前途的受控热核聚变装置,因此,托卡马克成为目前世界上受控热核聚变研究的热点。

托卡马克(TOKAMAK)一词由俄语中"TOroid(环形)"、"KAmera(真空室)"、"MAgnit(磁体)"和"Katushka(线圈)"四个单词开头的几个大写字母组成。这个装置是一个环形等离子体磁约束系统,如图 7.3 所示。其中主要磁场由环向磁场 B_T 和极向(正交于环向)磁场 B_P 组成,环向磁场由绕于环形真空室上的载流线圈产生,极向磁场由流经等离子体的环向电流产生,这个环向电流是由变压器感应产生的，通常 $B_T > B_P$，螺旋状磁场形成磁面。等离子体本身作为变压器的次级绕组，中心螺管是变压器初级绕组，变压器可以是铁芯的，也可以是空芯的。为了改善约束，等离子体的截面是非圆截面，为此需要在适当位置安放附加的线圈。托卡马克聚变堆主要组成部分包括真空室、磁体系统、加料系统、排灰系统、包层等。

托卡马克和其他磁约束等离子体中有 4 种能量损耗途径需加以控制：

(1) 粒子碰撞。它改变了被约束粒子的轨道运动，产生扩散型能量损失。

(2) 等离子体的辐射冷却。它主要由高电荷杂质离子产生。

(3) 小尺度的等离子体不稳定性。这使得离子在小步的输运过程中引起等离子体能量横越磁力线向器壁慢慢扩散。

(4) 大尺度的等离子体不稳定性。它在瞬间使磁力线变形，从而引起等离子体直接漏失。

托卡马克在等离子体参数的提高上取得了重大进展，一方面是增加了等离子体规模尺寸，另一方面是成功地运用了优化等离子体性能的一系列辅助技术，通过对装置中粒子反常输运、理想磁流体不稳定性、电阻性磁流体不稳定性、微观不稳定性及其所引起的微观湍动现象等大量等离子体物理问题的研究，在这些研究成果基础上发展起许多技术，包括：

(1) 改变磁场位形，以实现等离子体横截面控制和反馈控制。

(2) 通过可控的喷气或注入固态氢微粒，人为地控制密度。

(3) 用强高能中性原子束注入、射频电磁波和绝热压缩等辅助加热手段加热等离子体。

(4) 通过特殊设计的"限制器"、器壁材料的选择和偏滤器，控制等离子体边界状态，将等离子体和器壁隔离，从而有效地减少由器壁蒸发的杂质离子。

实用的托卡马克聚变堆，其堆芯等离子体温度可达 10 keV 左右，密度为 $10^{20}\ m^{-3}$ 量级。等离子体电流所产生的欧姆加热仅能使托卡马克等离子体的温度增至几个 keV。为了使温度增至大于 10 keV 量级，还需用中性束和电磁波进行辅助加热。变压器的作用只能产生脉冲式的环向等离子体电流。理想的运行应在环向有着连续的等离子体电流，恰巧环行装置如托卡马克中，等离子体本身产生相当份额的电流，称做自举电流(Bootstrap Current)，环向电流还可使用中性束注入及射频波的方法来辅助驱动，以区别于变压器的感应驱动。

在现有的托卡马克中，要有效地放电，粒子密度需保持在 $10^{20}\ m^{-3}$，这低于大气压一个因子 10^6，故等离子体需储存于高真空容器内，其中杂质要减到最低水平。等离子体中的杂质是指氢元素同位素及氦元素之外的元素，它们的混入将引起辐射损耗，并使燃料淡化，故阻止杂质混入等离子体是使装置顺利运行的重要措施。有效的办法是用偏滤器将杂质沿磁感线引至远离等离子体的挡板上，一般挡板上所受功率相当可观，故选用材料颇有讲究。

聚变驱动器及包层的技术基础经过50余年的艰难历程，开发聚变能的科学可行性已得到证实，并取得了突破性进展：

(1) 聚变燃料已可被加热到2亿～4亿度的高温。在日本最大的托卡马克JT-60U上，表征聚变反应率的最重要参数，温度×密度×能量约束时间（即“聚变三重积”）已达到1.5×10^{21} keV·m^{-3}·s（参见表7.1）。这一重要参数在过去20年内已提高了10000倍，目前离纯聚变堆的要求仅仅还差约20倍。

(2) 在美国最大的托卡马克TFTR和欧洲的JET上，峰值聚变输出功率已分别达到10.7 MW和16.1 MW，此等强度的中子源如果产生脉冲能更长或连续产生，就具备了一定实用价值。与此同时，观测到了相当可观的α粒子加热效应，将来只有靠α粒子加热聚变堆才能自持燃烧。

(3) 表征聚变输出功率（获得）和输入功率（消耗）之比的Q值在TFTR和JET上已接近1。在日本的JT-60U上等效Q值已超过1，达到1.25。

另外，受控核聚变研究的进展还包括：利用超导磁体和非感应电流驱动技术可维持稳态的等离子体，对破坏等离子体稳态约束的宏观不稳定性已取得较清楚的认识，并正在发展控制不稳定性的方法；在短时间（秒级）实现了良好的等离子体约束（如H模、VH模等）。

表7.1 世界主要托卡马克装置参数

装置	英 START	美 NSTX	美 TFTR	日 JT-60U	欧洲 JET	美 DⅢ-D	中 EAST	韩 KSTAR
R(m)	0.32	0.85	2.52	3.4	2.96	1.6	1.7	1.8
a(m)	0.25	0.68	0.87	1.0	1.25	0.56	0.4	0.5
$A=R/a$	1.3	1.26	2.9	3.4	2.4	2.9	4.25	3.6
I_t(MA)	0.31	1.0	2.7	5.0	4.8	3.0	1	2.0
B_0(T)	0.3	0.3	5.6	4.2	3.45	2.2	3.5	3.5
κ	≤3	≤2.2	---	1.8	1.7	---	1.6～2	2.0
P_α(MW)	---	---	10.7	---	16	0.003	---	---

续表

装置	英 START	美 NSTX	美 TFTR	日 JT-60U	欧洲 JET	美 DⅢ-D	中 EAST	韩 KSTAR
P_f(MW)	1.0	11	39.5	58	25	25.8	7.5	16
Q	---	---	0.27	1.25	0.60	---	---	---
$n(\times 10^{21}\,m^{-3})$	---	---	5	1.53	5	0.5	---	---

托卡马克除了本身环电流加热之外，还有各种辅助加热手段，如图 7.4 所示。

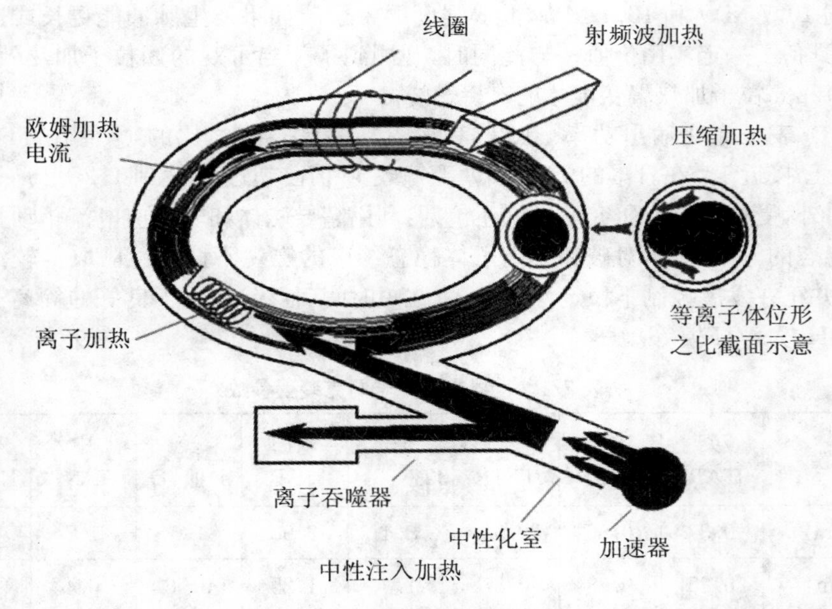

图 7.4　托卡马克加热原理

一个氘氚燃烧的聚变堆的组成有如下部分：

(1) 真空室内产生 14 MeV 的中子，它要通过第一壁到包层，在包层里要产氚、产生能量，最后中子减速，通过屏蔽，使之离开包层时，其辐照损伤水平降到后面磁体能接受的水平。

(2) 在包层中置放 Li，使之能维持氘氚反应。

(3) 中子在包层中产生的热量，通过传热的介质，带到以水为介质的第二回路的蒸汽发生器中产生的高压蒸汽，推动透平发电；也有可能是导电气体通过磁场的“磁流体发电”。

(4) 与等离子体直接接触的第一壁，遭受 14 MeV 的高能中子和带电粒子的直接轰击，是材料问题的关键所在。

(5) 偏滤器是排除聚变堆能量流和高能带电粒子流的重要手段。

图 7.5 展示了 DT 聚变堆的工作原理，图 7.6 展示了托卡马克的典型供电系统，图 7.7 展示了托卡马克放电的典型波形。

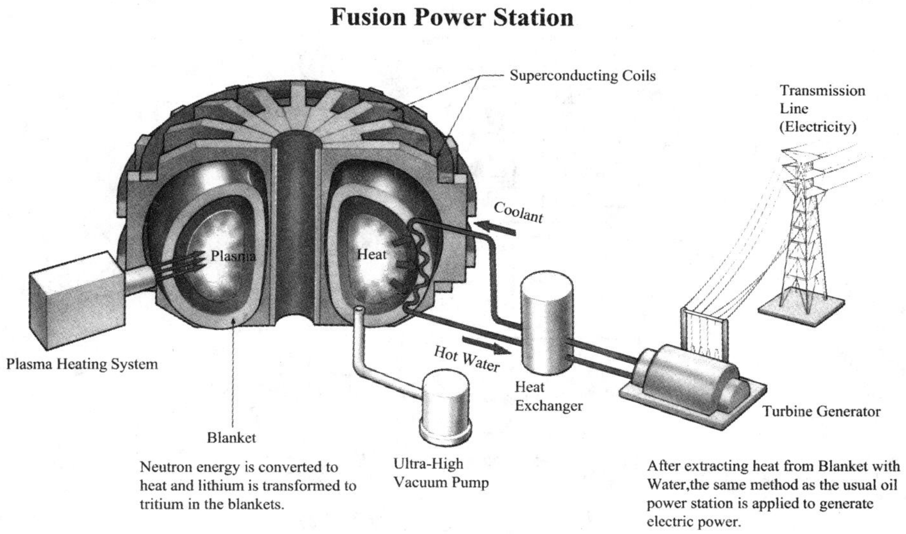

图 7.5　D+T 聚变堆工作原理

由于变压器磁通 φ_{OH} 的变化，在真空室内感应等离子体电流，为了提高等离子体温度，必须要求附加加热功率 P_{add}，同时充入燃料 D+T，使之燃烧，产生聚变功率，同时排除 He 灰，保持等离子体密度，以得到稳定的聚变功率输出。图 7.8 展示了 HT-7 超导装置，HT-7 装置的参数列于表 7.2。

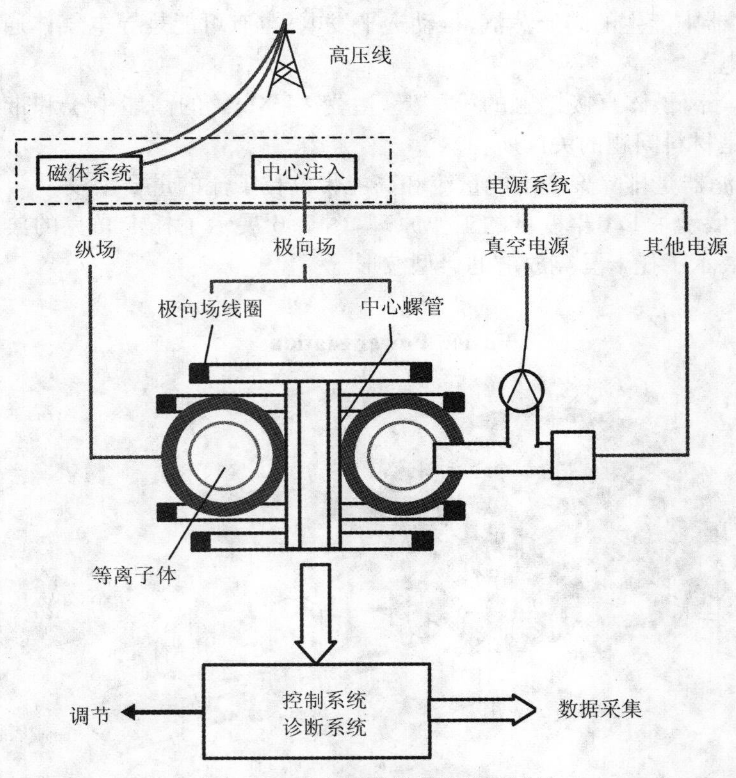

图 7.6　托卡马克的典型供电系统

表 7.2　HT－7 装置的物理参数

参　数	指　标
R(m)	1.22
a(m)	0.285
I_p(kA)	100～250
n_e(cm^{-3})	1×10^{13}
B(T)	1～2.5
T_e(keV)	1～2
T_i(keV)	0.2～0.6
t(s)	1～5
ICRF f(MHz)	15～45
LHCD f(GHz)	2.45

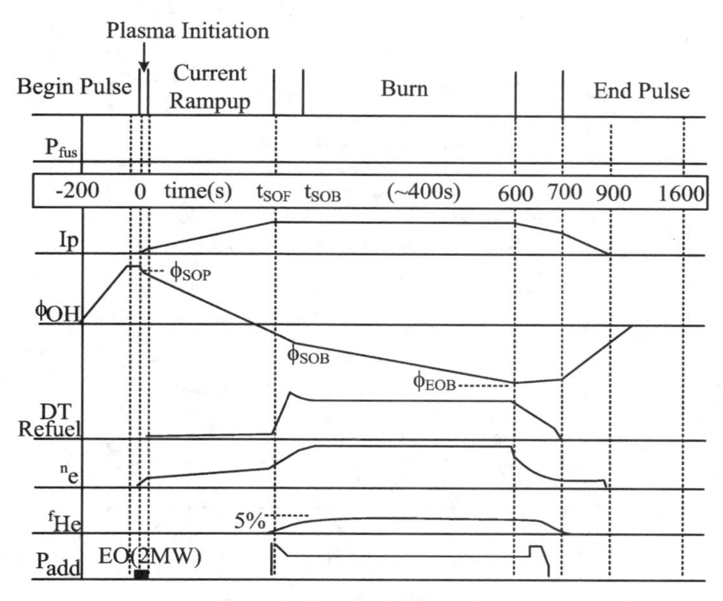

图 7.7 托卡马克的典型放电波形

图 7.8 HT-7超导托卡马克全景

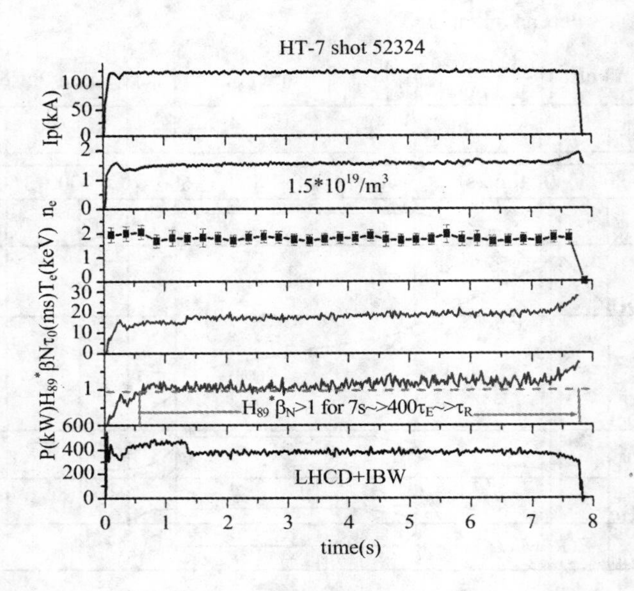

图 7.9　HT-7 放电波形(1)

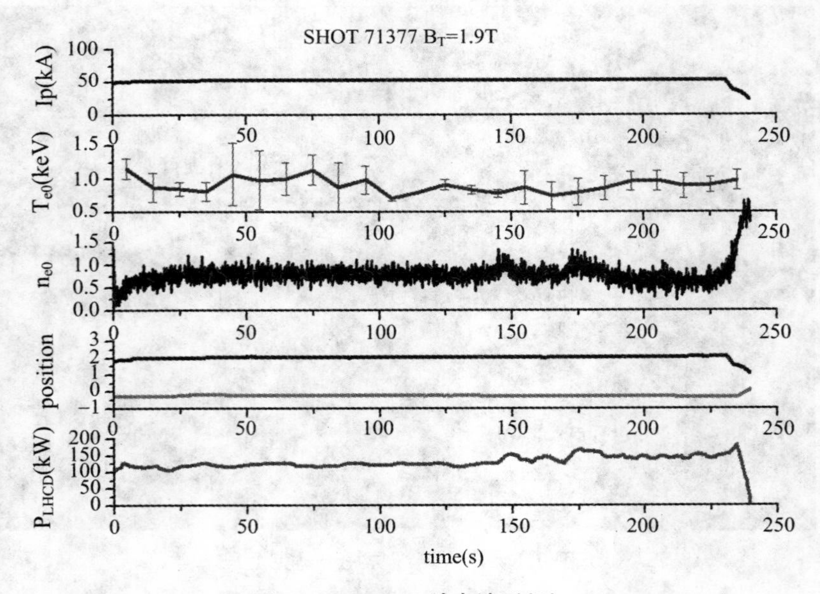

图 7.10　HT-7 放电波形(2)

7.6 EAST 介绍

EAST(Experiment Advanced Superconducting Tokamak)的原名为 HT-7U,是具有大拉长非圆截面的全超导托卡马克核聚变实验装置,其主要参数与指标如表 7.3 所示。

表 7.3 EAST 的主要参数指标

参 数	指 标
纵向磁场(Toroidal Field) B_0(T)	3.5
等离子体电流(Plasma Current) I_P(MA)	1～1.5
主半径(Major Radius) R_0(m)	1.95
小半径(Minor Radius) a(m)	0.5
环径比(Aspect Ratio) R/a	4.25
Elongation: K_x	1.6～2
Triangularity: dx	0.6～0.8
加热与电流驱动(Heating and Current Driving)	
离子回旋共振加热功率(ICRH)(MW)	6
低杂波驱动电流功率(LHCD)(MW)	6
中性束功率(NBI)(MW)	4(8)
电子回旋共振加热功率(ECRH)(MW)	0.5(2)
脉冲长度(Pulse length)(s)	1000
位形(Configuration)	DN,SN

1997 年,国家科技领导小组批准中国科学院等离子体物理研究所进行 EAST 的预制研究,1998 年批准正式立项,2006 年建成,并在其上进行了高参数稳态运行条件下,先进运行模式的实验研究。EAST 的成功建造、运行和实验是中国聚变界

在开发聚变能源的研究领域做出的重大贡献。图 7.11 展示了 EAST 装置的全景，图 7.12 到图 7.16 分别为装置外杜瓦、内外冷屏、装置本体、超导磁体及真空室的示意图。

图 7.11　EAST 装置全景示意图

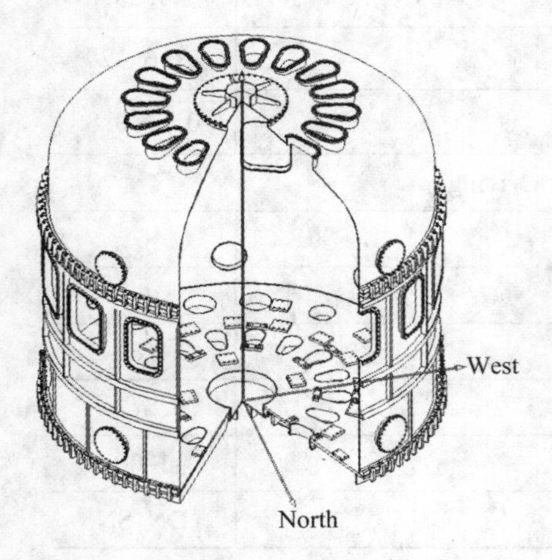

图 7.12　EAST 装置外杜瓦

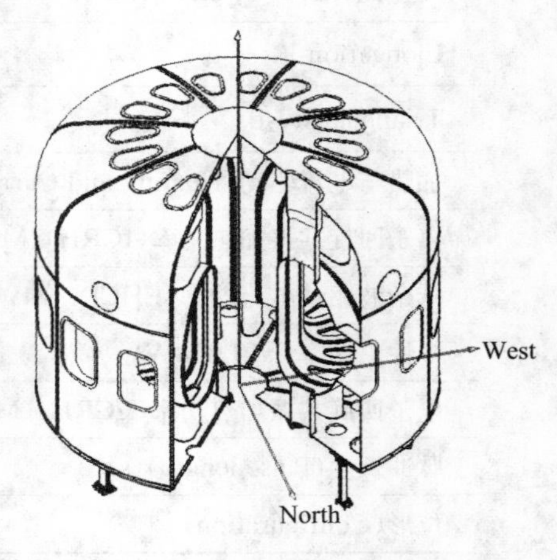

图 7.13　EAST 的内外冷屏

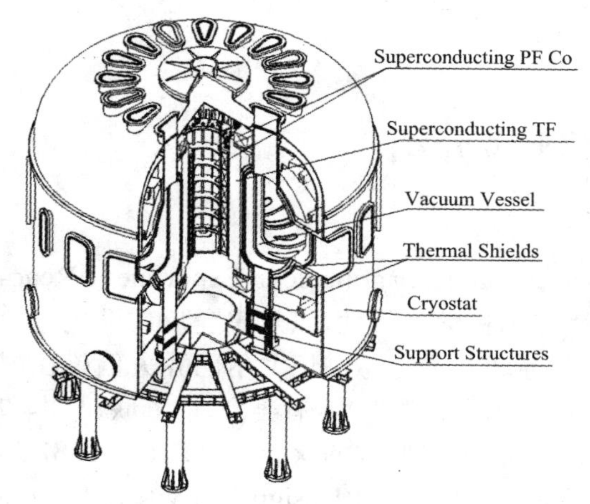

图 7.14　EAST 装置的总体结构

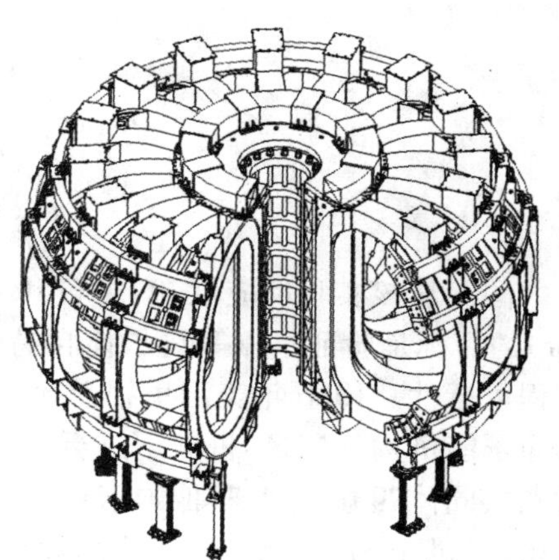

图 7.15　超导纵场和极向场磁体

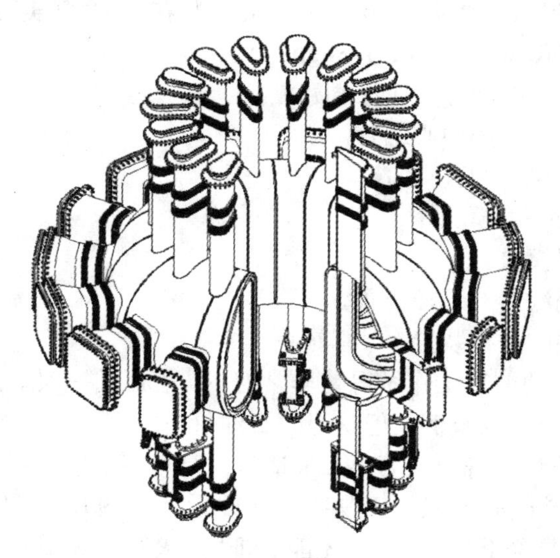

图 7.16　EAST 的双层真空室

7.7 ITER 介绍

国际热核实验反应堆 ITER(International Thermonuclear Experiment Reactor)的目标是验证氘氚等离子体自持燃烧的科学可行性,以及聚变反应堆建造的工程可行性。1986 年美国里根总统和前苏联共产党总书记戈尔巴乔夫倡议在国际原子能机构(IAEA)框架下进行 ITER 的国际合作计划,有美国、前苏联、日本和欧洲共同体四方参加,其他国家要参加只能是上述四方的伙伴。ITER 从 1987 年开始,经过 1987～1990 三年概念设计阶段(Conceptual Design Activity,CDA)和 1991～1996 六年工程设计阶段(Engineering Design Activity,EDA),基本上完成了 ITER 的工程设计,共花去 10 亿美元。后来又花费 20 亿美元,对以下 7 项关键工程进行了 R&D(Research and Design):

(1) 1 并 1/2 尺寸的纵场模型线圈。

(2) 一段原型尺寸的中心螺管。

(3) 一段原型尺寸的真空室。

(4) 偏滤器的一扇模块。

(5) 一个包层模块。

(6) 更换包偏滤器的遥控装置。

(7) 更换包层的遥控装置。

应该说 ITER 的前期工作做得是非常好的,完成了一项艰巨而又有益于人类的任务,也是国际合作的范例。但是当时石油价格不高,仅 10 余美元一桶,也就是说能源需求还不迫切。普遍认为 ITER 造价太高,仅建造费就需 100 亿美元(1997 年以前的预算),难于得到通过,于是要求修改设计。1997～1999 年对 ITER 进行了修改设计,目标是降低造价一半,还能验证"点火",即完成物理可行性与部分工程可行性试验即可。这个修改的 ITER 设计称为 ITER-FEAT,主要是缩小了尺寸及采用 H 模定标。1999 年,美国宣布退出 ITER 计划,理由是核聚变研究在美国不是能源需求,尚属于基础研究。2001 年,欧洲、日本和俄罗斯继续进行修改设计和有关的 R&D 工作,并提出扩大参加伙伴,凡参加者均为独立成员,共同享有设计及 R&D 资料的知识产权,有权通过重大重定。除东道主外,其他成员仅需付 10% 的建造费用。中国政府在 1992 表示有兴趣参加 ITER 国际计划,受到 ITER 管理层的欢迎，于1993年正式接纳中国为正式成员。随即美国表示返回ITER，而韩国也宣布参加，共有6个成员国(欧盟、俄罗斯、日本、中国、美国和韩国)，也不排除有其他国家参加。但是在“选址”上产生了巨大“分歧”。美国、韩国和日本主张建在日本，而俄罗斯、中国和欧盟主张建在法国。这场争论直到2005年7月才定下来，以建在法国而告终。

ITER将在2006年开始建造，需要经过10年的建设才能投入运行，运行周期初步预定为30年。头10年需外供氚，第二个10年氚自给，余下10年的寿命再做物理的改进和工程实验。ITER不是聚变能利用的最终目标，聚变能利用的最终目标是商用堆，图7.17给出了实验装置(JET)、实验堆(ITER)及商用堆(ARIES-ST、ARIES-RS)的差别，图7.18表示其投入时间的合理安排，NIF及LMJ仅为计划时间。

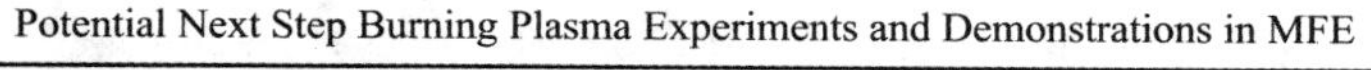

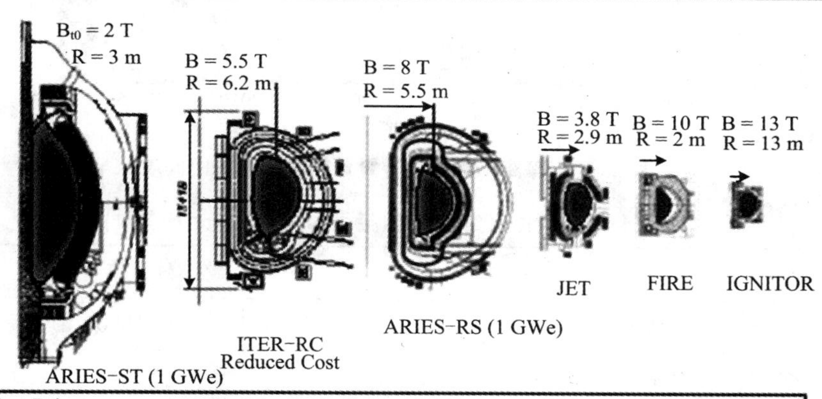

Cost Drivers	ARIES-ST	ITER-RC	ARIES-RS	JET	FIRE	IGNITOR
Plasma Volume (m^3)	860	740	350	95	18	11
Plasma Surface (m^2)	630	640	420	150	60	36
Plasma Cument (MA)	30	13	11	4	6.5	12
Magnet Energy (GJ)	29	50	85	2	5	5
Fusion Power (MW)	2861	400	2170	16	200	200
Bum Duration(s)	Steady	400	Steady	1	10	5

图7.17 实验装置(JET)、实验堆(ITER)及商用堆(ARIES-ST、ARIES-RS)的差别

国际热核聚变实验堆ITER正在集成当今国际受控磁约束核聚变研究的主要科学和技术成果，第一次在地球上实现能与未来实用聚变堆规模相比拟的受控热核聚变实验堆，解决通向聚变电站的许多物理和工程问题。这是人类受控热核聚变研究走向实用过程中必不可少的一步，因此受到各国政府及科技界的高度重视和支持。ITER 计划第一期的主要目标是建设一个能产生 5×10^5 kW 聚变功率、能量增益大于 10(在其他参数不变的情况下，若运行电流为 17 MA，则总聚变功率为 700 MW)、重复脉冲大于 500 s 氘氚燃烧的托卡马克型实验聚变堆(具体参数见表 7.4)。

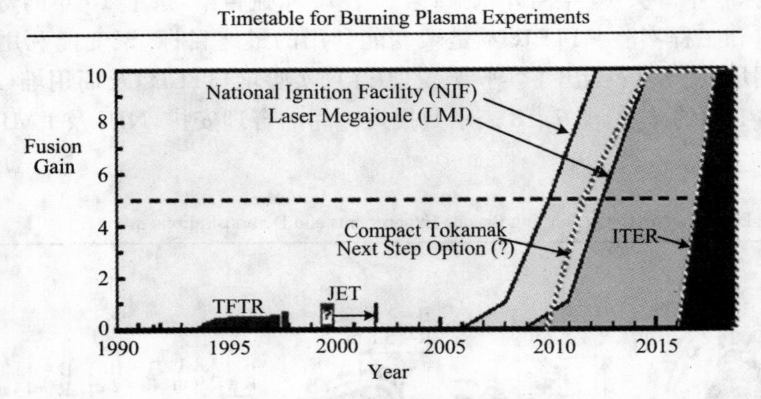

图 7.18 等离子体燃烧装置预期投入运行时间表

表 7.4 ITER 主要典型参数(括号内为另一组运行参数)

参 数	指 标
总聚变功率(MW)	500(70)
Q(聚变功率加热功率)	>10
14 MeV 中子平均壁负载(MW/m^2)	0.57(0.8)
每次燃烧时间(s)	>500
等离子体大半径(m)	6.2
等离子体小半径(m)	2.0
等离子体电流(MA)	15(17)
小截面拉长比	1.7
等离子体中心磁场强度(T)	5.3

续表

参 数	指 标
等离子体体积(m^3)	837
等离子体表面积(m^2)	678
加热及驱动电流总功率(MW)	73

ITER装置的三维剖面图等分别如图7.19、图7.20、图7.21、图7.22、图7.23、图7.24所示。

图7.19 ITER装置三维剖面图

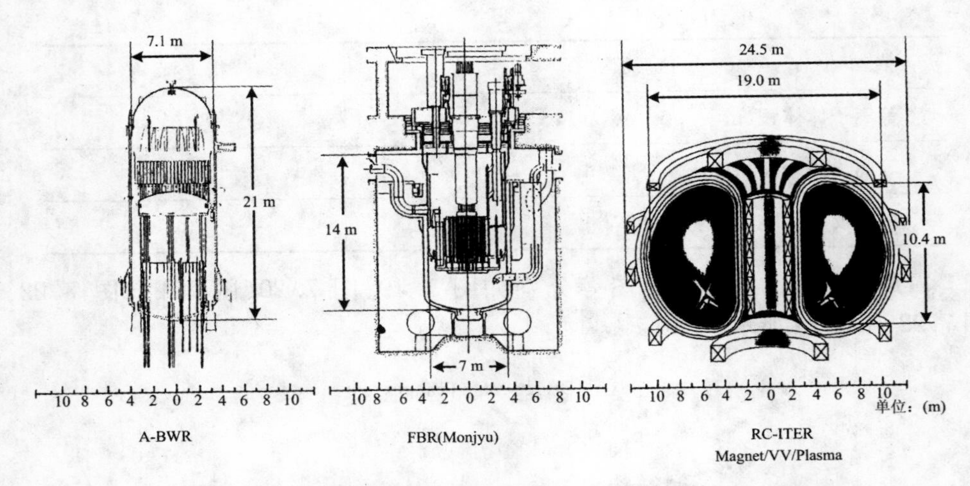

图 7.20　ITER 与其他裂变核反应堆(水—水堆、快中子堆)体积比较

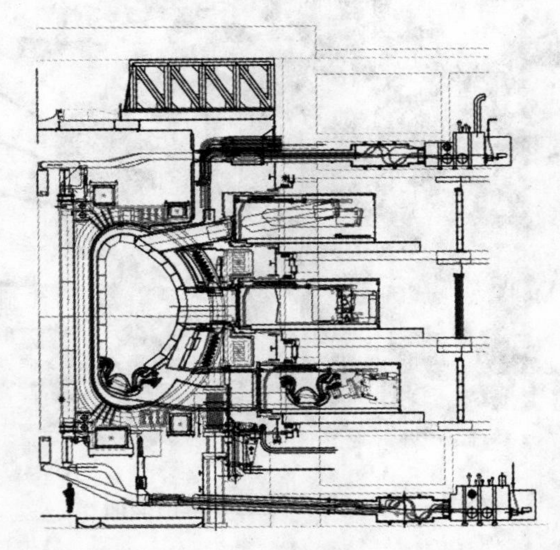

图 7.21　ITER 装置沿纵场线圈位置二维剖面图

注：最上层为管道通行，其次为上窗口平台、赤道面窗口平台、下窗口（偏滤器平台），再下是地平面，以下又是管道通行区域，左右对称。

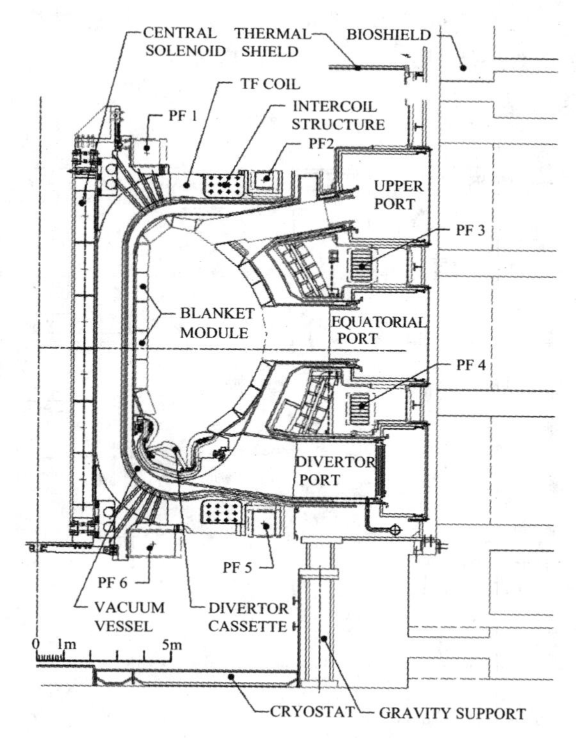

图 7.22 ITER 装置沿纵向场线圈的二维剖面图

注：PF1～PF6 为极向场线圈；CS coil assembly 为中心螺管整体；Side connection coil 为校正场边、上、下线圈；Gravity support 为重力支撑；黑色构件为纵场线圈之间的特殊结构，在上、中上、下、中下四处，使纵场线圈形成坚固的“鸟笼”，以承受巨大的倾覆力矩。在真空室内有双层真空室、包层、偏滤器模块。在真空室外有上窗口、赤道面窗口、真空室重力支撑及下窗口。另外还有热屏与生物屏蔽。

在 ITER 中，将产生与未来商用聚变反应堆相近的氘氚燃烧等离子体，供科学家和工程师们研究其性质和控制方法。在此之前，人们只能在各核聚变实验室中创造和研究没有氘氚燃烧过程的高温等离子体(尽管温度可以足够高)。因此所有以前得到的研究成果，都必须在燃烧等离子体阶段得到验证并进一步发展。这是实现聚变能必经的关键一步。在 ITER 上得到的所有结果都将直接为设计托卡马克型商用聚变堆提供依据。ITER 的建造是受控热核聚变研究(包括等离子体物理和等离子体技术)的新阶段，也是人类更接近实现受控聚变能的标志。国际聚变界主流的看法是：ITER 计划在未来 10 年内实现这一目标是有相当把握的。

根据计划，ITER 设计还考虑了一些灵活性的安排，可供探索进一步改进燃烧等离子体性能的可能途径，并准备了多种控制燃烧等离子体的手段，使得在 ITER

运行的第二阶段，可以探索实现持续、稳定、高约束的高性能燃烧等离子体。这种高性能的“先进燃烧等离子体”是建造托卡马克型商用聚变堆所必需的。这种先进稳态运行的基本参数见表7.5。

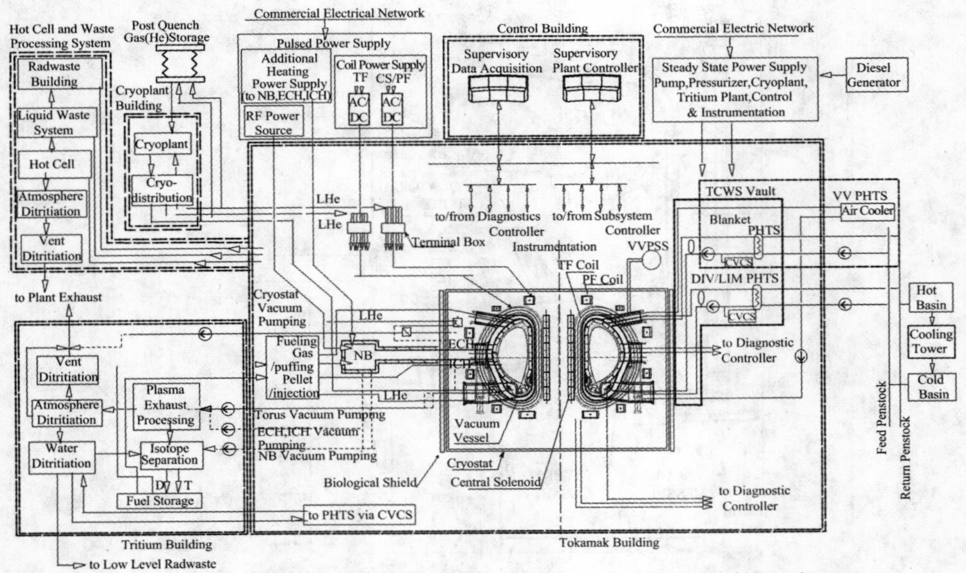

图7.23 ITER电站系统配置

表7.5 先进稳态运行的基本参数

参数	指标
总聚变功率(MW)	356(70)
Q(聚变功率加热功率)	~5
14 MeV中子平均壁负载(MW/m^2)	0.41
每次燃烧时间(s)	3000
等离子体大半径(m)	6.2
等离子体小半径(m)	2.0
等离子体电流(MA)	9
等离子体中心磁场强度(T)	5.3
加热及驱动电流总功率(MW)	59

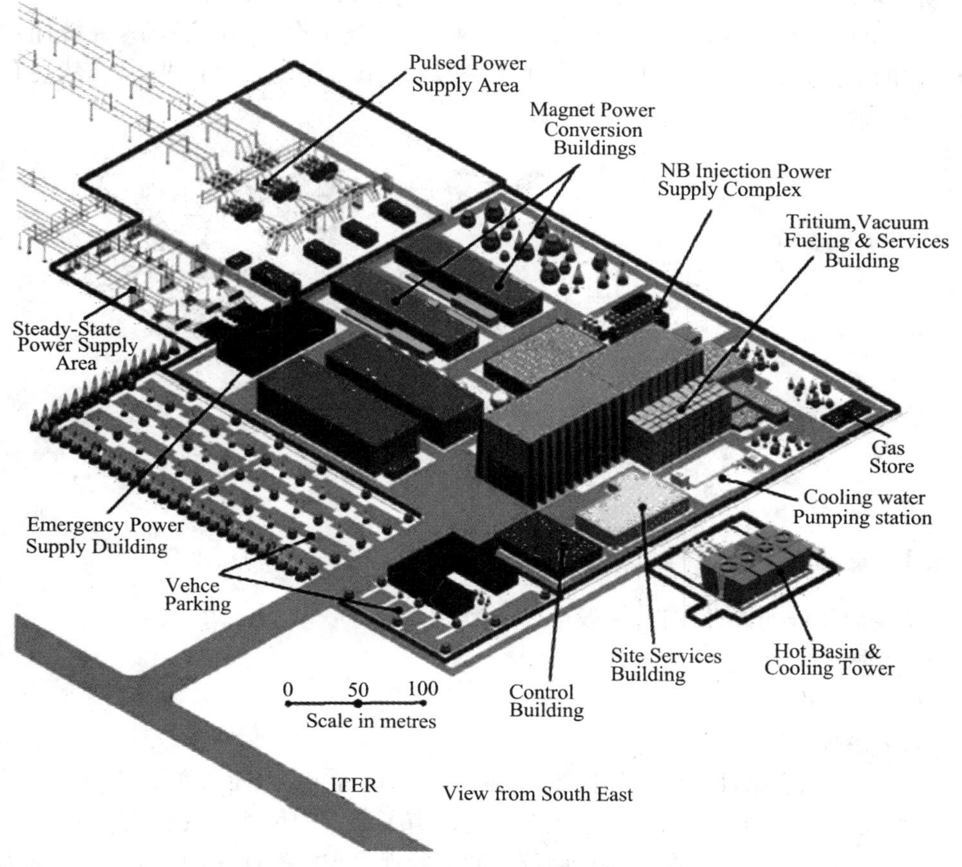

图 7.24　ITER 装置建筑平面布置

ITER 计划在后期还将探索实现高增益(能量增益 Q 大于 30)的燃烧等离子体。ITER 计划的完全实现将为商用聚变堆的建造奠定科学基础。

7.8　聚变堆设计的方法与步骤

一般来说建造大型装置周期长(10 年左右),耗资大(～100 亿美元),运行费用高，所以堆的设计研究始终是聚变研究的一个重要方面。聚变堆设计不同于一般装置的设计，它是集物理设计、概念设计、工程设计、技术设计、环境评估、经济评估于一体的综合过程，以托卡马克为例，可用图 7.25 形象化地表示其过程，当然还有反复及修改。

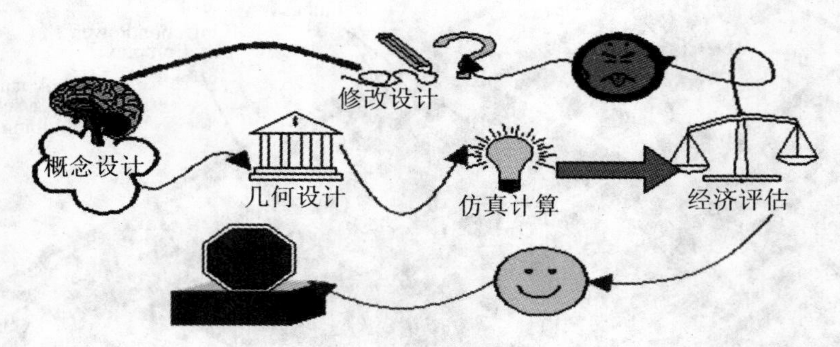

图 7.25　设计过程示意

7.8.1　聚变商用堆的设计过程

聚变商用堆的设计过程，一般可以分为：

(1) 物理参数计算；

(2) 工程设计；

(3) 系统评估。

首先，在确定物理目标及环保要求和经济指标以后，要假定等离子体的大半径 R、小半径 a 以及希望要求的环电流 I_{p}。这就有了装置的尺寸与规模。

其次，根据人们对等离子体长期行为的实验观察与模拟计算的结果，可以认为运行模式是目前了解知识的"外推"。例如 ITER 现在推荐的运行模式是 ELMy (Edge Localized Mode)模式，这种模式是目前大型托卡马克装置等离子体在正常感应运行下的主要约束模式，这里仅应用其结论，将其外延到"自持燃烧"的聚变商用堆运行范围，当然，以后有了更先进的"运行模式"还可以更换，这只是现在的认识。

等离子体的加热功率 P 应大于或等于由 L 模转换至 H 模的功率阈值：

$$P > P_{\mathrm{L-H}} \tag{7.13}$$

$$P_{\mathrm{L-H}} = 2.84 M^{-1} B_{\mathrm{T}}^{0.82} n_{\mathrm{e}}^{-0.58} R^{1.0} a^{0.81} \text{（误差为 27\%）} \tag{7.14}$$

$$\tau_{E,\mathrm{th}}^{IPB98(Y,2)} = 0.0562 H_{\mathrm{H}} I_{\mathrm{P}}^{0.93} P^{-0.69} n_{\mathrm{e}}^{0.41} M^{0.19} R^{1.97} \varepsilon^{0.58} \kappa_x^{0.78} \text{（误差为 13\%）} \tag{7.15}$$

这里的符号与单位为：M 为等离子体燃料有效同位素的质量，这里采用原子序；B_{T}

为纵场强度,量纲单位 T;$\bar{n}_e$ 为等离子体平均电子密度,量纲单位 $10^{20}\ m^{-3}$;R、a 为等离子体大、小半径,量纲单位均为 m;标量 H_H 表明了 H 模与实际的倍数;I_P 为等离子体电流,量纲单位 MA;P 为通过分支点的总功率(内部和外部),量纲单位 MW。

$$\left(\frac{H_H I_P}{X}\cdot\frac{R}{a}\right)^3=\frac{Q}{Q+5} \tag{7.16}$$

径环比 $\varepsilon=a/R$,拉长比 $\kappa_x=b/a$,由此就可以决定等离子体电流和装置尺寸。一般 $X=50\sim60$,是参数缓慢变化的函数,$Q=P_{fusion}/P_{add}$。以 ITER 为例,假定 $Q=10$,$X=55$,$H_H=1$,则 $I_P=15$ MA,$R/a=3.1$。

还应该满足稳定性公式:

$$q_\Psi(95\%)=q_* f(\varepsilon) \tag{7.17}$$

$$q_*\approx(5a^2B_0/R_0I_P)[1+\kappa^2(1+2\delta^2-1.2\delta^3)]/2 \tag{7.18}$$

$$f(\varepsilon)=(1.17-0.65\varepsilon)/(1-\varepsilon^2)^2 \tag{7.19}$$

当然对安全因子 q 和系数 f 也有一些限制,牵涉到等离子体平衡与稳定,其中 δ 为等离子体的三角变形。

7.8.2 等离子体的分区

在研究堆芯等离子体之前,必须要对托卡马克的各类等离子体的分区与其功能做一了解。如图 7.26 所示,Ⅰ区,堆芯等离子体;Ⅱ区,边缘等离子体及 H-模控制垒;Ⅲ区,刮削层(Scrape-off Layer);Ⅳ区,偏滤器等离子体。

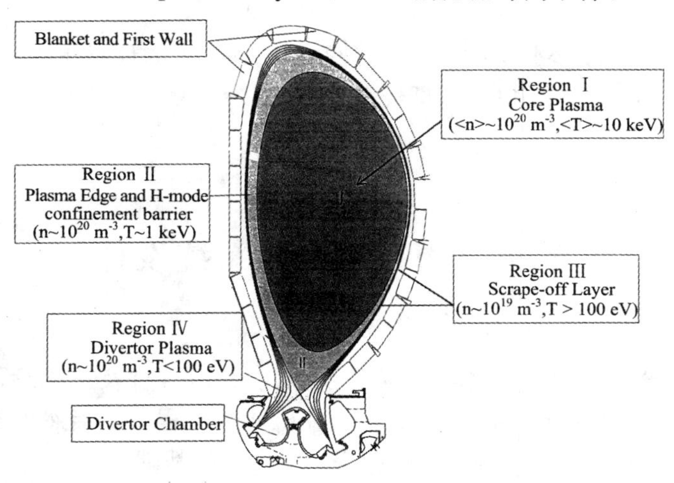

图 7.26 等离子体的分区与其功能

Ⅰ区是堆芯高温等离子体，Ⅱ、Ⅲ、Ⅳ区属低温等离子体范畴。

7.8.3 设计的内容及安排

在这种起始条件下就可以开始进行聚变堆的概念设计。聚变堆概念设计的主要内容包括以下 10 点：

(1) 堆芯等离子体的计算：等离子体的位形选择及确定物理参数，然后进行平衡计算，以确定极向场（数量、位置及安匝数）。并根据使等离子体稳定的要求来确定环向场的大小及数量，再利用对磁面做平均的输运计算，做损失过程的估算。

(2) 在环向电流及好的约束状态长期维持的条件下，通过不断补充氘氚燃料（边缘喷气及注入固体弹丸）使氘氚粒子数保持平衡，确定输入及排除的粒子流，并有效地控制杂质成分。这就是抽充气系统及偏滤器设计。

(3) 在确定聚变输出功率的基础上，确定中子壁负荷进行包层设计，使 14 MeV 高能中子得到充分的利用（取得热功率、生产氚、生产核燃料及处理高放核废料），使包层以外的设备和环境处在安全容许范围内。

(4) 在保证稳定的燃烧过程的基础上，确定辅助加热功率及等离子体的驱动功率。

(5) 在确定电动力、传热、冷却负荷的基础上，进行装置的结构设计。

(6) 磁体系统、电源及控制系统设计。

(7) 真空室及抽充气系统的设计。

(8) 考虑在 14 MeV 高能中子轰击下，评估材料的辐照损伤，力求得到合理的设计方案。

(9) 最后进行安全分析，做出对这种类型的核装置的环境评估。

(10) 计算出总投资和电价，即经济分析。

7.9 CAD 设计与系统设计

在概念设计的基础上基本确定装置的几何尺寸（部件及总体）后，就可以进行 CAD 设计，对装置进行三维可视化显示，并检验装配程序。当然可变参数的可视化显示更有其方便之处，这为仿真模拟提供了必要的基础。

最后进行系统评估，这里主要是对环境和经济指标进行评估，如有超出，则返回修正。当然，最好是全过程进行仿真模拟，但是这只是远景，目前还是分段、分部进行。只有在概念设计充分的基础上，才开始工程设计。

在开始进行概念设计时，由于牵涉的专业较多，搞一个设计往往要费时数年，来回反复。根据多年积累的经验及程序公式，我们可以提出一个系统逻辑框图，见图7.27，从中可以看到各步骤的相互连接及内涵。

7.10　世界各国聚变商用示范堆的参数比较

表7.6中列出了世界各国聚变商用示范堆的参数比较。

表7.6　日本、欧洲、俄罗斯、美国发展的聚变商用堆参数一览

	SSTR -Japan-	SEAFP -EU-	DEMO-S -Russian-	ARIES-RS -USA-
I_P(MA)	12	10.4	11.2	11.3
B_t(T)	9	7.8	7.7	8
R(m)	7	9.4	7.8	5.52
A	4.1	4.5	5.2	4
k	1.85	1.66	1.85	1.7
g(Troyon factor)	3.5	3.5	4.49	4.86
P_F(GW)	3	3	2.44	2.17
P_{CD}(MW)	60	75	117	100
P_E(GW)	1.08	1	1	1
Q	50	40	21	22
$P_{neutron}$($MW \cdot m^{-2}$)	3	2.1	2.25	4

ITER is a single TOKAMAK step to DEMO→
What should be realized in ITER before going to DEMO

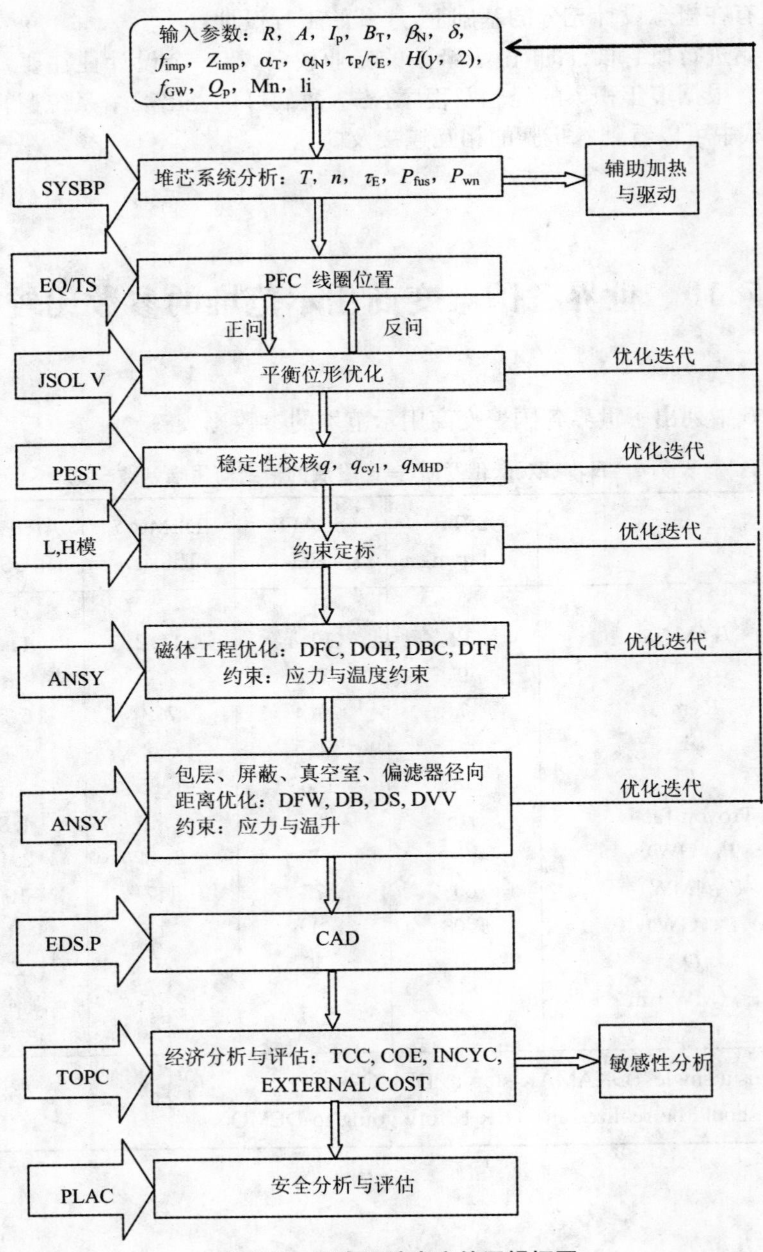

图 7.27　概念设计内容的逻辑框图

参 考 文 献

[1] 邱励俭.聚变能及其应用[M].北京:科学出版社,2008.

[2] 新一代超导托卡马克核聚变装置在我国投入运行[EB/OL].http://www.edu.cn/wu_li_yan_jiu_1132/20060929/t20060929_198928.shtml.

[3] 能源技术领域专业委员会.2050年中国能源需求预测[R]//国家高技术计划能源技术领域战略目标汇报会报告集.1990,12.

[4] 鲍云樵主编.世界能源博览[M].[出版社不详],1991.

[5] 国家计委能源所.能源基础数据汇编[R].1999.

[6] 中国工程院能源项目组.中国可持续发展能源战略研究总报告[R].1998.

[7] 赵仁恺,阮可强,石定寰.863计划能源技术研究工作进展(1986－2000)[M].北京:原子能出版社,2001.

[8] Chahoud J, Chahoud A, Orazi R D. A Survey of Primary Energy Sources and Uses ENEA Bologna Italy 1998.

[9] Douglas R O Morrison. World Energy and Climate in the Next Century DM－98－2. 16 Сиии August 1998.

[10] Kikuchi M. A Rationale for Fusion Energy Development in Japan. JAERI Plenary Session July 12 2002 Snowmass USA.

[11] Bishop A S. Project Sherwood the U.S. Program in Controlled Fusion, Addison－Wesley Reading MA 1958.

[12] Синтез－Деление, Институт атомной энергии, АТОМИЗДАТ, 1978

[13] Outlook for the Fusion Hybrid and Trittium－Breeding Fusion Reactor. A Report Prepared by the Committee on Fusion Hybrid Reactors. Energy Engineering Board Commission on Engineering and Technical Systems. National Research Council, National Academy Press Washington D.C., 1987.

[14] Farrokh Najmabadi. Advanced Design Activities in US. Japan/US Workshop on Fusion Power Plants & Related Technologies with participation of China, Russia, and EU. March 24～26 1999, Kyoto University.

[15] The ARIES Fusion Neutron Source Study. ARIES Team. UCSD－ENG－O83. August 2000.

[16] 中国实验混合堆详细概念设计. Detailed Conceptual Design of China Fusion Experimen-

tal Breeder(FEB). ASIPP and SWIP April 1996.

[17] BOURQUE, R F, SCHULTZ K R CA; Rep.. Fusion Application and Market Evaluation (FAME), UCRL-21073, University of California, CA(1988).

[18] QIU Lijian, WU Yican, et al. Transmutation of 90 Sr using Fusion-Fission Reactor. IAEA. 14th International Conference on Plasma Physics and Controlled Nuclear Fusion Research in Wurzburg, Germany, Sep. 26～Oct. 7 1992.

[19] QIU L J, et al. A Compact Tokamak Transmutation Reactor for Treatment of High Level Wastes (HLW). IAEA 15th International Conference on Plasma Physics and Controlled Nuclear Fusion Research In Seville Spain, Sep. 30～Oct. 1 1994.

[20] QIU L J, et al. A Compact Tokamak Transmutation Reactor. IAEA 15th International Conference on Fusion Energy, Montreal Canada 7-11 Oct. 1996.

[21] Qiu L J, et al. A low aspect ratio tokamak transmutation reactor. Fusion Engineering and Design 41 (1998):437-442.

[22] Qiu L J, et al. A low aspect ratio tokamak transmutation system. Nuclear Fusion, Vol. 40, Number 3y, March 2000, 629-633.

第 8 章　聚变驱动次临界系统(FDS)

8.1　聚变驱动次临界堆的基本组成

聚变驱动次临界堆也称为聚变—裂变混合堆，聚变部分采用目前认为最容易实现的托卡马克磁约束装置。由于裂变堆的应用技术已经相当成熟，因此易于设计。聚变驱动次临界堆的基本组成包括等离子体聚变堆芯、排灰的偏滤器、次临界裂变包层、屏蔽包层以及约束等离子体和控制等离子体位形的环向场与极向磁场线圈等。其中裂变部分主要是在次临界裂变包层中实现。

聚变驱动次临界堆的核燃料与能量平衡原理见图 8.1，系统由聚变驱动器(堆芯)及其辅助设施(如各种线圈、驱动加热、加料、排灰、控制子系统等)、包层(包括工作包层和屏蔽包层)及其辅助设施(如传热、加料卸料等子系统)组成。聚变堆芯所消耗的氚燃料可通过包层中锂和中子的核反应生产来补充，为维持包层工作在次临界状态所需外部中子由聚变堆芯 D－T 聚变反应产生的中子来提供。这个系统可用来处理来自裂变核电站乏料中的长寿命的高放锕系元素(MA：Minor Actinides)、Pu 废料和裂变产物(FP：Fission Products)、生产裂变核燃料如^{239}Pu 或^{233}U 和可聚变同位素氚(T)以及生产能量等。

有中子产生的聚变装置都可以作为驱动器，几十年来聚变实验和理论研究进展表明，托卡马克磁约束聚变装置类型的聚变途径是最有希望首先获得应用的。托卡马克装置是通过强大电流产生强大磁场，带正电的原子核在磁场的约束下在类似于轮胎形状的圆环内的中心高速运动、碰撞、聚合。在环形圆管内充满氘、氚混合气体，作为一个有铁芯的大型变压器的次级线圈(只有一匝)。在环形圆管外绕有磁场线圈，它会产生很强的沿环轴线的环向磁场，用来约束等离子体。当大型脉冲变压器放电时，在次级线圈(环形管)中产生强大的感应电场，这一电场足以使环形管内的氘、氚气体电离形成等离子体，并在其中流过强大的电流(几十万安培至几百万安培)。环形等离子体自身具有电阻,电流产生欧姆热,形成高温等离子体。另外等离子体中的电流也产生一个磁场(称角向磁场),这个磁场与环向磁场联合作用,可以使等离子体达到平衡位形、改善约束。要达到热核聚变的高温,还需要额外的辅助加热手段。当等离子体温度达到几千万度甚至几亿度时,原子核可以克服斥力聚合在一起,如果同时还有足够的密度和足够长的热能约束时间,这种聚变反应就可以稳定地持续进行。

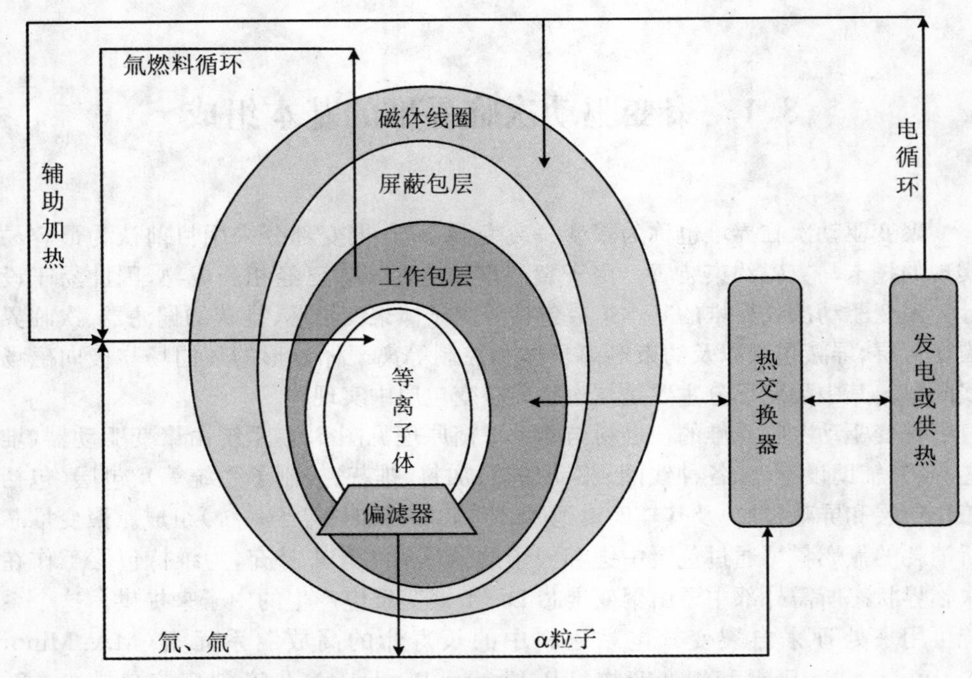

图 8.1　聚变驱动次临界堆的核燃料与能量平衡原理

Tokamak 装置的主体包括两大部分,分别是磁场系统和真空系统。磁场系统包括了纵场线圈和极向场线圈,极向场又包括加热场和维持位形的其他极向场线圈;纵场线圈用来产生强大的纵向磁场,主要的作用是稳定等离子体。变压器用来在等离子体中产生感应电流。真空系统由容纳等离子体的真空室和真空泵机组组成。真空室一般由薄壁不锈钢制成,既要考虑到足够的机械强度,又要有足够的电阻,还必须留有绝缘缝隙,保证磁场的渗透。抽气系统一般采用大抽速的涡轮分子泵或低温冷凝泵,将真空室抽成超高真空,满足等离子体对纯净环境的要求。为了减少杂质,托卡马克还包括排灰的限制器或者偏滤器。

包层是聚变堆的关键部件，不仅聚变中子携带的能量在这里沉积，再由冷却剂带到堆外，而且聚变中子与锂也在这里发生核反应产生氚以补给聚变燃料。氘—氚聚变产生的中子在包层里面充分利用，同时也被包层屏蔽，以减少对外界环境的辐射损伤及核污染。对于聚变驱动次临界堆的包层来说，包层就是一个次临界裂变堆，聚变中子不仅诱发一部分裂变反应，并且补偿了包层中维持裂变反应缺少的那部分中子，以保证裂变反应的持续。在次临界包层中没有自持链式反应发生。聚变驱动器(聚变堆芯)的主要作用是提供外源中子，一般来说能产生各种丰富的中子。在一个典型的聚变驱动次临界堆中，包层系统包括靠近等离子体区的实现多种功能的工作包层(MFB：Multi-Functional Blanket)和用于辐射防护的屏蔽包层(SB：Shielding Blanket)。而从 Tokamak 等离子体小圆截面上看，包层分为内包层(IB：InBoard)、外包层(OB：OutBoard)。由于内包层的空间有限，并且内部线圈的屏蔽要求较高，因此内包层主要用于聚变核燃料氚的增殖和生产热能，并起到屏蔽的作用。外包层除产氚、产能外，还用于生产可裂变材料、嬗变处理长寿命锕系核废料和长寿命裂变产物核废料等目的。一般聚变驱动次临界系统的外包层还可以增殖可裂变核燃料，如加入^{238}U 作为燃料增殖^{239}Pu(U－Pu 循环)，或者加入^{232}Th 增殖易裂变核^{233}U(Th－U 循环)[1,2,3]，具体结构如图 8.2 所示。

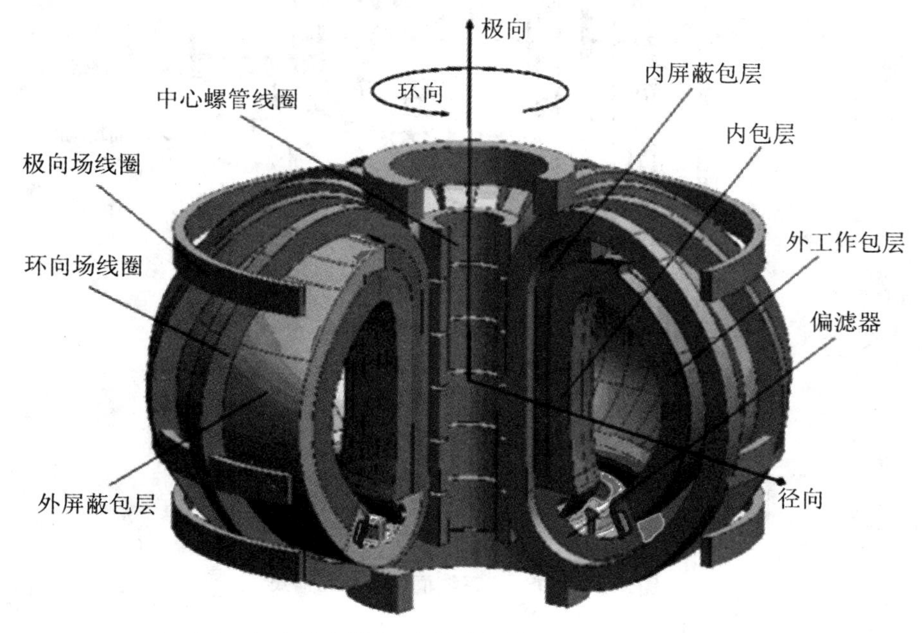

图 8.2　托卡马克聚变—裂变混合堆 FDS－Ⅰ装置示意图

FDS-Ⅰ(Fusion-Driven Sub-critical System)是由等离子体所提出的聚变驱动次临界堆设计方案[5],是一个基于现实可行等离子体物理和技术基础、可以实现多项重要功能的聚变驱动次临界堆初步概念设计,以它为例,参考设计三维模型示意图见图8.2,对应的剖面示意图以及参考尺寸见图8.3。

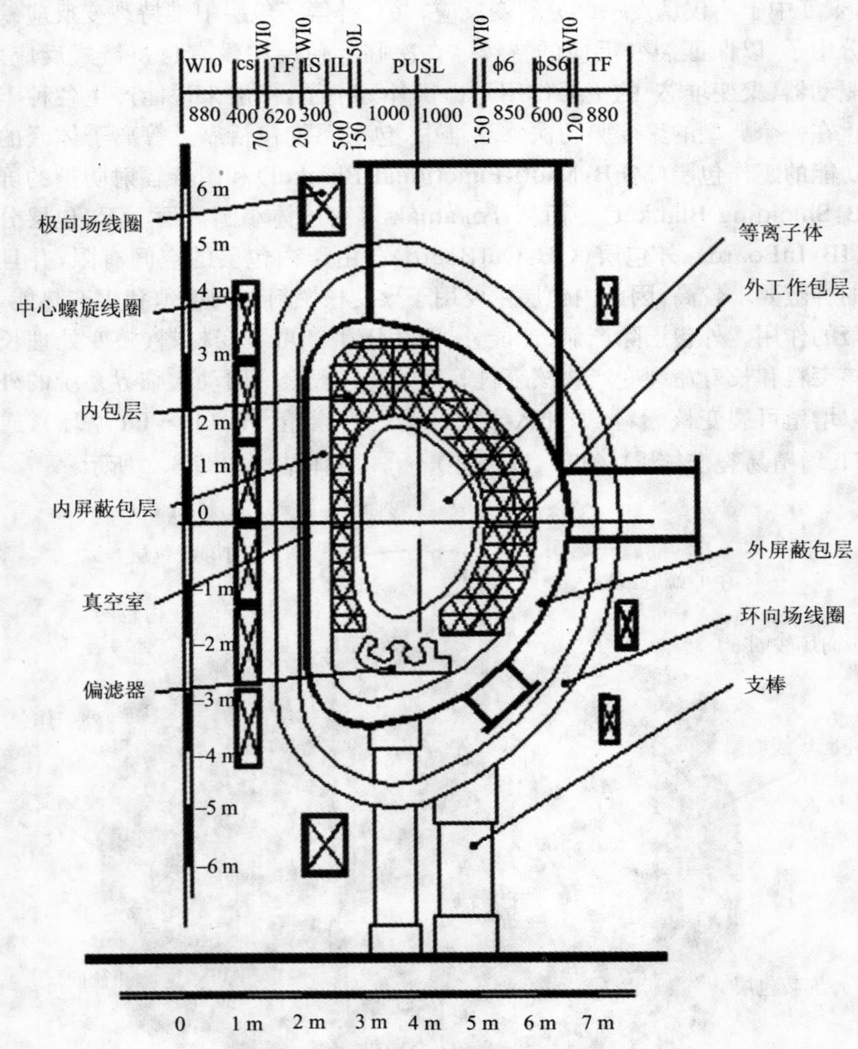

图8.3 FDS-Ⅰ系统框架参考几何尺寸

8.2　聚变驱动次临界堆物理过程

根据质能原理，轻核聚变和重核裂变都可能会放出能量，有很大数量的轻核聚变反应都能放出能量，但从实现这些反应的技术可行性看，最容易实现的聚变反应应当是截面最大、发生聚合反应的条件最简单的那几种。轻核都带正电荷，因此相互间具有库仑排斥作用。聚变反应仅在两个轻核非常接近时(即两个原子核基本相挨时)才能产生，此时互相吸引的核力将大于库仑排斥力。也就是说，聚变反应要求两个原子核相互以很大的速度对撞时才能发生。一个由大量粒子组成的体系，如果每个粒子都具有很大的无规则运动能量，那么这个体系就具有极高的温度，即可以发生热核聚变反应。目前已经发现的主要聚变核反应有氘—氘聚变、氘—氚聚变、氘—氦 3 聚变以及质子—硼 11 的聚变反应。

氘—氘反应共有两个分支，它们具有接近的反应截面，反应方程式如下：

$$^{2}D + ^{2}D \rightarrow ^{3}T + p + 4.04\ \mathrm{MeV} \tag{8.1}$$

$$^{2}D + ^{2}D \rightarrow ^{3}He + n + 3.37\ \mathrm{MeV} \tag{8.2}$$

氘—氚反应：

$$^{2}D + ^{3}T \rightarrow ^{4}He + n + 17.6\ \mathrm{MeV} \tag{8.3}$$

氘—氦 3 反应：

$$^{2}D + ^{3}He \rightarrow ^{4}He + p + 18.14\ \mathrm{MeV} \tag{8.4}$$

质子—硼 11 反应：

$$p + ^{11}B \rightarrow 3(^{4}He) + 18.67\ \mathrm{MeV} \tag{8.5}$$

这些反应中所释放的能量，都以反应产物的动能的形式存在。根据反应过程中总动量守恒原理，若设两种反应产物的质量为 M_1 和 M_2，反应释放的总能量为 E，则它们之间的能量遵循质能关系：

$$E = mc^2 \tag{8.6}$$

依动量守恒定律可知两种反应产物在一次反应中所获得的能量 E_1 和 E_2 按

$$E_1 = \frac{M_2}{M_1 + M_2}E, \quad E_2 = \frac{M_1}{M_1 + M_2}E \tag{8.7}$$

分配。例如，氘—氚反应的总释出能量为 17.6 MeV，取中子的质量为 1，则α粒子的质量为 4。于是，中子获得 17.6 MeV 能量中的 4/5，即 14.1 MeV，而α粒子获得其中的1/5,即3.5 MeV。

显然,由于氢及其同位素所带核电荷数最少,核间的库仑排斥力也最小;另一方面,实验发现,在较易达到的能量区内,氢的两种同位素氘和氚间的反应截面较之其他轻核间的聚变反应截面都大,这两个条件结合起来,说明氘—氚反应最容易实现。因此,氘—氚聚变反应应该是人类能够最先实现的受控热核聚变反应。聚变驱动次临界堆就是基于氘—氚聚变作为中子源以驱动次临界堆的。

由于一次D-T聚变反应放出一个中子,因此如果聚变堆芯的功率设计得越高,则单位时间发生聚变的次数越多,产生的中子数目也越多。D-T聚变反应产生的中子是快中子,能量约为14 MeV,对于聚变驱动次临界堆,聚变堆芯外部的包层即相当于一个次临界裂变堆,因此包层可以根据需要设计成快中子或热中子增殖堆。

从裂变核物理可以知道,几乎质量数大于90的重核都有可能发生裂变,在低能中子的作用下可以发生裂变的同位素如^{233}U、^{235}U、^{239}Pu和^{241}Pu,称为易裂变同位素,而通常把只有在能量高于某一阈值的中子作用下才发生裂变的同位素如^{232}Th、^{238}U和^{240}Pu等,称为可裂变同位素。重核裂变就是分裂成两个中等质量核,并同时释放出几个中子和大量能量。以^{235}U为例,裂变反应式如下:

$$^{235}_{92}U + ^{1}_{0}n \rightarrow (^{236}_{92}U)^{*} \rightarrow ^{A_1}_{Z_1}X + ^{A_2}_{Z_2}Y + \nu ^{1}_{0}n \tag{8.8}$$

式中$^{A_1}_{Z_1}X$和$^{A_2}_{Z_2}Y$为中等质量数的核,叫作裂变碎片;ν为每次裂变放出的中子数。在这一过程中,还释放出大约200 MeV的能量。每次裂变放出的裂变中子有可能继续引发其他核的裂变,如果每次裂变反应产生的中子数目大于引起核裂变所消耗的中子数目,那么一旦在少数的原子核中引起了裂变反应之后,就有可能不再依靠外界的作用而使裂变反应不断地进行下去。这样的裂变反应称作自持链式裂变反应。核反应堆就是一种能以可控方式产生自持链式裂变反应的装置。它能够以一定的速度将蕴藏在原子核内部的核能释放出来。

反应堆内自持链式裂变反应的条件可以很方便地用有效增殖系数k_{eff}来表示,它的定义是对于给定系统,新生一代的中子数和产生它的直属上一代中子数之比,即

$$k_{\text{eff}} = \frac{\text{后一代产生的中子数}}{\text{前一代消耗的中子数}} \tag{8.9}$$

上式的定义是直观地从中子的“寿命—循环”观点出发的。然而,该式在实用上是不太方便的,因为在实际问题中很难确定中子每“代”的起始和终了时间。例如,在芯部中有的中子从裂变产生后立即就引起新的裂变,有的中子则需要经过慢

化过程成为热中子之后才引起裂变，有的中子在慢化过程中便泄漏出系统或者被俘获吸收。所以，在实用中，从中子的平衡关系上来定义系统的有效增殖系数更为方便，即

$$k_{\mathrm{eff}} = \frac{\text{系统内中子的产生率}}{\text{系统内中子的总消失(吸收 + 泄漏)率}} \tag{8.10}$$

显然，有效增殖系数 k_{eff} 与系统的材料成分和结构(例如易裂变同位素的富集度，燃料和慢化剂的比例等)有关。同时，它还与中子的泄漏程度，或反应堆的大小有关。当反应堆的尺寸为无限大时，中子的泄漏损失率即为零，这时增殖系数将只与系统的材料成分和结构有关。

若裂变堆的芯部有效增殖系数 k_{eff} 恰好等于1，即系统内的中子的产生率等于中子的消失率，这样，在系统内已经进行的链式裂变反应，将以恒定的速率不断地进行下去，链式裂变反应过程处于稳态状况，这种系统称为临界系统。若有效增殖系数 k_{eff} 大于1，则系统内的中子数目将随时间而不断地增加，我们称这种系统为超临界系统。若有效增殖系数 k_{eff} 小于1，这时系统内的中子数目将随时间而不断地衰减，链式裂变反应是非自持的，这种系统便称为次临界系统。

作为次临界系统的聚变驱动次临界堆的包层，要想持续运行在次临界状态，就必须要从外界源源不断地注入中子，即聚变反应提供的中子补充了链式反应缺少的那部分中子，和裂变放出的中子一起维持了系统的持续运行，因此聚变驱动次临界堆中结合了氘—氚聚变反应贫能量、富中子的特点和裂变反应富能量、贫中子的特点，通过氘—氚聚变反应产生的高能(14.06 MeV)中子穿过第一壁，和包层中分布的各种材料发生核反应。这样的系统可以实现多种功能：生产聚变燃料氚(中子与锂发生反应)；处理来自裂变核电站乏燃料中的长寿命、高放射性锕系元素 MA 和裂变产物 FP，以及过剩军用 Pu 等；增殖可裂变燃料(如中子与^{238}U 发生俘获反应可产生^{239}Pu 等)；产生能量等。

由于裂变堆运行在临界状态，如果控制不当，很容易发生超临界事故，然而对于运行于次临界的次临界系统，就可以设计很深的次临界程度，以避免这类事故。

8.3 聚变驱动次临界堆的特点

次临界系统能持续地维持工作就要求必须有持续不断的外中子源注入，在聚变驱动次临界系统中，聚变堆芯中氘—氚聚变反应产生的高能（14.06 MeV）中子穿过第一壁进入次临界包层后，将与其中不同材料发生各种核反应以实现不同功能。聚变驱动次临界堆的主要中子学特点如下：

(1) 氘—氚聚变中子。氘—氚聚变产生的是14.06 MeV的高能中子，因此在包层中可能是快中子裂变，也可能是热中子裂变，主要依赖于包层中结构和材料的几何布置和成分设计。

(2) 氚增殖。包层主要产氚反应是系统中高能中子与^{7}Li作用和低能中子与^{6}Li作用，反应式如下：

$$n + {}^{6}Li \rightarrow {}^{4}He + T + 4.8\ MeV \tag{8.11}$$

$$n + {}^{7}Li \rightarrow {}^{4}He + T + n - 2.5\ MeV \tag{8.12}$$

中子的有效利用（合适能谱、较高通量）和保证足够的Li浓度是提高氚产量的条件。重金属材料的裂变在系统中也起到了增殖中子的作用。

(3) LLMA（Long Live Minor Actinide Elements）嬗变。实现长寿命次锕系元素（LLMA）有效嬗变的主要反应是高能中子引起的裂变反应，包括初装料锕系元素的裂变以及锕系元素通过俘获中子等核反应后产物核的裂变，构造合适的中子能谱和中子通量水平是提高嬗变效率的关键。由于长寿命锕系元素大多有裂变阈能限制，因而在常规通量水平下硬中子谱有利于提高裂变嬗变率。在聚变驱动次临界堆的包层中，嬗变LLMA的区（称为AC区）一般安排在靠近高能源中子的区域。另外，在AC区装入一定量的可裂变Pu，一方面可利用Pu的裂变增殖中子（每次裂变2～4个中子），提高中子通量水平；另一方面可处理裂变电站乏燃料Pu或者军用过剩Pu。如没有合适的外来补充，合适的燃料增殖区的设计也可利用^{238}U来增殖^{239}Pu，以保证系统Pu的自持。主要核反应方程式如下：

$${}_{0}^{1}n + AC(\text{锕系元素}) \rightarrow {}_{Z_1}^{A_1}X + {}_{Z_2}^{A_2}Y + \nu{}_{0}^{1}n + \text{能量} \tag{8.13}$$

(4) 核燃料增殖。在聚变驱动次临界包层中可以加入可增殖材料，如^{232}Th和^{238}U等，利用“Th－U循环”和“U－Pu循环”来增殖核裂变燃料^{233}U和^{239}Pu，这样的区称为核燃料增殖区。以“U－Pu循环”为例，经过废料嬗变区AC区后能量降低的部分聚变中子与 AC 区裂变增殖的部分中子到达燃料增殖区后，与其中的^{238}U发生俘获反应生成短寿命的^{239}U，随后经β衰变生成可裂变的^{239}Pu。提高热能区和共振吸收能区中子通量有利于提高^{239}Pu的产量。

(5) LLFP(Long Life Fission Products)嬗变。经过燃料增殖区的中子在 FP(Fission Products)区进一步慢化至热能后与所装长寿命裂变产物元素^{129}I、^{135}Cs、^{99}Tc发生俘获反应使之嬗变成短寿命或稳定核素。该区中子充分热化是提高LLFP嬗变率的有效手段。主要的核反应方程式可表达为

$$ {}_0^1n + {}_Z^A FP(\text{裂变产物}) \to {}_Z^{A+1}X + \gamma \text{ 或 } {}_Z^{A-1}Y + 2{}_0^1n \tag{8.14}$$

(6) 能量放大。上述核反应除$^7Li(n,n'T)$反应外都是放热反应。包层的能量增益

$$Q_b = \frac{E_{fission}}{E_{fusion}} \cdot \frac{k_{eff}}{\nu(1 - k_{eff})} \tag{8.15}$$

其中$E_{fission}$是重金属核每次裂变释放的能量，约为 200 MeV；E_{fusion}是聚变中子的能量，为 14.06 MeV；ν是每次裂变产生的平均中子数，一般为 2～4；k_{eff}是系统的有效增殖因子。

整个聚变驱动次临界系统的能量增益则由下式计算：

$$Q_t = Q_P \cdot (0.2 + 0.8Q_b) \tag{8.16}$$

其中，Q_P称为聚变堆芯能量增益，为聚变功率与加热功率之比。由此可知聚变驱动次临界系统中能量增益远大于堆芯能量增益，例如对于$Q_P = 3$，$k_{eff} = 0.9$，$\nu = 3$，可以得到$Q_t \approx 100$。

8.4　聚变驱动次临界堆聚变堆芯

经过六十多年的不懈努力，聚变研究取得了显著进展。近三十年来，磁约束聚变实验装置、托卡马克聚变实验和理论研究都取得了巨大的进展，聚变能实现的科学可行性已得到验证，如表征聚变实验水平的聚变“三重积”(温度×密度×能量约束时间)达到了10^{21} keV·m^{-3}·s量级，在常规导体的托卡马克上 D－T 聚变输出功率已达 16 MW，聚变输出—输入能量增益比已超过 1，建造聚变堆的“点火条件”已基本具备。进一步的发展要求实现 D－T 等离子体长脉冲和稳态连续运行，而正在建造中的中国全超导托卡马克 EAST 和韩国全超导托卡马克 KSTAR 将为此

提供技术和实验实现的手段和平台。欧、日、美、俄多国经过十几年的合作努力，已完成工程设计的国际热核聚变实验堆 ITER 正在考虑实施建造，这将为开展和验证聚变反应堆综合的物理与工程技术研究提供有力的平台。与此同时，美、日、欧等国开展了大量的聚变动力演示堆和商用堆的设计研究，这些研究结果为聚变能的进一步发展提供了指导性建议。目前国际上主要的聚变堆(电站)的概念设计目标是基于高参数基础上获得经济性能较好的纯聚变能商业应用，如欧洲的 PPCS (Power Plant Conceptual Study)概念电站计划获得 5 GW 的聚变功率，尽管目标非常诱人，但其参数设计非常高(等离子体电流大于 30 MA，聚变增益 Q 值接近 20 等)，与目前实验装置上获得的最好结果相距甚远。因此，纯聚变能的大规模商业化应用近期内很难实现。聚变驱动次临界系统 FDS－Ⅰ，堆芯物理参数设计水平介于目前大型实验装置和正考虑建造的国际热核聚变实验堆 ITER 之间，远低于商用聚变堆所要求的参数水平。利用聚变反应产生的中子作为外源，驱动次临界包层中的裂变反应，实现生产核燃料，嬗变核废料，产氚及增殖能量的功能，可在较低参数水平上实现聚变能的早期应用。由于采用聚变堆芯，选择合适的堆芯物理参数是 FDS－Ⅰ系统设计的重要问题。FDS－Ⅰ系统堆芯设计原则包括以下三条：

(1) 基于现有并可适度外推的托卡马克等离子体物理与技术基础，聚变增益 Q 值不宜设计得过高，FDS－Ⅰ堆芯将在辅助加热情况下运行于亚点火区，取聚变堆芯能量增益 $Q=3$(ITER 为 5～10 以上)。

(2) 中子壁负载对第一壁材料的工程性能有一定的要求，根据现阶段工程材料耐辐照性能研发进展情况，出于可行性考虑，平均中子壁负载约为 0.5 MW/m^2 量级(与 ITER 相当)。

(3) 作为嬗变堆，不要求 FDS－Ⅰ系统有净能量输出，即暂不考虑利用 FDS－Ⅰ来发电，嬗变能力对应聚变功率约为 150～200 MW。

在此要求基础上，利用一系列可靠的实验定标率，对堆芯进行 0 维、1 维和 1.5 维时空物理模拟分析和优化计算，表 8.1 给出了三组不同环径比 A(大、小半径之比 R/a)典型参考堆芯参数值。其中标准环径比情况是 FDS－Ⅰ的首选方案，也是后面研究基于的方案，低 A 方案因其紧凑也是具有吸引力的候选方案之一，但本书中不做讨论。

表 8.1　FDS-Ⅰ堆芯典型候选方案参数

参　数	低 A	标准 A	高 A
大半径 R(m)	1.4	4.0	6.0
小半径 a(m)	1.0	1.0	1.0
环径比 A	1.4	4	6
环向场 B_T(T)	4.7	6.1	8.6
电流 I_P(MA)	15	6.25	6.0
拉长比 κ	2.5	1.78	1.73
平均安全因子 q	3.9	2.6	2.4
平均电子密度($\times 10^{20}$)	3.44	1.72	1.71
平均电子温度(keV)	17.2	27.9	20.0
能量约束时间(s)	0.32	0.60	0.63
三重积(10^{21} keV·m^{-3}·s)	1.89	2.88	2.15
辅助功率(MW)	50.0	50.0	50.0
聚变功率(MW)	150.0	149.9	150
能量增益(Q_P)	3	3	3
自举电流份额 f_{BS}(%)	30.3	19.5	38
中子壁负载(MW/m^2)	1.14	0.49	0.33

8.5　聚变驱动次临界堆包层

可实现嬗变功能的包层，是聚变驱动次临界堆 FDS-Ⅰ最关键也最具特色的部件之一。直接面向高温等离子体的嬗变包层模块不但具有中子能量沉积、产氚、嬗变核废料与生产核燃料、辐射屏蔽等功能，而且承受 14 MeV 高能中子、高能粒子流、高表面热流密度以及强磁场等严峻条件的考验。这都对有限空间内的嬗变包层结构设计与优化提出了挑战。

嬗变包层设计的限制条件包括允许的功率密度、中子利用率与产氚率、部件寿命、热功转换效率、系统可靠度以及环境影响等。因此，嬗变包层结构优化是基于堆芯等离子体物理和中子学概念优化，并结合热工水力分析、结构应力校核、安全性分析等因素综合考虑的过程。

FDS-Ⅰ系统包层方案设计是在充分调研国际主流聚变堆包层设计概念基础

上结合 FDS－Ⅰ多功能的特点而进行的。表 8.2 总结了国际上主流聚变包层概念设计方案，这些包层方案按增殖剂类型可分为两大类，即液态增殖剂类和固态增殖剂类。液态增殖剂类概念因其具有较好的几何适应能力和形成硬中子谱的能力，较适合 FDS－Ⅰ实现多功能。

表 8.2　世界典型聚变堆包层概念

国家	包层概念	包层形式	结构材料	氚增殖剂	中子倍增剂	涂层材料	冷却剂
EU	WCLL-DEMO	L	RAFM (EUROFER)	LiPb	/	Al_2O_3	Water /LiPb
	HCPB-DEMO	S	RAFM (EUROFER)	Li 陶瓷	Be	/	He
	A－DC	L	ODS 钢	LiPb	/	SiC/SiC Insert	LiPb/He
	TAURO	L	SiC/SiC	LiPb	/	/	LiPb
USA	ARIES-RS	L	V-alloy	Li	/	CaO	Li
	ARIES-ST	L	ODS 钢	LiPb	/	SiC/SiC Insert	LiPb/He
	ARIES-AT	L	SiC/SiC	LiPb	/	/	LiPb
JAPAN	SSTR	S	RAFM (F82H)	Li_2O Pebble	Be	/	Water
	SSTR-A	S	RAFM(F82H)	Li_2O Pebble	Be	/	Super-critical water
	DREAM	S	SiC_f/SiC	Li_2TiO_3	Be	/	He
	FFHR	L	V-alloy	Flibe	Be	/	Flibe
CHINA	FDS-DWTB	L	RAFM(CLAM)	LiPb	/	Al_2O_3	LiPb/He

注：L—液态金属包层；S—固态包层。

8.5.1　聚变驱动次临界堆包层的结构方案

根据材料中子学性能和包层中子学概念设计要求，设计了一个具有双冷却系统的以长寿命核废料嬗变为主要目的嬗变包层概念，即以高压 He 气和液态 LiPb 共晶体双冷却系统、径向分为多个功能子区的包层概念作为 FDS－Ⅰ系统的首选工作包层概念，此工作包层命名为 DWTB（Dual-cooled Waste Transmutation

Blanket),其外包层模块参考模型见示意图图 8.4。高压 He 气用于冷却第一壁和其他结构壁以及裂变产物嬗变区,液态 LiPb 既作为氚增殖剂同时又在高放锕系废料嬗变区作为冷却剂实现自冷却功能。各区材料设计和参考径向尺寸见表 8.3。

表 8.3　材料和分区

分区	材料成分	径向厚度(cm)
内包层		
第一壁	RAFM 钢 + He	3
氚增殖区	LiPb	11×2
结构壁	RAFM 钢 + He	1×2
反射层	石墨	13
氦气联箱	RAFM 钢 + He	10
屏蔽区	RAFM 钢 + H_2O	30
外包层		
第一壁	RAFM 钢 + He	3
AC1/AC2/AC3/AC4 区	MAC + PuC + LiPb	11/11/11/11
结构壁	RAFM 钢 + He	1×6
FP(CsCl/NaI/Tc)区	FP + 石墨 + He	7/7/7
氦气联箱	RAFM 钢 + He	11
屏蔽区	RAFM 钢 + H_2O	60

DWTB 结构设计应该考虑的约束条件包括:第一壁(FW: First Wall)高的结构热负载与温度限制,锕系元素(AC: Actinide)燃料区高功率密度和大量核热、液态金属(LM: Liquid Metal)的磁流体动力学(MHD: Magnetohydrodynamic)效应,燃料周期性更换,提氚工艺等。根据功能与结构特征,DWTB 的外工作包层从靠近等离子体一侧沿径向向外分区:(1) FW 区,直接面向等离子体,形成包层主体结构;(2) AC 区,嬗变处理 LLMA(高放射性、长寿命锕系元素);(3) FP 区,嬗变处理 LLFP(长寿命裂变产物);(4) 氦气母管与联箱。其功能除增殖聚变燃料氚外,还包括长寿命核废料的嬗变和能量的产生。如图 8.5 所示,DWTB 的内工作包层模块自等离子体区沿径向向外分为内 FW、LiPb 氚增殖区(两个子区)、中子反

射层和 He 气联箱区。内工作包层主要用于生产氚。

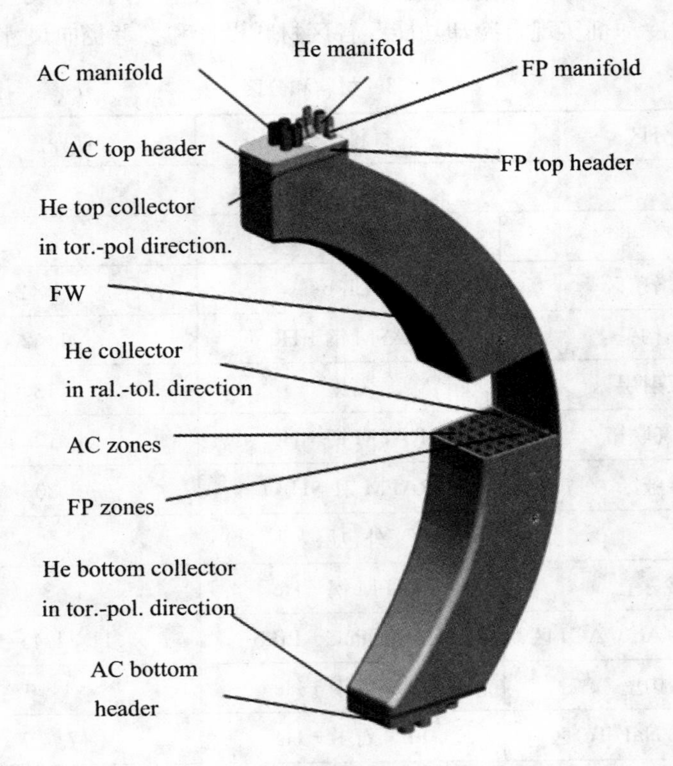

图 8.4 DWTB 包层模块参考几何模型

FW 结构形成 DWTB 的主骨架。在包层结构设计方面,采用的结构材料越先进,工程技术要求与成本也就越高。低活化结构材料如低活化铁素体/马氏体钢(RAFM:Reduced Activation Ferritic/Martensitic)、钒基合金及 SiC/SiC 复合材料,因有较好的耐高温、抗辐照性能并且活化放射性低而被选作为聚变驱动次临界包层的结构材料。RAFM 具有很好的工业技术基础,具备良好的低活化、抗辐照特性以及很好的机械性能,且接近目前的工程技术与成本要求。因此 DWTB 的主体结构材料采用与欧洲 EUROFER 和日本 F82H 同一类型的 RAFM 钢(如 CLAM:Chinese Low Activation Martensitic Steel)。

AC 区主要包括重金属(MA 和 Pu)和液态金属 LiPb。共晶体 LiPb 兼顾氚增殖、中子倍增剂与冷却剂的功能以及液态金属的几何适用性,简化了系统与结构;并且液态金属具有高的热传导性,适应高功率密度区的载热;良好的稳定化学性质,与水、空气和蒸汽的化学反应性很低,产生氢气的反应率相对金属锂低两个数量级;较低的熔点温度和低的氚溶解度,简化了提氚工艺。利用隔板将重金属区分为若干小液态金属流道截面。隔板一方面起到结构加强板的作用,另一方面减小液态金属流道截面,降低了液态金属中形成的感应电流。

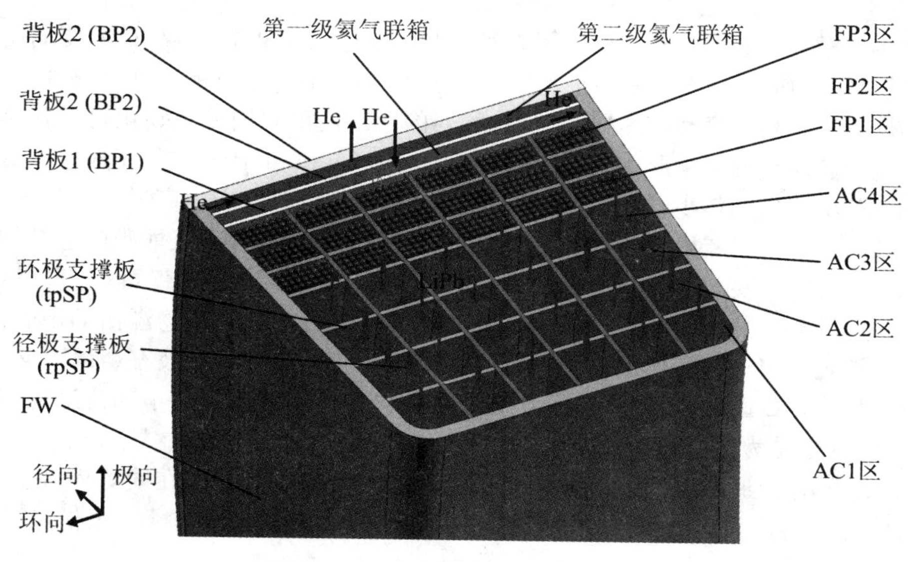

图 8.5　DWTB 模块结构分区示意图

AC 区主要通过液态金属 LiPb 冷却。液态金属冷却流道布置优化需要满足:(1) 尽量简单化,因为复杂的液态金属流道可能会带来严重的局部 MHD 三维效应;(2) 尽量缩短流道长度,降低高功率密度区液态金属流速;(3) 流道沿极向分布,有利于事故时依靠重力的紧急卸料。

为了减小液态金属 LiPb 在磁场环境下流动的 MHD 效应以及与 RAFM 钢的相容性问题,考虑选择合适材料作为 LiPb 流道内的电绝缘涂层材料,同时这种材料还应具有防氚渗透能力和抗腐蚀能力。因此 DWTB 的外包层中,AC 区液态金属流道内壁涂有 Al_2O_3 涂层材料,其作用在于:电绝缘,有效减小流动 LM 流动的 MHD 效应;氚壁垒,防止液态金属 LiPb 中产生的氚气体渗透到结构材料中;防腐蚀,避免结构材料与液态金属 LiPb 直接接触。Al_2O_3 涂层与 LiPb 化学相容性好,并且具有良好的自修复功能,这也是 DWTB 选择 Al_2O_3 作为涂层材料的主要原因。

另外,电绝缘的另一种可选方案是考虑在液态金属流道内加入 SiC 插件,不仅可以达到降低 MHD 效应的目的，并且还可以起到热绝缘的作用。这里的FDS－Ⅰ系统中暂不考虑插件方案。

AC 区中燃料形式可以设计成多种形式，如流动燃料颗粒或者固定燃料元件（如棒状、板状、球状等）等。考虑 Tokamak 外包层的几何复杂性，FDS-Ⅰ系统的 DWTB 的 AC 区采用了流动燃料颗粒的燃料形式，由于早期碳化物芯核燃料在高温气冷堆燃料中的发展和应用使得该种燃料的工艺发展得到重视，最重要的是碳化物燃料的包壳材料 SiC 是目前所知与液态 LiPb 相容性较好的一种材料，此外碳化物燃料具有高密度和高热导率，这一系列的原因使得我们采用碳化物燃料芯核作为重金属燃料的化学形式。碳化物形式的 LLMA 和 Pu 废料被加工成包覆着石墨和 SiC 的多层燃料小颗粒，考虑到重金属材料在裂变时会产生高温裂变气体，燃料芯核外包覆一层疏松的热解碳，它含有贮存裂变气体的孔隙，又能吸收芯核的肿胀和保护外涂层免受裂变碎片反冲的损伤；外围的 SiC 涂层不仅可以直接浸于 LiPb 中，对于燃料颗粒内部还可以承受压力和作为防止裂变产物溢出的硬壳，如果有必要还可以通过变化包覆层材料的致密程度使燃料颗粒在液态金属 LiPb 中悬浮。四个 AC 区的液态金属 LiPb 携带重金属燃料颗粒分别在不同流道完成闭合循环，这也是为了留有在不同流道装料不均匀的空间。这种燃料形式的优点在于：热负载分布均匀；颗粒直径小，燃料被充分冷却；便于燃料的在线更换；便于事故时紧急卸料。为了保证 LiPb 冷却剂流动顺畅，固态颗粒燃料体积份额要求 $\leqslant 10\%$。

FP 区装载 LLFP 和石墨，石墨对中子有较好的慢化和反射作用，因此可以慢化中子以适应嬗变 LLFP 的需要，并且可以反射中子以提高 DWTB 中的中子利用率。FP 区后面是两个独立冷却系统的氦气母管与联箱。系统中氦气主要带走结构中的沉积热量并分担液态金属的部分热负载。

FP 区与 AC 区相比，核热功率密度低得多，而且只有氦气作为冷却剂，因此结构优化的限制条件不多，结构相对简单。

FP 区分为三个子区，有利于径向燃料布置。在子区空腔中堆积着直径不等的 LLFP 燃料球和石墨球。LLFP 燃料球由内部的 LLFP 芯部和外面包覆的石墨层组成，填充在石墨球的间隙中（见图 8.6）。

压力氦气直接进入燃料的腔室，直接带走 LLFP 区热量，大大提高了小球与氦气的换热效果。FP 区的燃料进料、排料时使用气体输送，工作时 FP 区燃料采用氦气冷却，氦气回路与燃料球进料、排料管共享堆内的进出口管路，在堆外分支各自独立，这样布置的好处在于氦气既可作为冷却剂，又可作为输送燃料球的气源。

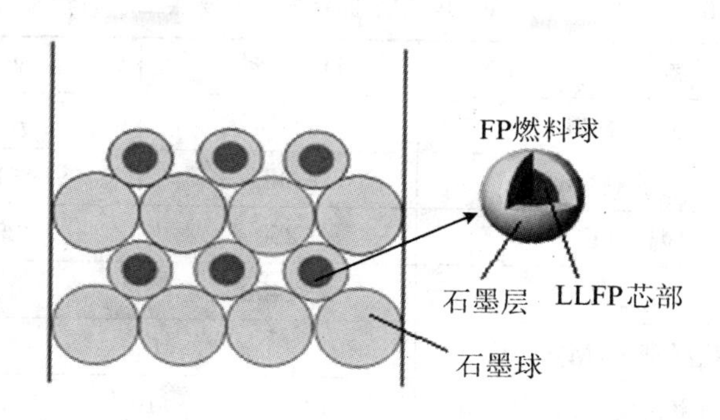

图 8.6　FP 区燃料布置与结构示意图

8.5.2　包层热工水力学

DWTB 采用高压 He 气/液态 LiPb 双冷却系统。He 气在包层内为径向—环向流动,主要用于包层结构材料和 LLFP 嬗变区,同时带走部分重金属区的高功率密度核热,该系统设计的基本要求是满足各种工程约束的条件下带走第一壁热流和结构及 FP 区核热,同时尽可能多地带走 AC 区的核热。液态 LiPb 系统流道采取简单的极向布置方式,便于事故态下靠重力快速卸料或者自然对流冷却,同时又减少了三维液态金属 MHD 压力损失。

热工设计的主要工程约束条件包括结构材料和燃料的温度和应力限制及分布的合理性;液态金属冷却剂熔点限制;冷却剂与结构材料的相容性温度限制;冷却剂在流道中压力、压降和速度值合理性,特别是减少液态金属冷却剂在强磁场中流动的 MHD 影响;热循环效率等。参考国际上主要的 He 气冷却包层设计,DWTB 中 He 气系统最大压力要求≤10 MPa,最大平均流速要求≤50 m/s, 由于 RAFM 结构钢运行温度要求(≤550 ℃)和 LiPb 系统运行温度要求,He 气入口温度≥250 ℃,出口温度≤480 ℃。考虑 LiPb 的熔点(235 ℃)和它与 RAFM 钢的相容性温度限制,LiPb 入口温度≥250 ℃,出口温度≤480 ℃,接近常压运行。根据上述原则,经过系统功率平衡计算、流场与温度场数值模拟和优化计算,表 8.4 给出了冷却系统典型的热工水力学参数。关于热工系统详细的设计和优化分析见文献[6]。

表 8.4 FDS-Ⅰ/DWTB 包层参考方案主要热工水力学参数

参 量	He 气系统	LiPb 系统
工作压力(MPa)	8	-
最高平均流速(m/s)	40	<1.7
入口温度(℃)	250	250
出口温度(℃)	<450	450
第一壁热流密度(MW/m^2)	0.1	
MA 区功率密度(MW/m^3)	100	

8.5.3 聚变驱动次临界堆的中子学原理

聚变驱动次临界核能系统由于靠外中子源驱动而运行在次临界状态下,次临界程度可以设计得很深,从而避免发生超临界事故的可能,而且可以在系统中加入一些中子吸收材料来利用过剩的中子,如用于嬗变处理长寿命核废料、生产核燃料、生产氚及材料辐照实验等。图 8.7 给出了一个典型的聚变驱动次临界堆的中子学原理和燃料过程示意。下面以图 8.7 为例,介绍一下聚变驱动次临界堆的中子学原理和过程。

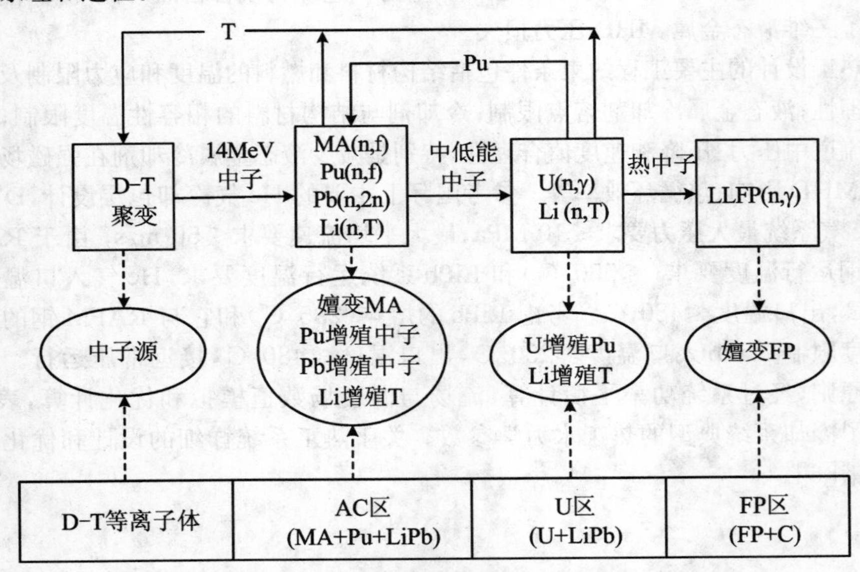

图 8.7 聚变驱动次临界堆中子学原理

聚变驱动次临界堆结合了聚变反应的富中子、贫能量(14 MeV/次)和裂变反应的贫中子、富能量(200 MeV/次)的特点,利用氘—氚聚变放出的中子作为外中子源,进入到装载了裂变堆乏燃料(如高放锕系废料 LLMA、钚废料和高放裂变产物 LLFP 等)、可增殖核燃料(如铀、钍等)和氚增殖材料(Li、Li 的任何合金如 LiPb 或者 Li 的化合物等,下面以 LiPb 为例说明)的包层次临界系统。

考虑到 LLMA、Pu 废料和 LLFP 的嬗变对中子能量的不同需要和聚变系统中氚燃料自持的要求,一般将锕系废料和 Pu 废料以及产氚材料 LiPb 都安排在离等离子体比较近的位置,称为锕系废料嬗变区,记为 AC 区。AC 区中主要利用没有经过慢化的、直接来源于聚变堆芯的高能中子(能量集中在 14.06 MeV)诱发裂变反应以嬗变裂变阈能较高的高放锕系废料 LLMA 和钚废料。该区液态金属 LiPb 不仅作为冷却剂,而且 Li 和中子反应产生氚进行燃料循环以供给氘—氚聚变堆芯实现聚变燃料自持:

$$n + {}^{6}Li \rightarrow {}^{4}He + T \tag{8.17}$$

$$n + {}^{7}Li \rightarrow {}^{4}He + T + n' \tag{8.18}$$

Pb 的(n,2n)反应和锕系核的裂变反应都可以增殖中子(其中钚的裂变反应放出的中子数目相当高),这些增殖中子都有利于提高氚产生率和废料的嬗变率。

经过 AC 区后,进入到裂变核燃料增殖区(称为 U 区)的中子能量以中低能为主,在 U 区中利用自然矿资源^{238}U 生产裂变堆可直接使用的核燃料^{239}Pu,^{238}U 俘获中子生成^{239}U,再经过两次β$^-$衰变,得到^{239}Pu,主要核反应方程式如下:

$$^{238}_{92}U + ^{1}_{0}n \rightarrow ^{239}_{92}U \xrightarrow[2.35\text{min}]{\beta^-} ^{239}_{93}Np \xrightarrow[2.35\text{day}]{\beta^-} ^{239}_{94}Pu \tag{8.19}$$

由于两次β$^-$衰变的时间不长,一般可省去中间衰变过程,直接看做^{238}U 通过中子俘获反应产生了^{239}Pu。该区产生的^{239}Pu 除了可以被分离单独作为裂变反应堆的核燃料之外,还可以在聚变驱动次临界堆中循环使用,例如将其循环到 AC 区中,可以提高 AC 区的中子产生率,从而提高废料嬗变率。这里需要说明一点:图 8.7 中的 U 区是利用"U-Pu 循环"来增殖裂变核燃料^{239}Pu,另外在聚变驱动次临界堆中也可以选择使用"Th-U 循环"来增殖裂变燃料^{233}U(由于或是由"U"产生"Pu",或是由"Th"产生"U",因此仍然统称为 U 区),过程和"U-Pu 循环"类似:

$$^{232}_{90}Th + ^{1}_{0}n \rightarrow ^{233}_{90}Th \xrightarrow[22.2\text{min}]{\beta^-} ^{233}_{91}Pa \xrightarrow[27.0\text{min}]{\beta^-} ^{233}_{92}U \tag{8.20}$$

由于聚变系统氚自持的需要,一般 U 区中也加入氚增殖剂材料以提高氚产生率。

显然,通过 AC 区再经过 U 区出来的中子能谱将被进一步软化,热中子占主要比例,正好适合于嬗变 LLFP 的需要。LLFP 的核素都是中等质量核,因此嬗变的方式主要是中子俘获反应(n,γ)等中子吸收反应。LLFP核素有时候需要经过多步核反应才能够得到短寿命或者稳定核素，尽管通过(n,2n)反应也可以达到嬗变LLFP的目的，但是该反应类型因阈能高、截面小而导致反应率很难提高。而(n,γ)反应在热中子能量范围内截面较高，因此被考虑作为嬗变LLFP的主要方式。为了使得FP区的中子充分热化，通常在FP区中加入慢化剂，如石墨等，慢化中子，以提高LLFP的嬗变率。

如果仅仅考虑聚变驱动次临界堆嬗变来源于裂变反应堆卸料的核废料的功能，而不再生产可裂变核燃料，那么可以将图8.7中的U区去掉，合并到AC区，其他过程与图8.7类似，只是堆内仅剩下氚的燃料循环，其他废料等都直接来自裂变堆的乏燃料。对应的中子核燃料循环过程和原理见图8.8。

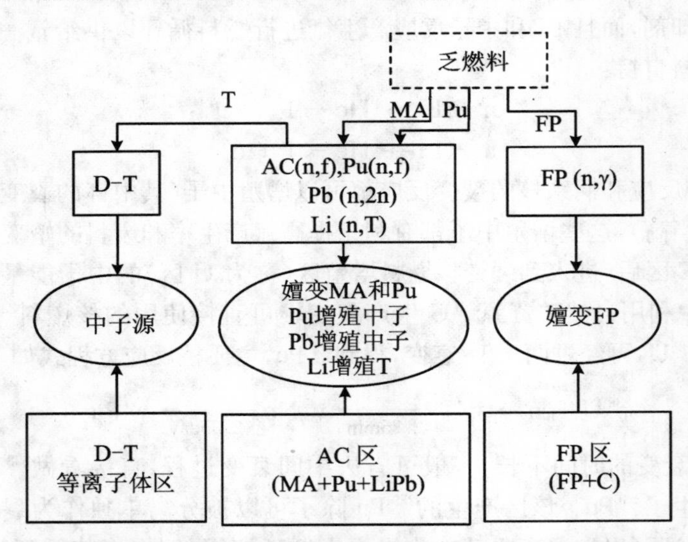

图8.8 不增殖裂变燃料的聚变驱动次临界堆的中子核燃料循环过程和原理

8.5.4 中子学设计原则和目标

对于一个聚变驱动次临界堆，为了在包层中实现生产核燃料、处理核废料、增殖能量等多种功能，包层的中子学设计和优化的主要原则和目标可以列举如下：

(1) $k_{\mathrm{eff}}<1$

由于聚变驱动次临界堆运行在次临界状态，所以必然要求正常运行条件下的有效中子增殖率$k_{\mathrm{eff}}<1$。基于安全考虑，还要求系统的k_{eff}满足在任何瞬态变化的情况下，幅动范围都不能超出临界限制，即仍然控制在1以下。显然次临界程度

越深即 k_{eff}越小，系统的临界安全裕量就越高，然而大量计算和分析都表明，k_{eff}设计得过低，系统中可用来嬗变的中子数将会减少，直接导致系统对核废料的嬗变能力下降。基于安全和现实要求两方面的综合考虑，在目前的 FDS－Ⅰ方案中我们选取的 k_{eff}在 0.85～0.95 范围内。

(2) 最大功率密度不超过热工水力对冷却能力设计所能实现的上限

对于一个实际的堆，中子学设计的最大功率密度必须被控制在热工水力冷却能力可实现的范围以内，参考裂变堆中快堆和压水堆的功率密度水平，一般可取 100～500 $\mathrm{MW/m^3}$的范围。考虑到工程技术难度，在目前的聚变驱动次临界堆 FDS－Ⅰ包层设计方案中，要求某一区平均功率密度最大不能超过 100 $\mathrm{MW/m^3}$。

(3) 氚增殖比 TBR 满足氚自持

包层是聚变驱动次临界堆中实现多功能的关键部件，它的一个主要功能是生产氘—氚聚变所需的燃料氚，包层的产氚能力用氚增殖比 TBR(Tritium Breeding Ratio)表示，即氘—氚聚变释放出一个中子穿过第一壁在包层中与各种材料发生核反应可以产生的氚的个数。对于一个氘—氚聚变系统，理论上氚增殖比 TBR 为 1 就能满足聚变燃料氚的自持，如果考虑系统中氚的循环和损耗，一般要求数值模拟计算得到的氚增殖比 TBR 大于 1.05。特殊地对使用一维径向球模型近似计算的情况，由于没有考虑真实模型偏滤器泄漏效应、损耗以及诊断窗口注入窗口等影响，因此设计要求一维计算的 TBR 大于 1.2。

(4) 核燃料平衡

核燃料平衡包括可裂变核燃料(如^{233}U 和^{239}Pu)的消耗和增殖平衡，以及高放锕系废料 LLMA 和 Pu 废料嬗变相互间基本平衡。

对于具有增殖可裂变核燃料功能的聚变驱动次临界堆的包层，包括两类生产核燃料的方式，一是利用^{238}U 和中子发生俘获反应最终生成^{239}Pu，另一类是利用^{232}Th的中子俘获反应产生^{233}U。^{239}Pu 和^{233}U 都是易裂变重核，可以直接用做裂变堆的燃料。以“$^{238}\mathrm{U} \rightarrow {}^{239}\mathrm{Pu}$”为例，因为^{239}Pu 一次裂变放出的中子数比较多，可以显著提高参与核废料嬗变的有效中子数，进而提高核废料嬗变率。因此，为了提高包层中核废料的嬗变效率，目前已经发现的有效方式之一就是在 LLMA 废料嬗变区加入^{239}Pu，因此较为理想的聚变驱动次临界堆的包层设计是至少满足能将燃料增殖区(就是生产核燃料的区)产生的核燃料在 LLMA 废料嬗变区循环利用，以补偿为了嬗变 LLMA 而消耗掉的额外的^{239}Pu 量。表征系统增殖可裂变核燃料的能力用燃料增殖比 FBR(Fuel Breeding Ratio)，表示一个聚变中子在包层中可以参与核反应生成的核燃料的原子个数。

为了衡量系统嬗变核废料的能力，用废料核嬗变率 WTR（Waste Transmutation Ratio）表示与进入包层的一个聚变中子发生核反应而转化成短寿命核或稳定核的长寿命、高放射性废料核的个数。裂变堆乏燃料一般包括三类：长寿命锕系废料 LLMA（包括 ^{237}Np、^{241}Am、^{243}Am 和 ^{244}Cm），长寿命裂变产物 LLFP（包括 ^{129}I、^{135}C 和 ^{99}Tc）和钚废料（Pu，包括 ^{238}Pu、^{239}Pu、^{240}Pu、^{241}Pu 和 ^{242}Pu），相应的嬗变率分别表示为 WTR_{LLMA}、WTR_{LLFP} 和 WTR_{Pu}。由于锕系废料核和中子发生核反应有很多种，如(n,γ)俘获反应、$(n,2n)$反应以及(n,f)裂变反应等，前面两类方式的产物核仍然是具有放射性的锕系元素核，只有(n,f)裂变反应是彻底改变其长寿命重核放射性的方式，所以长寿命锕系废料核的嬗变率 WTR_{LLMA} 定义为所有长寿命锕系废料核的裂变反应率之和。类似地，钚废料同位素的嬗变率 WTR_{Pu} 也定义成所有钚同位素的裂变反应率之和。而对于长寿命裂变产物的嬗变率 WTR_{LLFP}，则定义为长寿命裂变产物核与中子发生除散射反应外其他所有核反应的反应率之和。

WTR 主要是衡量次临界包层系统某一时刻（通常指初始时刻）的嬗变能力，而系统随时间变化的实际嬗变能力可以用燃耗深度 BUD（Burn up Depth）和年平均燃耗深度 BUDA（Burn up Depth Annual）来衡量。BUD 是指系统随时间嬗变的核废料总量与初装废料量的比值，BUDA 是系统平均每年嬗变的核废料量与初装废料量的比值。为了更直观地反映系统嬗变能力与裂变反应堆卸料的关系，用 UPWR 表示一个 3000 MWt 压水堆每年产生的废料量。与 WTR 类似，$UPWR_{LLMA}$、$UPWR_{Pu}$ 和 $UPWR_{LLFP}$ 分别对应压水堆中 LLMA、Pu 废料和 LLFP 的年乏料量，表 8.5 给出了一组典型废料量参考值。

目前聚变驱动次临界嬗变包层中高放核废料初始装料都来自裂变反应堆的卸料，因此为了均匀化系统对不同核废料的嬗变能力，合理化系统的废料“供给—消耗—供给”的燃料循环，设计中要求长寿命锕系废料和钚废料均按典型压水堆废料比例几乎来源于相同数量裂变电站乏燃料进行初始装料和根据相应的年嬗变量换料加料，可称之为 LLMA 和 Pu 废料装料量和嬗变量均达到平衡。并且初装量必须满足可能有的压水堆废料支持的基本限制，例如取 300 个 UPWR 废料为 FDS-Ⅰ方案初始装料量的参考限制值。

表 8.5　一个 3000 MWt 压水堆每年卸料冷却十年长寿命废料量参考值

废　料	核　素	UPWR(kg)		备　注
LLMA	^{237}Np	14.5	34.7	合称 TRU
	^{241}Am	16.6		
	^{243}Am	3.0		
	^{244}Cm	0.6		
Pu	^{238}Pu	4.5	288.1	
	^{239}Pu	166.0		
	^{240}Pu	76.7		
	^{241}Pu	25.4		
	^{242}Pu	15.5		
LLFP	^{99}Tc	25.69	41.65	
	^{129}I	5.96		
	^{135}Cs	10		

(5) 废料嬗变效率尽量高

核废料嬗变堆的主要目标之一是尽量提高嬗变效率。聚变驱动次临界系统的主要功能之一就是嬗变核废料，因此提高系统对核废料的嬗变能力是优化的主要方向，也就是尽量提高燃耗深度 BUD 和年平均燃耗深度 BUDA。

8.5.5　聚变驱动次临界堆的中子学计算模型

这里的中子学计算和分析工作都是基于 FDS－Ⅰ的几何模型，采用一维经过简化近似处理的球模型(见图 8.9)：大半径 $R=4$ m，小半径 $a=1$ m，聚变功率 P_f 约 150 MW，平均中子壁负载 WLD 约 0.5 MW/m^2。各个区的功能与材料成分以及径向尺寸见表 8.6。

表 8.6　材料和分区

分　区	材料成分	尺寸(cm)
屏蔽区(和真空室)	75%CLAM;25%H_2O	30(内)/60(外)

续表

分　区		材料成分	尺寸(cm)
氦气联箱区	背板 3	100%CLAM	2(内)/3(外)
	第 2 级联箱区	100%He 气	3
	第 1 级联箱区	100%He 气	3
反射层		100%石墨	13
一般结构壁和背板-1、2		60%CLAM;40%He 气	1(内×2/外×6)
氚增殖区		100%$Li_{17}Pb_{83}$	11(×2)
第一壁	前壁	100%CLAM	0.5(×2)
	中	20%CLAM;80%He 气	1.7(×2)
	后壁	100%CLAM	0.8(×2)
AC 区		0.6%(MAC)C[a);4.3%(PuC)C[b); 95.1%$Li_{17}Pb_{83}$	11(×4)
FP 区-1		17.64% CsCl;22.36%He;60%石墨	7
FP 区-2		1.695% NaI;38.305%He;60%石墨	7
FP 区-3		1.484% Tc;38.516%He;60%石墨	7

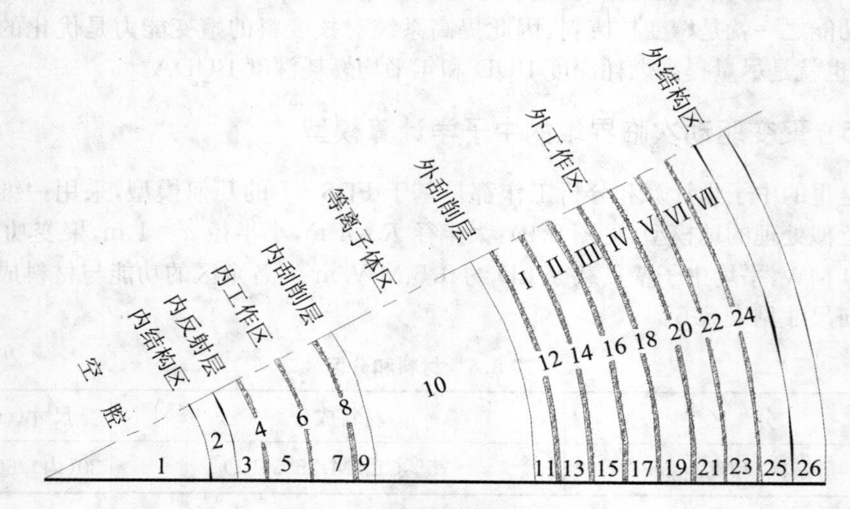

图 8.9　一维径向简化模型图

8.6 计算程序和数据库

计算使用的程序和数据分别是 FDS 课题组程序系统 VisualBUS 和核评价数据库 HENDL。

8.6.1 计算程序 VisualBUS

作为一个大型的集成系统程序，在中子学计算上，VisualBUS 集成了输运计算、燃耗计算、活化计算等计算模块，能够进行一维/二维/三维模型的中子学分析，在计算机应用技术上，它则综合了自动建模功能、优化分析功能、可视化功能、远程计算功能以及分布式计算功能。其中输运计算提供一维到三维的 SN 方法和三维的 MC 方法两类选项，燃耗计算可选择 Bateman 解析方法或 Runge-Kutta 数值方法，优化计算使用适用于多变量和多目标寻优的遗传算法和人工神经网络算法。

1. 输运计算

目前国际上普遍采用的对于中子输运问题的求解方法包括两大类，一类是“确定论方法”，这类方法根据问题的物理性质建立数学模型，可以用一个或者一组确定的数学物理方程来表示，对这些方程应用数学方法求出近似的或者精确解，VisualBUS程序系统采用的 SN 方法就属于这一类。另一类方法是“非确定论方法”，也就是蒙特卡罗方法即 MC 方法，它是基于统计或概率理论的数值方法，通过对所要研究问题的统计规律构造一个随机模型来加以计算。

SN 方法(Discrete Ordinates Method)即离散纵标法，就是将中子运动的空间方向角变量 Ω 进行空间离散化，即在 4π 空间选定若干个离散方向 Ω_m 解输运方程，离散方向的数目取决于计算精度的要求，习惯称为“SN 方法”。离散纵标方法是采用具有最高代表精度的高斯型求积公式的离散点和权重，分别对各方向角余弦一纵标(Ordinates)进行离散化。SN 方法是目前求解中子输运方程一种非常有效且普遍的数值方法，它可以通过划分较细的网格，获得较为精确的分布量计算结果，计算效率相当高。然而，从 SN 方法原理上就可以看出，这种计算方法由于需要进行规则的网格划分以致无法处理复杂几何模型问题。

另一选项 MC 方法(Mente Carlo Method)，特别适合求解本身就带有随机性的物理现象问题，如粒子输运问题的求解等，也可把一般的确定性问题(像积分问题、线性方程组和传热等问题)转化为随机概率问题求解,是利用随机变量的一个数值序列来得到待定问题的近似解的数值方法。MC 方法可以处理任意复杂的几何问题,但是对于大的系统中的局部量问题和深穿透屏蔽问题,计算消耗量太大而且计算结果也存在误差涨落,很难收敛达到精度要求。

多功能中子学程序的发展要兼顾 SN 和 MC 两个方法,这样有利于针对问题进行方法选择或两者结合,例如要计算一个大系统局部量,可以先采用 SN 方法计算整个系统粗略的结果,再用 MC 方法进行局部精细计算。

2. 燃耗计算

VisualBUS 程序系统中,燃耗计算采用了 Bateman 解析方法和 Runge-Kutta 数值方法两种方法作为两个可选项。

Bateman 方法计算燃耗,在处理燃耗链上做了一些物理过程的近似,主要是围绕关心的重点核来做燃耗链,将复杂的燃耗链拆解成一系列线性链,再对这些线性链分别进行求解燃耗方程。因此这种方法计算的精确度很大程度上取决于这些重点核选取,但是由于链做了线性拆解,因此计算速度很快。

Runge-Kutta 数值计算方法则几乎考虑了所有核的燃耗,使用的燃耗链涵盖了所有核的燃耗过程和反应路径,对复杂系统使用该方法计算的结果更为准确。但因为这种方法考虑的燃耗过程太多,因此对于复杂系统进行输运燃耗耦合计算将非常耗时,然而有时在计算核废料的潜在生物危害的时候,即使是微量的核素也是有意义的,这种情况使用 Runge-Kutta 数值计算方法就更为合适。

3. 活化计算

活化计算在研究反应堆停堆后的安全方面非常重要,目前国际上比较广泛使用的活化计算程序主要有美国的 DKR、日本的 ACT4、中国的 FDKR、欧洲的 FISPACT等,VisualBUS 在参照这些国际流行活化程序的基础上,发展了一个活化计算模块,可以解决以下问题:

(1) 停堆剂量率;

(2) 停堆余热;

(3) 停堆材料的活性分析;

(4) 停堆后核废料的潜在生物危害。

4. 优化算法

像聚变驱动次临界堆这样的核能系统的工作过程是非常复杂的,因而对其进行设计计算也是非常复杂的,各种物理和工程参量的取值范围很大,而且各种参量之间关系非常复杂,因而其设计计算不仅工作量大,而且用传统正算法很难得到所期望的性能参数。随着计算技术的发展,逆算法(反演算法)也得到了很好的发展,即根据所期望的系统性能参数自动调整输入变量来反推系统设计参数(如材料成分、几何构造等),实现最优化。目前考虑的优化算法选项主要有遗传算法和人工神经网络方法。

遗传算法(Genetic Algorithm, GA)是一类借鉴生物界的进化规律(适者生存、优胜劣汰遗传机制)演化而来的随机化搜索方法。其主要特点是直接对结构对象进行操作,且对结构对象没有求解限定,并通过交叉和变异调整搜索方向,不需要确定的规则,来完成全局搜索。

而基于人工神经网络的算法具备很强的学习能力、自适应能力和自组织能力,能对不完整的信息给出正确的解答,或者系统内部发生某些故障时仍能达到良好的状态。而从数学的角度来看,它是具有模拟非线性关系,且对函数本身的态势有很好的把握的数学模型。因此在解决对非线性关系的模拟的问题上,适合采用人工神经网络。

VisualBUS中的优化模块由遗传算法和人工神经网络算法两种算法构成,用户可以根据需要进行选择。且通过多目标线性加权的方法可实现多目标优化功能。例如优化模块可以通过调整系统的初始参数(几何、材料、源项等)完成多目标优化。

5. 可视化

为了便于程序使用者在程序计算过程中对堆系统参数变化进行实时监控和操作,VisualBUS采用图形用户界面,程序加入实时可视化和后处理可视化功能,可以对选定的各项系统主要参数进行图形化显示,让物理工作者能更直观地对结果的正确性和合理性进行判断。

6. 网络计算

由于21世纪互联网技术的迅猛发展,VisualBUS程序系统增加了强大的网络支持功能,包括远程计算和分布式计算。远程计算能提供远程共享,用户可以在广域网的任何地方,通过用户界面,提交所需计算的输入文件,服务器处理上传的计算内容,并及时地返回计算结果到用户端。分布式计算则能在局域网内寻找可利用的计算机资源,启动这些计算机参与运算,从而增加计算速度,同时也提高了局域网内的资源利用率。

8.6.2 核数据库HENDL

核评价数据库HENDL,包括分别适用于SN方法的多群数据库HENDL/MG、适用于MC方法的连续能量数据库HENDL/MC,原始数据主要来源于国际上广泛使用的几大评价核数据库(如美国的评价库ENDF/B-Ⅵ、欧洲的JEF-2、日本的JENDL-3、中国核数据中心的CENDL-2、俄罗斯的BROND以及国际原子能机构IAEA的FENDL-2等),汇集了246个核素,几乎涵盖了可进行聚变、裂变以及聚变—裂变次临界混合堆计算所必需的所有基本核数据。

HENDL/MG是针对离散方法适用的多群数据库。多群方法也就是将能量范围划分成多个离散的能量间隔,每个能量间隔成为一个能群。对于每一个能群,采用平均截面来表示该能群间隔内的截面分布,利用分群参数近似的方法可简化复杂的输运方程,建立多群扩散方程,以便于离散数值方法的求解。此外,可根据需要增大或者减小能群数,简化问题,降低计算量。HENDL/MG可以按要求排列成多种格式,能够应用于当前国际上广泛应用的一些中子输运程序,如ANISN、DOT等SN程序。目前VisualBUS1.0使用的HENDL1.0/MG多群数据库就是将0~20 MeV的中子能量以及0.001~50 MeV的光子能量分别分成175群和42群。

HENDL/MC采用国际通用的ACE(A Compact ENDF)格式,提供了对应于MC输运计算程序使用的连续能量数据库。

8.7 聚变驱动次临界堆的中子学设计和优化

本节将基于一维简化球模型,对FDS-Ⅰ系统中LLMA废料和Pu废料的初装料量和嬗变量以及LLFP废料初装料进行中子学计算、分析和优化。使用的具体中子学设计目标和原则列举如下:

(1) $k_{\mathrm{eff}}<0.95$;

(2) 最大功率密度$Pd_{\max}<100\ \mathrm{MW/m^3}$;

(3) 氚增殖率TBR大于1.2(考虑系统损耗和1D计算近似);

(4) 锕系元素和钚的装料量和年嬗变量基本持平;

(5) 满足以上要求的前提下,嬗变效率尽量高。

8.7.1 锕系废料和钚废料不分离装料

对于裂变堆燃料的装料设计,一般分为均匀化装料和非均匀化装料两种。均匀化装料是聚变驱动次临界堆FDS-Ⅰ方案采用的参考装料方案,即MAC(LLMA的碳化物)和PuC(Pu废料的碳化物)包覆燃料颗粒的混合成分,比例在四个AC区相同,这是考虑到对于每一个燃耗循环,所有的燃料会从AC区拿出,分离后处理后，再循环使用。单一的均匀化装料可以使燃料的分离后处理、再循环使用的工程复杂程度降低，新鲜燃料可以使用单循环加料方式。

LLMA 的装料量是所有嬗变装置中非常重要的问题，它的基本要求是在尽可能满足高的嬗变效率的基础上减小初装量，而同时考虑到燃料“供—销”平衡，所以 LLMA 和 Pu 废料的嬗变量也要求基本持平。为了减小废料分离的工程复杂度，先考虑在 AC 区按卸料相对比例装载 LLMA 和 Pu 废料，可看做装载 TRUC 形式的废料，这里将 LLMA 和 Pu 分开说明，以便于对应 LLMA 和 Pu 废料各自的嬗变量。图 8.10 给出了固定 LLMA 和 Pu 为相同装料量同时变化得出的主要中子学参数，和 LLMA 及 Pu 各自的嬗变量(计算采用的燃耗时间为 1 年)。

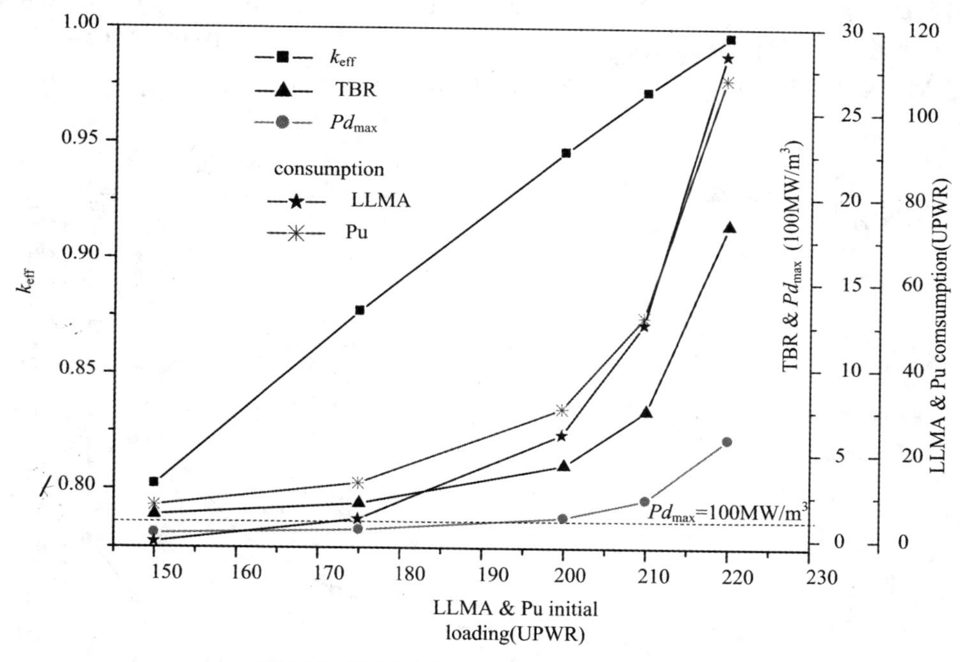

图 8.10　同时改变 LLMA 和 Pu 废料装料量

从图上可以看到，当 LLMA 和 Pu 的装料量达到 220 UPWR 时，系统已经接近临界状态 k_{eff}～0.996，对应的最大功率密度 Pd_{max}～586 MW/m^3，因此可以认为在目前的 FDS－Ⅰ结构和燃料布局方案中，保持 LLMA 和 Pu 废料装料量堆年水平完全统一的条件下，上限约为 220 UPWR。图上显示，LLMA 和 Pu 废料的年消耗量接近平衡的，是 210 UPWR 的初装量情况：k_{eff}～0.972，Pd_{max}～230 MW/m^3，消耗量分别为 LLMA～50.4 UPWR 和 Pu 废料～52.0 UPWR。而在初装量约为

200 UPWR 时，k_{eff}～0.946，最大功率密度 Pd_{max}～126 MW/m^3，TBR～4.3，最接近本节在前面提到的中子学设计目标和原则，这时嬗变的 LLMA 和 Pu 废料分别为 24.4 UPWR 和 30.5 UPWR。因此，完全按卸料比例装料很难在满足其他中子学目标和原则的条件下达到 LLMA 和 Pu 废料消耗平衡。

8.7.2 锕系废料和钚废料分离装料

由于 Pu 对系统中子学能力的影响比 MA 的灵敏，因此可在前述基础上固定 LLMA 的初装量约 200 UPWR(体积份额为 0.53%)，先单独考察 Pu 废料装料对系统参数的影响，变化 AC 区的 PuC 燃料份额，由图 8.11 可得，所有相关的中子学参数都随着 PuC 的增多而增大。当 PuC 体积份额大约为 4.3%时(～197 UPWR)，功率密度已经达到最高限制值 100 MW/m^3，对应的 k_{eff}～0.93，TBR～3.6，LLMA 和 Pu 废料的年燃耗量分别为 17 和 26。

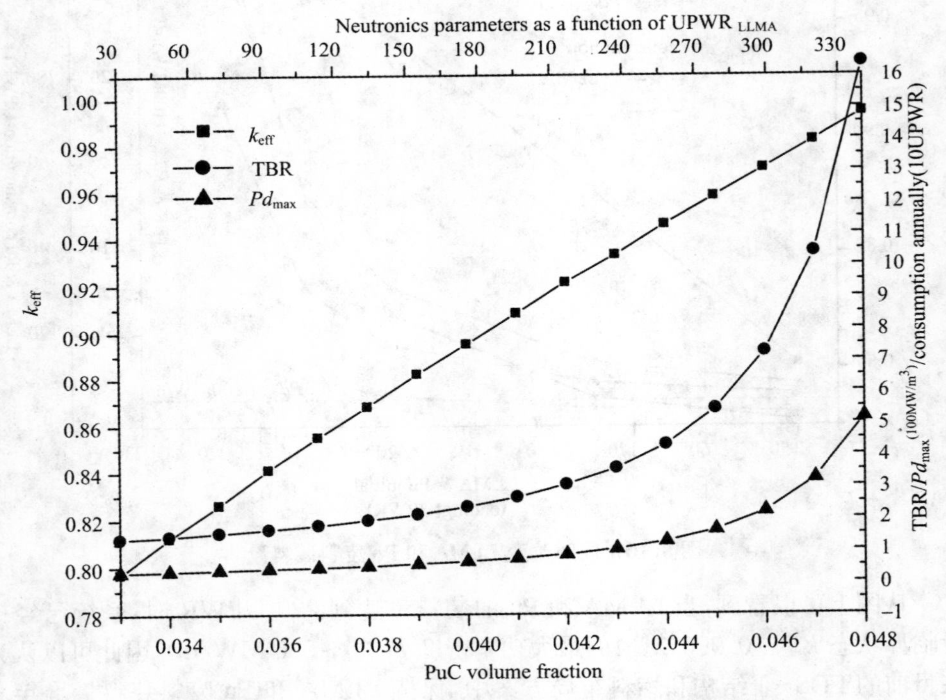

图 8.11 固定 MAC～0.53%，变化 PuC 的体积份额

因为一个系统运行后，保持换料周期中消耗量的平衡比完全统一初始装料量更为重要，为了进一步得到持平的燃耗量，再变化 LLMC 装料进一步优化燃耗结果。图 8.12 给出了固定 Pu 废料装料～197 UPWR 时，中子学参数随 LLMA 装料量变化的曲线，其中当 LLMA 装料～238 UPWR 时，系统对于长寿命废料 LLMA 和 Pu 的年嬗变消耗量相当，均为～24 UPWR/年，对应的氚增殖比 TBR～3.4，区的最大功率密度 Pd_{max}～100 MW/m^3，都满足前述的限制和目标。

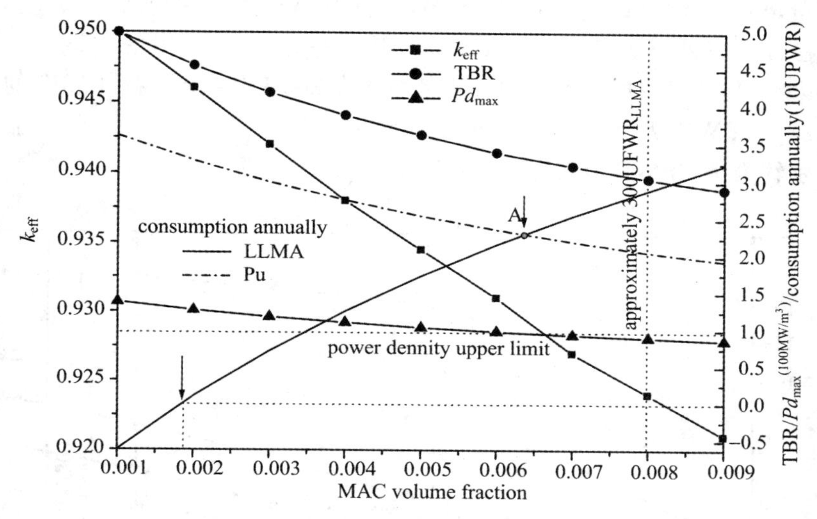

图 8.12　固定 PuC～4.3%，变化 PuC 的体积份额

8.7.3　裂变产物装料分析

FP 区放置在 AC 区的外侧，主要利用穿过 AC 区的热能中子嬗变 LLFP，表 8.7给出了^{99}Tc、^{129}I 和^{135}Cs 在快谱和热谱下的辐照俘获截面，根据 LLFP 核素的俘获截面大小 σ^{99}Tc>σ^{129}I>σ^{135}Cs，为了尽量均匀化三种 LLFP 废料核的嬗变效率和嬗变量，三个 FP 子区沿径向等离子体外侧依次排放 CsCl、NaI 和 Tc 金属。

表 8.7　LLFP 中子俘获截面(快谱和热谱)

核素 中子俘获截面(barn)	^{99}Tc	^{129}I	^{135}Cs
快谱	0.2	0.14	0.07
热谱	4.3	4.3	1.3

由于 FP 区 LLFP 的装料对系统的中子学参数影响很小，基于上述的结果，AC 区 LLMA 和 Pu 废料的装料量和消耗量的优化方案均选择约 200 UPWR 的 LLFP

装料量，以使整个系统所有燃料的初装量基本平衡。由于 LLFP 放置在 AC 区后面，因此中子通量从 AC 区到 FP 区已经降低很多，很难达到和 LLMA 以及 Pu 废料持平的嬗变量，而且仅裂变产物不同核素^{99}Tc、^{129}I 和^{135}Cs 自身的嬗变量也很难平衡。图 8.13 中的计算和分析给出了不同 LLFP 装料量和石墨比例对应的LLFP 的嬗变量，显然 LLFP 越高，嬗变得越多，而且石墨比例高一些，嬗变量也会增加，但是无法保持三种裂变产物核的燃耗水平达到一致。因此，考虑到整个系统初装的废料来源，LLMA 和 Pu 废料的初装量均取为 200 UPRW 左右，LLFP 的装料量也取～200 UPWR 为参考典型值。嬗变^{135}Cs、^{129}I 和^{99}Tc 对应于 1 年不加料的嬗变量分别约为 7 UPWR、9 UPWR 和 13 UPWR。

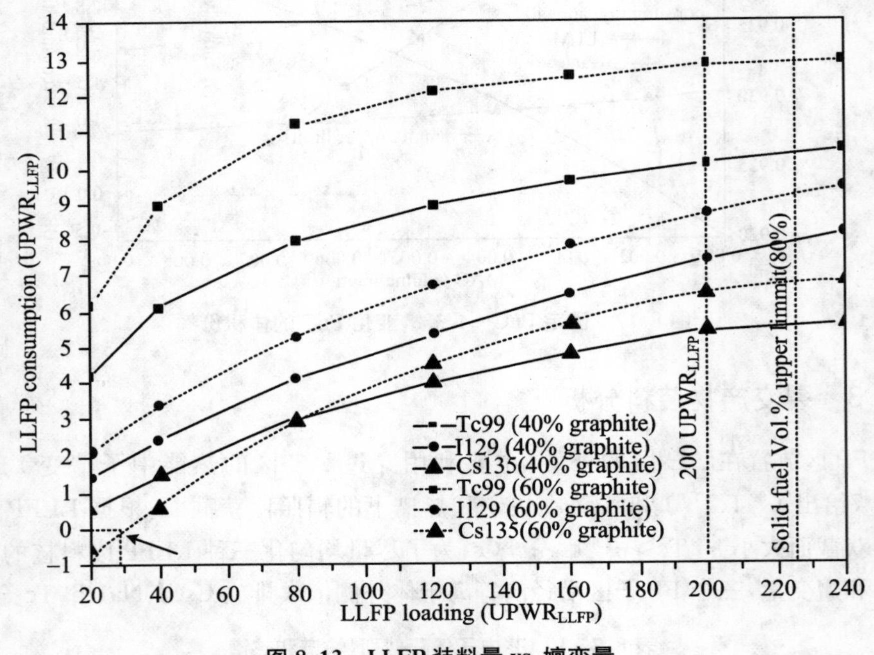

图 8.13　LLFP 装料量 vs. 嬗变量

基于以上计算和分析，得出一个 FDS－Ⅰ参考中子学设计方案，对应的 LLMA 装料量～238 UPWR，Pu 废料装料量～197 UPWR，LLFP 装料量～200 UPWR，系统初始时刻和经过 1 年燃耗的一组主要的静态中子学参考参数列在表 8.8 中，不换料连续运行 3 年的中子学参数变化在表 8.9 中给出。

表 8.8　主要的静态中子学参数(参考值)

中子学参数		初始时刻	1年燃耗后
k_{eff}		0.93	0.8
热功率(GW)		14.2	4.1
氚增殖比 TBR		3.4	1.2
最大功率密度(MW/m^3)		100	31
初装量(kg/UPWR)	MA	8270/238	—
	Pu	56673/197	—
	FP(^{135}Cs)	2000/200	—
	FP(^{129}I)	1192/200	—
	FP(^{99}Tc)	5138/200	—
年燃耗量(UPWR)	MA	–	822/24
	Pu	–	6840/24
	FP(^{135}Cs/^{129}I/^{99}Tc)	–	455(7/9/13)

表 8.9　燃耗随时间步的变化

燃耗步(yr)	k_{eff}	Pd_{max} (MW/m^3)	TBR	装料量(UPWR)		燃耗量(UPWR)	
				LLMA	Pu	LLMA	Pu
0	0.932	100	3.4	238	197	–	–
1	0.80	31	1.17	214.3	173.2	23.7	23.8
2	0.76	25	0.98	214.2	167.7	0.1	5.5
3	0.73	22	0.88	215.2	164.2	−1	3.5

该方案如果在运行1年后不换料继续运行,那么系统对废料的嬗变能力下降很多:在第2年时刻,氚增值比下降至1以下,不再满足氚燃料自持的要求;在第3年的时候,Pu的燃耗积累的LLMA甚至会超过LLMA自身的嬗变,以致LLMA的嬗变量变为负值。因此,建议该方案的换料周期为1年。

8.8 聚变驱动洁净核能动力系统的可行性

上节我们根据聚变驱动次临界堆的中子学原理特点，按照目前工程可行的中子学设计原则和目标，基于一维简化的球模型，对聚变驱动次临界堆的双冷嬗变包层进行中子学方案的设计和分析，得出同时满足运行在次临界条件下（$k_{eff}<1$）、氚燃料自持（TBR>1）、最大功率密度控制在目前热工水力设计可允许的范围内（$Pd_{max}<100$ MW/m^3）、LLMA 和 Pu 废料装料量和嬗变量均基本持平等要求的一个优化设计方案，该方案为均匀装料，建议运行换料周期为 1 年。

通过该方案的中子学设计，聚变驱动次临界堆作为高放核废料的嬗变处理系统的可行性得到了进一步论证。而且，该方案的优化设计使得 LLMA、Pu 废料和 LLFP 三种核废料的初装料达到基本持平，可较好地保持初装废料来源的一致性，不致不同种类废料的初装废料量过于失衡。

将 LLMA 和 Pu 废料分离装料，在基本持平的基础上适当调整 LLMA 和 Pu 废料的装料量，可以获得两者对应的年嬗变量的统一，有利于换料和加料的燃料循环工程设计。

此外，这种方案还适用于共生系统的设计（即一个聚变驱动次临界处理系统同时可以处理几个裂变堆的废料，所有堆合并成一个系统，称之为共生系统），可以和相应的裂变反应堆构成一个闭合的大燃料循环系统。

为了实现洁净核能系统包层的计算，肖炳甲提出一个完善的联合程序系统——RCNPS[7]，其中包括：

(1) 计算燃耗的改进程序 BISON 1.5。

(2) 自编的球床传热水力程序 THPBHR。

(3) 计算放射性的 FDKR 程序。

组合起来用 46 群中子、21 群光子的核数据，最后能计算温度场、速度场、中子通量、光子通量、DPA、功率密度、临界系数、放射性、BHP 和停堆后余热等数据，程序系统图如图 8.14 所示。

表 8.10 给出了计算中使用的多功能包层的一维尺寸及材料组分，得到燃烧 30 年后，各种同位的变化，见表 8.11。在这种包层里，氚是保持自持的。图 8.15 给出了包层内总 BHP 值随时间的变化；图 8.16 给出了如果不嬗变在上述包层中放射

性 BHP 在不衰变、经过 100 年自然衰变和 100 万年自然衰变 BHP 值的变化；图 8.17 给出了 30 年嬗变期间，临界系数、在锕系元素区和增殖可裂变材料区功率密度的变化。

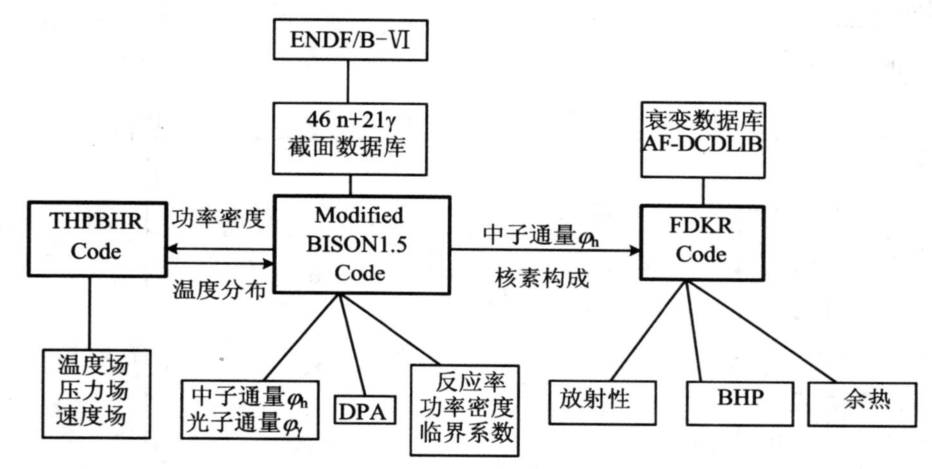

图 8.14　RCNPS 包层计算程序系统

表 8.10　RCNPS 用的包层分区及组成成分

区号	分区的功能描述	宽度(cm)	材料构成
1	聚变堆芯	100	真空
2	第一壁	0.5	SS－316(70%)
3	少数锕系裂变废物转化	40	SS－316(5%)，NpAmCm(4.9%)，^{233}U(1.4%)
4	壁	0.5	SS－316(80%)
5	氚增殖	5	SS－316(5%)，天然 Li_2O(5%)
6	壁	0.5	SS－316(80%)
7	可裂变材料增殖	10	SS－316(5%)，天然^{232}Th(55%)
8	壁	0.5	SS－316(80%)
9	裂变产物嬗变	20	SS－316(5%)，^{135}Cs(3%)，^{129}I(3%)，^{99}Tc(4%)
10	反射层	40	C(75%)，Be(15%)

表 8.11 RCNPS 的计算结果

Nuclides	^{241}Am	^{243}Am	^{244}Cm	^{237}Np	^{235}Cs	^{129}I	^{99}Tc	^{233}U
Initial	11080	1959	353	9825	4886	13494	54541	/
After 30 years operation	3	23.8	25.7	3.67	57.6	18.7	0.007	249000

Unit：10^{24} atoms。

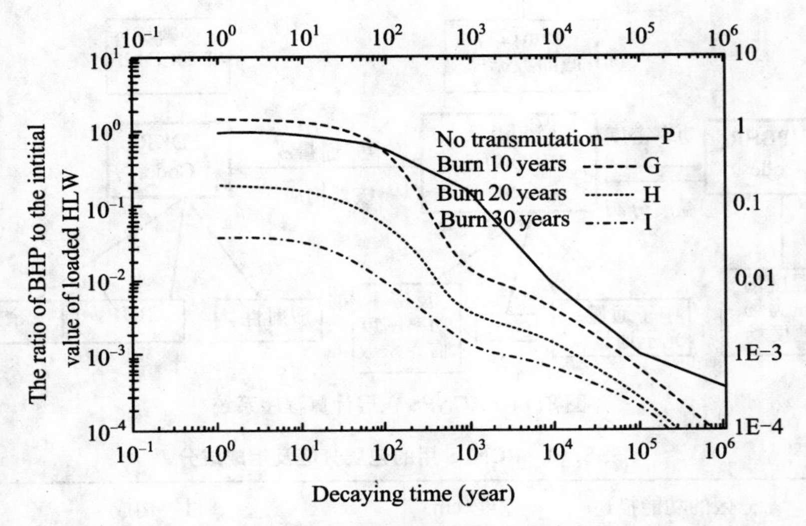

图 8.15 包层内总 BHP 值随时间的变化

从这些数据可得出以下结论：

(1) 在中子壁负荷为 1 MW/m^{2}的条件下，利用以嬗变 PWR 的乏燃料为主体成分的多功能包层、Th－U 燃料循环、天然锂增殖氚保持自持，在聚变功率为 100 MW 的情况下可以实现完全洁净核能动力系统。

(2) 包层中的高放核废物(锕系元素和裂变产物)在 30 年后都大大降低，除了可裂变材料^{233}U 大量增加外(表 8.11)。

(3) 包层内总 BHP 值 30 年后可下降 4 个量级(图 8.15)。

(4) 如果不断地加料，保持次临界系数一定，功率密度虽有变化但均在可接受值以下(图 8.17)。

(5) 可以得到 600～700 MW 的电功率。

以上表明，由聚变驱动的洁净核能动力系统是现实可行的。

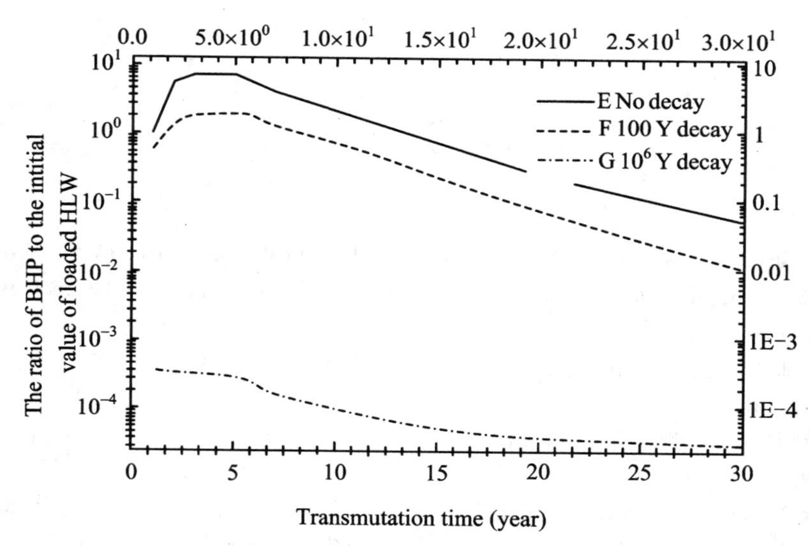

图 8.16　如果不嬗变在上述包层中放射性 BHP 在不衰变、经过 100 年自然衰变和 100 万年自然衰变 BHP 值的变化

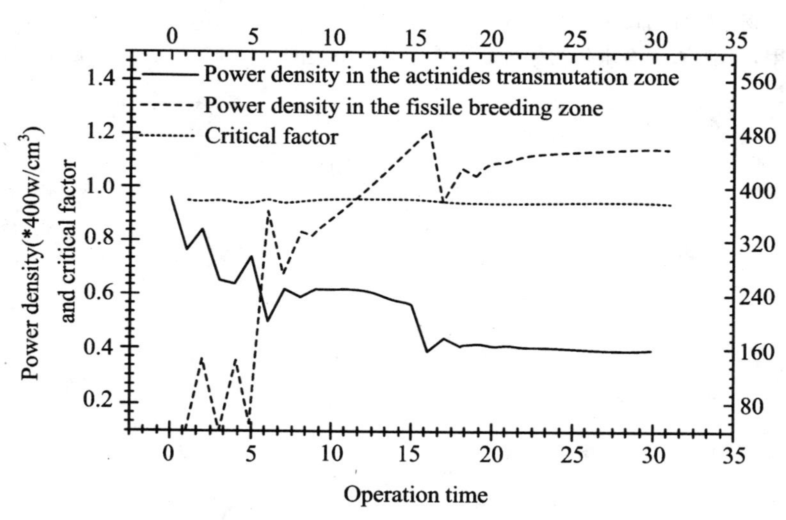

图 8.17　30 年嬗变期间，临界系数、在锕系元素区和增殖可裂变材料区功率密度的变化

参 考 文 献

[1] Wu Yican. A Fusion Neuton Source Driven Sub-Critical Nuclear Energy System: A Way for Early Application of Fusion Technology[J]. Plasma Science and Technology, 2001, 3(6):1085－1092.

[2] 吴宜灿,邱励俭.聚变中子源驱动的次临界清洁核能系统:聚变能技术的早期应用途径[J].核技术,2000,23(8):519－525.

[3] 吴宜灿. 高放废物在聚变—裂变混合堆中转化的研究[D]. 中国科学院等离子体物理研究所博士论文,1992.

[4] 史永谦,朱庆福,夏普,等.反应堆物理实验中的源倍增法研究[J].核科学与工程,2005.

[5] 郑善良. 聚变驱动次临界堆双冷嬗变包层中子学安全分析研究[D].中国科学院等离子体物理研究所博士论文,2005.

[6] 汪卫华. 聚变次临界堆双冷嬗变包层热工水力学设计与数值模拟研究[D].中国科学院等离子体物理研究所博士论文,2005.

[7] 肖炳甲,邱励俭.混合堆作为一种新型洁净核能系统的概念研究[J].核科学与工程,1998,18(12).

第 9 章 加速器驱动的次临界核能系统

9.1 加速器驱动的次临界反应堆核能系统

加速器驱动的次临界裂变反应堆核能系统也有很多优点。它可以通过强流中能质子产生的强中子流与堆芯物质作用产生各种嬗变，不仅可以提供清洁的核能，而且可以对高放射性核废物进行嬗变处理，将长寿命的废料嬗变为短寿命或稳定的物质。同时还可借助中子引起的嬗变对核材料进行核燃料的增殖和生产。因此，它具有放射性污染低、运行安全可靠、资源利用率高以及不产生高放核废料等优点。加速器驱动的次临界核能系统外源中子靠粒子加速器产生的中能质子轰击重金属靶散裂反应提供，其装置类似于图 9.1 所示装置，两者结合成为驱动堆。图 9.1 中，由左上顺时针依次为：地面下 5 m 处的超导直线加速器末端输出 600 MeV 质子束，经过消色散质子束流输运线（4 块弯转磁铁和 13 块四极磁铁组成）在终端弯转磁铁下游形成具有两个单束腰的锥形束，最终到达并撞击嬗变堆芯靶（靶位于地面下 30 m 处）。超导直线加速器末端延伸方向为废束箱。

我们现在看一看加速器驱动的次临界核能系统是如何工作的。如果加速器的流强为 20 mA，每个质子可产生 30 个中子。那么由驱动器向中子产生靶提供的外中子源将有 3.6×10^{18} 中子/s。假设次临界装置的 $k_{\text{eff}}=0.98$，那么这部分外中子将放大 $1/(1-k_{\text{eff}})$ 倍，即放大 50 倍，在次临界装置内形成一 10^{15} 中子/(cm・s)的稳定中子通量。若以铀—238 或钍—232 作为燃料，在次临界装置中会发生下面的过程：

$$^{238}\text{U}+\text{n}\rightarrow{}^{239}\text{U}\xrightarrow{\beta^-}{}^{239}\text{Np}\xrightarrow{\beta^-}{}^{239}\text{Pu}$$

$$^{232}\text{Th}+\text{n}\rightarrow{}^{233}\text{Th}\xrightarrow{\beta^-}{}^{233}\text{Pa}\xrightarrow{\beta^-}{}^{233}\text{U}$$

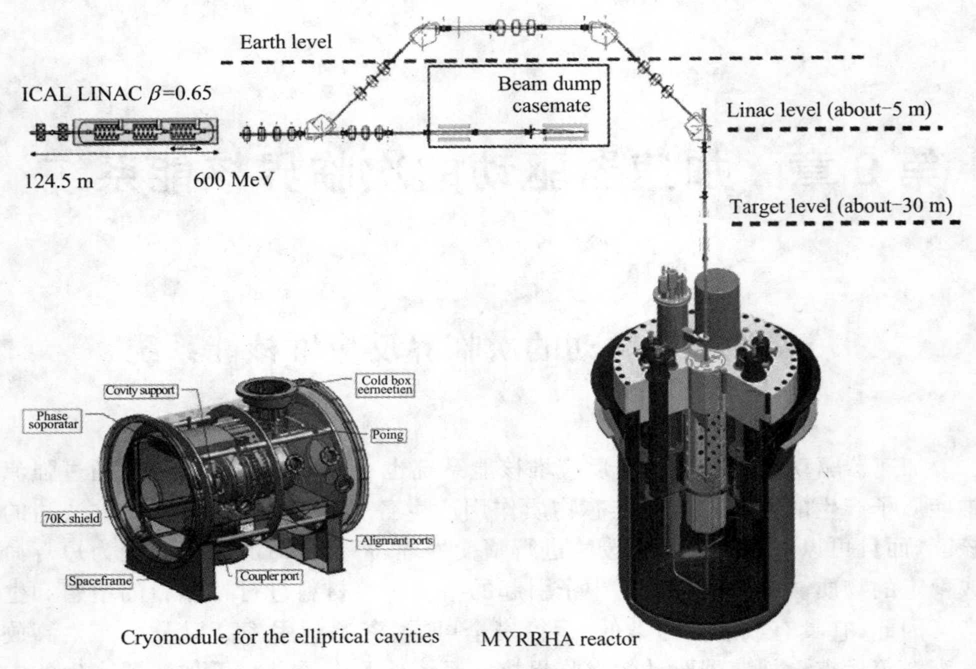

图 9.1　MYRRHA(加速器驱动粒子与次临界堆靶作用的)原理图

而热中子几乎不能引起裂变的铀—238 或钍—232,在高能中子作用下将转变为裂变截面较大的钚—239 或铀—233,然后通过钚—239 或铀—233 的裂变输出能量。与常规核电站不同的是,次临界装置不必满足 $k_{\mathrm{eff}}=1$ 的苛刻条件,对堆芯参数变化不灵敏,因而可以在堆芯装添长寿命放射性废物,利用装置内的强中子场将其嬗变,即将长寿命放射性废物转变为短寿命的易裂变核素。热中子作用下锕系元素的嬗变链如图 9.2 所示。

与常规核电站相比,加速器驱动的次临界核能系统具有如下的优点:

(1) 由于可以通过燃料的自增殖烧铀—238 或钍—232,从而可以提高资源利用率几十倍。且可以一次投料,长期运行。

(2) 对于快中子驱动堆,由于快中子俘获截面远低于热中子,通过俘获中子生成的长寿命放射性超铀核素的水平大大低于常规的核电站。即使是热中子驱动堆(增殖堆),由于钍—232 要吸收 6 个以上的中子才有可能通过 β 衰变生成超铀放射性核素,由于驱动堆(增殖堆)本身具有嬗变能力,其生成的长寿命放射性超铀核素的水平也低于常规的核电站。这样就降低了放射性废物深埋储存的长期风险,简化了后处理化工流程。

(3) 由于 $k_{\text{eff}}<1$,它不会发生超临界事故。驱动堆这一固有的安全性质减少了对工程安全设施和操作人员的人为干预依赖。

(4) 可以不产生武器级的核材料,有防核扩散能力。

(5) 比较便宜。据估计,其发电成本为每度电 1.8 美分,这远低于煤电等常规能源的成本,亦低于常规的核能。由于可以烧铀—238 或钍—232,不必使用昂贵的浓缩铀—235,其燃料成本大为降低,而次临界装置可以是热堆,也可以是快堆,图 9.3 就是一例(熔盐堆)。

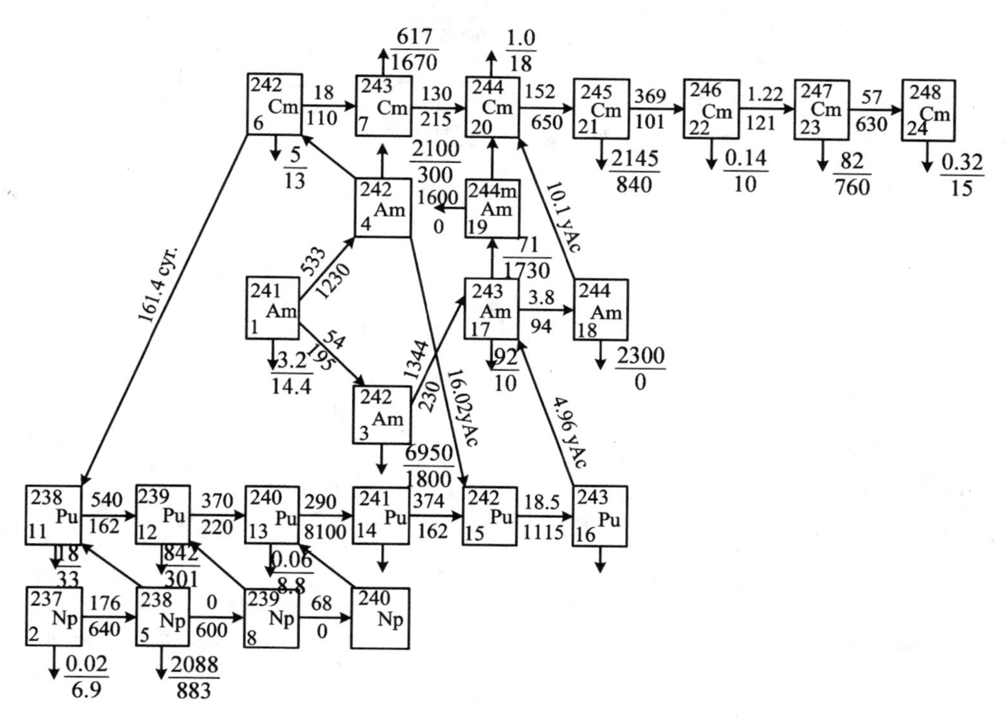

图 9.2　热中子作用下锕系元素的嬗变链

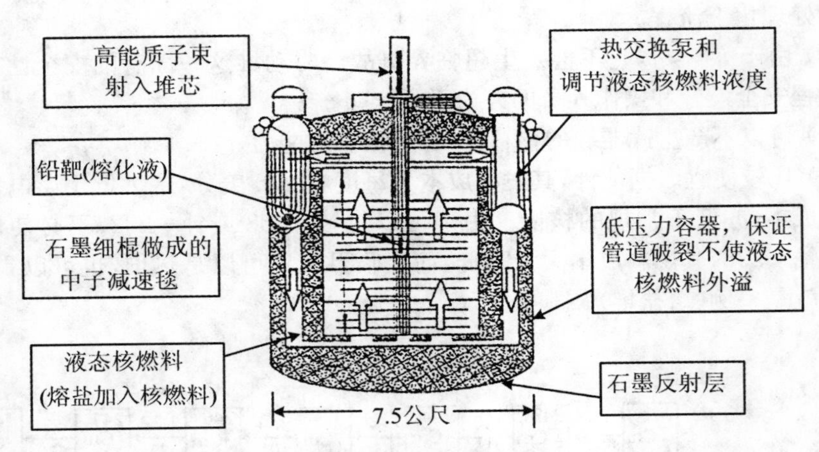

图 9.3　加速器辅助驱动熔盐堆，典型功率为 500～1000 MW

9.2 工 作 原 理

加速器驱动次临界系统（Accelerator Driven Sub-critical System，ADS），是由质子加速器驱动一次临界系统组成。质子被注入一散裂靶以产生中子，产生的中子驱动次临界系统（与聚变堆中的包层作用相似）。

9.2.1　散裂中子源

对于一个有外源的由裂变材料及其他材料组成的核系统，外源可以是散裂中子源。

当快速粒子如中能质子轰击重原子核时，一些中子被“剥离”，或被轰击出来，在核反应中被称为散裂。散裂反应和裂变反应的不同点是：它不释放那么高的能量，但它可以将一个原子核打成几块，可能是三块，也可能是四块，这个过程会产生中子、质子、介子、中微子等产物，对开展核物理前沿课题研究和应用研究非常有用，且所产生的中子还会在相邻的靶核上继续通过核反应产生中子——即核外级联。一个质子在后续靶反应大概可以产生 20 个到 30 个中子，这是散裂中子源的基本条件。

20世纪80年代起，质子加速器驱动的散裂中子源逐渐进入实际应用阶段。其原理比较简单，用中能强流质子加速器，产生1 GeV左右的中能质子（束功率为兆瓦量级）轰击重元素靶（如铅、钨或者铀、钍重靶），在靶中产生散裂反应，具有高有效中子通量、低放射性核废料等特征。

典型的散裂反应：质子轰击铅^{208}Pb，产生4个中子和铋^{205}Bi：

$$^{208}\mathrm{Pb} \xrightarrow{(\mathrm{p},4\mathrm{n})} {}^{205}\mathrm{Bi}$$

天然铅靶（1.4%^{204}Pb，24.1%^{206}Pb，22.1%^{207}Pb，52.4%^{208}Pb）分别为铀系、锕系、钍系的最终产物，是稳定的。^{204}Pb的半衰期为1.4×10^{17} a，也可以看成是稳定的。

用SHIELD程序研究入射能量分别为660 MeV、759 MeV、1.6 GeV的质子轰击天然铅薄靶的碎片分布，可以看到余核的截面明显分为两部分，右边峰的质量数与靶核接近，为散裂产生物的分布；左边约为靶核质量数的一半的地方的峰是裂变峰，这个峰的形成可能是仍具有较高激发能的散裂余核通过裂变的方式，或高能质子引起的靶核的高能裂变或多重碎裂反应的碎块，随着入射质子能量的增加，碎裂和多重碎裂几率增加，从分布中可以看出。参见图9.4。

9.2.2 中子通量分布

加速器驱动的次临界系统，同样是一个有外源的由裂变材料及其他材料组成的核系统，在稳态时，系统内的中子通量密度$\Phi(\boldsymbol{r},E,\boldsymbol{\Omega})$（或功率）分布由中子输运方程决定：

$$A\Phi_1 = M\Phi_1 + S \tag{9.1}$$

其中A为输运算子（包括泄漏和吸收），M为增殖算子，S为外源。为了与无外源的输运方程区别，这里中子通量密度Φ用Φ_1表示。

$$S = S_n\xi(\boldsymbol{r},E,\boldsymbol{\Omega})$$

S_n为源强，$\xi(\boldsymbol{r},E,\boldsymbol{\Omega})$是外源的时空、能谱分布，应满足归一化条件：

$$\iiint \xi(\boldsymbol{r},E,\boldsymbol{\Omega})\mathrm{d}\boldsymbol{r}\mathrm{d}E\mathrm{d}\boldsymbol{\Omega} = 1 \tag{9.2}$$

为了表示该系统的增殖特性，引入有源次临界因子k_S：

$$k_S = \frac{\langle M\Phi_1\rangle}{\langle M\Phi_1\rangle + \langle S\rangle} \tag{9.3}$$

它表示裂变中子与总中子（裂变中子+外源中子）之比。由此可得

$$\frac{1}{k_S} = \frac{\langle M\Phi_1\rangle + \langle S\rangle}{\langle M\Phi_1\rangle} = 1 + \frac{\langle S\rangle}{\langle M\Phi_1\rangle} = 1 + \frac{S_0}{W\nu} \tag{9.4}$$

$\langle\cdots\rangle$表示对所有变数（空间、能量和角度）的积分，W为单位时间内有源次临界系统内发生的裂变次数，ν为每次裂变产生的平均中子数。

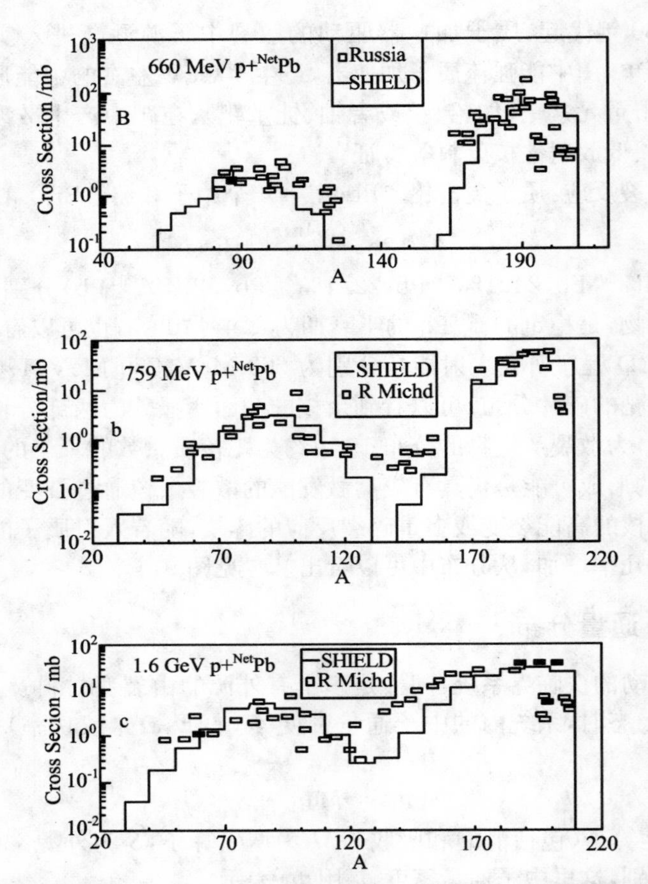

图 9.4　三种不同能量(660 MeV、759 MeV、1600 MeV)质子轰击天然铅薄靶的碎片分布模拟

一个次临界系统相对于临界系统的中子增殖倍数定义为

$$M = \frac{N}{N_0} = \frac{1}{1 - k_S} \tag{9.5}$$

式(9.5)就是测量有源次临界系统中的倍增因子 k_S 的表达式。

系统中子输运方程和共轭方程导出为

$$\Phi^{\cdot} = \frac{\Phi_S^{\cdot}}{\Phi_f^{\cdot}} = \frac{1 - \dfrac{1}{k_{\text{eff}}}}{1 - \dfrac{1}{k_S}} \tag{9.6}$$

同样地利用扩散近似，单群中子通量随时间变化的关系为

$$\frac{1}{v}\frac{\partial \varphi(\boldsymbol{r},t)}{\partial t} = D\nabla^2\varphi(\boldsymbol{r},t) - \Sigma_a\varphi(\boldsymbol{r},t) + k_S\Sigma_f\varphi(\boldsymbol{r},t) \tag{9.7}$$

分离变量,令

$$\varphi(\boldsymbol{r},t) = n(t)\varphi(\boldsymbol{r}) \tag{9.8}$$

其中 $n(t)$为幅函数,$\varphi(\boldsymbol{r})$为形状函数。可以求得

$$n(t) = n_0 e^{t/T} \tag{9.9}$$

当考虑到缓发中子时,式(9.7)的点堆型的解为

$$\frac{dn(t)}{dt} = \frac{k(1-\beta)-1}{l}n(t) + \sum_{i=1}^{i}\lambda_i C_i(t) \tag{9.10a}$$

$$\frac{dC_i(t)}{dt} = \frac{\beta_i n(t)}{\Lambda} - \lambda_i C_i(t) \tag{9.10b}$$

如图 9.5 所示。

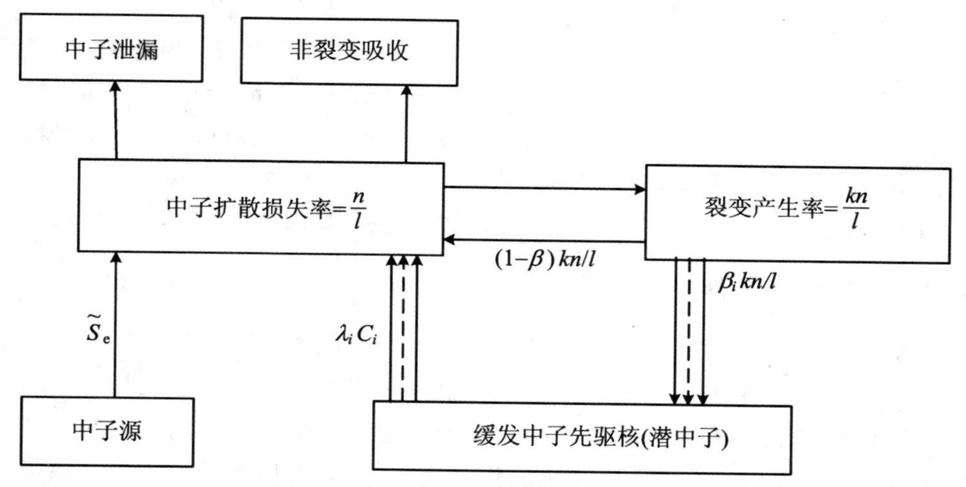

图 9.5　点堆动态方程中的中子循环过程

假定 $N(t)$为 t 时刻系统内的中子数,l 为中子寿命,则中子损失率为 N/l,相应的中子裂变产生率为 kN/l,其中瞬发中子产生率和缓发中子产生率分别为

$$(1-\beta)kN/l,\quad \sum_{i=1}^{i}\lambda_i C_i$$

中子循环方程为

$$\frac{dN}{dt} = \frac{k(1-\beta)-1}{l}N + \sum_{i=1}^{i}\lambda_i C_i + S \tag{9.11}$$

$$\frac{dC_i}{dt} = \frac{\beta_i N}{l} \tag{9.12}$$

这里 k 是临界系数,在次临界系统中 $k<1$; $\beta = \sum \beta_i$, β_i 为上一代缓发中子的裂变产额; $l = 1/(v\Sigma_a)$ 是瞬发中子的寿命; v 是中子平均速度; Σ_a 是对整个中子能谱平均的宏观吸收截面; C_i 为第 i 种元素其半衰期 $t_{1/2} = \sqrt{2}/\lambda_i$ 所释放的缓发中子数; S 为外中子源项。稳态平衡条件下,由上两式可得

$$N = \frac{Sl}{1-k} = \frac{S/(v\Sigma_a)}{1-k} \tag{9.13}$$

在次临界系统中 $k<1$,所以 $1/(1-k)$ 为第一次放大。而 k 又与次临界系统中的材料成分、中子能谱及空间位置有关,用宏观截面表示比较合适:

$$k = \frac{\nu\Sigma_f + 2\Sigma_{n,2n} + 3\Sigma_{n,3n}}{\Sigma_a^F + \Sigma_a^{Li} + \Sigma_a^P} P_{NL} = \frac{\nu\gamma\Sigma_f P_{NL}}{\Sigma_a^F + \Sigma_a^{Li} + \Sigma_a^P} \tag{9.14}$$

这里 ν 为某种可裂变材料每一次裂变所产生的平均中子数,对 Be 为 2,对 Pu 来说就是 4,在可裂变材料中它的 ν 值最高; γ 为考察(n,2n)和(n,3n)倍增中子反应所产生的中子; P_{NL} 为考察留在次临界系统中被吸收而又不漏掉的机率。Σ_a^x 是次临界系统中材料的宏观吸收截面:如果是可裂变材料, $x = \mathrm{F}$;如果是为了产氚, $x = \mathrm{Li}$;如果是结构材料和其他材料吸收,则为寄生吸收, $x = \mathrm{P}$。

9.2.3 ADS 在核能中的应用

在一个次临界装置中,中子的损失数量大于中子的产生量,因此这种反应堆无法自持反应,需要有外界的中子源来提供中子以维持核反应。在加速器驱动次临界装置(ADS)中,外界的中子源由中能加速器产生的质子撞击散裂源产生中子来提供。而中子的产额由质子的流强决定,因此可以通过质子流强精确地控制中子产额来控制核反应。图 9.1 所示的装置由较少的能量(加速器、中子源)提供出较多的能量(核反应发电),因此被称为“能量放大器”(Energy Amplifier, EA)。但是与一般的裂变相比,由于这种装置需要一个额外的加速器,所以其经济方面需要慎重考虑。驱动所需能量与所产能量之间的关系由放大比例 G 表示,而 G 应与中子增殖因子 k 有关。引入外中子驱动次临界堆的中子利用系数 G_0 概念,中子利用系数等于单个中子平均生成的能量与外源中子消耗能量之比:

$$G_0 = \frac{\text{Avialability Energy}}{\text{Specific Consumption}} = \frac{E_f \eta}{E_s} \tag{9.15}$$

$$G = \frac{\text{Producing Energy}}{\text{Cost Energy}} = \frac{E_f \eta N}{E_s N_1} = \frac{G_0}{(1-k)} \tag{9.16}$$

式中 E_f 为单个中子引起裂变释放的能量，E_s 为散裂中子消耗的能量，η 为中子利用效率，N 为中子数，N_1 为散裂中子数。如果控制得好，反应堆可以恰好处在稳态次临界状态。当 $k=0.98$ 时，对于每100个中子，是由核反应产生的98个中子以及2个散裂中子(每个消耗30 MeV)，而100个中子中只有约40%的中子会产生200 MeV的能量，其余的中子被俘获或泄漏。因此有

$$G_0 = \frac{200\times 0.4}{30} = 2\frac{2}{3},\quad G = \frac{2\frac{2}{3}}{1-0.98} = 133\frac{1}{3} \tag{9.17}$$

9.2.4 加速器的选择

现代的加速器技术有可能建造能量为1 GeV、流强超过15 mA的质子加速器。用于散裂中子源上人们提出了两种主要选择：回旋加速器和直线加速器。回旋加速器的优点是结构紧凑、技术简单。而直线加速器的优点是可以提供高流强，可以达到30 mA至50 mA，另外可以直接使用现有许多加速器的预注入器，如Los-Alamos的LAMPF等。已有的研究结果认为，用于产生散裂中子的源质子能量在0.8～1.7 GeV之间可以有较高的中子产额，作为驱动的源质子束功率需要超过10 MW。目前，国际上提出的用于ADS试验的两个装置：中国ADS(C-ADS，1.5 GeV×10 mA)和比利时ADS(MYRRHA，600 MeV×4 mA)均设想采用超导直线加速器产生中能质子束用于产生散裂中子。世界已有的质子加速器中，美国散裂中子源(SNS)已经达到1 MW×1 GeV的输出[4]，瑞士PSI的质子回旋加速器常规运行束流平均功率已经达到1.2 MW×590 MeV(最高平均流强达到2.2 mA，束流功率达到1.3 MW)[5]。参见图9.6、图9.7、图9.8。

如果使用环形加速器，以往多数认为有两种方案：(1) 采用较低能量的直线加速器(LINAC)加较高能量的快循环同步加速器(RCS)；(2) 全能量的直线加速器加累积环(AR)。近年国际上有人提出了一种新类型环形加速器：固定场交变梯度加速器(英文缩写FFAGs)，但目前尚处于概念设计研究及试验研究阶段。

采用快循环同步加速器的好处，是可以采用较低的平均流强，RCS注入时的粒子损失也容许大一些；缺点是RCS采用较低的注入能量时因空间电荷效应造成

的限制流强较低，且束流在环中的积累和加速的时间也比累积环长约 10 倍，更容易发生各种集体不稳定性。另外，与累积环相比，同步加速器需要采用较多高功率的加速腔，要求更多的无色散的长直线节(5～10 m)；主导磁场和射频频率都需要变化，因而控制更复杂、稳定性要求更高；环的规模较大，其造价较高。由于这些原因，高流强的 SNS 和 ESS 均选择了全能量的直线加速器加累积环的方案。但采用累积环方案的缺点是强流高能的直线加速器的建造费和运行费都十分昂贵，强流直线加速器方面的技术难度更大。日本 J-PARC 的散裂中子源则采用中等能量的直线加速器与 3 GeV 快循环同步加速器组合的方案。

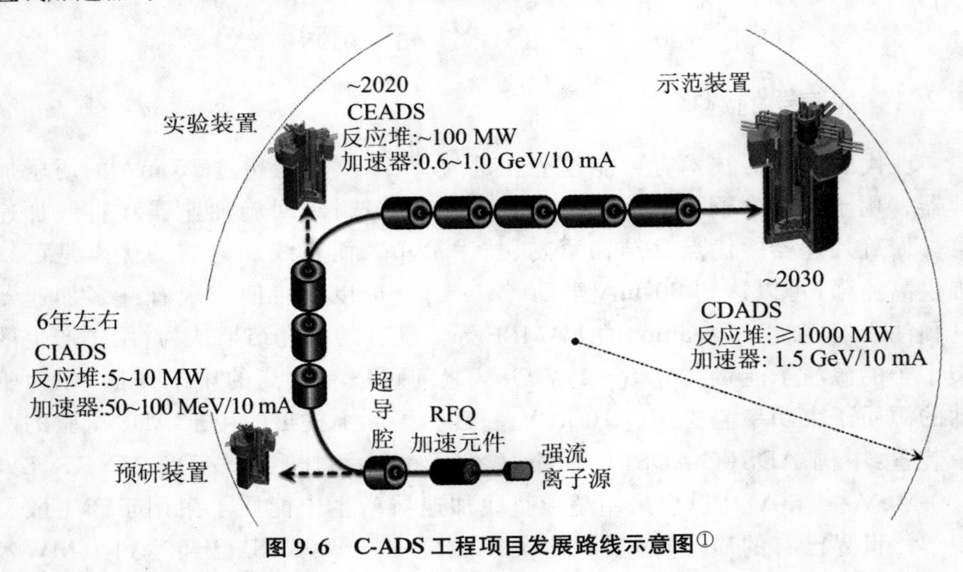

图 9.6　C-ADS 工程项目发展路线示意图①

① Li Zhihui. Joint Accelerator Physics Group of C-ADS Institute of High Energy Physics, Chinese Academy of Science. General Design of C-ADS Accelerator Physics. International Review of C-ADS Physics Design. Sep. 13, 2012. Oral report.

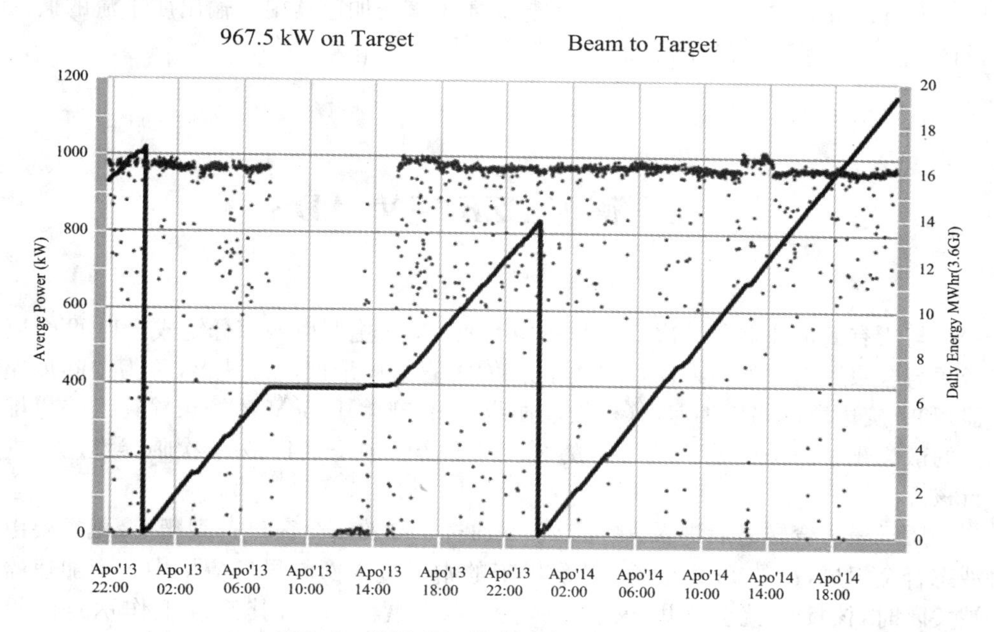

图 9.7　美国 SNS 输出功率运行数据曲线

图 9.8　瑞士 PSI 等时回旋加速器鸟瞰照片

为了使用于驱动次临界堆的散裂中子源有较高的中子通量，并能够降低运行，国际上有部分研究单位正在对连续波超导质子直线加速器用于输出质子流的概念设计与关键技术进行研究。

9.3　德国 FZK 三束 ADS

与所有的加速器驱动次临界装置相类似，FZK 主要由四部分组成：(1) 两个离子源与合束器组成的注入器输出质子束；(2) 直边扇形回旋加速器（称为中间加速器）和螺旋边扇形回旋加速器（称为增强器）组合产生 1 GeV 质子束输往次临界堆内的散裂靶；(3) 一个靶源在质子的“轰击”下产生中子；(4) 一个次临界堆用来进行核反应。

质子经过弯转之后进入真空管道，并通过末端的一个窗口打到靶上，靶主要由液态合金组成，比如 PbBi 合金，散裂出来的中子进入次临界反应堆中。当加速器被关闭时，核反应就会立即停止。其主要参数见表 9.1，其系统工作示意图见图 9.9。

表 9.1　FZK 的主要参数

池型反应堆	靶源与反应堆核心分离
热功率	1500 MW
3 个散裂靶源，每个功率 4 MW	自循环散热
束流窗口形状	球形
燃料棒数量	106
Breeder Elements 数量	90
核心区域冷却剂入口温度	400 ℃
出口温度	550 ℃
冷却剂管道直径	0.2 m

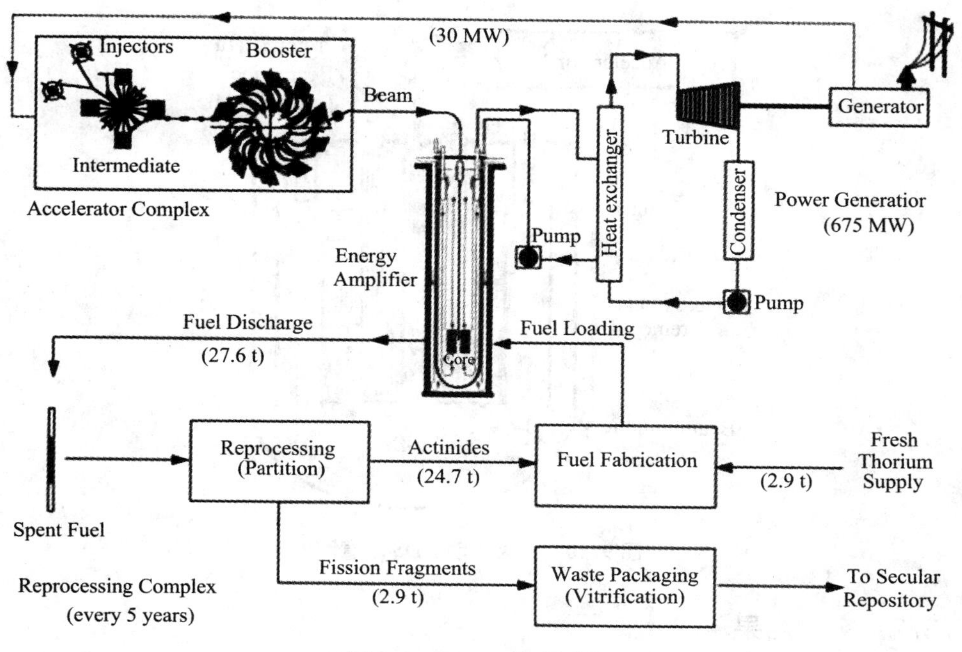

图 9.9 FZK 工作示意图

9.3.1 三束理论

质子束在散裂靶中存在散热问题。目前中国散裂中子源设计中,采用了均束器的设计思想,使得加速器输出质子束按空间均匀分散。三束(Three-beam)理论由 Carlo Rubbia 首先提出,散裂靶产生的热量主要由窗口和散裂区域排除,这解决了热量的问题。FZK 三束驱动反应堆原理性示意如图 9.10 所示。

由图可见,其主体由一个池型反应堆以及三个处在反应堆芯处的散裂靶组成。核心区域由液体冷却,燃料内含有 10%的^{233}U。散裂靶是一个与池型反应堆隔离的封闭模块。每个靶源模块有 7 个燃料棒大小的截面,靶源是液态的,主要是为了散热方便,窗口球形。在束流窗口的上方有一个打孔的平板,这个平板产生一个流体阻力(Flow Resistance),引导液体流向窗口,可以产生更好的散热效果。

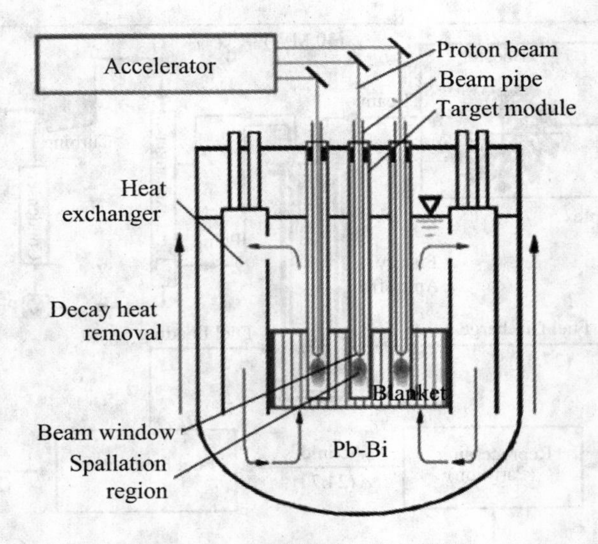

图 9.10　三束驱动 ADS 示意图

9.3.2　实验结果

三束理论主要是为了均衡能量分布而设计的。我们可以通过减小进入靶源的质子功率来降低热量,所以散热等方面的设计是可调的。反应堆内中心平面的功率密度分布如图 9.11 所示。图 9.12 给出了运行了 250 天的最大功率密度随高度 z 的变化模拟。提供质子束功率的装置名称为 TRITON,由慕尼黑技术大学(Technical University of Munich)设计回旋加速器,能量 1 GeV,采用超导磁铁和超导加速腔,正在建造阶段。

9.4　计划中的 ADS 主要装置及其参数

9.4.1　美国的 ADTT(ATW＋APT)与加拿大的 CADUN

美国在 Los-Alamos 国家实验室进行过一项处理军用高放核废物的计划

ADTT(ATW + APT),如图 9.13 所示,其目的是用加速器驱动散裂中子源产生中子束,中子束在次临界装置中嬗变高放核废物、实现发电及化学分离。应该说这种方案是比较好的,如图 9.14 所示。

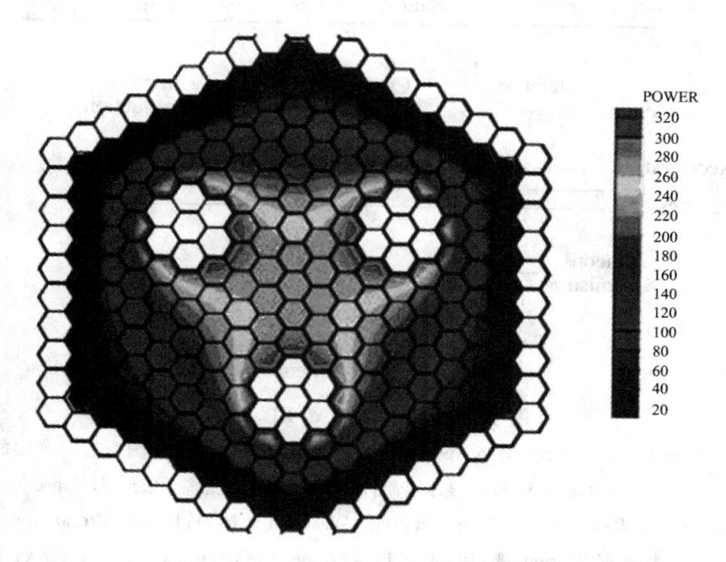

图 9.11 反应堆内中心平面的功率密度分布

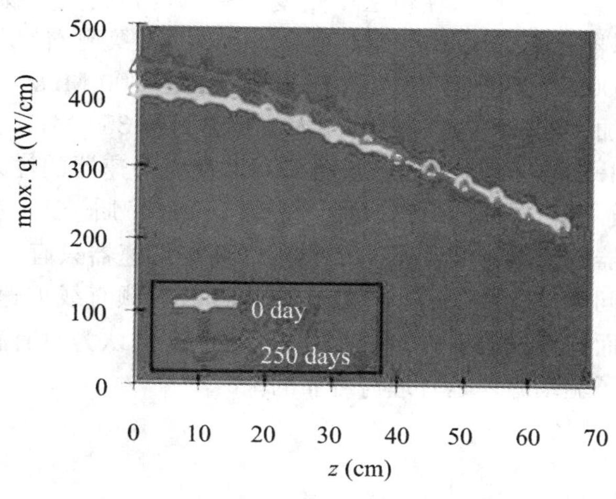

图 9.12 运行了 250 天的最大功率密度随高度 z 的变化

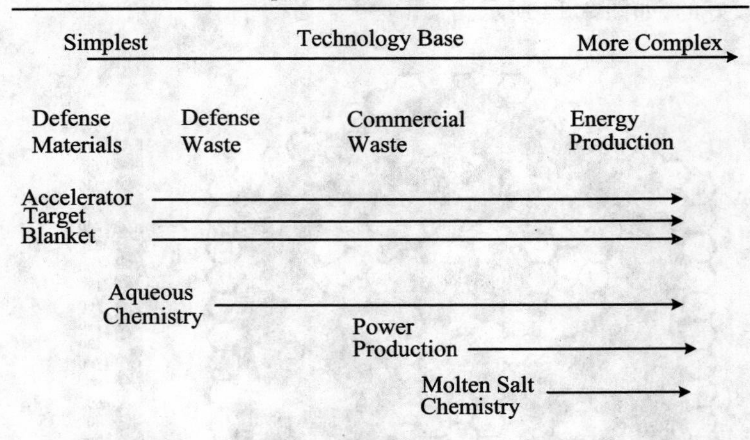

图 9.13　LANL 的 ADTT 计划

图中英文：Technology Applied To A Spectrum of National Needs，用于国家需要范围的技术；Simplest，最简单的；Technology Base，技术基础；More Complex，更多合成的；Defense Materials，国防材料；Defense Waste，国防废料；Commercial Waste，商业废料；Energy Production，能量生产；Accelerator，加速器；Target，靶；Blanket，包层；Aqueous Chemistry，水化学；Power Production，功率生产；Molten Salt Chemistry，熔盐化学

图 9.15 为合金熔盐分离、在包层中嬗变锕系元素和裂变产物并发电的方案，图 9.16 是其加速器方案。次临界堆装置系统由 4 个散裂靶/包层模块组成，驱动源以能够输出 1600 MeV 能量 250 mA 流强质子束的 700 MHz 工作频率的 CCL 直线加速器为主加速器，此主加速器的注入器是由 2 台 350 MHz 的 DTLs 直线加速器输出的 20 MeV 质子束合束运行，而 DTLs 直线加速器的注入束由 RFQs 提供 2.5 MeV 的质子，质子源向 RFQs 提供的是 100 keV 质子束。这个方案的主要难点是要求加速器的流强为 250 mA，而目前的离子加速器只有 1 mA，差距太大。美国能源部的顾问委员会在 1990 年就认为：连续波射频直线加速器的方案，在技术上是合理的。而连续波的射频直线加速器，目前人们认为只有在超导条件下作为次临界堆的中子驱动源才是合理与可靠的。

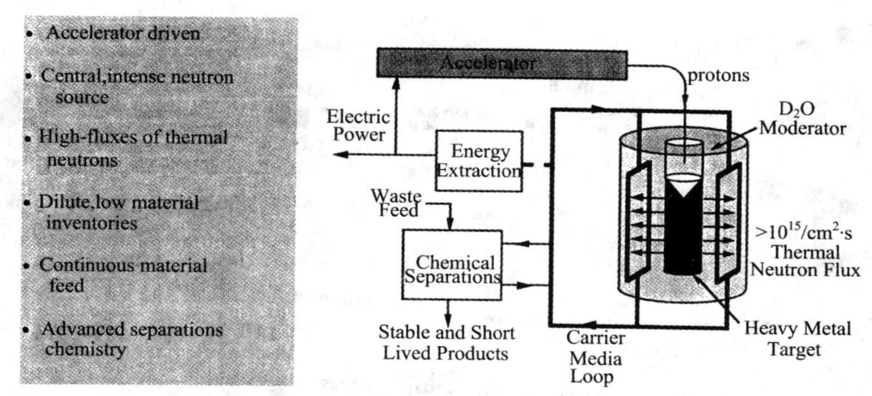

图9.14　利用高通量热中子在次临界装置中嬗变高放核废物、实现发电及化学分离

图中英文：Accelerator，加速器；Electric Power，电能；Energy Extraction，能量引出；Waste Feed，废料馈入；Chemical Separations，化学分离；Stable and Short Lived Products，稳定和短寿命的产品；Protons，质子；D_2O Moderator，D_2O 慢化剂；10^{15}/cm^2 · s Thermal Neutron Flux，10^{15}/cm^2 · s 热中子通量；Heavy Metal Target，重金属靶；Carrier Media Loop，载热媒质循环；Accelerator driven，加速器驱动；Central，intense neutron source，中心的强中子源；High-fluxes of thermal neutrons，高通量的热中子；Dilute，low material inventories，稀释的低放材料存放；Continuous material feed，连续的材料馈入；Advanced separations chemistry，先进的分离化学

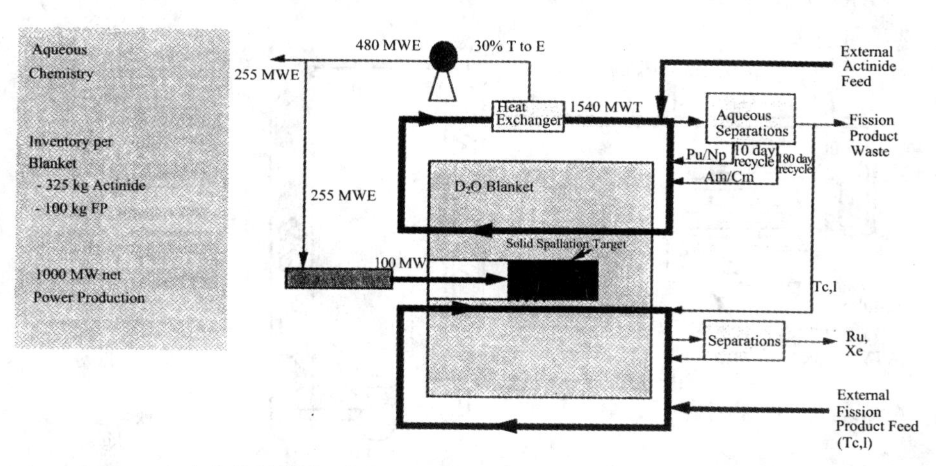

图9.15　合金熔盐分离、在包层中嬗变锕系元素和裂变产物并发电的方案

图中英文：Aqueous Chemistry，水化学；Inventory per Blanket，每个包层存量；325 kg Actinide，325 kg 锕类；100 kg FP，100 kg 裂变产物；1000 MW net power Production，1000 MW 净功率产品；External Actinide Feed，外部锕类注入；Heat Exchanger，热交换器；Aqueous Separations，水分离；Fission Product Waste，裂变废物；10 day recycle，10 天再循环；180 day recycle，180 天再循环；D_2O Blanket，D_2O 包层；Solid Spallation Target，固态散裂靶；Separations，分离；External Fission Product Feed (Tc，I)，外部裂变产品注入

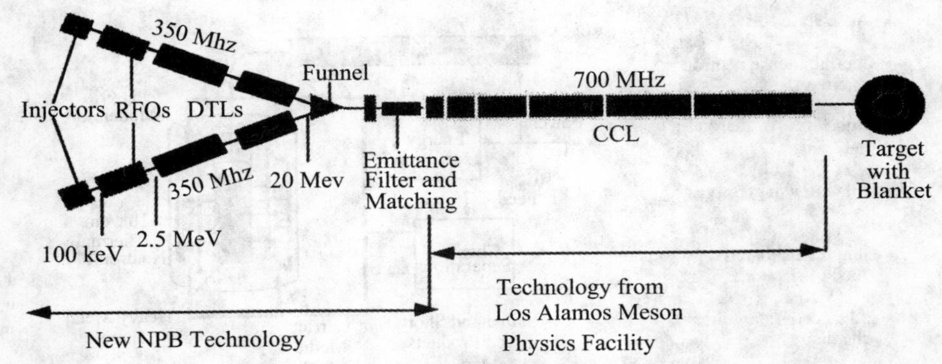

图 9.16　ADTT 中的加速器方案

图中英文：Injectors，注入器；Funnel，合束器；Emittance Filter and Matching，发射度过滤与匹配；Target with Blanket，有包层的靶；New NPB Technology，新 NPB 技术；Technology from Los Alamos Meson Physics Facility，来自洛斯阿拉莫斯介子物理装置的技术

图 9.17 表示利用加拿大 CADUN 重水核电站的分离高放同位素的经验，图 9.18 是利用 D_2O 来分离其他同位素（裂变产物）的方案，图 9.19 是分离含锕系元素的方案。

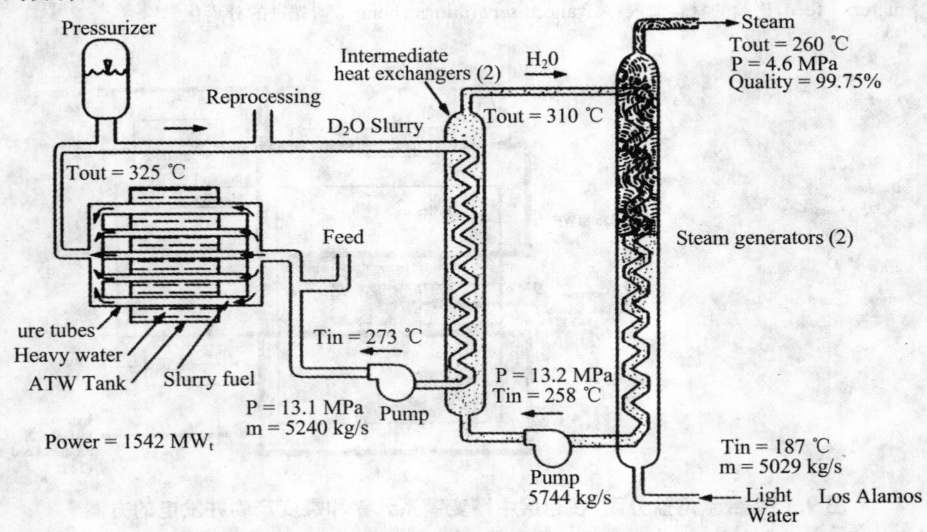

图 9.17　利用 CADUN 的分离高放同位素的经验

图中英文：Pressurizer，增压器；Reprocessing，回收；D_2O Slurry，D_2O 悬浮液；Intermediate heat exchangers (2)，中间热交换器(2)；Steam，蒸汽；Quality，品质；Steam generators (2)，蒸汽发生器(2)；Feed，注入；ure tubes，尿素酶管；Heavy water，重水；ATW Tank，ATW 箱；Slurry fuel，悬浮燃料；Pump，泵；Light Water，轻水

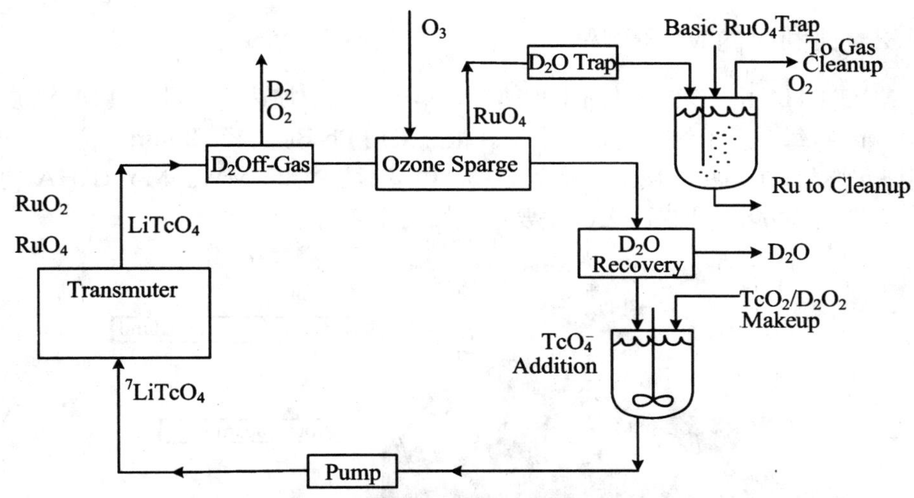

图 9.18 利用 D_2O 来分离其他同位素(裂变产物)的方案

图中英文：D_2O Trap，D_2O 捕获；Basic RuO_4 Trap，基本的氧化钌捕获；To Gas Cleanup，进入气体清除；Ru to cleanup，钌清除；Transmuter，嬗变堆；D_2 Off－Gas，D_2 出气口；Ozone Sparge，臭氧喷雾；D_2O Recovery，D_2O 复原；TcO_2/D_2O_2 Makeup，TcO_2/D_2O_2 补充；TcO_4^- Addition，TcO_4^- 添加；Pump，泵

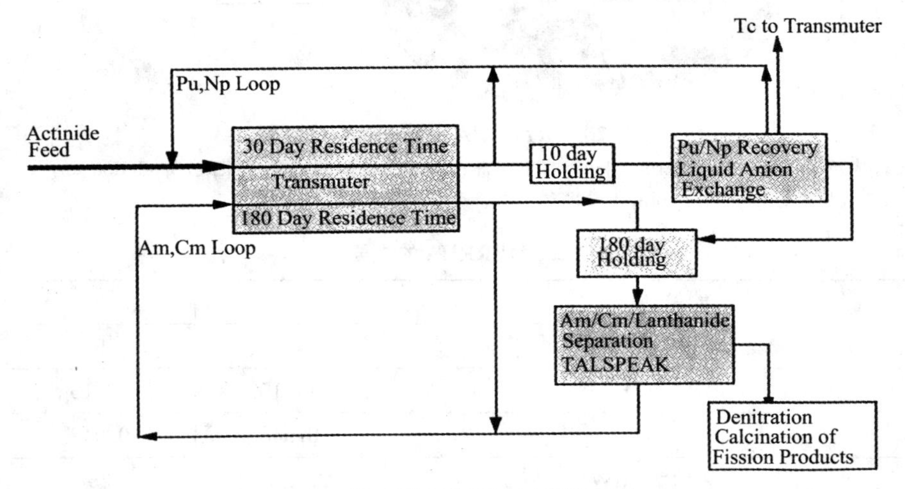

图 9.19 分离含锕系元素的方案

图中英文：Tc to Transmuter，锝通向嬗变堆；Actinide Feed，锕系燃料注入；Pu，Np Loop，钚镎循环；30 Day Residence Time，30 天住留时间；Transmuter，嬗变堆；180 Day Residence Time，180 天住留时间；10 day Holding，10 天维持；Pu/Np Recovery Liquid Anion Exchange，钚/镎复原性液态阴离子交换；180 day Holding，180 天维持；Am/Cm/Lanthanide Separation TALSPEAK，镅/锔/镧系分离 TALSPEAK；Denitration Calcination of Fission Products，裂变产物脱硝焙烧

9.4.2 比利时的 MYRRHA

MYRRHA 由 IBA 设计质子加速器。早期方案中加速器能量 350 MeV，质子流强 5 mA，每个质子约产生 3 个中子。靶源采用 Pb-Bi，直径 72 mm，$k_{\mathrm{eff}} = 0.95$，采用 Pu 燃料，在某些区域浓度达到 30%，功率不超过 30 MW。MYRRHA 初期的反应堆结构方案参见图 9.20，主要参数如表 9.2 所示。

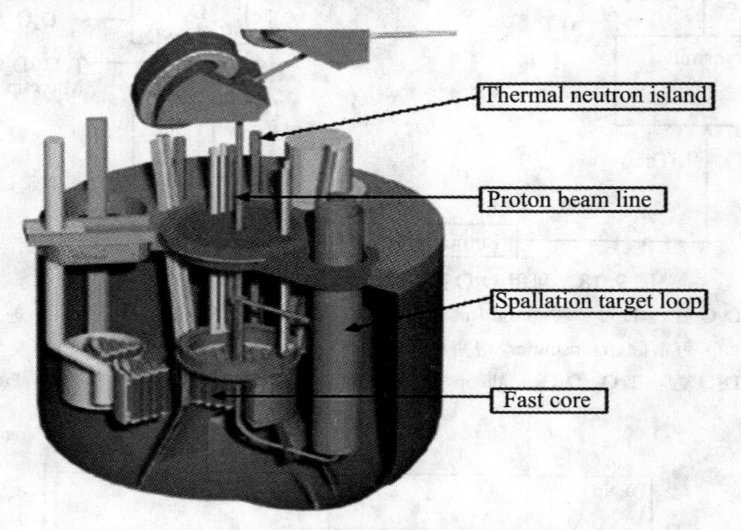

图 9.20 MYRRHA 反应堆结构示意图

图中英文：Thermal neutron island，热中子岛；Proton beam line，质子束线；Spallation target loop，散裂靶循环；Fast core，快堆芯

表 9.2 MYRRHA 的主要参数

能量(MeV)	350	350
I_p(mA)	2	5
$MF = 1/1 - k$	19.15	19.15
k	0.948	0.948
热功率(MW)	10	25
平均功率密度(W/cm^3)	87	218
>0.75 MeV 最大中子通量(×10^{14})	4.5	11.2
MOX 30% zone ID(cm)	12.8	12.8
MOX 15% zone ID(cm)	34.2	35.2

2010年3月比利时政府批准了最新的长达15年建设周期的MYRRHA计划[6,7]，总造价估计达到10亿欧元。此新计划具有创新性和独特性：反应堆内的冷却剂采用液态铅铋合金，具有两种工作模式，热功率50～100 MWt的次临界模式，热功率100 MWt的临界模式；反应堆内散裂中子源的质子束由流强4 mA、能量600 MeV的超导直线加速器提供，以产生足够的快中子用于堆内核燃料的嬗变。图9.21给出了新批准的MYRRHA计划的概念框图示意，而图9.1显示了其驱动质子束流输运线与反应堆的概念示意。该计划的R&D工作已经于2009年起步，计划2013年完成前期工程设计，2015年完成图纸设计和工程投标，2018年完成部件建造和土建工程，2019年完成场地安装，2022年完成调试，2023年完成改进工作，2024年开始全面利用。新MYRRHA计划将吸收世界范围内的技术与工程力量予以实施。

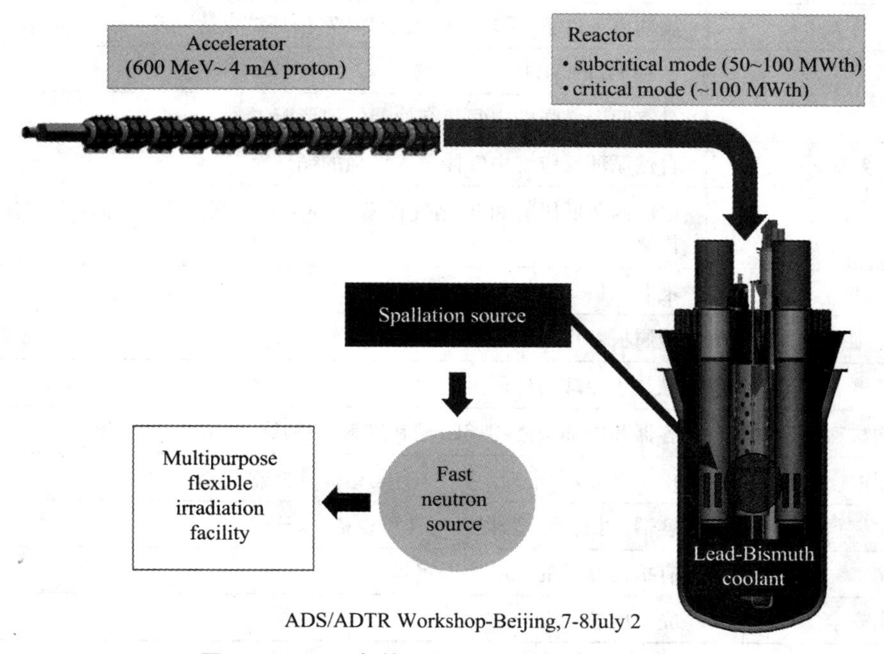

图9.21　2010年的MYRRHA的概念设计框图

图中英文：Accelerator，加速器；Reactor，反应堆；subcritical mode，次临界模式；critical mode，临界模式；Multipurpose flexible irradiation facility，多重目标灵活放射装置；Spallation source，散裂源；Fast neutron source，快中子源；Lead-Bismuth coolant，铅铋冷媒

9.4.3 法国的 XADS

由 CNRS、CEA、EdF 和 Framatome 组成的小组 GEDEON 提出了 XADS 计划，1998 年提出了概念设计。计划采用 400～1000 MeV 质子加速器，用来嬗变固体放射性废物，次临界核心（SC）热功率低于 200 MeV，加速器与靶之间有物理隔离，如表 9.3 所示，气体冷却方案结构示意如图 9.22，液态金属冷却方案结构示意如图 9.23。

表 9.3 XADS 的主要参数

电站区域	供参考方案
电站功率	一台 600 MeV、6 mA 质子束的驱动控制的 80 MWt 次临界系统
靶/窗	两种选择：a) 有质子束窗靶；b) 无质子束窗靶
堆芯的 k_{eff}	满功率条件下，循环开始大于 0.97，循环结束达到 0.94
燃料	U 和 Pu 的 MOX
主回路	具有四个增强的中间热交换器的池形配置
主回路循环	自然循环反应堆中气体注入增强的循环
二回路	借助两条低压有机透热气体蒸汽环路形成的气体冷却剂回路实现排热
热循环	堆芯入口 300 ℃，堆芯出口 400 ℃
反应堆顶	金属板
主容器和安全壳	悬挂于冷却的环形梁上
结构材料	容器和内部构件：316L；靶和燃料元件：9Cr 1Mo
容器内燃料装卸	一个悬塞，一个固定臂，一台马达提升机器
二次燃料装卸	容器，封装器，筒，提升与转移设备，水池
核岛	有抗震基础的一般地下室
电站安全	完全的被动系统

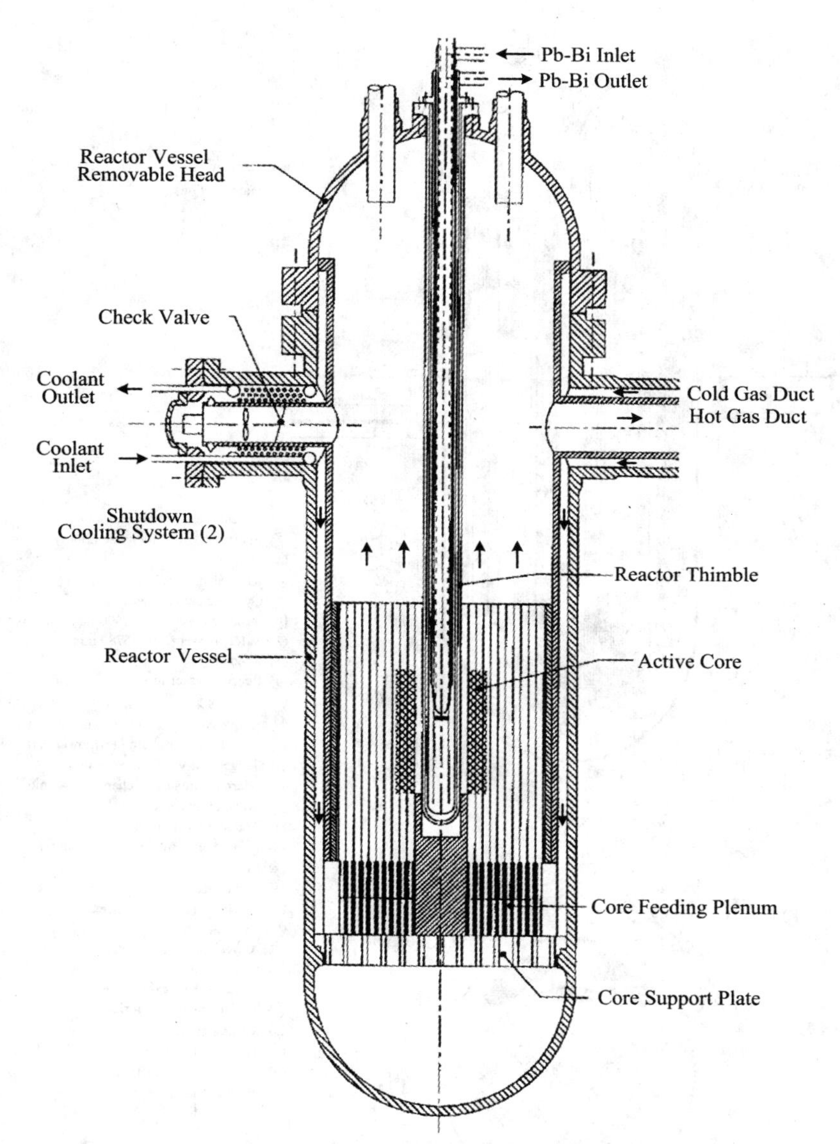

图9.22　气冷XADS装置结构示意图

图中英文：Pb-Bi Inlet，铅铋入口；Pb-Bi Outlet，铅铋出口；Cold Gas Duct，冷气管口；Hot Gas Duct，热气管口；Reactor Vessel Removable Head，反应堆容器可移除顶盖；Check Valve，校验阀；Coolant Outlet，冷媒出口；Coolant Inlet，冷媒入口；Shutdown Cooling System (2)，关停冷却系统(2)；Reactor Vessel，反应堆容器；Reactor Thimble，反应堆套管；Active Core，活性堆芯；Core Feeding Plenum，堆芯注入空间；Core Support Plate，堆芯支撑板

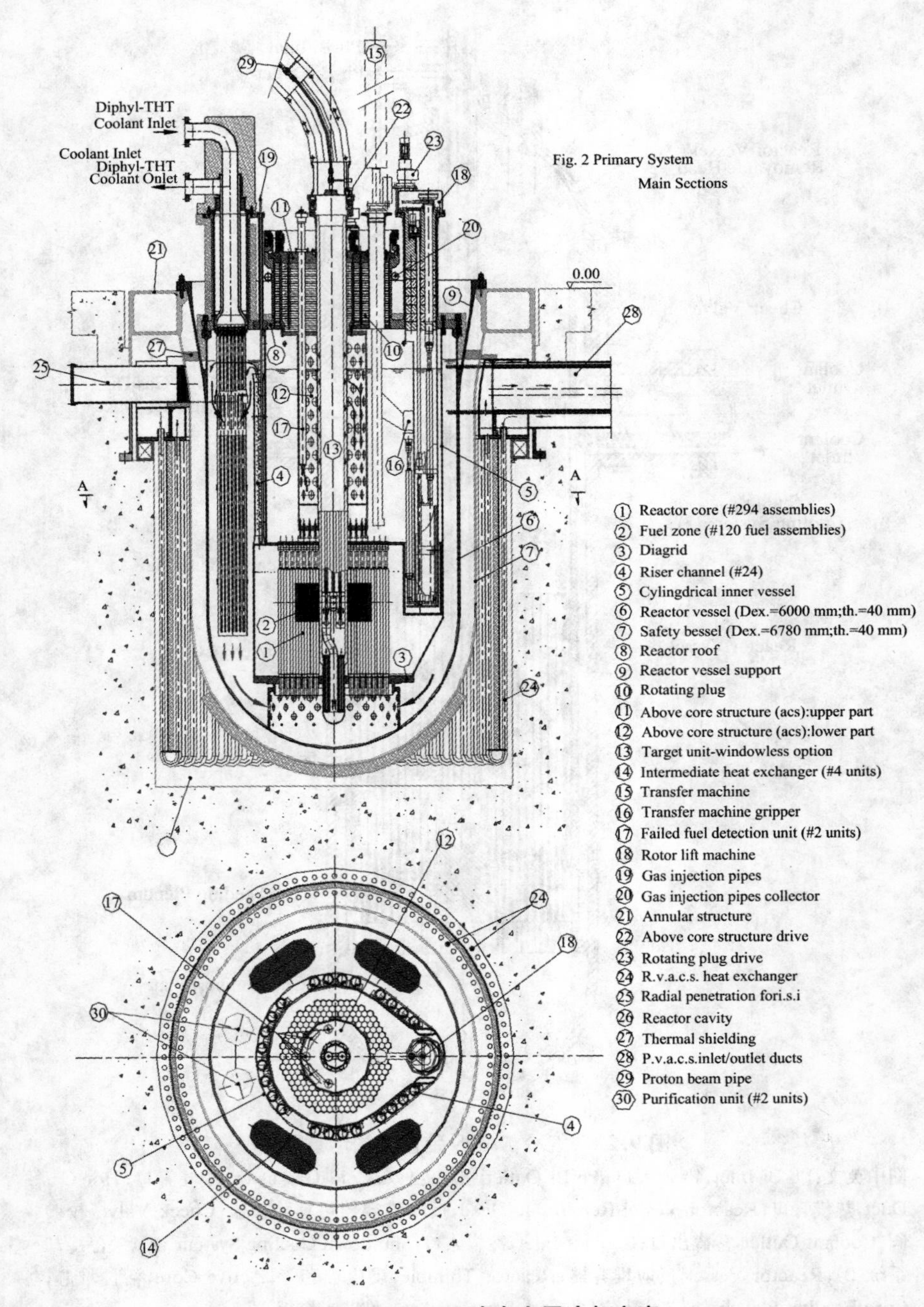

图 9.23　XADS 液态金属冷却方案

9.4.4　意大利的 TRASCO

ENEA 和 INFN 计划建造一个 ADS，名称是 TRASCO，以对 ADS 的物理和技术方面进行初步研究。

9.4.5　日本的相关研究

日本 JAERI 实施了从锕系与裂变产物获取额外增益选择研究的 OMEGA 计划，这个计划使用强流质子加速器来驱动次临界堆。图 9.24 为其概念设计，图 9.25为其次临界装置束窗界面布局示意，图 9.26 为次临界装置中的燃料元件安排，图 9.27 为燃料元件组件结构示意，图 9.28 为次临界装置剖面，表 9.4 至表 9.8 给出了各系统的设计参数，图 9.29 为 JAERI 的 Pb-Bi 冷却氮化燃料的次临界装置结构示意。

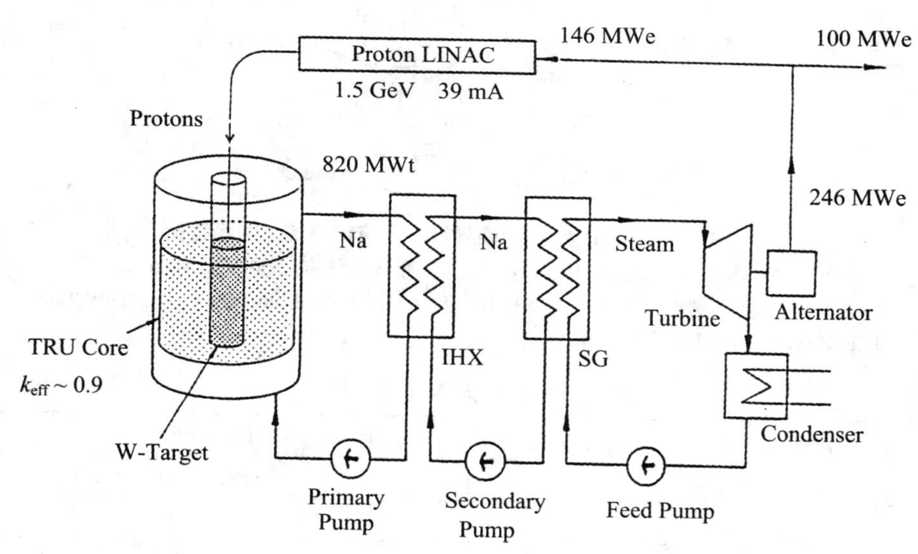

图 9.24　一个锕系元素嬗变电站的概念设计示意图

图中英文：Protons，质子；Proton LINAC，质子直线加速器；Steam，蒸汽；Turbine，汽轮机；Alternator，交流发电机；TRU Core，钍堆芯；W-Target，钨靶；Primary Pump，初级泵；Secondary Pump，二次泵；Feed Pump，入注泵；Condenser，冷凝器

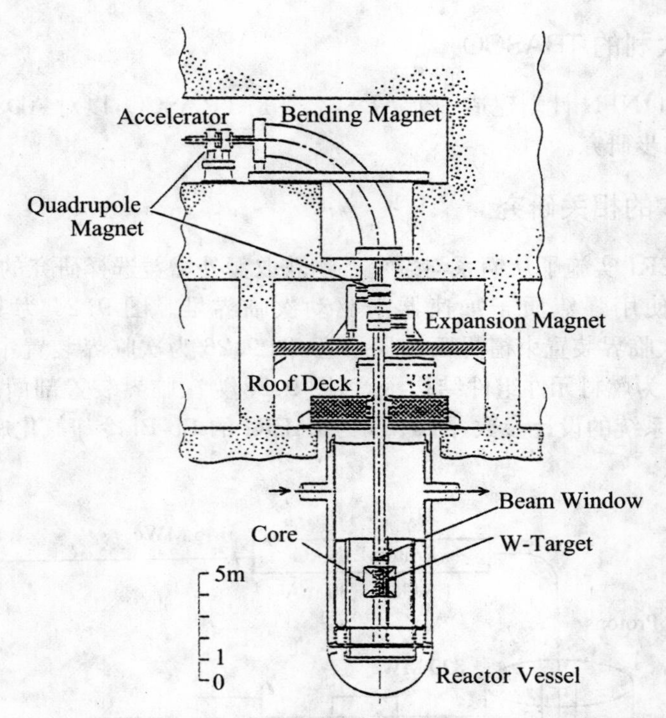

图 9.25　一个 ADS 次临界堆质子束窗区域结构示意图

图中英文：Accelerator，加速器；Bending Magnet，弯转磁铁；Quadrupole Magnet，四极磁铁；Expansion Magnet，膨胀磁铁；Roof Deck，顶平台；Core，堆芯；Beam Window，束窗；W-Target，钨靶；Reactor Vessel，反应堆容器

表 9.4　燃料设计参数

燃料构成		Np-15Pu-30Zr
		AmCm-35Pu-10Y
Slug 直径(mm)		4.0
金属外覆	材料	ODS 钢
	外径	5.22
	厚度	0.3
活性区长度(mm)		1400
燃料块/装配		55
燃料块高(mm)		8.7

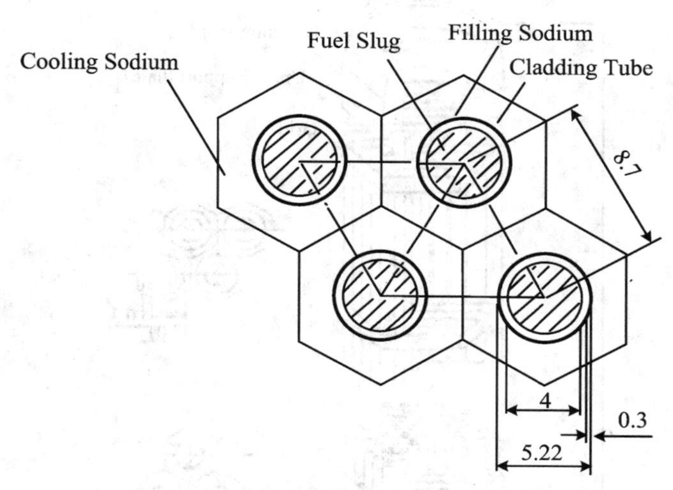

图 9.26　次临界装置中的燃料元件安排

图中英文：Cooling Sodium，冷却钠；Fuel Slug，燃料针；Filling Sodium，填充钠；Cladding Tube，包覆管

表 9.5　加速器及靶设计参数

质子束	能量(GeV)	1.5
	直径(mm)	400
靶		钨
燃料		锕系合金
活性核芯	体积(m^3)	～2
	长度(m)	1.4
冷却剂		钠
	速度(m/s)	8
	入口温度(℃)	300

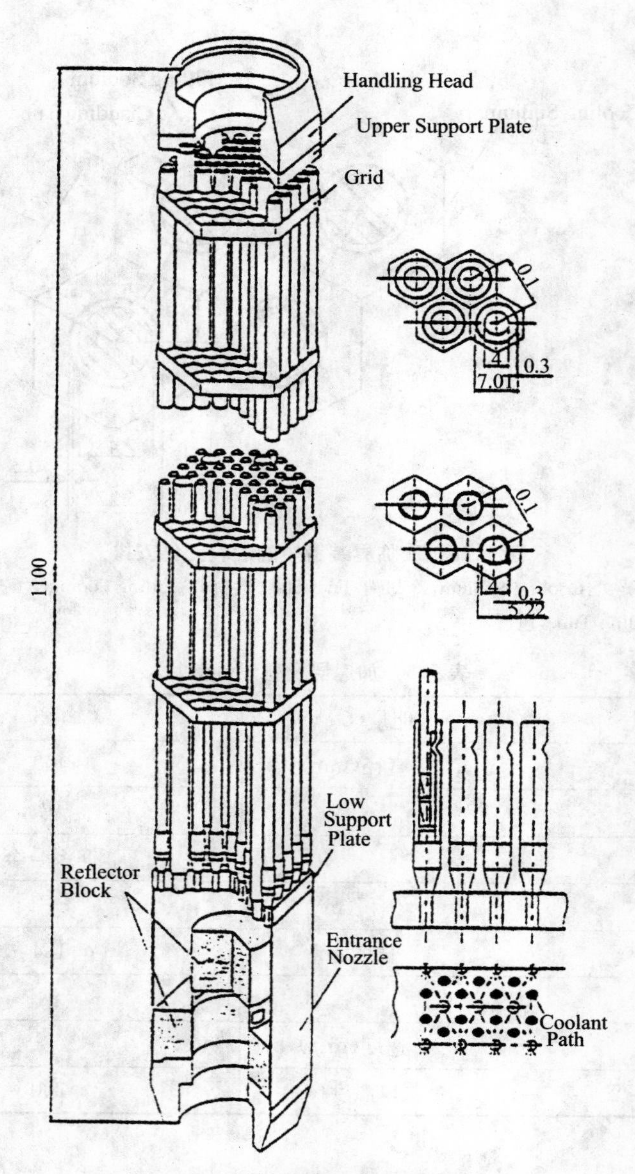

图 9.27 燃料元件组件结构示意图

图中英文:Handling Head,处理端;Upper Support Plate,上支撑板;Grid,栅格;Low Support Plate,下支撑板;Reflector Block,反射体;Entrance Nozzle,入口喷嘴;Coolant Path,冷却剂路径

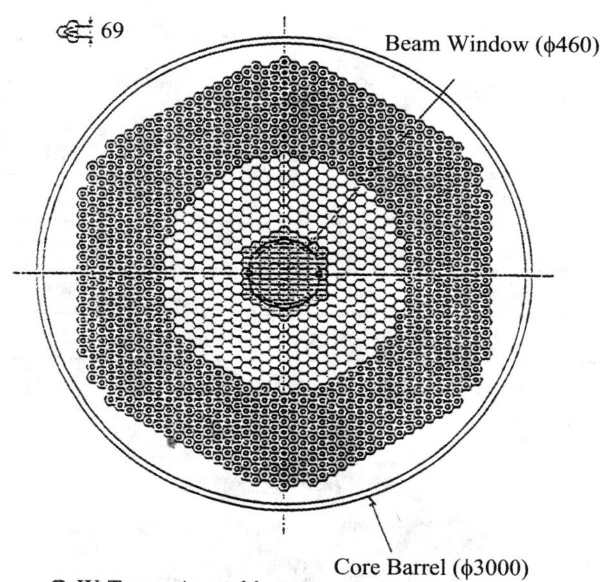

图 9.28　次临界装置剖面

图中英文：Beam Window（ϕ460），束窗（ϕ460）；Core Barrel（ϕ3000），堆芯筒（ϕ3000）；W-Target Assembly（61），钨靶组件（61）；Core Assembly（378），堆芯组件（378）；Reflector（918），反射体（918）

表 9.6　预计运行参数

质子束流强（mA）		39
锕系元素存量（kg）		3160
k_{eff}		0.89
中子		40
裂变/质子	（>15 MeV）	0.45
	（<15 MeV）	100
中子（$\mathrm{n/cm^2 \cdot s}$）		4×10^{15}
平均中子能量（keV）		690
燃耗（kg/a）		250
热输出（MW）		820

续表

功率密度	最高(MW/m^3)	930
	平均(MW/m^3)	400
线性率	最高(kW/m)	61
最高温度		
	冷却剂出口(℃)	473
	燃料(℃)	890
	金属外覆(℃)	528

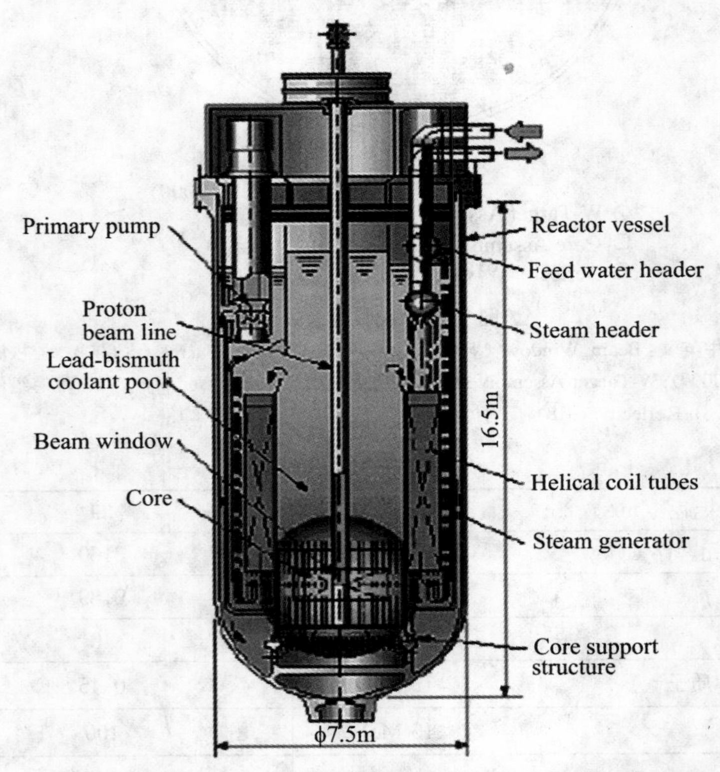

图 9.29 JAERI Pb-Bi 冷却氮化燃料的次临界装置结构示意图

图中英文：Primary pump，主泵；Proton beam line，质子束线；Lead-bismuth coolant pool，铅铋冷却剂池；Beam window，束窗；Core，堆芯；Reactor vessel，反应堆容器；Feed water header，入注水器；Steam header，蒸汽热水器；Helical coil tubes，螺旋缠绕管；Steam generator，气体发生器；Core support structure，堆芯支撑结构

表 9.7 热回路系统设计参数

一回路		
	回路编号	1
	流体	Na
	IHX 温度,in/out	430 ℃/330 ℃
	组件	IHX,初级泵
二回路		
	回路编号	2
	流体	Na
	SG 温度,in/out	390 ℃/290 ℃
	组件	SGs,二次泵
PRACS(初级反应堆辅助冷却系统)		
	回路编号	2
	流体	NaK
	组件	空气冷却,电磁泵

表 9.8 动力系统设计参数

循环	饱和蒸汽循环
汽轮机入口温度	285 ℃
输出电力	246 MW
效率	30%

9.4.6 韩国的 HY-PER 计划

韩国原子能研究所(KAERI)自 1992 年开始研究核原料嬗变,但直到 1995 年研究工作仍未真正展开。现在该机构于 1997 年提出了一个 HY-PER(Hybrid Power Extraction Reactor)计划,计划分为两个阶段,首先一个小的实验装置于 2006 年完成,功率大约 5 MW;而第二阶段计划要视第一阶段情况而定。KAERI 计划采用名为 KOMAC 的加速器来驱动核反应,该加速器能量为 1 GeV,流强 20 mA,采用多个质子直线加速器来提供足够的流强。

9.4.7 西班牙的相关研究

CIEMAA 于 1997 年接手了 P&T 的一个研究计划,目标是研究使用次临界装置进行燃料嬗变。主要分三部分，第一部分是研究嬗变衰变时间很长的核废料；第二部分研究放射性物质的分离；第三部分研究用在ADS上的材料，如冷却剂等。

9.4.8 瑞典的相关研究

P&T下面的工作主要由瑞典核燃料和乏燃料管理公司(Swedish Nuclear Fuel and Waste Management Co.,SKB)完成，并由斯德哥尔摩皇家技术研究所(Royal Institute of Technology in Stockholm)进行物理、安全以及其他方面的研究。其工作主要受到了欧盟的支持。

9.4.9 瑞士的相关研究

在瑞士，核能研究由Paul Scherrer Institute (PSI)完成，主要进行ADS燃料循环、嬗变核废料、强流回旋加速器、散裂靶材料等方面的研究。

9.5 国际上散裂中子源所用加速器运行状态及组成方案

国际上散裂中子源所用加速器运行状态及组成方案如表9.9所示。

表9.9 散裂中子源所用散裂加速器参数

名 称	现 状	加速器类型
IPNS(美国,ANL)	运行(从1981)	50 MeV Linac + 500 MeV RCS
ISIS(英国,RAL)	运行(从1985)	70 MeV Linac + 800 MeV RCS
SINQ(瑞士,PSI)	运行(从1996)	590 MeV Cyclotron
LANSCE(美国,LANL)	运行(从1977)	800 MeV Linac + AR
LANSEC2(美国)	计划中	800 MeV Linac + AR
JPARC(日本)	建设中	180 MeV Linac + 3 GeV RCS
ESS(欧盟)	计划中	1 GeV Linac + AR
SNS(美国)	建设中	1 GeV Linac + AR
AUSTRON(奥地利)	计划中	130 MeV Linac + 1.6 GeV RCS

9.6　中国 ADS 研发与散裂中子源

9.6.1　早期的发展状况

中国从20世纪90年代起开展 ADS 概念研究，与国际上大体同步。1999年起实施的“973计划”项目“加速器驱动的洁净核能系统(ADS)的物理和技术基础研究”，建成了快—热耦合的 ADS 次临界实验平台，及目前世界上在运行的功率最高的强流质子 RFQ 注入器，整体研究达到国际水平。ADS 研发在2007年再次得到“973计划”的支持。目前，国内 ADS 研究处在基础研究和关键部件预研阶段。

ADS 第一期“973计划”的主要成果之一，是按计划建成了启明星一号实验装置[6](见图9.30)。该实验装置是国际上第一个快—热耦合的 ADS 次临界实验平台，其快—热耦合和燃料低浓化的设计思想具有原创性。启明星装置的研究内容包括：(1) 测量次临界程度，研究 ADS 次临界系统有效增殖因子 k_{eff} 实时测量和监督的方法；(2) 宏观检验相关核数据和校核中子学计算程序；(3) 开展 ADS 次临界系统中子学研究，研究外中子源对次临界反应堆的影响；(4) 开展长寿命核素嬗变实验和研究。

ADS 第一期“973计划”的另一项主要成果，是按计划建成了 RFQ 低能强流加速器[6]。此 RFQ 低能强流加速器的加速结构是中国自主建成的第一台强流 RFQ 加速器结构，其主要性能指标列于表9.10，其实物照片示于图9.31。

表9.10　国际上建成出束的 RFQ 低能强流加速器的性能指标

装置国别	能量(MeV)	流强(mA)	工作比(%)	传输效率(%)
美国 LEDA	6.7	100	100	94
中国 ADS	3.5	42	6	92
美国 SNS	2.5	38	6	90
日本 J-PARC	3	30	3	89

与 ADS 有关联的，是中国散裂中子源(CSNS)大科学工程已经列入国家计划。CSNS 第一阶段要求加速器提供功率为100 kW 的束流，并经过一段时间的运行

后，将束流功率提高到 200 kW。根据两种构架的特点和 CSNS 对加速器的要求，选择了直线加速器加快循环同步加速器的构架。离子源（IS）产生的负氢离子（H^-）束流通过射频四极加速器（RFQ）聚束和加速后，由漂移管加速器（DTL）把束流能量进一步提高，然后注入到一台快循环同步环（RCS）中，使束流达到最后能量 1.6 GeV。

图 9.30　中国的启明星一号实验装置

图 9.31　中国首台 RFQ 低能强流质子加速器实物照片

CSNS的基本参数如表9.11所示，其各部分造价如表9.12所示。

表9.11 中国散裂中子源(CSNS)加速器运行状态及组成方案

	CSNS 1	CSNS 2
束流功率(kW)	100	200
重复频率(Hz)	25	25
靶数目	1	1
平均流强(μA)	63	125
束流能量(GeV)	1.6	1.6
直线加速器能量(MeV)	70	130

表9.12 CSNS造价单

单位:亿元

	CSNS 1	CSNS 2(附加投资额)
直线加速器	1.672	0.830
离子源	0.1	
RFQ	0.214	
DTL	1.318	0.797
束流诊断	0.04	0.033
快循环同步加速器	2.914	0.4
注入引出	0.232	0.02
磁铁系统	0.78	
RF系统	1.15	0.35
真空系统	0.25	
电源系统	0.35	
诊断及束流准直系统	0.152	0.03
输运线	0.402	0.05
通用系统	0.512	0.04
总计	5.5	1.27

CSNS计划在中国广东省东莞市建设，目前已经在建设中。

9.6.2 中国 ADS 发展近况

中国的 ADS(简称 C-ADS),是中国科学院主持的战略先导项目[6,7],计划分 3 期发展。设想在 2032 年在内蒙古的鄂尔多斯建设具有 1000 MW 热功率的商业嬗变堆和一台 1.5 GeV×10 mA 质子束的超导直线加速器。图 9.32 描述了一次通过核燃料循环与有 ADS 参与的先进核燃料闭式循环的工艺路线之间的区别。

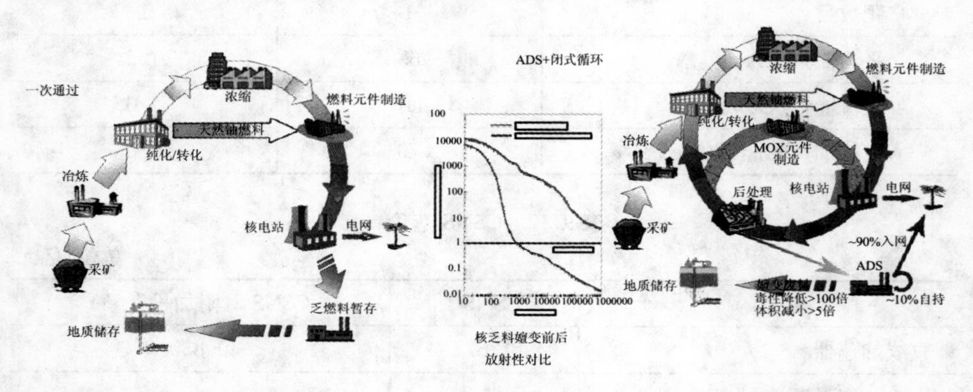

(a) 一次通过的核燃料循环　　(b) 先进的核燃料闭式循环

图 9.32　中国科学院主持的战略先导项目的目标:实现有 ADS 参与的核燃料闭式循环[6,7]

参 考 文 献

[1] Maschek W, Rineiski A, Suzuki T, et al. Safety Aspects of Oxide Fuels for Transmutation and Utilization in Accelerator Drivien Systems[J]. Journal of Nuclear Materials, 2003 (320):147 - 155.

[2] NEA OECD. A Comparative Study "Accelerator - driven Systems(ADS) AND Fast Reactor (FR) in Advanced Nuclear Fuel Cycles"[R]. 1999.

[3] CCAST-WL WORKSHOP SERIES VOLUME 65, "Nuclear Energy System Driven by High Intensity Proton Accelerator", Proceeding of CCAST(World Laboratory) Workshop held at China Center of Advanced Science and Technology, Beijing, P. R. China, Sep. 9-11,1996.

[4] http://neutrons.ornl.gov/diagnostics/channel13/ch14.html.
[5] http://accelconf.web.cern.ch/AccelConf/c07/PAPERS/157.pdf.
[6] 詹文龙.核物理发展机遇与思考[R].合肥,2010-11-03.
[7] 王九庆.2010年中国粒子加速器会议大会口头报告[R].北京,2010-10-20.

第10章　惯性约束聚变

10.1　惯性约束聚变的基本原理

惯性约束聚变(Inertial Confinement Fusion，ICF)中由激光器或粒子加速器产生很强脉冲能量照射到一个含有D与T燃料的靶丸上，靶丸的外表面吸收了激光或粒子束的能量，产生高温等离子体。有一部分呈等离子体向外喷射，剩余部分的靶壳在向外喷射等离子体的反作用力作用下产生向内的聚心压缩，并在燃料靶丸的中心部分很小的体积中形成非常高温度和非常高密度的等离子体，称为“热斑”。在这个热斑中热核反应释放出约14 MeV能量的中子和带电粒子。3.52 MeV能量的带电粒子将它的能量沉积于最靠近热斑附近的热核燃料，加热这部分燃料，并将它“点燃”。接着就产生了从里向外的热核燃烧过程，一直到将外层被压缩的、温度比热斑低一些的燃料燃烧。这种热核燃烧的波从里到外的持续时间要比将燃料压缩并持续到它们飞散所需的持续时间短。如果在这个聚变过程中释放出的能量大于照射到靶上的能量，即称为大于“得失相当”，也叫增益大于1。人们在发明了氢弹核武器(如图10.1所示)之后，1963年由Basov和Dawson首先提出了可用激光将等离子体加热到引发热核聚变的温度，其设想如图10.2所示。

惯性约束聚变分类，可以根据驱动源、驱动方式、作功方式、点火原理、点火方式、燃烧方式等进行划分。

按驱动源分类，惯性约束聚变有激光束驱动、离子束驱动及其他驱动几种形式。

按驱动方式分类，惯性约束聚变有三种：间接驱动，直接驱动，混合驱动。

按作功方式分类，惯性约束聚变有三种类型：烧蚀型，压力型，混合型。

按点火原理分类，惯性约束聚变可划分为三种：中心点火(Central Ignition

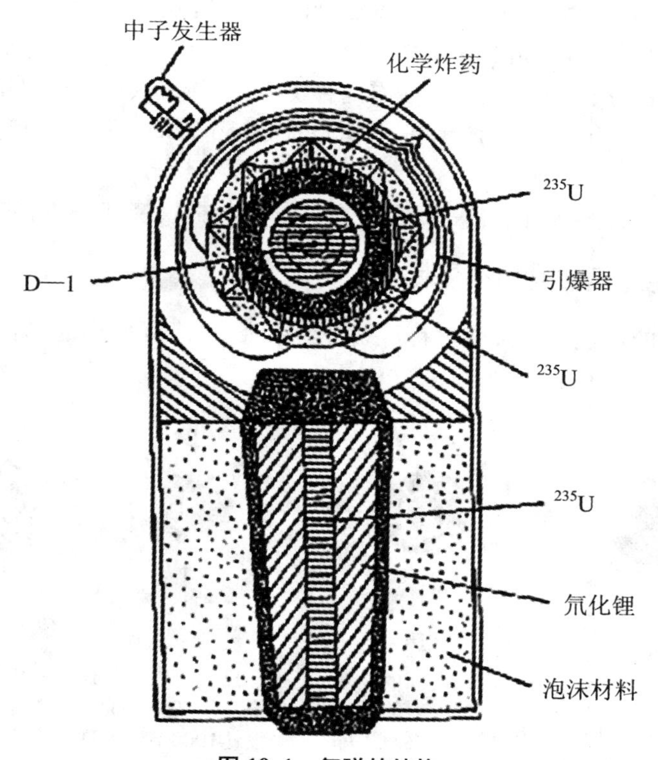

图 10.1　氢弹的结构

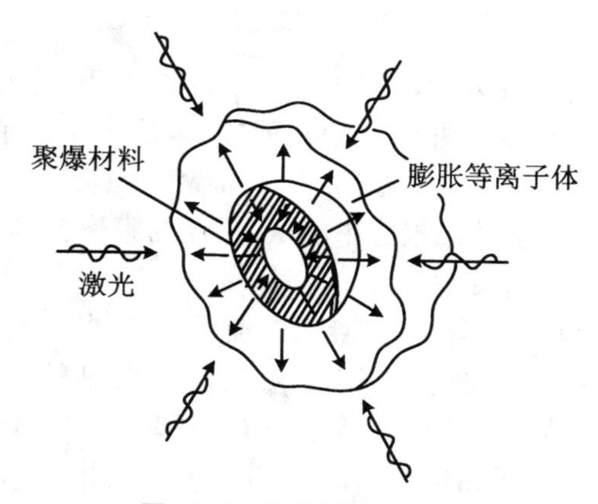

图 10.2　靶丸聚爆的图像

and Propagation Burn, CIPB)，属于间接驱动方式；整体点火（Volume Ignition

and Volume Burn, VIVB),属于直接驱动方式;快点火(Fast Holling and Suprathermal Electron Ignition, FI)。

按点火方式分类,惯性约束聚变有两种类型:平衡点火(Local Thermodynamic Equilibrium Ignition, LTE)和非平衡点火(Non Local Thermodynamic Equilibrium Ignition, NLTE)。

按燃烧方式分类,惯性约束聚变有两种形式:传播燃烧和整体燃烧。

10.1.1 直接驱动的惯性约束

直接驱动的惯性约束聚变过程可划分为4个子过程:加热、压缩、点火与燃烧,如图10.3所示。

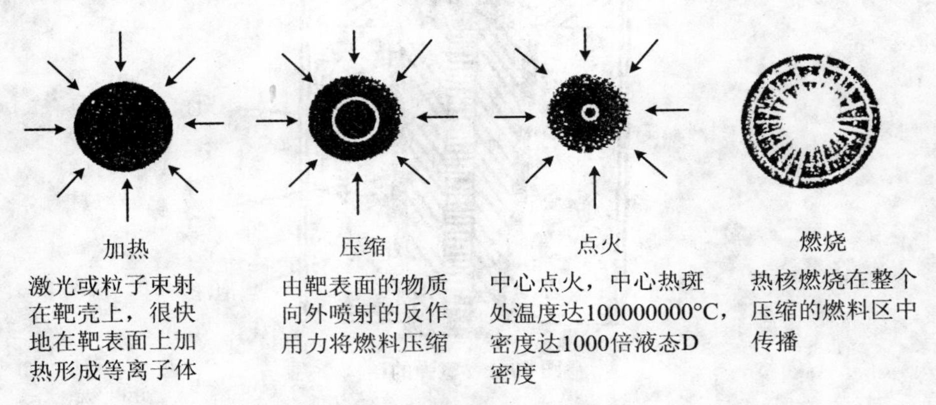

图10.3 直接驱动惯性约束聚变过程

关于直接驱动有许多种方案,图10.4给出的是美国国家惯性聚变装置(NIF)激光直接驱动惯性约束聚变靶丸设计的几种方案,其设计目标是为了更好地抑制R&T不稳定性。2004年IAEA举办的第20届聚变能会议(Fusion Energy Conference)对惯性约束聚变的总结报告中确认,惯性约束聚变具有良好的应用前景,但存在许多流体动力学不稳定性问题。

对于激光直接驱动聚变可能达到点火的前景预测,可见图10.5。在NIF的惯性约束聚变中,他们的直接驱动方案是无激光束重排的极向导引驱动(Polar Direct Drive, PDD),其预期2-D增益达到$G \approx 10$。S. P. Regan(OV-3/3)报导中认为极向导引驱动是基于相位板(Phase-Plate)设计、束指向(Beam Pointing)和脉冲成形的优化。PDD技术有可能是走向惯性约束聚变能利用的重要一步。

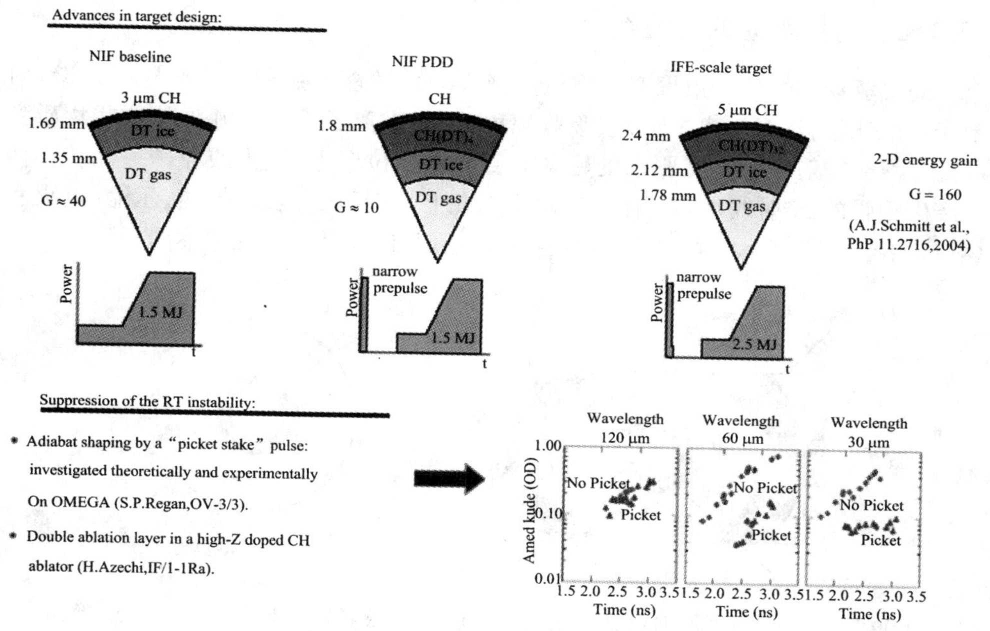

图 10.4　激光直接驱动的各种方案

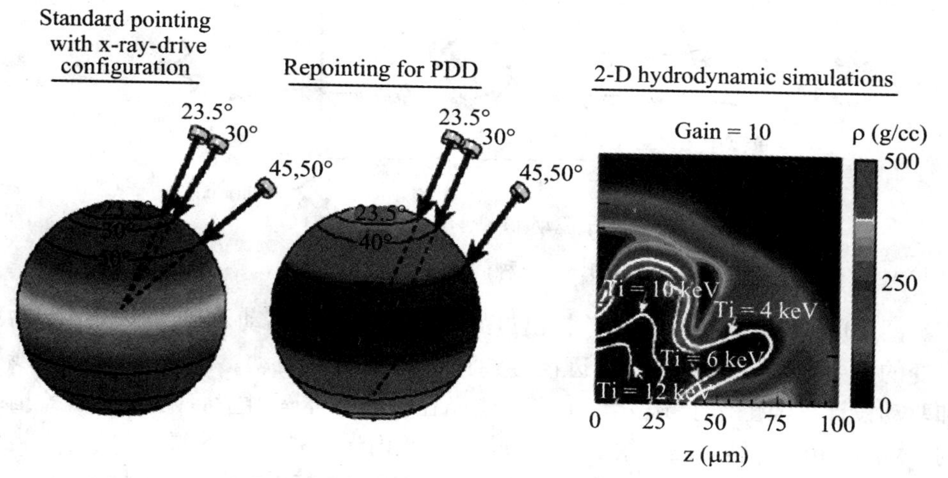

图 10.5　对激光直接驱动点火的前景预测

10.1.2 间接驱动的惯性约束

间接驱动的惯性约束聚变是将激光或粒子束的能量照射在黑洞靶的内壁（对激光）、泡沫塑料（对轻离子束）或吸收辐射体（对重离子束）上，并加热这些物质到高温，发出 X 射线。间接驱动的靶丸放置在中间位置上，激光或粒子束在转换体上产生很强的 X 射线，用 X 射线照射在靶丸上，引起靶丸表面加热、压缩、点火和燃烧，如图 10.6 所示，这一过程与直接驱动相似，但驱动方式迥然不同。

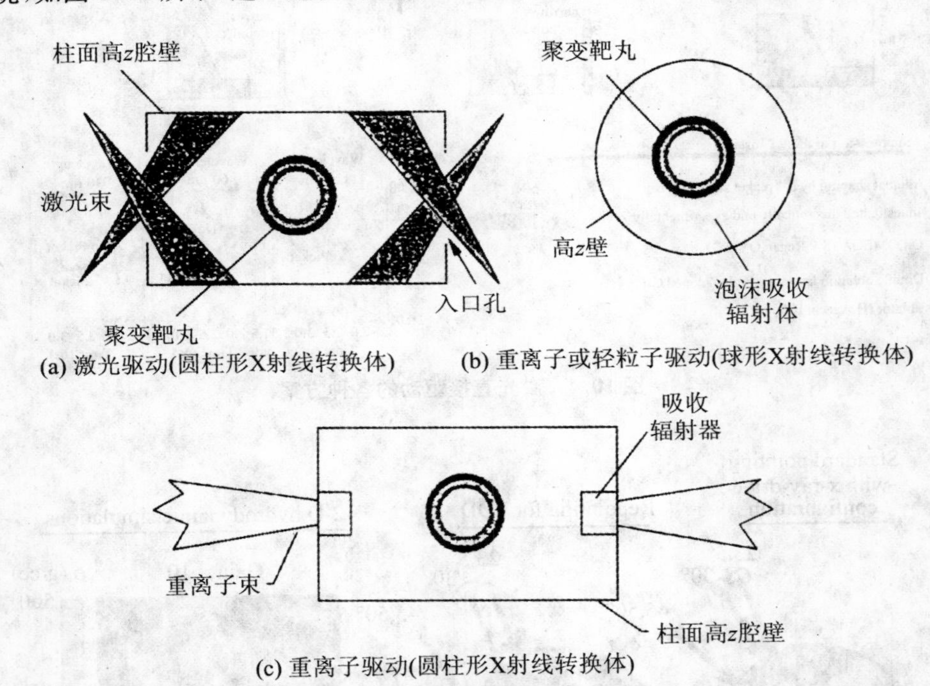

图 10.6 三种间接驱动的靶设计

图 10.7 显示了在 NIF 上曾提出过的一种间接激光驱动示例。实现惯性约束聚变的主要途径之一是中心热斑惯性约束的间接激光驱动。用于 NIF 的基线靶和驱动设计已经工作了 10 年以上了。激光在柱状黑体辐射空腔内产生热 X 射线的“沐浴（bath）”，然后驱动氘氚（DT）胶丸球状内爆。被压缩的氘、氚发生来自中心热斑的惯性约束，将自然地形成内爆速度$\geqslant(2\sim3)\times10^{7}$ cm/s 的内爆过程。

当今在惯性约束聚变方向最宏伟的计划要数美国的 NIF 和法国的 LMJ，其具体参数和工作特点如图 10.8 所示，而图 10.9 显示了 NIF 的总体布置。美国的

NIF和法国的LMJ的惯性约束装置建设正在全面进行中。J. Lindl(OV-3/1)介绍了NIF早期光学系统用4个NIF激光束进行了调试。调试中的1ω为21 kJ(整个NIF需要4.0 MJ),2ω为11 kJ(整个NIF需要2.2 MJ),3ω为10.4 kJ(整个NIF需要2.0 MJ),意味着比原计划的能量已经超过了10%;25 ns成形脉冲得到了论证;首个4激光束装配在靶腔中;惯性约束尺度的黑体辐射空腔中的激光—等离子体相互作用上的4束(3ω为16 kJ)试验已经开始。P. A. Holstein (IF/1-3)介绍了2005年的LIL计划的第1个试验(LMJ工程,～30 kJ),方案详见图10.8。

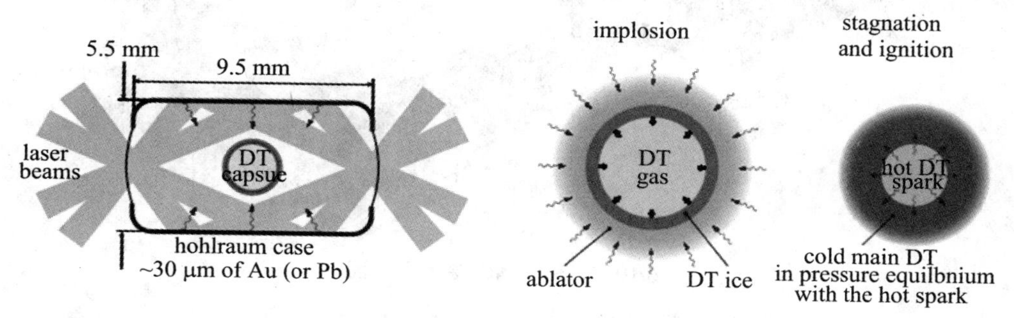

图10.7 NIF提出过的一种间接激光驱动示例

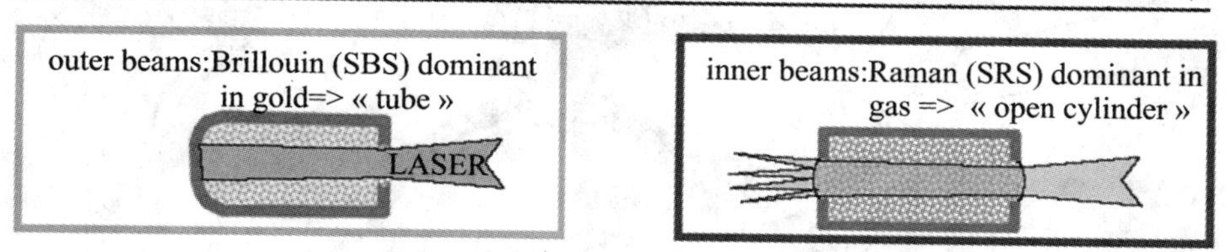

图10.8 2005年的LIL方案示意图

10.1.3 激光聚变反应堆

激光聚变反应堆的示意过程如图10.10所示。聚变靶丸放置在聚变反应室的中间,激光通过窗口入射到靶丸上,聚变反应释放出大量的14 MeV能量的中子,反应室内有一个液体金属壁,依靠液态金属流与中子的作用,将反应室热量导出,并在热交换器中把热量传递给第二回路的水,液态金属被冷却后再送回反应室,第二回路的水被加热后送往蒸汽透平发电机。

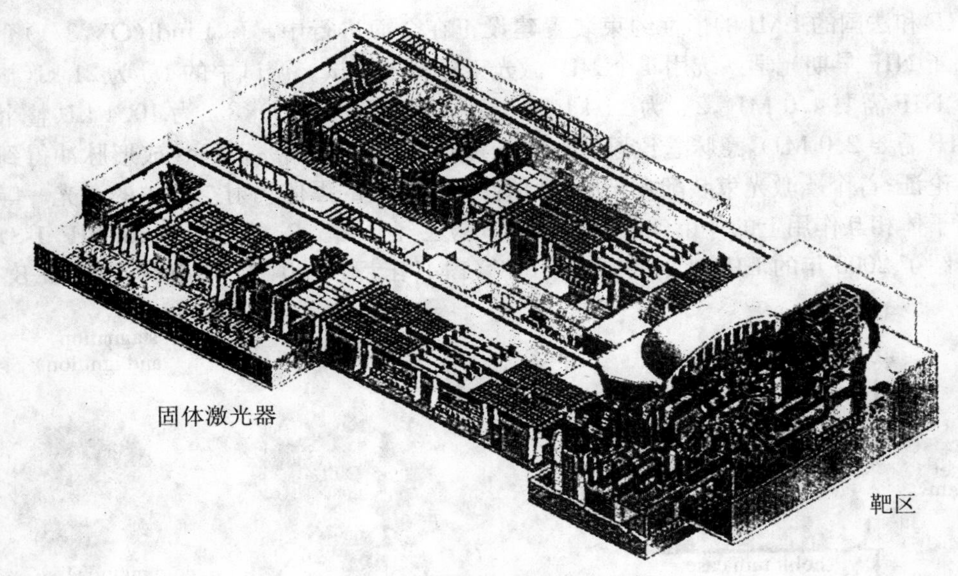

图 10.9　美国 NIF 装置示意图

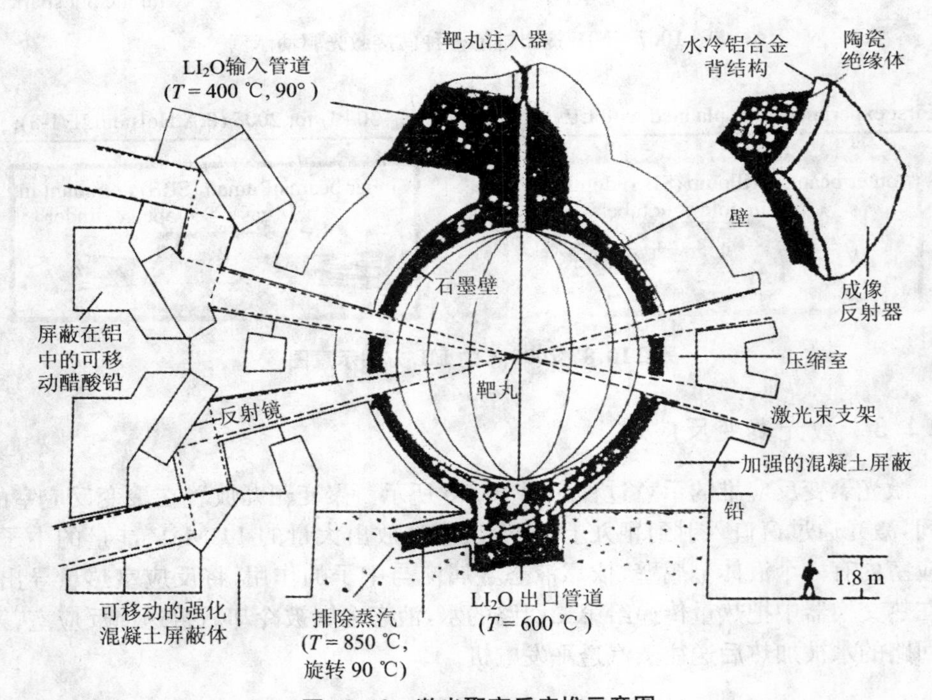

图 10.10　激光聚变反应堆示意图

惯性约束聚变能电站的功率循环如图10.11所示。

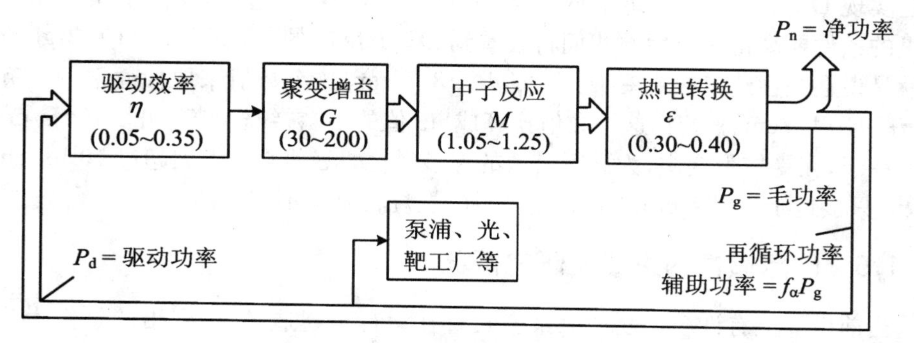

图10.11　惯性约束聚变能电站的能量循环

$$P_n = P_g - P_\alpha - P_d = P_g\left(1 - f_\alpha - \frac{1}{\eta G M \varepsilon}\right) \tag{10.1}$$

其中 P_n 为净功率(单位 W),P_g 为毛功率(单位 W),P_α 为聚变功率(单位 W),P_d 为驱动功率(单位 W),G 为聚变增益,η 为驱动效率。

10.1.4　惯性约束中的"劳逊判据"

燃料的质量密度 ρ 和靶丸半径 R 的乘积 ρR,用这一参数来讨论惯性约束问题比用 $n\tau$ 将更为方便,因此人们就采用另一种劳逊判据来表征惯性约束核聚变,这就是 ρR 判据。

仍以 D－T 反应为例,讨论一下它的 ρR 判据。对 D－T 反应与磁约束相同的,对约束的要求是 $n\tau \geqslant 10^{14}$ s/cm^3,其中 n 为密度,τ 为能量约束时间。因为 $n=\rho/m$,式中 m 为"D－T 离子"的质量,$m=4.19\times10^{-24}$ g;约束时间 $\tau=R/v_s$,R 为靶丸半径,v_s 为靶丸等离子体中的声速,在 10 keV 温度下,$v_s \approx 5\times10^8$ cm/s,于是 $n\tau$ 判据可以改写成

$$n\tau \geqslant 10^{14}\ \text{s/cm}^3 \tag{10.2}$$

推得

$$\frac{\rho}{m}\cdot\frac{R}{v_s} \geqslant 10^{14}\ \text{s/cm}^3 \tag{10.3}$$

将 m 和 v_s 的数据代入上式,得 $\rho R \geqslant 0.2$ g/cm^2。但在惯性约束核聚变中,为使反应产物 α 粒子能沉积在等离子体中进行燃烧的自加热,ρR 判据就要求比上面导出的判据更高一些。因为在 10 keV 的 D－T 等离子体中,α 粒子的射程约为 0.3 g/cm^2[11],所以 D－T 反应的惯性约束核聚变的劳逊判据为

$$\rho R \geqslant 0.3 \text{ g/cm}^2 \tag{10.4}$$

这是实现 D－T 反应的一组最低的条件。正如前面提到过的，实际上聚变条件比这里的条件要高得多。后面我们将会看到 D－T 反应的 ρR 最佳值约为 3 g/cm^2。这就是说在惯性约束核聚变中，应以 $\rho R \geqslant 3$ g/cm^2 这个数值来取代通常的劳逊判据 $n\tau \geqslant 10^{14}$ s/cm^3。若将这个数值换算成 $n\tau$ 值的话，它约相当于 $n\tau \geqslant 10^{15}$ s/cm^3。原因在于，在受控聚变中，为进行有效的热核燃烧，$n\tau$ 值必须大大超过 10^{14} s/cm^3。若 $n\tau$ 只接近于 10^{14} s/cm^3 的话，则燃料的燃烧将是很不充分的。

10.1.5 国际惯性约束聚变研究概况

当前世界上有许多惯性约束聚变装置在运行与建造，这里列出的是作为各种驱动器（包括固体激光器、气体激光器和重离子束）驱动的各种方式。如表 10.1 所示。

表 10.1　国际上惯性约束聚变的主要装置（运行及计划的）

参量 国家	系统名称	实验室	驱动器能量/脉冲宽度	束的数目	激光波长 离子射程	备注
玻璃激光						
美国	NOVA	LLNL	50 kJ/1 ns	10	0.35 μm	
美国	Omega	Rochester	3 kJ/1 ns	24	0.35 μm	
美国	Omega 升级		30 kJ	60	0.35 μm	
美国	NIF	LLNL	～2 MJ/3～5 ns	192	0.35 μm	在建造中
日本	Gekko－Ⅻ	大阪大学	15 kJ/1 ns	12	0.35 μm	
日本	Kongoh		100 kJ/2～3 ns	24	0.35 μm	完成设计
法国	Phebus	CEA 梅里尔	14 kJ/2.5 ns	2	0.53 μm	
法国	Luli	Ecale 工业大学 Palaisesu	0.7 kJ/0.6 ns	6	1.06 μm	
法国	Megajoule	CEA 梅里尔		288	0.35 μm	完成设计
英国	Vulcan	卢瑟福实验室	3 kJ/1 ns	8	0.53 μm	
英国	Helen	原子武器研究中心	1.3 kJ/0.2 ns	3	0.53 μm	

续表

参量 国家	系统名称	实验室	驱动器能量/脉冲宽度	束的数目	激光波长离子射程	备注
俄罗斯	Delfin	列别捷夫研究所	3 kJ/1 ns	108	1.06 μm	
	Progress	瓦维洛夫研究所	1 kJ/1 ns	6	1.06 μm	
中国	神光-Ⅰ	上海光机所	2 kJ/1 ns	2	1.06 μm	
	神光-Ⅱ		6 kJ/0.1～2 ns	6	1.06 μm	
			3 kJ/0.1～2 ns	6	0.35 μm	在建造中
KrF 激光						
美国	NIKE	美国海军实验室	3 kJ/4 ns	56	0.249 μm	
英国	Sprite	卢瑟福实验室	250 J/60 ns	6	0.249 μm	
	Titania		7 kJ/60 ns	12	0.249 μm	完成设计
日本	Ashura	电气技术实验室	710 J/100 ns	8	0.249 μm	
			500 J/10 ns	8	0.249 μm	
	Super Ashura		8 kJ/2.2 ns	12	0.249 μm	
中国	天光-Ⅰ	原子能科学研究院	400 J/23 ns 100 J/23 ns	1 6	0.249 μm 0.249 μm	
碘激光器						
德国	Asterix Ⅴ	马普量子光学所	2 kJ/1 ns	1	1.3 μm 或 0.44 μm	
俄罗斯	Iskra-5	全俄科学研究所	30 kJ/0.25 ns	12	1.3 μm	
轻离子束						
美国	PBFA-Ⅱ	圣地亚国立实验室	1 MJ/15 ns	36	15 MeV(Li)	
重离子束						
美国	MEB-4	劳伦兹贝克来实验室	3 kJ/4 ns	4	1 MeV(cs)	目前已做到，后面将要继续提高能量到1 GeV左右
	ILSE		30 kJ/1 μs	4	10 MeV(K)	

10.2 靶丸与驱动器

10.2.1 靶丸

控制靶丸在内爆过程中保持着低熵的水平，使得靶丸能被压缩到高密度，对于不同类型的靶，要求不同驱动脉冲的时间波形，如图 10.12 所示。

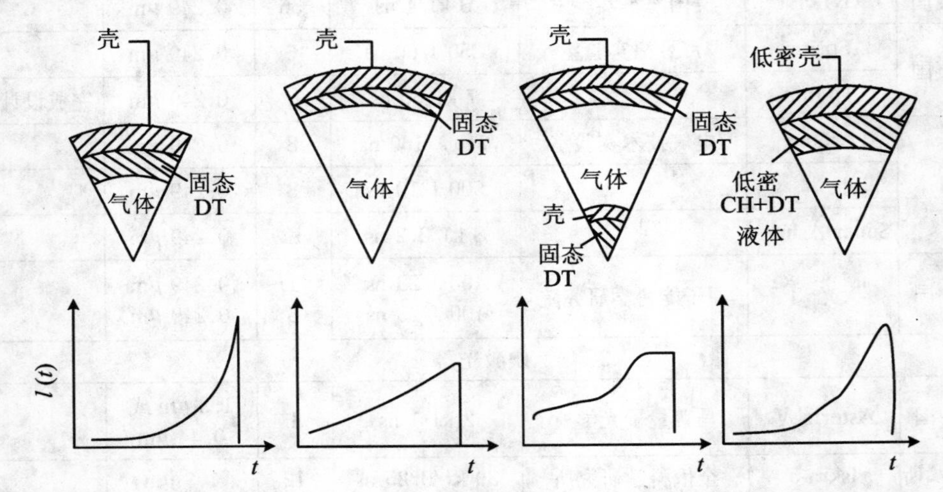

图 10.12 各种直接驱动靶丸设计和它们相应的驱动脉冲波形

现今靶丸的研究可以说是惯性约束的核心部分，世界各国均给予了很大的关注，尤其是高增益靶，如图 10.13 所示。

靶丸的设计必须要考虑控制动力学不稳定性的增长，如图 10.14 所示。

国际上也高度重视靶丸的动力学不稳定性，在靶丸设计上狠下工夫，并发展了三维模拟计算的程序，见图 10.15 及图 10.16。有文献报导了靶丸构成概念设计的进展，提出可供选择的靶丸构思设计(详见图 10.15)，给出了 NIF 的靶丸与铍烧蚀层靶丸的数据比对。靶丸具有的性能，目前在可信度等级和安全裕度上已经取得了令人印象深刻的进展。有学者认为，250 eV 的铍(Be)胶丸比 300 eV 的铍胶丸更易受到瑞利—泰勒(Rayleigh-Taylor)不稳定性的影响,并且近期发现更容易得到矫正改善。铍胶丸装配更为困难,但是近期学者 J. Lindl(OV-3/1)报告取得了有意义的进展。

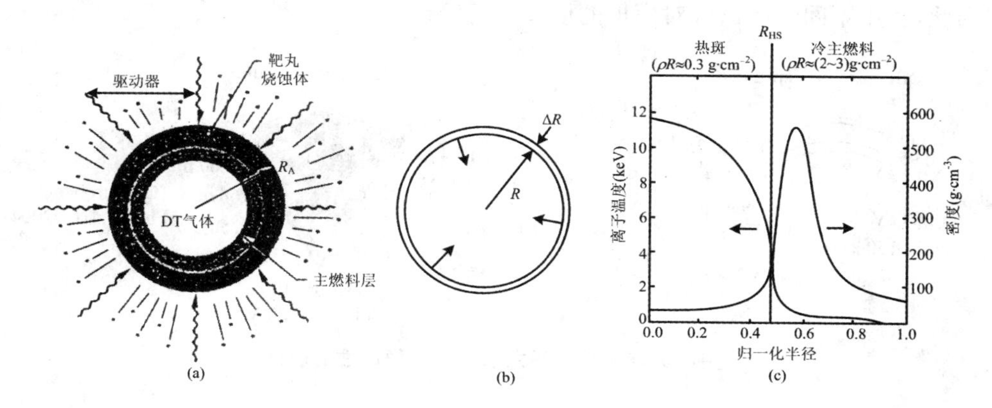

图 10.13　高增益靶的一些特性

(a) 球形靶的外壳是烧蚀层,在烧蚀层里面围着冷冻的主燃料层,再里面是 DT 气体;(b) 在加速过程中壳被压缩至 ΔR 厚度,它比壳的原来厚度小,$R/\Delta R$ 值受到流体动力学不稳定性限制;(c) 在接近点火时刻,靶丸的温度和密度分布,R_{HS}是中心热斑的半径,在中心热斑中 $\rho R = 0.3\ \mathrm{g\cdot cm^{-2}}$,温度≈10 keV

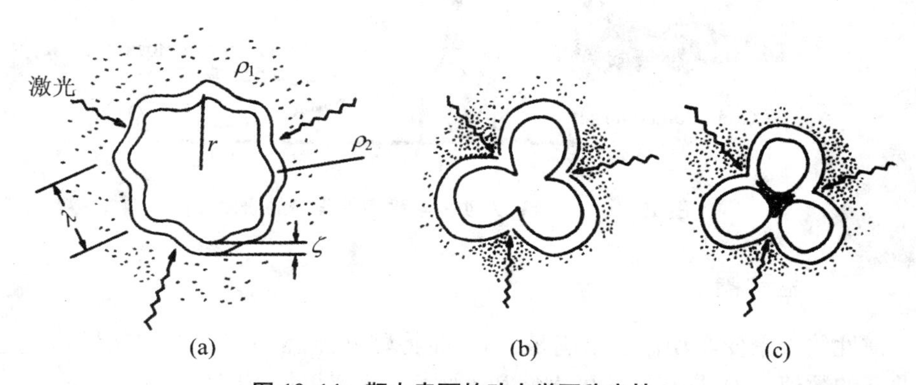

图 10.14　靶丸表面的动力学不稳定性

计算程序的进展,使得模拟可获知并预见功率的稳定增长过程。LLNL 的学者 J. Lindl(OV-3/1)通常用 3-D 程序模拟(到目前为止,分别用于黑体辐射空腔和氘氚胶丸)靶丸性能。而 P. A. Holstein 等学者(IF/1-3)在法国已经启用了用于内爆研究的 3-D 程序(Hadro 码)。另外,激光束通过黑体辐射腔体等离子体的传播建模的程序 3-D LPI/ Hadro 码研发工作也获得了进展。同时,用于整合快点火惯性约束聚变的模拟程序在 ILE,由大阪的 Y. Izawa(OV-3/2)和 H. Nagatomo(IF-P-7/29)发展了快速整合链接(Fast Ignition Integrated Interconnecting)码。因此,宜用不间断的试验对模拟的模型进行验证。

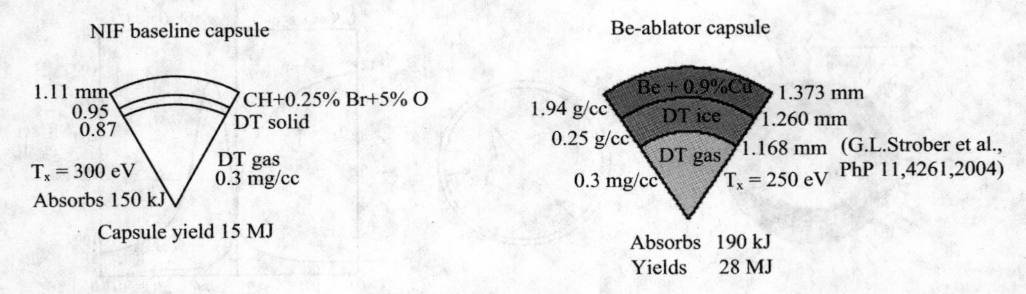

图 10.15 防止靶丸动力学不稳定性的设计

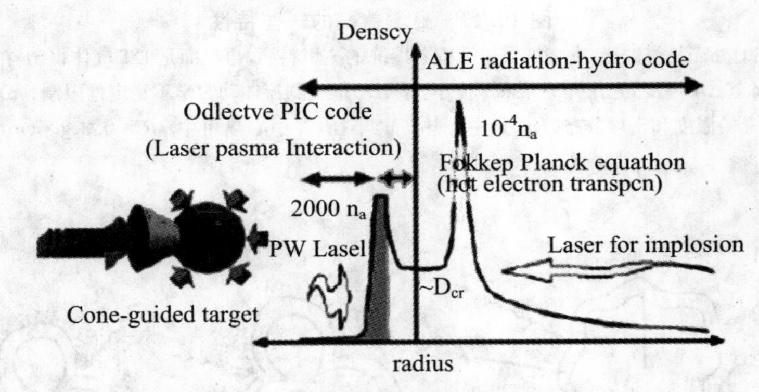

图 10.16 三维靶丸动力学稳定性程序的研发

10.2.2 驱动器

惯性约束聚变驱动器必须满足:(1) 能将靶丸点燃并使靶上的能量增益达到足够高的数值;(2) 具有好的可靠性和重驱性;(3) 好的经济性。

驱动器可分为激光驱动和离子束驱动两类。目前可作为惯性约束聚变驱动器的激光器有:固体激光器,二极管泵浦的固体激光器,二氧化碳激光器,KrF 气体激光器,碘激光器和氟化氪激光器。另外还有轻粒子束驱动器(PBFA-Ⅱ)和重离子束驱动器。表 10.2 给出了大型钕玻璃激光器的列表,因为它是采用得最多的一种;图 10.17 给出了 PBFA-Ⅱ轻粒子束装置示意图。

表10.2 国际大型钕玻璃激光装置

国家	激光装置	实验室	束数	输出功率(TW)	输出能量(kJ)	脉冲宽度(ns)	实验结果
美国	NOVA	劳伦兹利弗莫尔	10	100	120(ω) 80(2ω) 70(3ω)	0.1～3.0	10^{13}中子
	OMEGA	罗彻斯特大学	24	15	3(ω) 2(ω)	0.1～1.0	10^{20}中子，200倍液体密度
	PHAROS-Ⅲ	海军实验室	3	1.3	1.4(ω) 0.8(2ω)	0.1～1.0	
	CHROMA-Ⅰ	KMS公司	2	0.6	1	0.1	
俄罗斯	MISHEN	库尔恰托夫所	4	—	1	1.0	
	DELFIN2 AURORA	列别杰夫研究所	216 20	33 —	10 50～500	0.2～3.0 0.03～10	计划
日本	GEKKO-Ⅳ GEKKO-Ⅻ GEKKO-Ⅻ	大阪大学	4 2 12	2 7 55	1 2 30(ω) 20(2ω) 15(3ω)	0.1～1.0 0.1～1.0 0.1～1.0	10^8中子，2×10^8中子，1013中子；600倍液体密度
英国	VULCAN	卢瑟福	12	3.6	5(ω) 2(2ω)	0.1～1.0	
法国	PHEBUS OCTAL	里梅尔	2 8	20 2	20(ω)1	0.1～0.3 0.1～1.0	
	GRECO	艾克尔综合工大	1	0.25	0.25	0.1～2.5	
中国	神光	上海光机所	2	2	2	0.1～1.0	

图10.18给出了重离子束驱动装置的模仿实验示意图。强流重离子束驱动，对于惯性约束聚变能研究是最吸引人的，特别是高于25%以上的高效率与高重复频率的离子加速器的发展。当前国内外基金支持的仅仅是小规模的研究活动，内爆实验不在基金支持之列。正在进行的常规方法中的直接驱动，有来自激光直接驱动靶的模仿的DT胶囊实验，也有来自中心热斑的常规惯性模式。与激光束直

接驱动的惯性约束聚变模式不同,重离子束很难在空间与时间尺度上同时被压缩,以提供所需求的无需太长离子渗透路径的照射强度。目前国际上正在进行的实验,包括揭示强流重离子束的产生、输运和最终的聚焦的各种物理和工程方面。

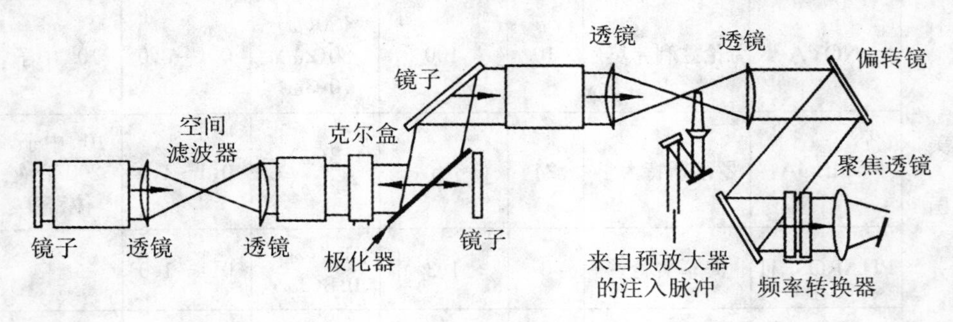

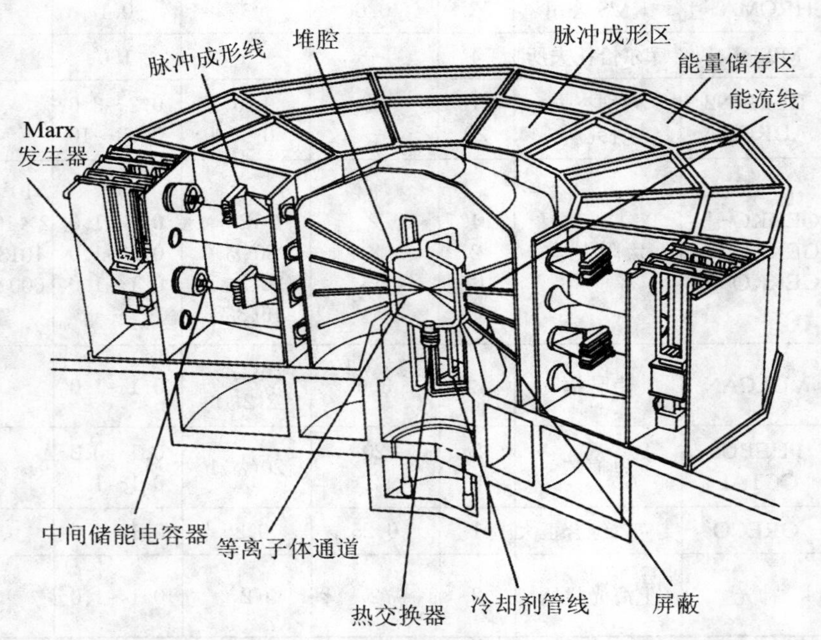

图 10.17　美国 Sandia 实验室的 PBFA-Ⅱ轻粒子加速器

Dstributed-radiator target
(D.Callahan *et al.*,LLNL)

Ion energy (Pb): 3 GeV → 4 GeV
Beam energy: 6.2 MJ
Energy gain: 55

Unlike laser beams,heavy ion beams are difficult to compress in space and time to provide the required intensity of irradiation with not too large ion penetration depth.

图 10.18 重离子驱动原理示意图

10.3 快点火惯性约束聚变

快点火的原理是将一束高强度激光穿透压缩后的氘氚靶球晕区并将超热电子送到氘氚球的表面，通过自生高强磁场的约束，最终超热电子能量沉积在高密度氘氚球上，将一个局部范围加热而点火。这是一种投资不算巨大的惯性约束核聚变研究的工具，在大学及中等规模的实验室中较常采用，其原理图如图 10.19 所示，详见 2004 年第 20 届 IAEA 举办的聚变能会议（Fusion Energy Conference）快点火的报告（见图 10.20）。图 10.21 至图 10.24 给出的是快点火原理在各方面取得的进展。

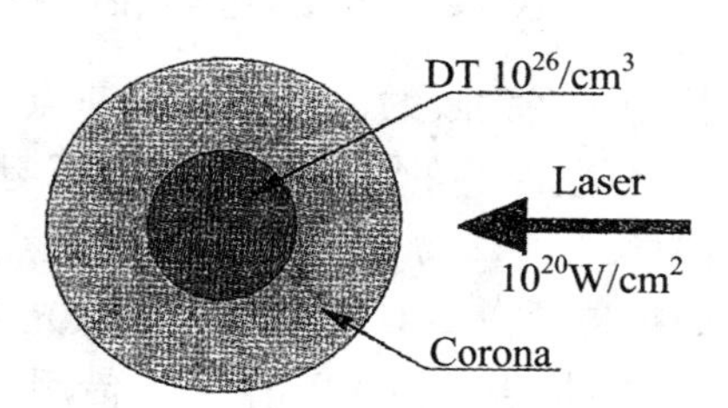

Fast Ignition Scheme

图 10.19 快点火原理图

快点火接近实现惯性约束聚变。快点火惯性约束提供了一种替代的、潜在的更有效地实现惯性约束聚变（ICF）的路线。基本的选择是借用快速点火脉冲跟随着冷燃料的圆锥导引的内爆。这样的路线还没有可能实现高重复周期，但可能取得稳定的进展。

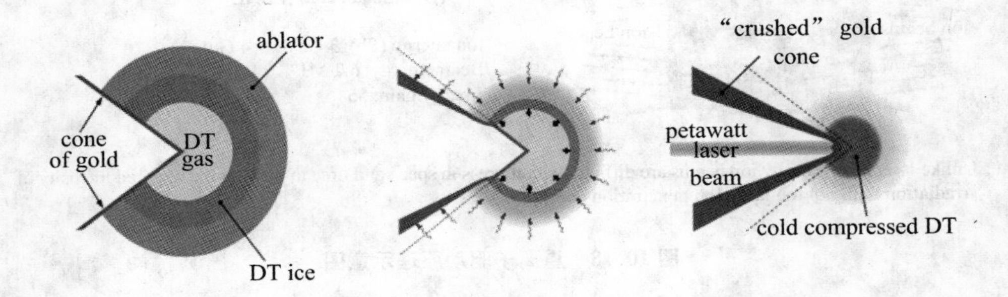

图 10.20　2004 年第 20 届 IAEA 举办的聚变能会议(Fusion Energy Conference)快点火报告

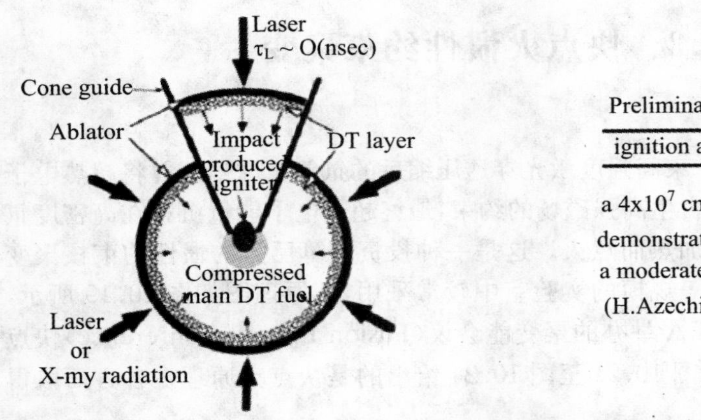

Preliminary experiments for impact ignition at ILE:

a 4x10[7] cm/s velocity has been demonstrated for a 10μm CH foil with a moderate irradiance of 10[14]W/cm[2] (H.Azechi,IF/1-1Ra).

图 10.21　快速高速束流快速点火的设想

Y. Izawa(OV-3/2)报告了在大阪的 ILE 用于快速点火惯性聚变(FI)的专门程序。S. P. Regan(OV-3/3)报告了在罗彻斯特的 LLE 建造中的 OMEGA 性能展宽(EP)模拟，表明将会增长两个 2.6 kJ 皮瓦束用于快点火惯性约束聚变试验。K. A. TanakaI(F-1/4Ra)报告了在 ILE 的有关 PW 激光束渗入稠密等离子体的试验。M. H. Key(IF/1-4Rb)报告了由 PW 激光器借用电子和质子束加热等离子体的比对研究试验。

另一种不同的快速点火惯性约束聚变将影响整个惯性约束聚变的研究。H. Azechi(IF/1-1Ra)与 M. Murakami(IF-P-7/31)报告了借用高速分离 DT 壳层的影响也能够启动居先压缩的冷氘氚(DT)的快速点火惯性约束的思路。

G. Velarde(IF-P-7/34)也做了借用高速喷注惯性约束的类似路线的模拟。要成为现实,此概念需要更详细地予以研究。

日本大阪的 ILE 进行了首个惯性约束聚变研究,ILE 是为快点火惯性约束聚变的探索与实现而制定的专门试验计划。此试验中实现了圆锥壳靶的高密度压缩,Y. Izawa(OV-3/2)介绍了 PW 激光的 20%加热效率的试验。Y. Izawa(OV-3/2)还谈及下一步的发展设想:在 2003~2008 年之间实施 FIREX-Ⅰ(阶段 1)计划,进行新加热激光器(10 kJ,10 ps,1 PW)——GEKKO Ⅻ计划,冷冻靶的加热达到 5~10 keV;在 2009~2014 年实施 FIREX-Ⅱ(阶段 2)计划,进行新的压缩激光器(50 kJ,350 nm)与加热激光器(50 kJ,10 ps)计划,惯性约束与燃烧增益接近 10。见图 10.22。

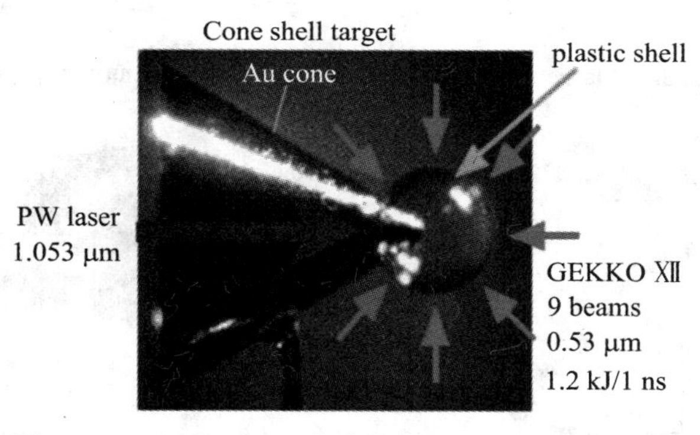

图 10.22　大阪(Osaka)大学激光中心的工作进展示意图

可以采用重离子的惯性脉冲进行快速惯性约束聚变。对于快速惯性约束聚变来说,重离子束有可能是远好于激光器的替代者,它能够确保提供所需照射强度。俄罗斯理论与实验物理研究所(ITEP)的 D. G. Koshkarev 做的最近提案中,增加了离子的能量(从单个离子通常的 $E_i = 3 \sim 5$ GeV 提高)到 $E_i = 100$ GeV,采取的方法是将 4 个质量有差异的电荷相反的(中性束)同时加速离子束进行非 Liouvillian 压缩;B. Sharkov(OV-3/4)介绍了在束流压缩的最后阶段将具有相反电荷的束流成对组合进行束流电荷的中性化。其结果是能够获得如图 10.23 所示参数的重离子束。在此提案中,具有能量为 $E_i = 100$ GeV 的重离子束在氘氚中有相当长的停留范围,$\langle \rho l \rangle \approx 0.6$ g/cm^2。

使用重离子束的快速惯性约束的靶性能方案试验过程示于图 10.24 中。图中方案借用一对具有同样能量 $E_i = 0.5$ GeV/u 的分开的离子束,实现了靶压缩;借用围绕靶轴的快速束流的旋转(大约每个主脉冲 10 圈)确保旋转方向的对称性;圆柱内爆的相对效率部分得到直接驱动的补偿。惯性约束脉冲参数 $E_{igb}=400$ kJ；脉冲长度 $t_{igb}=200$ ps；离子束功率 $W_{igb}=2$ PW；当地半径 $r_{fcc}=50$ μm；照射强度 $I_{igb}=2.5\times10^{19}$ W/cm。2-D Hydro 模拟(ITEP + VNIIEF)论证了所做试验的燃料配置被提议的离子束脉冲惯性约束，并且燃烧波沿着氘氚(DT)圆柱体传播，预期达到的能量增益是 $G\approx100$。

beam energy: $E_{igb}=400$ kJ
pulse duration: $t_{igp}=200$ ps
beam power: $W_{igb}=2$ PW

focal radius: $r_{foc}=50$ μm
irradiation intensity: $I_{igb}=2.5\times10^{19}$ W/cm^2

图 10.23 俄罗斯理论与实验物理研究所的重离子驱动快点火参数

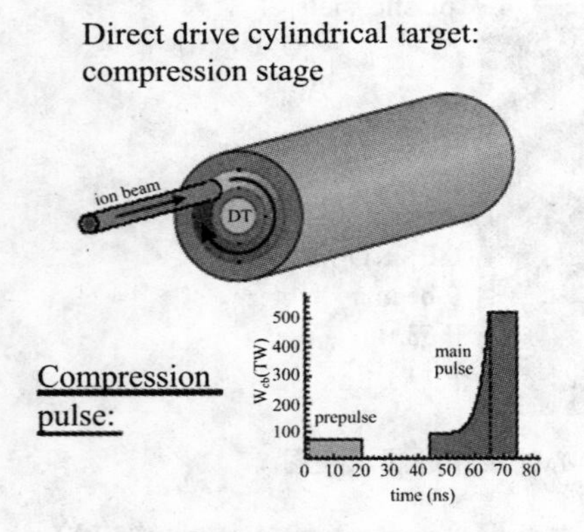

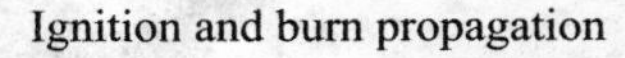

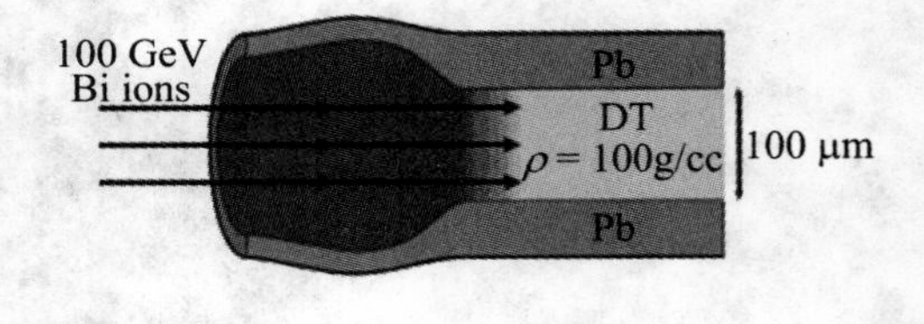

图 10.24 能得到高增益 G = 100 的重离子束快点火的设想(ITEP + VNIEF)

10.4 Z-箍缩

Z-箍缩是一个老的磁约束概念，由于宏观稳定性无法克服，一直停滞，但最近应用快脉冲及多种阵列以克服宏观稳定性，得到了极强的 X 射线光束，从而得到了国际间极大的重视。图 10.25 显示了美国 Sandia 实验室得到的惊人结果，图 10.26 是其作为反应堆的建议。

采用金属丝阵列的 Z-箍缩惯性约束聚变研究中，多丝 Z-箍缩在近几年内在美国的圣地亚(Sandia)进行并取得了特殊的进展，在热 X 射线上达到了 1.8 MJ 与 230 TW。对于惯性约束聚变能(IFE)来说，这是非常吸引人的，转换成热 X 射线的能量达到了 15%～25%的高效率；对于所有的 IFE 来说，达到了能量输出的每 MJ 的最低费用。

Double-pinch hohlraum target

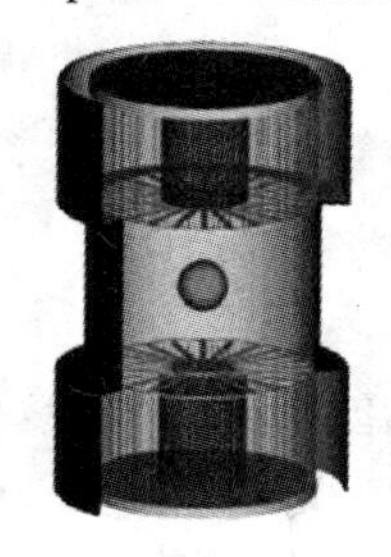

Conventional ignition scheme with a central hot spot
Ignition on the next-generation facility with I~60 MA(20 MA on Z)

Demonstrated on Z (Sandia):

Dynamic hohlraum target

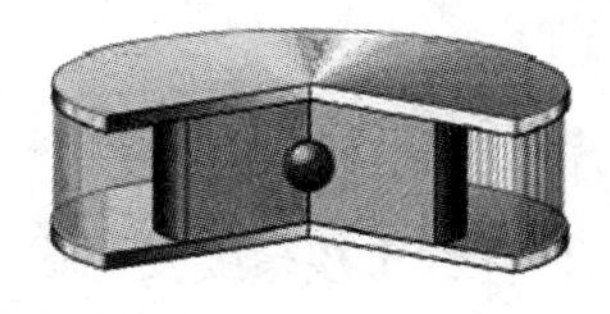

Demonstrated on Z (Sandia):

图 10.25　美国 Sandia 实验室的多丝阵列箍缩方案

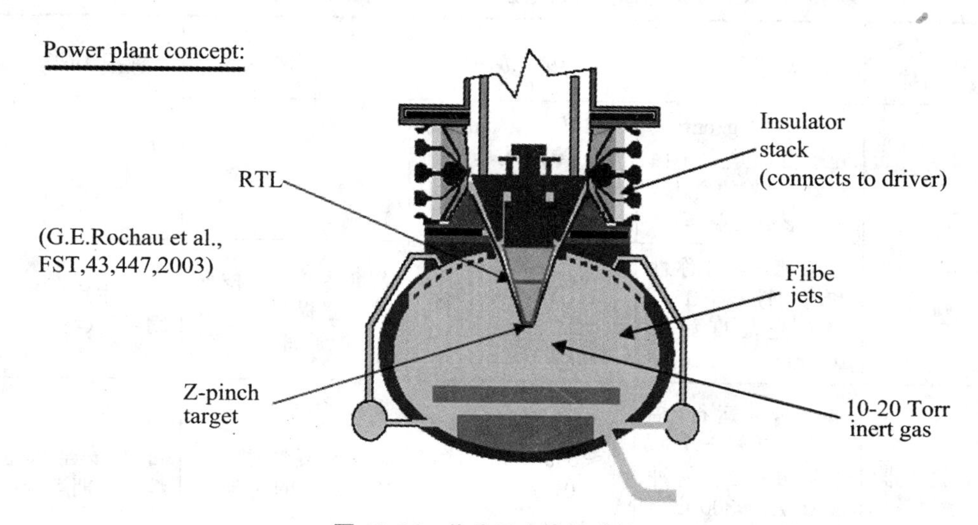

图 10.26　作为反应堆的建议

C. L. Olson(OV/3-5Ra)报告的试验参数：$T_x \approx 70$ eV 及 $C_r = 14 \sim 20$，$T_x \approx 220$ eV 及 $C_r = 10$，接近 24 kJ 进入了胶丸，有 8×10^{10} 个(DD)氘子。

金属丝阵列 Z-箍缩的惯性约束聚变能研究中存在的问题：(1) 重复频率；(2)

驱动与靶的隔离;(3) X 射线脉冲成形。针对这些问题提出的解决方案:10 秒钟一个 3 GJ 的脉冲炮(Shot)的相对低的重复频率;一个称之为 RTL(Recyclable Transmission Line)的靶单元;(用于脉冲成形的)双壳层氘氚(DT)胶丸。G. E. Rochau 等人(FST,43,447,2003)提出了金属丝 Z-箍缩聚变电站(Power Plant)的概念,详见图 10.26。

10.5 前 景

惯性约束核聚变要想成为一种能源,还必须经过以下四个研发阶段:(1) 点火演示——解决物理原则论证;(2) 高增益演示——解决物理可行性论证;(3) 工程演示——解决工程可行性论证;(4) 商用化演示——解决商用经济性问题。表 10.3显示了各阶段必须解决的关键技术问题。

表 10.3 ICF 要成为商用能源必须经历的阶段和应克服的关键技术问题

分系统名称	点火演示	高增益演示	工程演示	商用化演示
靶物理	$\rho R>0.3\ g/cm^2$,α 粒子自加热大于由驱动器来的能量,热斑形成增益≈1	$\rho R>0.3\ g/cm^2$,燃烧的传播从热斑到冷区,增益≈30～100		
靶工艺	冷冻靶,球对称性和均匀性好于 1%,表面光洁度好于 100 nm		大量生产,每秒向反应室提供 1～10 Hz,炉子加工生产	连续生产,长时间可靠运行
驱动器	单次脉冲运行,辐照均匀性好于 1%,束流功率平衡脉冲成形,$E_d\approx300$ kJ～2 MJ	单次脉冲运行效率 $\eta\approx5\%\sim30\%$,$\eta G>10$,$E_d\approx1\sim10$ MJ	脉冲重复频率 1～10 Hz,束的瞄准	可靠、安全和连续地长期运行

续表

分系统名称	点火演示	高增益演示	工程演示	商用化演示
反应室	单次脉冲运行，最末一级光学元件的存活率	单次脉冲运行约束情况和存活率	重复脉冲运行1～10 Hz，第一壁的保护，回路的正常运行，靶的注入和跟瞄，最末一级光学元件和磁铁的存活率	可靠、安全、连续地长期运行
电站的其他设备			氚的引出和材料管理，热能的产生和传输	封闭的功率和材料再循环回路安全，环保性能好，可靠性和运行的经济性

ICF要成为商用能源，除必须克服上表中的关键技术问题外，现时最迫切的是提高能量增益 G，图10.27表明其具体的做法，而图10.28则是当前ICF状况的总结。近十年来，基于常规惯性约束聚变模式的激光聚变计划，在惯性约束与高增益试验（NIF和LMJ装置）的论证上稳定地进展着，最近取得了惊人的进展；而快点火惯性约束聚变的概念，从理论和实验两方面得到进一步揭示；金属丝阵列的Z-箍缩对于惯性约束聚变中获得惯性和作为惯性约束聚变能的驱动选择，都是有竞争力的选择。

增加有关惯性约束能量的幅度，随着NIF惯性约束方案越来越精确而惯性约束阈值能量幅值的增长事实令人鼓舞。同样的激光器从 3ω 返回到 2ω，同样的 1ω 的输出大约相当于多了10%的能量；具有较低的 T_x 和较大胶囊使用较长的脉冲，在 1ω 时有更多的输出。其结果是激光器能量用2.5 MJ取代1.8 MJ以驱动靶。为此，要改善黑体辐射空腔的效率，采用优良器壁构成（用高Z混合取代金元素，Au）；采用降低黑体辐射空腔/胶囊的半径比（借助更精确的模拟）；采用具有较大铍(Be)烧蚀体胶囊的较低的 T_x。其结果是多达400～600 kJ的能量取代150 kJ被胶囊吸收，增益 G 有可能增长3～6倍，详见图10.27。

第20届IAEA举办的核聚变能会议总结（详见图10.28）认为，基于常规惯性约束聚变模式的激光聚变程序在（NIF和LMJ装置上）惯性约束认证和高增益实验中在稳定地取得进展；快点火惯性约束聚变的概念正在理论上与实验上被予以揭示；无论对于惯性约束聚变（ICF）中获得惯性约束，还是作为惯性约束聚变能(IFE)的一种驱动器，金属丝阵列Z-箍缩都正在成为具有竞争前景的一种选择。

The net result:up to 400~600 kJ (instead of 150 kJ) may be absorbed by the capsule.

$G \approx 10$ (baseline NIF)	⇒	$G \approx 30\sim60$ (enhanced NIF)

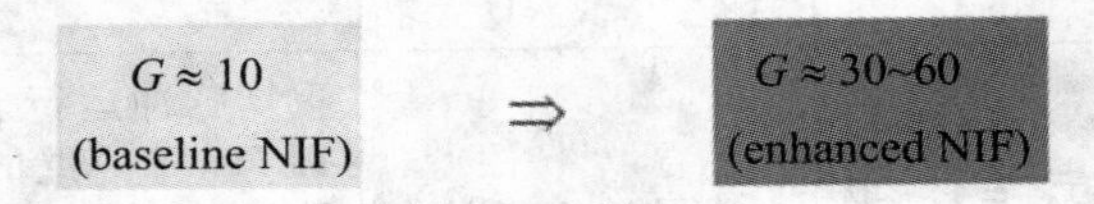

Moderate individual advances along different directions tend to add up in a cumulative manner !

图 10.27 提高惯性约束聚变能量增益的具体做法

Final remarks

- The laser fusion program, based on the conventional ignition mode,advances steadily towards demonstration of ignition and hign gain experiments (NIF and LMJ facilities). A spectacular progress in the confidence level and performance margin has been achieved recently.
- The concept of fast ignition is being explored both theoretically and experimentally.
- Wire-array Z-pinch becomes a competitive option for achieving ignition in ICF and as a driver option for IFE.

图 10.28 2004 年第 20 届 IAEA 举办的聚变能会议(Fusion Energy Conference)对 ICF 状态的总结

参 考 文 献

［1］王淦昌,袁之尚.惯性约束核聚变［M］.合肥:安徽教育出版社,1996.
［2］王乃彦.聚变能及其未来［M］.北京:清华大学出版社,2001.
［3］Basko M M. Institute for Theoretical and Experimental Physics，Moscow“Inertial Confinement Fusion：steady progress towards ignition and high gain（summary talk）”［C］. 20th IAEA Conference on Fusion Energy，November 1-6 2004，Vilamoura，Portual.

第 11 章　合理的核燃料循环

核工业是一个十分庞大的系统工程，其组成体系包括铀矿勘探、铀矿开采与铀的提取、燃料元件制造、铀同位素分离、反应堆发电、乏燃料后处理、同位素应用以及与核工业相关的建筑安装、仪器仪表、设备制造与加工、安全防护及环境保护。

与获取核能有关的各个过程的总和就构成核燃料循环，它是裂变装置、加速器驱动的次临界装置以至聚变装置的运行过程中贯穿始终的重要一环。鉴于核能发展的阶段，我们还是将现阶段的研究重心放在有限的天然铀和钍等基础核燃料上。如何获得合理的燃料循环，对有限的天然铀和钍等资源的最优化利用是 21 世纪我们对燃料循环提出的迫切要求。

11.1　燃 料 循 环

核燃料循环可以这样组织，即在放化工厂中从辐照过的核燃料中提取未烧完的铀和积累的钚，然后再将它们送去制备新的燃料元件。这个循环称为闭路核燃料循环。这样，乏燃料的放化后处理就成了闭合核燃料循环的主要和最后阶段。如果乏燃料不处理，且裂变材料不返回燃料循环，则核燃料没有闭合，称为开放核燃料循环。只有以闭合核燃料循环为基础，增殖核燃料钚，嬗变核废物，并将其并入燃料循环，才能有效地大规模发展核能。

核燃料的再生是核电站乏燃料元件放化后处理工艺的主要任务。在处理流程中，首先分离出铀和钚，并除去放射性裂变产物，其中包括吸收中子的核素（中子毒物），后者在重复利用裂变材料时会妨碍反应堆链式核裂变反应的进行。

铀核裂变时所形成的大量放射性核素与生物圈的隔离是核能发展的一个最严

重和难以解决的问题。以核燃料组件形式从反应堆卸出的乏燃料，带有很高的放射性。埋藏这些不易处理的组件（开放核燃料循环）并使其与生物圈永久隔离，在技术上具有相当大的困难。其中主要的困难是要消除长期贮存情况下由于燃料元件损坏而释放放射性核素的可能性。在燃料元件的化学处理过程中，当分离出铀和钚以后，大多数放射性核素被集中在较小体积的高放废液中。这些废液的进一步化学处理是将其固化，将放射性核素牢牢地固定住。研究得最充分的方法是将高放废液转化为不同组分的类玻璃结构。玻璃化的放射性废物具有足够的化学、热和机械稳定性，是目前公认的放射性废物地层永久埋藏并使其与生物圈完全隔离的最合适的形式，但也不是最终、最彻底处理高放核废物的最有效方式。

近年来，放射化学工艺的发展倾向于对乏燃料进行综合处理。众所周知，放射性产物中含有大量的非常有价值的放射性核素，后者可以广泛应用于所谓的小型核动力（电能热发生器及医用的放射性同位素热源），以及用来制备各种用途的电离辐射源。乏燃料的综合处理，要求放射化学工艺不仅应保证提取裂变材料，而且还应保证提取其他从实用观点看来有用的或是具有科学意义的放射性核素（锶 Sr、铯 Cs、锝 Tc、稀土和铂族元素 Pu、镎 Np、镅 Am、钐 Sm 等）。根据核能发展战略，目前放射化学工业的主要任务是处理热中子动力堆燃料，然后转为工业规模处理快中子堆燃料。

下面从燃料循环的角度，详细介绍燃料处理的各个步骤。

11.1.1 核燃料循环及其组成

核燃料循环是核工业体系中的重要组成部分。所谓核燃料循环是指核燃料的获得、使用、处理、回收利用的全过程，如图 11.1 所示。

燃料循环通常分成两大部分，即前端和后端，前端包括铀矿开采，矿石加工（选矿、浸出、沉淀等多种工序），铀的提取、精制、转换、浓缩，元件制造等；后端包括对反应堆辐照以后的乏燃料元件进行铀钚分离的后处理以及对放射性废物的处理、贮存和处置。

11.1.2 铀矿地质勘探

铀是核工业最基本的原料。铀矿地质勘探的任务，是查明和研究铀矿床形成的地质条件，阐明铀矿床在时间上和空间上分布的规律，运用铀矿床形成和分布的规律指导普查勘探，探明地下的铀矿资源。

地壳中的铀，以铀矿物、含铀矿物和吸附状态的形式存在。由于铀的化学性质活泼，所以不存在天然的纯元素。铀矿物主要是形成化合物。目前已发现的铀矿物和含铀矿物有 170 种以上，其中只有 25～30 种铀矿物具有实际的开采价值。

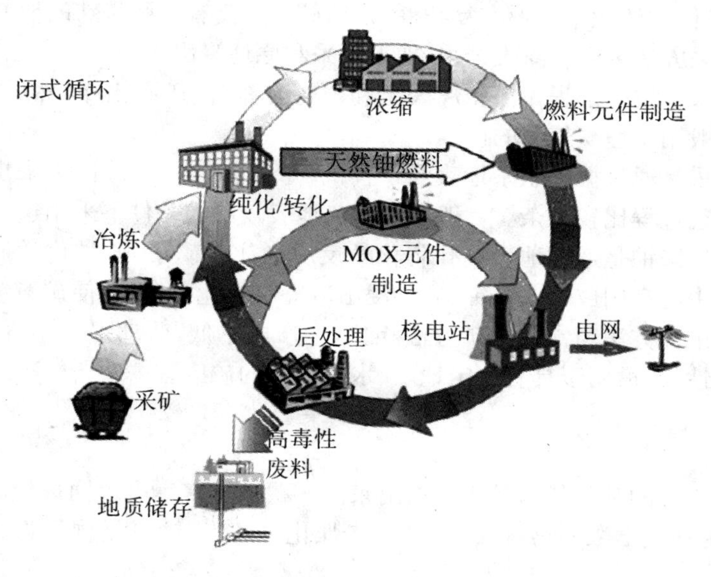

图 11.1　核燃料封闭循环的工艺路线①

铀矿床是铀矿物的堆积体。铀矿床是分散在地壳中的铀元素在各种地质作用下不断集中而形成的，也是地壳不断演变的结果。查明铀矿床的形成过程，对有效地指导普查勘探具有十分重要的意义。

并不是所有的铀矿床都有开采、进行工业利用的价值。影响铀矿床工业评价的因素很多，有矿石品位、矿床储量、矿石技术加工性能、矿床开采条件、有用元素综合利用的可能性和交通运输条件等。其中矿石品位和矿床储量是评价铀矿床的两个主要指标。

铀矿普查勘探工作的程序，包括区域地质调查、普查和详查、揭露评价、勘探等相互衔接的阶段。同时还伴随着一系列的基础地质工作，如地形测量、地质填图、原始资料编录、岩石矿物鉴定、样品的化学和物理分析、矿石工艺试验等。

11.1.3　铀矿开采

铀矿开采是生产铀的第一步。它的任务是把工业品位的铀矿藏从地下矿床中开采出来，或将铀经化学溶浸，生产出液体铀化合物。铀矿的开采与其他金属矿的

---

① 詹文龙. 核物理发展机遇与思考[R]. 2010 年中国核物理会议大会口头报告. 合肥，2010.

开采基本相同，但是由于铀矿有放射性，能放出放射性气体（氡气），品位较低，矿体分散（单个矿体的体积小），形态复杂，所以铀矿开采又有一些特殊的地方。

铀矿开采方法主要有露天开采、地下开采和原地浸出采铀三种方法。

露天开采是按一定程序先剥离表土和覆盖岩石，使矿石出露，然后进行采矿，这种方法一般用于埋藏较浅的矿体。

地下开采是通过掘进联系地表与矿体的一系列井巷，从矿体中采出矿石。地下开采的工艺过程比较复杂。一般在矿床离地表较深的条件下采用这种方法。

原地浸出采铀是通过地表钻孔将化学反应剂注入矿带，通过化学反应选择性地溶解矿石中的有用成分——铀，并将浸出液提取出地表，而不使矿石绕围岩产生位移。这种采铀方法与常规采矿方法相比，生产成本低，劳动强度小，但其应用有一定的局限性，只适用于具有一定地质、水文条件的矿床。

11.1.4 铀提取工艺

铀提取工艺的基本任务是将开采出来的矿藏加工富集成含铀量较高的中间产品，通常称为铀化学浓缩物，再经过进一步强化，加工成铀氧化物作为下一步工序的原料。

常规的铀提取工艺一般包括磨矿、矿石浸出、母液分离、溶液纯化、沉淀等工序。

矿藏开采出来后，经过破碎磨细，使铀矿物充分暴露，以便于浸出，然后在一定的工艺条件下，借助一些化学试剂（即浸出剂）与其他手段将矿藏中有价值的组分选择性地溶解出来。有两种浸出方法：酸法和碱法。

浸出液中，不仅铀含量低，而且杂质种类多、含量高，必须将这些杂质去除才能达到核电要求。这一步溶液纯化过程，有两种方法可供选择，离子交换法（又称吸附法）和溶剂萃取法。沉淀出铀化学浓缩物的工艺过程是水冶生产的最后一道工序。沉淀物经洗涤、压滤、干燥后即得到水冶产品铀化学浓缩物，又称黄饼。

11.1.5 浓缩铀生产技术

以同位素分离为目的，提高铀—235 浓度的处理即为浓缩。通过浓缩来获得满足某些反应堆所要求的铀—235 丰度的铀燃料。现代工业上采用的浓缩方法是气体扩散法和离心分离法。浓缩处理是以六氟化铀形式进行的。此外，还有激光法、喷嘴法、电磁分离法、化学分离法等。对铀同位素进行分离，使铀—235 富集。分离后余下的尾料，即含铀—235 约 0.3%的贫化铀可作为贫铀弹的材料等。

11.1.6　反应堆用的燃料元件

经过提纯或同位素分离后的铀，还不能直接用做核燃料，还要经过化学、物理、机械加工等复杂而又严格的过程，制成形状和品质各异的元件，才能供各种反应堆作为燃料来使用。这是保证反应堆安全运行的一个关键环节。按组分特征，可分为金属型、陶瓷型和弥散型三种；按几何形状分，有柱状、棒状、环状、板状、条状、球状、棱柱状元件；按反应堆分，有试验堆元件、生产堆元件、动力堆元件（包括核电站用的核燃料组件），见图 11.2 和图 11.3。

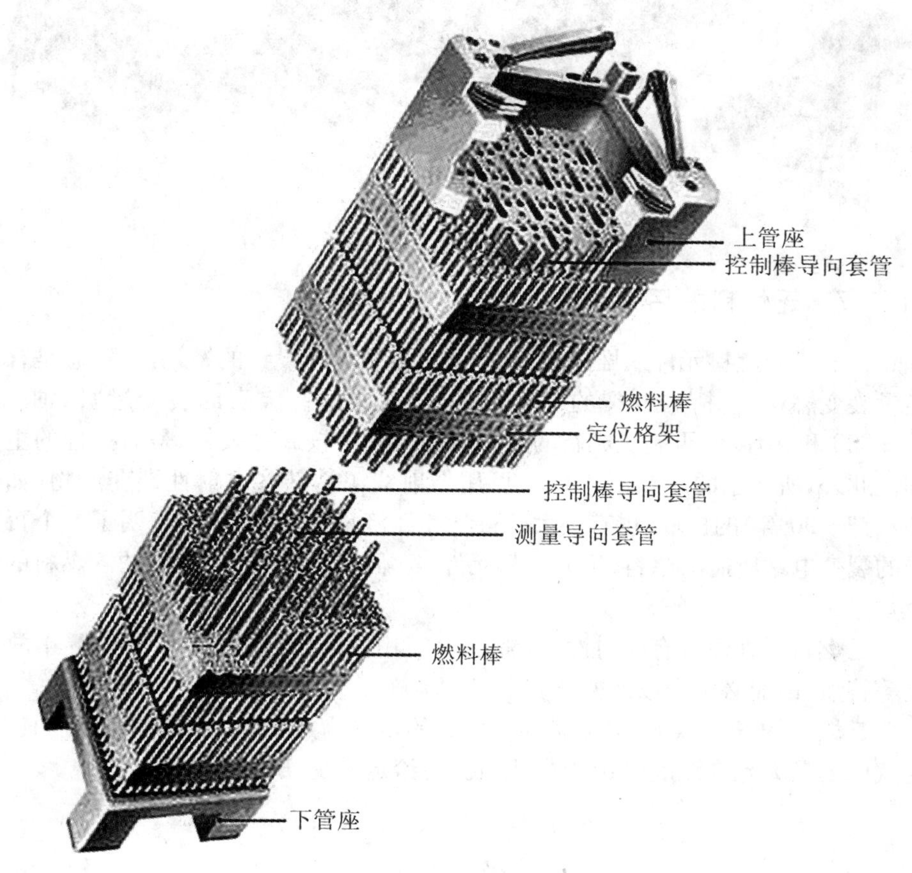

图 11.2　燃料元件结构示意

核燃料元件种类繁多，一般都由芯体和包壳组成。

核燃料元件在核反应堆中的工作状况十分恶劣，长期处于强辐射、高温、高流速甚至高压的环境中，因此芯体要有优良的综合性能。对包壳材料要求有较小的热中子吸收截面（快堆除外），在使用寿期内不能破损。核燃料元件制造是一种高科技含量的技术。

图 11.3　燃料块合金

11.1.7　乏燃料的后处理

辐照过的燃料元件从堆内卸出时，无论是否达到设计的燃耗深度，总是含有一定量裂变燃料（包括未分裂的和新生的）。回收这些宝贵的裂变燃料（铀—235、铀—233 和钚）以便再制造成新的燃料元件或用做核武器装料，是后处理的主要目的。此外，所产生的超铀元素以及可用做射线源的某些放射性裂变产物（如铯—137、锶—90 等）的提取，也有很大的科学和经济价值。图 11.4 表明了一个百万瓦级的裂变电站所需的原料、生成燃料元件、经堆内燃烧及最后形成的乏燃料的种类及数量。

乏燃料后处理具有放射性强，毒性大（如图 11.5 所示），有发生临界事故的危险等特点，因而必须采取严格的安全防护措施。

乏燃料的毒性以 BHP 来衡量，BHP 的定义为放射性与单种放射性同位素在空气中的最大允许浓度（MPC）的比值。对给定系统，BHP 值为

$$B(t)=\int_{\bar{r}}\sum_{k}\zeta_k\lambda_k N_k(\boldsymbol{r},t)$$

式中 ζ_k 为核素 k 的 BHP 权重因子，为 MPC 值的倒数。

后处理工艺可分为下列几个步骤：

(1) 冷却与首端处理：将乏燃料组件解体，脱除元件包壳，溶解燃料芯块等。

(2) 化学分离:即净化与去污过程,将裂变产物从 U－Pu 中清除出去,然后用溶剂萃取法将铀、钚分离并分别以硝酸铀酰和硝酸钚溶液形式提取出来。

(3) 通过化学转化还原出铀和钚。

(4) 通过净化分别制成金属铀(或二氧化铀)及钚(或二氧化钚)。

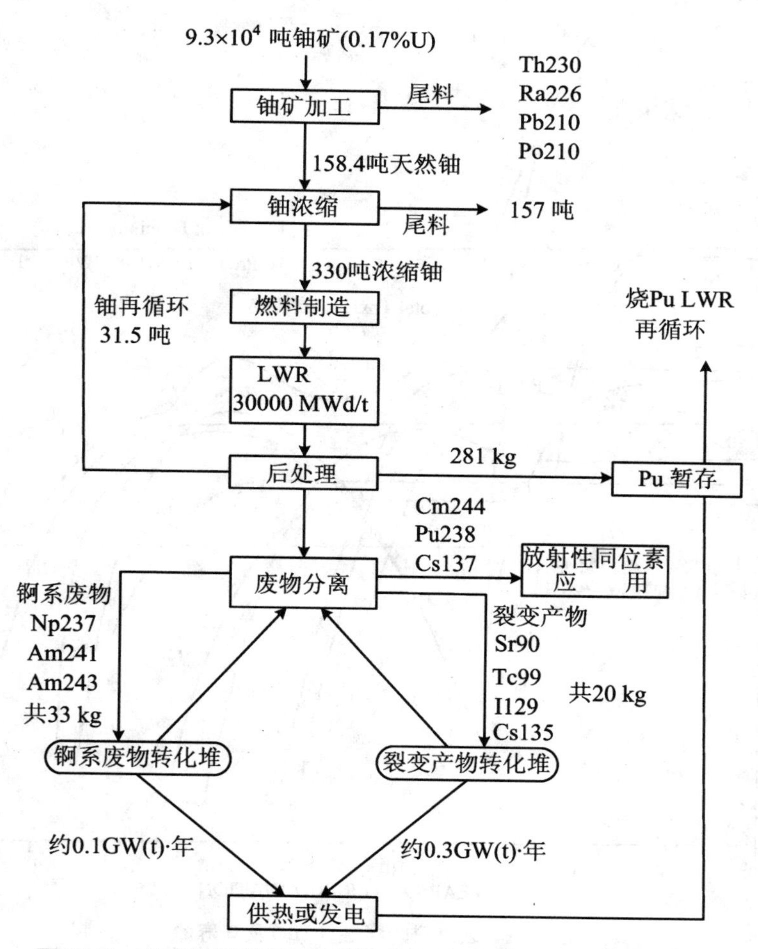

图 11.4　百万瓦级裂变电站所需原料、生成燃料元件、经堆内燃烧及最后形成的乏燃料的种类及数量

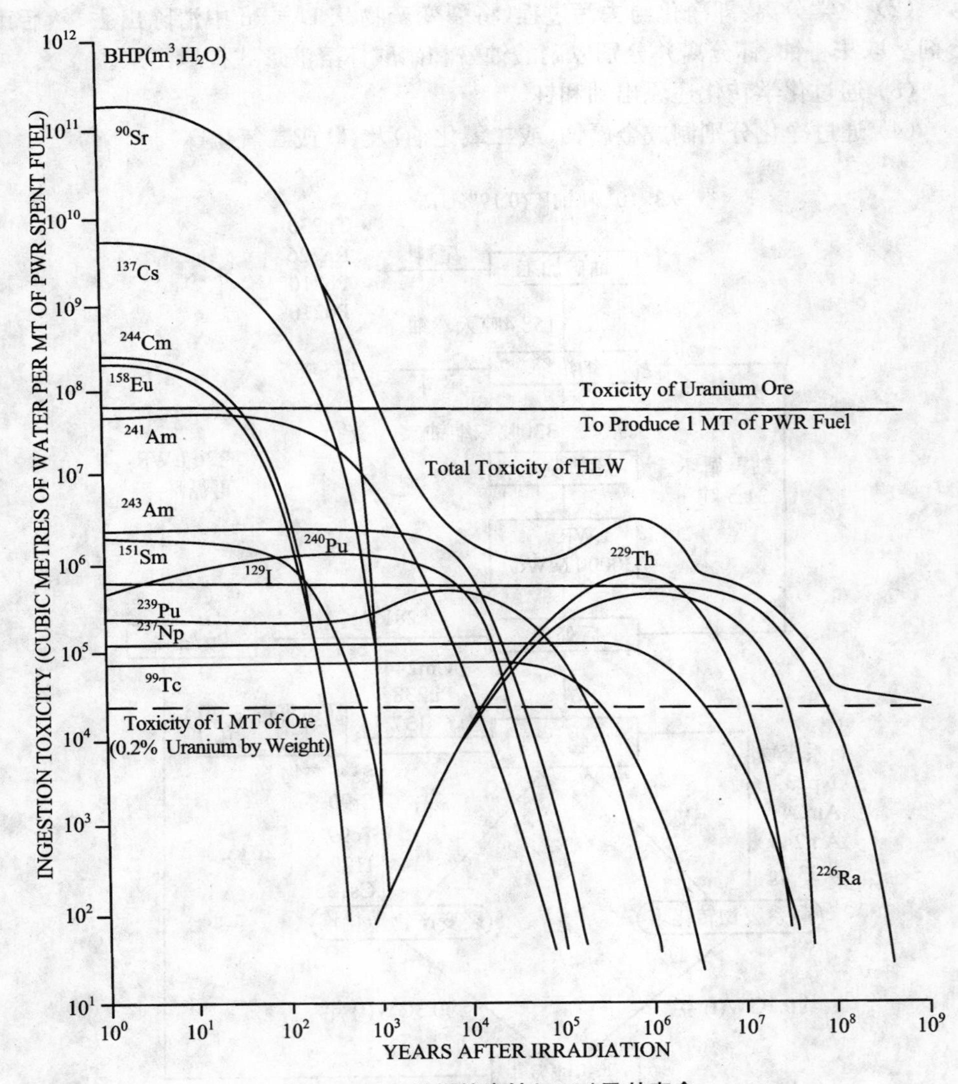

图 11.5 乏燃料的毒性(BHP)及其寿命

图中英文：Toxicity of Uranium Ore，铀矿的毒性；To Produce 1 MT of PWR Fuel，产生 1 t 压水堆燃料；Total Toxicity of HLW，HLW 的总毒性；Toxicity of 1 MT of Ore（0.2% Uranium by Weight），1 t 矿石毒性（0.2%铀的重量）；INGESTION TOXICITY（CUBIC METRES OF WATER PER MT OF PWR SPENT FUEL），摄入毒性（m^3水/t 压水堆乏燃料）；YEARS AFTER IRRADIATION，放射后年

11.1.8　放射性废物的处理与处置

在核工业生产和核科学研究过程中，会产生一些具有不同程度放射性的固态、液态和气态的废物，简称为"三废"。在放射性废物中，放射性物质的含量很低，但带来的危害较大。由于放射性不受外界条件(如物理、化学、生物方法)的影响，在放射性废物处理过程中，除了靠放射性物质的衰变使其放射性衰减外，无非是将放射性物质从废物中分离出来，使浓集放射性物质的废物体积尽量减小，并改变其存在的状态，以达安全处置的目的。对"三废"区别不同情况，采取多级净化、去污、压缩减容、焚烧、固化等措施处理、处置，这个过程称为"三废"处理与处置。例如，对放射性废液，根据其放射性水平区分为低、中、高放废液，可采用净化处理、水泥固化或沥青固化、玻璃固化，固化后存放到专用处置场或放入深地层处置库内处置，使其与生物圈隔离。图 11.6 中给出了有关深埋的几个计划，其中最有名的就是美国的尤卡山(Yucca Mountain)计划，它利用废弃矿井改建成一个可存放 63000 吨高放废料的场所，需投资 20 亿美元。图 11.7 给出了不同埋藏方式下毒性的变化，图 11.8 至图 11.12 给出了深埋场的地上设施、地下设施及盛装固化核废物的容器和台架。

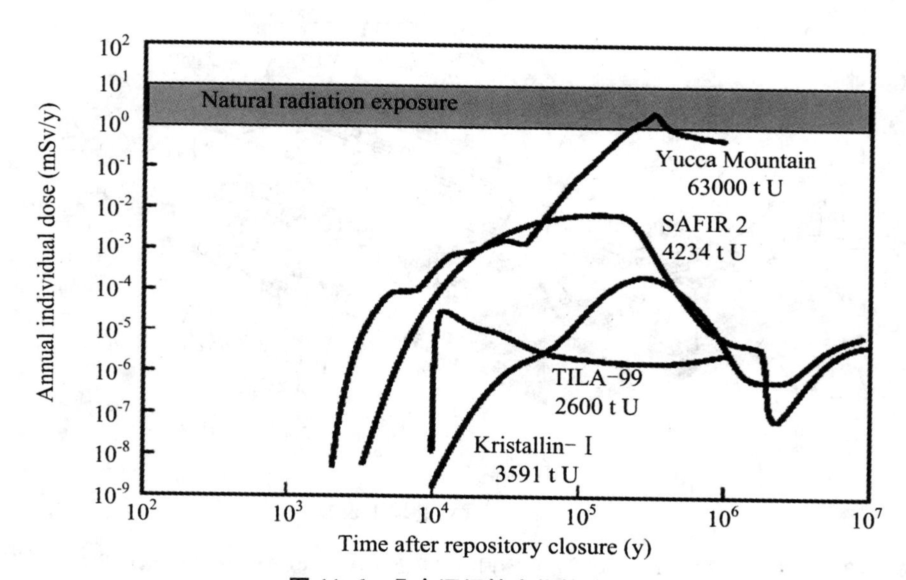

图 11.6　几个深埋核废物的计划

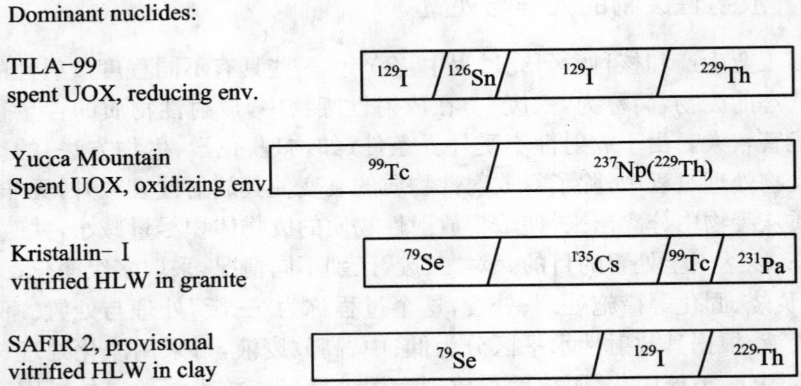

Dominant nuclides:

TILA-99
spent UOX, reducing env.　　^{129}I / ^{126}Sn / ^{129}I / ^{229}Th

Yucca Mountain
Spent UOX, oxidizing env.　　^{99}Tc / ^{237}Np(^{229}Th)

Kristallin-Ⅰ
vitrified HLW in granite　　^{79}Se / ^{135}Cs / ^{99}Tc / ^{231}Pa

SAFIR 2, provisional
vitrified HLW in clay　　^{79}Se / ^{129}I / ^{229}Th

图 11.7　不同埋藏方式下毒性的变化

图中英文：Dominant nuclides，主导核素；TILA－99，spent UOX，reducing env.，耗尽的铀氧化物，减轻影响环境；Yucca Mountain，spent UOX，oxidizing env.，尤卡山，耗尽的铀氧化物，对环境的氧化；Kristallin－Ⅰ，vitrified HLW in granite，花岗岩中玻璃化高放废物；SAFIR 2，provisional vitrified HLW in clay，临时性的黏土中玻璃化高放废物

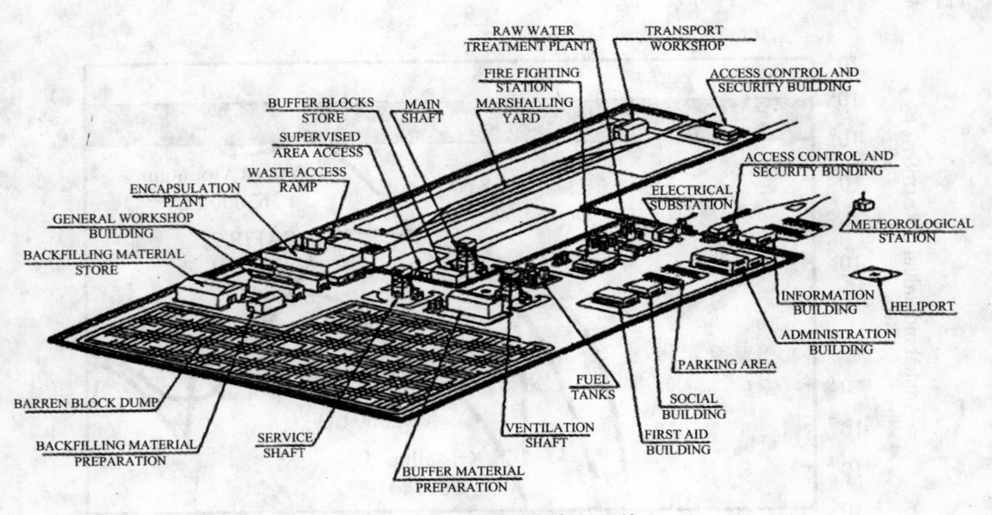

图 11.8　深埋场的地上设施

图中英文：BACKFILLING MATERIAL STORE，回填材料仓库；GENERAL WORKSHOP BUILDING，总厂楼；ENCAPSULATION PLANT，封装工厂；WASTE ACCESS RAMP，废物进入匝道；SUPERVISED AREA ACCESS，监督区域入口；BUFFER BLOCKS STORE，缓冲块存储；MAIN SHAFT，主井；MARSHALLING YARD，编组站；FIRE FIGHTING STATION，消防站；RAW WATER TREATMENT

PLANT,原水处理装置;TRANSPORT WORKSHOP,运输车间;ELECTRICAL SUBSTATION,变电所;ACCESS CONTROL AND SECURITY BUILDING,访问控制和安全楼;METEOROLOGICAL STATION,气象站;HELIPORT,直升机停机坪;INFORMATION BUILDING,资讯楼;ADMINISTRATION BUILDING,管理楼;PARKING AREA,停车场;SOCIAL BUILDING,会所;FIRST AID BUILDING,第一急救建筑物;FUEL TANKS,燃料罐;VENTILATION SHAFT,通风井;BUFFER MATERIAL PREPARATION,备品材料准备;SERVICE SHAFT,交通井;BACKFILLING MATERIAL PREPARATION,回填物质准备;BARREN BLOCK DUMP,缓冲块垃圾场

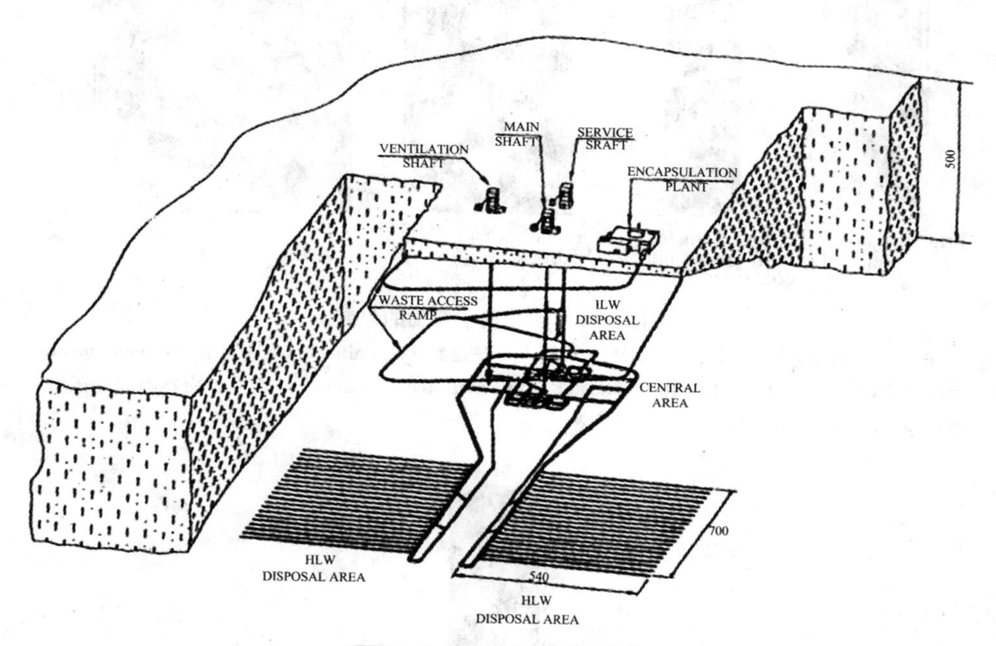

图 11.9　深埋场的地下设施

图中英文:VENTILATION SHAFT,通风竖井;MAIN SHAFT,主竖井;SERVICE SHAFT,维护竖井;ENCAPSULATION PLANT,封装工厂;WASTE ACCESS RAMP,废物进入匝道;ILW DISPOSAL AREA,废物处理区域;CENTRAL AREA,中央区域;HLW DISPOSAL AREA,高放废物处理区域

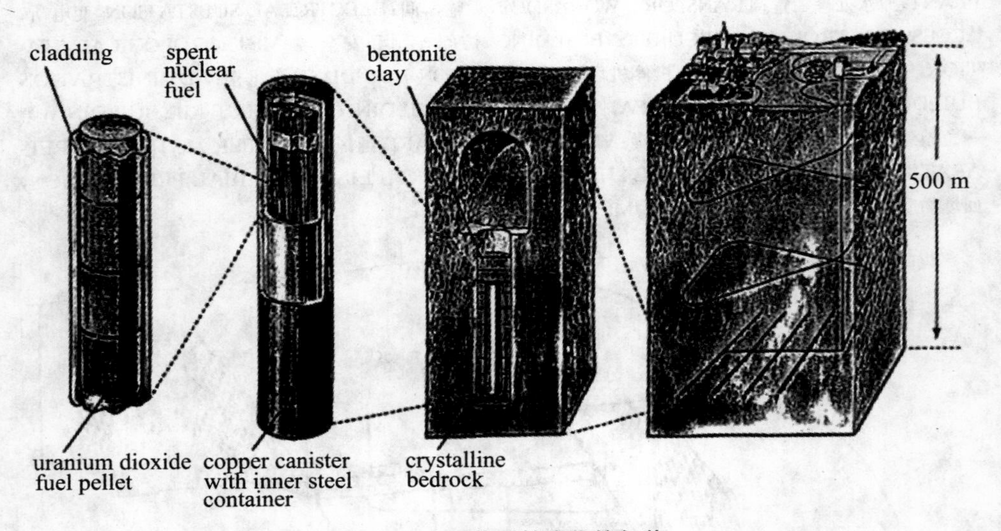

图 11.10　固化后核废物的包装

图中英文：cladding，包覆层；spent nuclear fuel，耗尽核燃料；bentonite clay，膨胀土泥；uranium dioxide fuel pellet，铀氧化物燃料丸；copper canister with inner steel container，具有内表面钢容器的铜筒；crystalline bedrock，结晶基岩

图 11.11　盛装固化核废物的容器

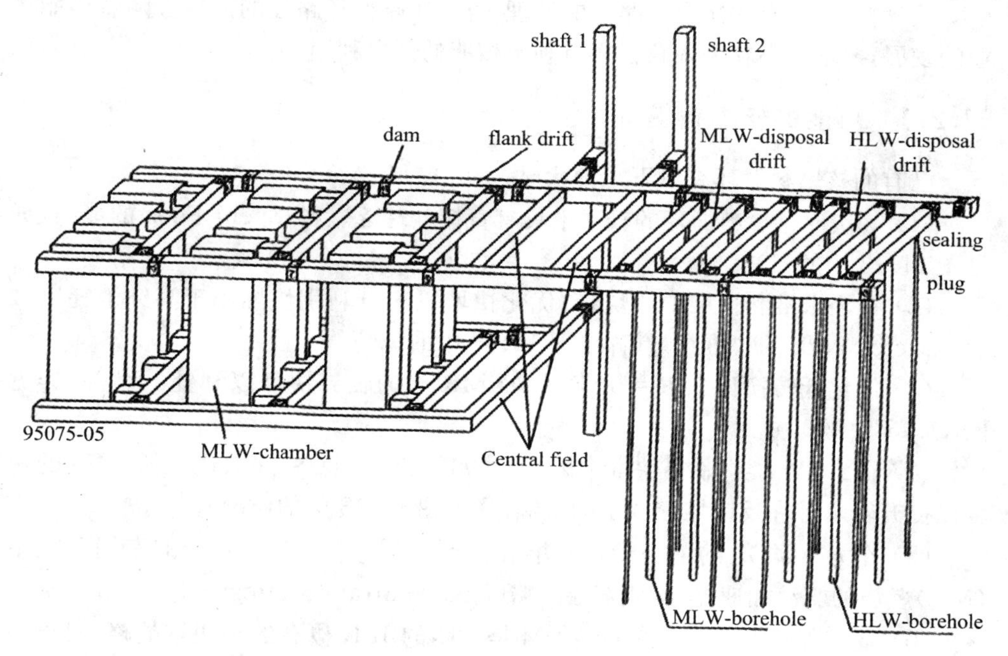

图 11.12 置放核废物的台架

11.2 嬗变与分离

核废料处理是世界范围的大问题。核废料一般具有强放射性,核废料放出的射线通过物质时发生电离和激发作用对生物体会引起辐射损伤,其 BHP 值或 Sv/TWhe 值都很高,且寿命很长达百万年之久。核废料一般含有相当多的锕系元素(U、Pu、Np、Am、Cm)和裂变产物(I、Tc、Sr、Cs)。由于存放的固化核废料中放射性核素通过衰变放出能量,当放射性核素含量较高时释放的热能会导致核废料的温度不断上升甚至使溶液自行沸腾、固体自行熔融。特别由于核废料的放射性不能用一般的物理、化学和生物方法消除,只能靠放射性核素自身的衰变而减少。因此,大量的核废料的处理方式,以往仅依赖于自然衰减、分离固化后深埋,实现嬗变降低放射性。

核废料处理,有一次通过路径的处理,也有闭路循环路径的处理。随着核能事业的发展,要求核燃料循环路径应有利于核能的开发利用。

11.2.1 可能的核燃料循环

已有的核燃料循环有以下几种状况:

(1) 一次通过燃料循环的轻水堆具有直接处理乏燃料(Spent Fuel)的能力(详见图 11.13 中的(1))。

(2) 在轻水堆和快堆中燃烧钚,优化快堆以充分利用快堆用于高钚消耗以减少 Reactor Park 的快堆数量(详见图 11.13 中的(2))。

(3) 优化低转换比($CR=0.5$)的 ALMR 类的临界快堆以利钍的燃烧(详见图 11.13中的(3a))。

(4) 在 ATW 类次临界快堆中燃烧钍(如同(3)的策略,并取代依托 ADS 的快堆以提升轻水堆在反应堆家族中的份额,详见图 11.13 中的(3b))。

(5) 作为方案(2)的第一步轻水堆和快堆,以及方案(2)(P&T)的专用于锕系(MA)燃烧的驱动加速器,构成双层战略(Double Strata Strategy)。

(6) 基于所有锕系元素的燃料循环是封闭的 IFR 概念的纯快堆战略,对于核发展是一个长期的目标。

图 11.13 给出了核燃料循环的几种路线方案。

11.2.2 分离的种类

分离萃取的可能性以表格形式示于表 11.1 中,可用的主要萃取剂详见表 11.2,而可以采用的分离后处理 PUREX 流程路线图示于图 11.14 中。

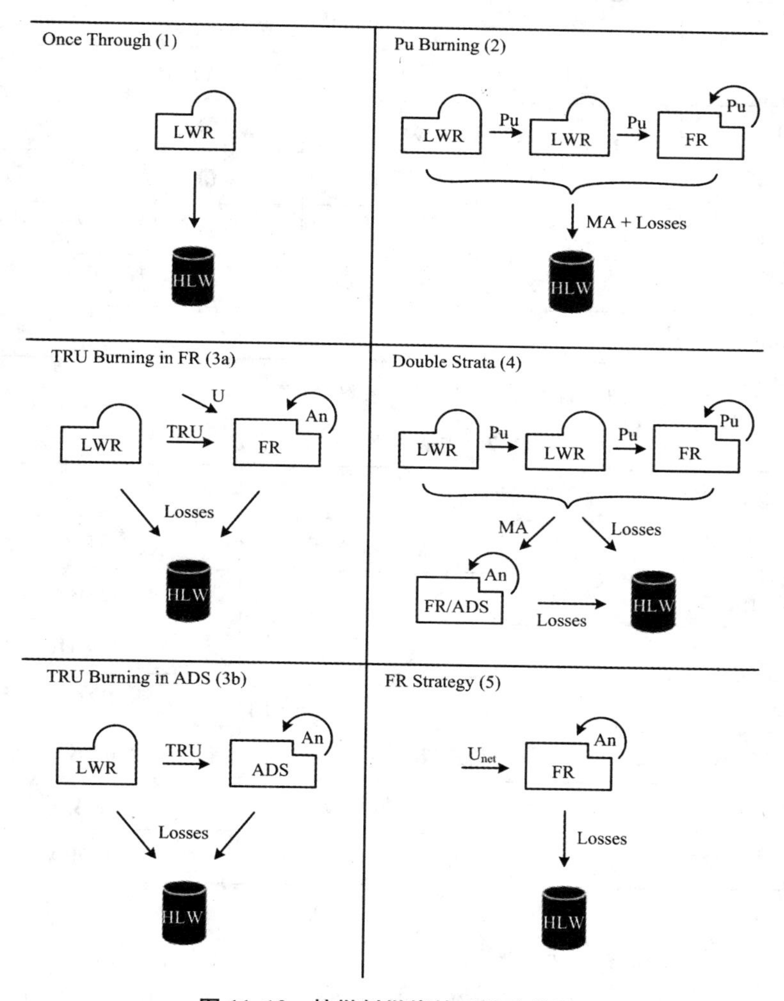

图 11.13　核燃料燃烧的几种路线图

图中英文：Once Through (1)，(1) 单次通过；Pu Burning (2)，(2) 钚燃烧；TRU Burning in FR (3a)，(3a) 快堆中燃烧钍；Double Strata (4)，(4) 双层策略；TRU Burning in ADS (3b)，(3b) ADS 中燃烧钍；FR Strategy (5)，(5) 快堆策略；Losses，损耗

表 11.1 经由磷酸三丁酯的 3 M 硝酸中的锕类硝酸盐的萃取性

	氧化物态			
	Ⅲ	Ⅳ	Ⅴ	Ⅵ
U		(○)	(●)	○
Np		(○)	●	○
Pu	(●)		(●)	(○)
Am	●	(○)		
Cm	●			

○:磷酸三丁酯萃取;●:不用磷酸三丁酯萃取;( ):在媒质中可用

表 11.2 主要的萃取剂及其简称

萃取剂名称	简 称
磷酸三丁酯	TBP
丁基磷酸二丁酯	DBBP
二乙基己基磷酸	HDEHP
三烷基(C6 - C8)氧化膦	TRPO
二己基- N,N'-二乙基胺甲酰甲基膦酸酯	DHDECMP
正辛基苯基- N,N'-二异丁基胺甲酰甲基氧化膦	$O_{\Phi}D_{(iB)}$CMPO
二异癸基磷酸- N,N'-四烷基丙二酸二酰胺	DIDPA

11.2.3 典型的化学分离流程

化学分离流程中,依据铀与钚分离中的长寿命元素习性区别采用不同方法进行分离。图 11.15 至图 11.20 分别给出了目前国际上典型的化学分离流程示意,表 11.3 给出了乏燃料后处理研发的进展程度。

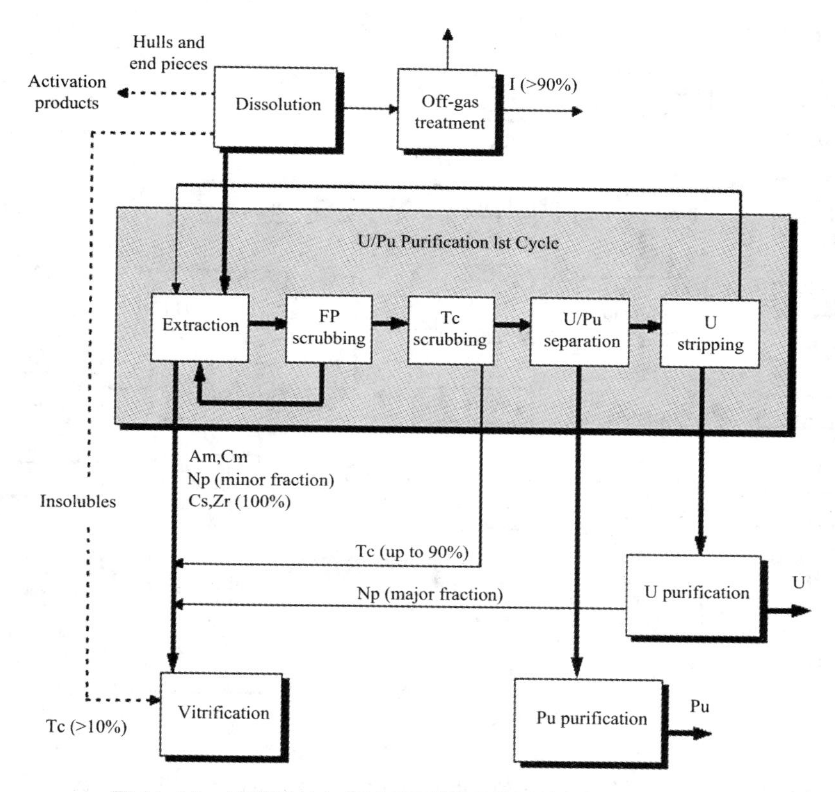

图 11.14 核燃料铀与钚分离后处理装置的(PUREX)流程图

图中英文:Activation products,活性产物;Dissolution,溶解;Off-gas treatment,废气处理;U/Pu Purification 1st Cycle,铀钚提纯首次循环;U stripping,铀剥离;U/Pu separation,铀钚分离;Tc scrubbing,锝洗涤;FP scrubbing,裂变产物洗涤;Extraction,萃取;Am, Cm, Np (minor fraction) Cs, Zr (100%),镅、锔、镎(次要部分),铯、锆(100%);Insolubles,不溶解的;Tc (up to 90%),锝(达到 90%);Np (major fraction),镎(主要部分);U purification,铀提纯;Vitrification,玻璃化;Pu purification,钚提纯

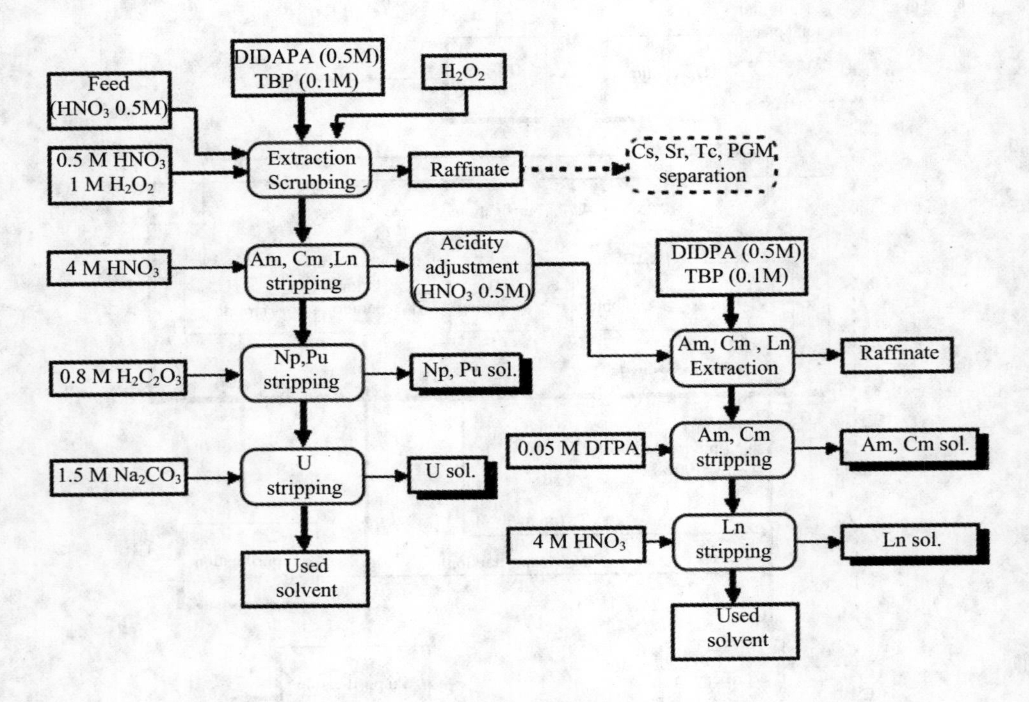

图 11.15　DIDPA 流程图

图中英文：Feed（HNO_3 0.5M），入注（HNO_3 0.5 M）；Extraction Scrubbing，萃取洗涤；Am，Cm，Ln stripping，镅、锔、镧系剥离；Acidity adjustment（HNO_3 0.5M），酸度调整（HNO_3 0.5 M）；Np，Pu stripping，镎、钚剥离；Np，Pu sol.，镎、钚溶剂；U stripping，铀剥离；U sol.，铀溶剂；DIDPA（0.5M），DIDPA（0.5 M）；TBP（0.1M），TBP（0.1 M）；Am，Cm，Ln Extraction，镅、锔、镧系萃取；Raffinate，萃余液；Am，Cm stripping，镅、锔剥离；Am，Cm sol.，镅、锔溶剂；Ln stripping，镧系元素剥离；Ln sol.，镧系元素溶剂；Used solvent，使用过的溶剂

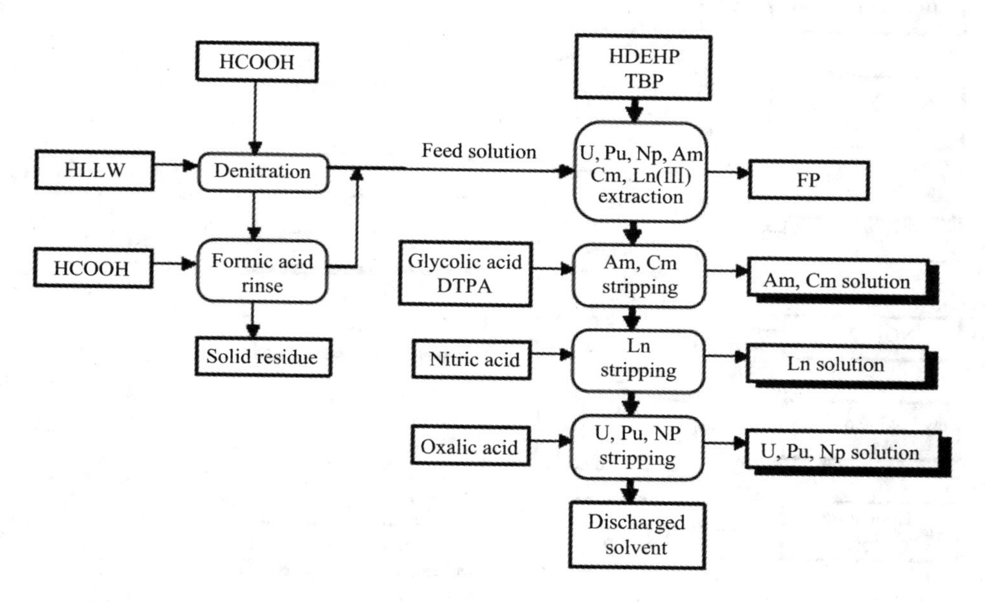

图 11.16 TALSPEAK 流程图

图中英文：HLLW，高级别液体废物；Denitration，脱硝；HCOOH，甲酸；Formic acid rinse，蚁酸漂洗；Solid residue，固态残渣；HDEHP，磷酸酯；TBP，磷酸三丁酯；Feed solution，入注溶液；U，Pu，Np，Am，Cm，Ln（Ⅲ）extraction，铀、钚、镎、镅、锔、镧系（Ⅲ）萃取；FP，裂变产物；Glycolic acid DTPA，乙醇酸二乙三胺五乙酸；Am，Cm stripping，镅、锔剥离；Am，Cm solution，镅、锔溶液；Nitric acid，硝酸；Ln stripping，镧系剥离；Ln solution，镧系溶液；Oxalic acid，草酸；U，Pu，Np stripping，铀、钚、镎剥离；U，Pu，Np solution，铀、钚、镎溶液；Discharged solvent，放电溶剂

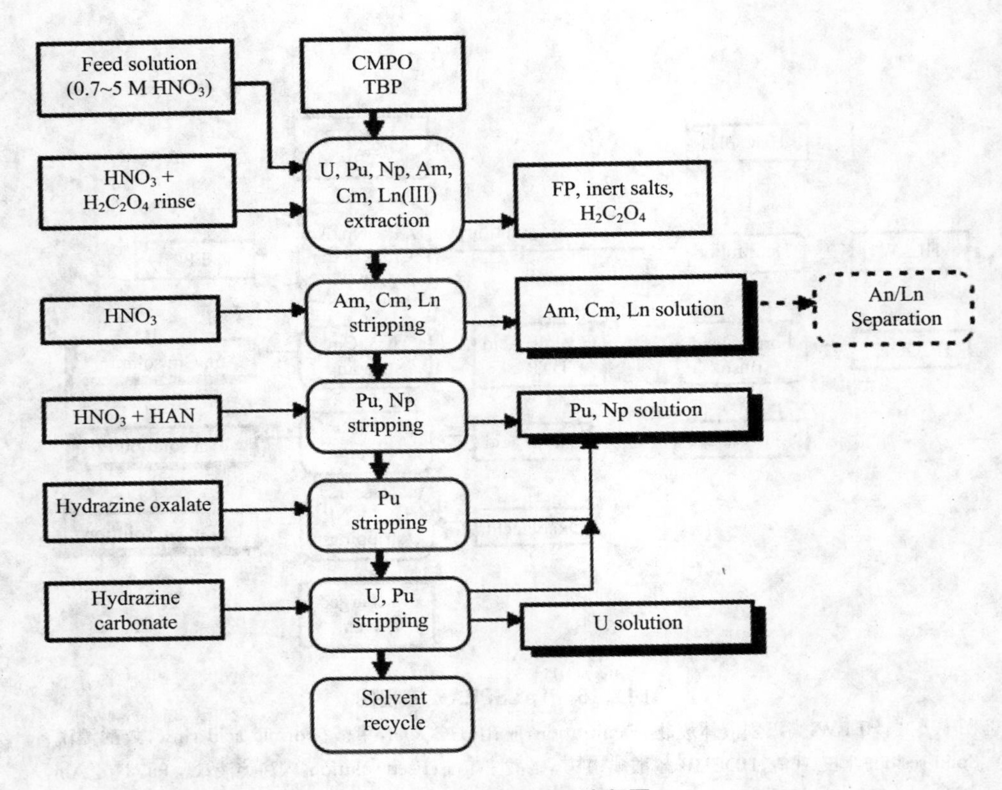

图 11.17　TRUEX 流程图

图中英文：Feed solution，入注溶液；CMPO，氧化磷；TBP，磷酸三丁酯；rinse，漂洗；U，Pu，Np，Am，Cm，Ln（Ⅲ）extraction，铀、钚、镎、镅、锔、镧系（Ⅲ）萃取；FP，inert salts $H_2C_2O_4$，裂变产物惰性盐 $H_2C_2O_4$；Am，Cm，Ln stripping，镅、锔、镧系剥离；Am，Cm，Ln solution，镅、锔、镧系溶液；An/Ln Separation，锕系/镧系分离；Pu，Np stripping，钚、镎剥离；Pu，Np solution，钚、镎溶液；Hydrazine oxalate，水合草酸；Pu stripping，钚剥离；Hydrazine carbonate，水合碳酸盐岩；U，Pu stripping，铀、钚剥离；U solution，铀溶液；Solvent recycle，溶剂再循环

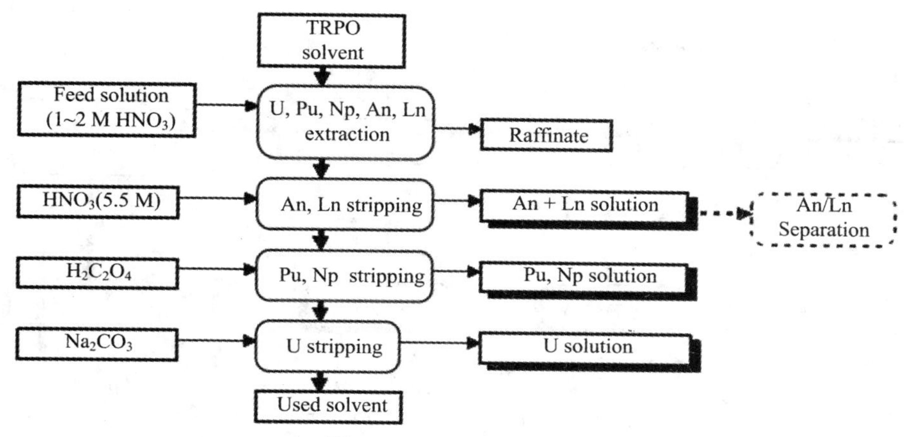

图 11.18　TRPO 流程图

图中英文：TRPO solvent，三烷基氧磷；Feed solution，入注溶液；U，Pu，Np，An，Ln extraction，铀、钚、镎、锕系、镧系萃取；Raffinate，萃余液；An，Ln stripping，锕系、镧系剥离；An + Ln solution，锕系 + 镧系溶液；An/Ln Separation，锕系/镧系分离；Pu，Np stripping，钚、镎剥离；Pu，Np solution，钚、镎溶液；U stripping，铀剥离；U solution，铀溶液；Used solvent，用过的溶剂

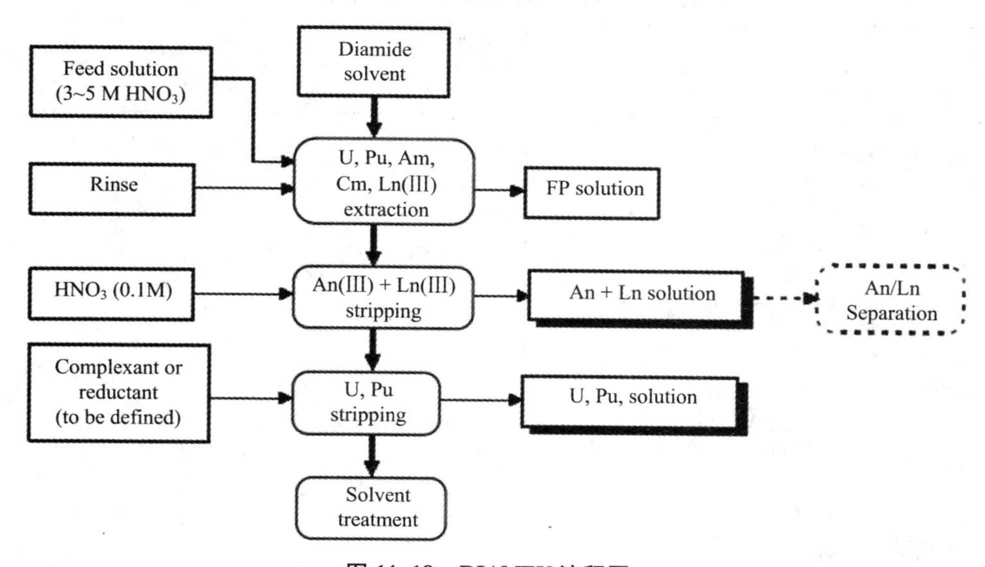

图 11.19　DIAMEX 流程图

图中英文：Feed solution，入注溶液：Diamide solvent，二酰胺溶剂：Rinse，漂洗；U，Pu，Am，Cm，Ln（Ⅲ）extraction，铀、钚、镅、锔、镧系（Ⅲ）萃取；FP solution，裂变产物溶液；An（Ⅲ）＋ Ln（Ⅲ）stripping，锕系（Ⅲ）＋ 镧系（Ⅲ）剥离；An ＋ Ln solution，锕系、镧系溶液；An/Ln Separation，锕系/镧系分离；Complexant or reductant（to be defined），配位剂或还原剂（要确定的）；U，Pu stripping，铀、钚剥离；U，Pu，solution，铀、钚溶液；Solvent treatment，溶剂处理

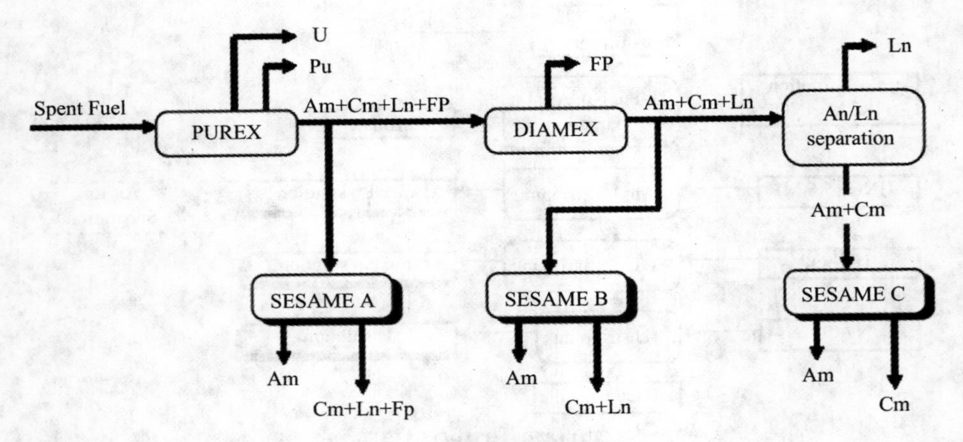

图 11.20　SESAME 流程图

图中英文：FP，裂变产物；Ln，镧系元素；Spent Fuel，乏燃料；PUREX，核燃料后处理流程；DIAMEX，双酰胺萃取剂分离流程；An/Ln separation，锕系/镧系分离；SESAME，镅电解法选择性萃取与分离流程

表 11.3　国际范围后处理分离技术的研发现状

	阶段 1	阶段 2	阶段 3	评　论
铀(U)与钚(Pu)分离(PUREX)	—	—	—	企业中达到
镎(Np)分离(PUREX)			□	分离达 95%
(PUREX)		□		>95%
(DIDPA)		□		
(HDEHP)		□		
(TRUEX)		□		
镅(Am)与锔(Cm)分离				
* 基于 An/Ln 协同萃取				
(TALSPEAK)			□	
(DIDPA)		□		
(TRUEX)		□		
(TRPO)		□		
(DIAMEX)		□		
* 基于 An 的选择性萃取				
(TPTZ)	□			
(Picolinamides)	□			
(CYANEX 301)	□			SF = 5900
* 基于沉淀				
(铁氰化物)	□			

续表

	阶段 1	阶段 2	阶段 3	评　论
镅(Am)氧化物的分离 (SESAME)		□		分离
锝(Tc)分离(PUREX) (PUREX) 锝(Tc)—PGM 分离 (硝酸盐沉淀) (活性炭吸附)	□	□ □	□	可溶解锝(Tc) 不能溶解锝(Tc) 是铂族金属 分离
碘(I)分离 (PUREX)				
锆(Zr)分离(PUREX)				
铯(Cs)分离(杯芳烃) (沸泡石)		□ □		
锶(Sr)分离(四价钛酸)		□		
铯(Cs)与 Sr 分离(Dicarbollides)			□	
钯(Pd)PGM,铯(Se),钌(Ru)分离　电解萃取	□			可溶解钯(Pd)、铯(Se)等

11.3　展望——进入 21 世纪的核燃料循环

随着不断变化的全球形势,越来越多的国家面临着日益增长的能源需求和环境挑战,核能在生产安全清洁的电力方面所能起的作用越来越受到密切的关注。与此同时,不断变化的条件影响着世界核动力工业的发展规划,并使人们重新审查核技术的未来发展。

过去 20 年中,关于核动力在技术上和商业上应当如何发展的问题已经有了明显的变化。科学家和技术专家一度普遍认为闭式燃料循环是最佳选择,也就是说燃料用过一次后从动力堆中卸出进行后处理,然后从中回收钚用做“快增殖”堆的燃料。接着这些堆还能生产更多的钚,它们可用做其他反应堆的燃料。核燃料循环这样闭合之后，有希望提供一种长期的和有竞争力的能源技术。

随着核能概念的更新与核能技术的发展，条件已经发生了变化，过去 20 年中已经出现了一系列“新的现实问题”。首先包括核能发电的增长速度比预计的慢得多；其次目前人们对快增殖堆的兴趣有限，这些堆的商业化进程推迟了；第三，并没有像原先期望的那样广泛地采用闭式核燃料循环，即使在采用它的地方，也只是部分地实现了闭式循环。这些新现实造成了民用核计划中的钚积累，并造成贮存库中的乏燃料存量不断增加。此外，由于冷战的结束，来自拆解核弹头的钚不久也会转到民用部门，这就会进一步加大钚的存量。

在全球范围内，各国正在共同努力解决由于这些不断变化的条件所产生的具体的政策和技术问题，并更加明确地确定全球合作的领域。1997 年 6 月举行了“国际核燃料循环反应堆战略：适应新现实”学术会议，来自 40 个国家和 5 个国际组织的 300 多位专家出席了这次学术会议。会议由 IAEA 与欧洲委员会(EC)、经济合作与发展组织核能机构(OECD/NEA)和铀协会(UI)联合组织。会议的结论反映了国际上对影响 21 世纪相当长一段时间的核燃料循环发展的现状和趋势的共同结论性认识，具体如下：

11.3.1 全球能源展望

(1) 用于核动力堆的铀的供应量大概足以满足直至 2050 年的全世界核计划的需要。根据国际应用系统分析研究所(IIASA)和世界能源理事会(WEC)的研究成果，考虑了三种核能情形，它们被看做是“有明显差别但还不算极端”的情形。对预计的 1995～2000 年间天然铀的累积需求量与《铀资源、生产和需求》中发表的资源量进行了比较。就中间情况而言，假设现有动力堆的平均运行寿命在 40～60 年，则 2050 年之后铀资源或许不足以满足反应堆的需求。因此更好的利用铀资源的途径和方法，以及所采取步骤的可能影响，都是十分重要的。

(2) 许多技术措施为更好地利用铀资源提供了有希望的选择。这包括在反应堆运行期间增加核燃料的燃耗，降低燃料浓缩过程中贫料中铀—235 的浓度以及回收钚。铀—235 浓缩过程中贫料中铀—235 浓度由 0.3%降到 0.15%大约可以节约全部天然铀资源的 25%，而将所有钚在轻水堆中重新使用可以节约大约 17%的铀资源。这两种选择从技术和工业角度看都是可行的。

(3) 从全世界的角度长远地看，在 2050 年之前或许就不得不考虑旨在更高效率地利用铀资源的战略和技术。

11.3.2　钚的管理方面

(1) 就政策而言,从大约 20 年前 INFCE(国际核燃料循环评价)计划启动以来,没有发生多大的变化。自那时以来,决定实行后处理/回用计划的大多数国家一直没有改变他们的立场。欧洲已建立一个大规模的充满生机的回用工业,日本也正在发展这一工业。

(2) 已经具备有效管理闭式和开式核燃料循环和处置剩余军用钚的关键技术。此类技术中有许多已经付诸实施。

(3) 1996 年底,分离的民用钚的存量已达到大约 150 t,预计 1999 年底可增加到 170 t,此后将会下降,2015 年时将会降至 150 t。如果开放钚的自由市场,钚的存量到 2013 年可能降至 50 t。上述数字没有包括俄美两国拥有的超出其国防需要并可能会进入民用部门的钚。

(4) 由于使用现代化的燃料制造厂生产混合氧化物燃料(MOX)和允许轻水堆燃烧 MOX 燃料,预计分离钚的存量将会减少。

(5) 可以在反应堆内和反应堆外进行中长期的乏燃料贮存。

(6) 为了给公众提供准确的信息并建立国与国之间的信任,在钚的管理方面采取国际上透明的措施是十分重要的。

11.3.3　核燃料循环和反应堆战略

(1) 目前这些堆型和设计的缓慢发展将成为核电机组商业市场上的主导趋势。

(2) 核电的扩大取决于三大基本因素,即政府和公众的兴趣,经济方面的竞争性,可能要求核能在保持健康的世界环境方面起有益的作用。

(3) 在今后 50 年和可能更长的时间内,水堆将继续发挥重大作用。

(4) 对于在热堆中回用钚来说,可能的回用次数是有限的。多次的回用会产生降质的钚,因而使钚在热堆中的回用次数限于两三次。但这种降质的钚能用做快增殖堆的燃料。如果快堆或其他能有效地燃烧钚的装置不能实现,则此种乏燃料仍要在最终处置库中处置。

(5) 尽管可持续地生产核能的这个目标可以非常有效地借助快增殖堆实现,但它们进入有竞争性的电力市场的时间也许要到 2030 年以后。预计那时快堆能在核电总装机容量中占有 12%的份额。

(6) 健康和环境影响核燃料循环方案。在正常运行时,就对人体健康和环境安全的影响而言,所考虑的几种核燃料循环方案之间没有明显的差别,见表 11.4。

表 11.4　三种燃料循环方案的职业性集体剂量(每 400 MW・h,不包括放射性废物处置)

燃料循环方案	职业性受照量	主要来源
一次性通过式燃料循环	153 人・Sv	反应堆 69%;采矿/水冶 29%
混合氧化物(MOX)(在热堆中回用)	147 人・Sv	反应堆 72%;采矿/水冶 26%
MOX-FR(在热堆和快堆中回用)	139 人・Sv	反应堆 76%;采矿/水冶 22%

(7) 剩下的一个对这三种燃料循环来说是共同的问题,即发生或许会有明显的健康和环境后果的重大事故的可能性。防止这种事故要求保持高度的警惕性并不断改进安全性。

(8) 乏燃料和放射性废物的长期贮存和处置不会给健康带来特殊问题。只要不发生侵入处置场事件,个人受照量能保持在极低的水平。

(9) 就正在运行的影响来说,钚的毒性不是一个重要的因素。然而,对这个问题的确存在着许多误解,并常常被用做反对燃料循环,包括反对核燃料后处理的重要论据。

11.3.4　核不扩散和核保障问题

(1) 核不扩散体制正变得越来越有效。对该体制提出的附加要求必须由国际社会提供充足的基金。

(2) 核不扩散体制需要不断适应影响核电发展的"新现实"。两个很好的例子是:IAEA 加强核查体系的核保障发展计划;核查已转入民用部门的剩余军用核材料的倡议。

(3) 今后几十年摆在核不扩散体制面前的一个主要问题是,IAEA 将来参与核查剩余军用核材料的活动的范围,以及如何保证这种活动和对核保障体系提出的其他要求所需的资源。这些将需要从技术上和制度上采取一些措施。

(4) 关于反应堆和燃料循环的选择以及民用核动力部门未来的技术发展问题,不论选用的是何种技术,核不扩散体制理应有能力提供必要的担保并不应束缚未来的选择。

11.3.5　国际合作

(1) 国际合作一直是核动力发展和应用中的一个关键因素和主要驱动力。这种合作最具特色的一个方面——核不扩散体制——已经成功地把核武器扩散限制在远低于人们曾经预料过的水平。

(2) 拥有国向其他国家提供用于和平目的的核材料、核设备和核技术，一直是国际合作中重要和给人印象非常深刻的成就之一。

(3) 现有的国际合作方面的安排和机制，一般说来足以满足目前和未来的需要。但在许多方面还希望有所改进，例如剩余军用钚的处置、快增殖堆的发展、地区性的燃料循环中心、国际性的钚贮存库以及钚管理的透明度。

(4) IAEA应当寻求合适的步骤来确保能交换有关事态的重要发展的基本信息和燃料循环的经济与计划方面的信息，这或许可以通过与其他国际机构的密切合作建立一个正规的信息交流机制来实现。

参考文献

[1] NEA OECD. A Comparative Study "Accelerator-driven Systems(ADS) AND Fast Reactor (FR) in Advanced Nuclear Fuel Cycles"[R]. 1999.

[2] McKay H A C. The Separation and Recycling of Actinides[R]. A Review of the State of the Art, EUR-5801e, 1997.

[3] 朱永赌.十年来强放废液中锕系元素去除的进展[J].核化学与放射化学，1989，11(4)：212-223.